Essener Beiträge zur Mathematikdidaktik

Reihe herausgegeben von

Bärbel Barzel, Fakultät für Mathematik, Universität Duisburg-Essen, Essen, Deutschland

Andreas Büchter, Fakultät für Mathematik, Universität Duisburg-Essen, Essen, Deutschland

Florian Schacht, Fakultät für Mathematik, Universität Duisburg-Essen, Essen, Deutschland

Petra Scherer, Fakultät für Mathematik, Universität Duisburg-Essen, Essen, Deutschland

In der Reihe werden ausgewählte exzellente Forschungsarbeiten publiziert, die das breite Spektrum der mathematikdidaktischen Forschung am Hochschulstandort Essen repräsentieren. Dieses umfasst qualitative und quantitative empirische Studien zum Lehren und Lernen von Mathematik vom Elementarbereich über die verschiedenen Schulstufen bis zur Hochschule sowie zur Lehrerbildung. Die publizierten Arbeiten sind Beiträge zur mathematikdidaktischen Grundlagen- und Entwicklungsforschung und zum Teil interdisziplinär angelegt. In der Reihe erscheinen neben Qualifikationsarbeiten auch Publikationen aus weiteren Essener Forschungsprojekten.

Weitere Bände in der Reihe http://www.springer.com/series/13887

Wieland Wilzek

Zum Potenzial von Anschauung in der mathematischen Hochschullehre

Eine Untersuchung am Beispiel interaktiver dynamischer Visualisierungen in der Analysis

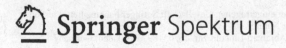

Springer Spektrum

Wieland Wilzek
Velbert, Deutschland

Die vorliegende Dissertation wurde der Fakultät für Mathematik der Universität Duisburg-Essen zum Erwerb des Doktorgrades Dr. rer. nat. (Doktor der Naturwissenschaften) vorgelegt.
Tag der mündlichen Prüfung: 05.03.2021
Gutachter: Prof. Dr. Andreas Büchter und Prof. Dr. Christoph Ableitinger

ISSN 2509-3169   ISSN 2509-3177 (electronic)
Essener Beiträge zur Mathematikdidaktik
ISBN 978-3-658-35360-5   ISBN 978-3-658-35361-2 (eBook)
https://doi.org/10.1007/978-3-658-35361-2

Die Deutsche Nationalbibliothek verzeichnet diese Publikation in der Deutschen Nationalbibliografie; detaillierte bibliografische Daten sind im Internet über http://dnb.d-nb.de abrufbar.

Planung/Lektorat: Marija Kojic
Springer Spektrum ist ein Imprint der eingetragenen Gesellschaft Springer Fachmedien Wiesbaden GmbH und ist ein Teil von Springer Nature.
Die Anschrift der Gesellschaft ist: Abraham-Lincoln-Str. 46, 65189 Wiesbaden, Germany

Geleitwort

Die Problematik des Übergangs von der Schule in die Universität wurde für das Fach Mathematik im deutschsprachigen Raum bereits zu Beginn des 20. Jahrhunderts diskutiert. In der jüngeren Vergangenheit hat sich aus entsprechenden Arbeiten mit der Hochschuldidaktik der Mathematik ein intensiv und ausdifferenziert bearbeitetes Forschungsgebiet entwickelt, in dem Fachdidaktiker*innen und Fachwissenschaftler*innen produktiv zusammenwirken.

Eine Herausforderung beim fraglichen Übergang besteht aktuell darin, dass in der Schule immer weniger formal und dafür stärker anschaulich, zuweilen auch erkennbar oberflächlich-anschaulich, gearbeitet wird, während bereits in der Eingangsphase von Mathematikstudiengängen eine präzise und möglichst allgemeine Begriffsbildung sowie stark formalisierte Darstellungen und Begründungen die Inszenierung prägen. In der Schule werden dabei verstärkt digitale Werkzeuge eingesetzt, mit denen anschauliche Elemente realisiert werden können. Vor diesem Hintergrund scheint die Vermutung nahezuliegen, dass die Übergangsproblematik mit der umfassenderen Berücksichtigung anschaulicher Elemente in der Studieneingangsphase, z. B. durch interaktive dynamische Visualisierungen, abgemildert werden könnte.

Doch was sind „anschauliche Elemente", wie lassen sie sich in der Studieneingangsphase integrieren, welche Rolle kann bzw. soll Anschauung überhaupt in den Lehrveranstaltungen spielen und welche unerwünschten Nebenwirkungen können auftreten? Bei diesen Fragen setzt die substanzreiche und äußerst anregende Dissertation von Wieland Wilzek an, die sich grundlegend mit der möglichen Rolle der Anschauung in der Analysis auseinandersetzt. Dabei wird der Berücksichtigung anschaulicher Elemente in der Hochschullehre – anders als in der schulbezogenen Mathematikdidaktik überwiegend üblich – nicht per se

V

eine positive Wirkung zugeschrieben. Vielmehr werden deren Einsatz und mögliche Effekte unvoreingenommen hinsichtlich der mit ihnen verbundenen Chancen und Risiken untersucht. Diese Zielsetzung wird durch das Zusammenspiel eines theoretischen, eines konstruktiven und eines empirischen Teils verfolgt.

Die Idee der Anschauung wird in der Mathematikdidaktik in zahlreichen Publikationen aufgegriffen, ohne das benannt wird, was jeweils unter Anschauung verstanden wird; offensichtlich wird davon ausgegangen, dass in der Community ein geteiltes intuitives Verständnis dazu vorliegt. Dies kann dazu führen, dass Gleiches gesagt bzw. geschrieben, letztlich aber doch Unterschiedliches gemeint wird. Daher wird im *Theorieteil* der Begriff „Anschauung" zumindest für die Verwendung in der mathematikdidaktischen Forschung und Entwicklung geklärt. Aus einer gründlichen und anspruchsvollen Aufarbeitung erkenntnis- und wissenschaftstheoretischer Arbeiten sowie der Rekonstruktion der Verwendung des Begriffs in mathematikdidaktischen Arbeiten resultieren eine Arbeitsdefinition von „Anschauung" und die Unterscheidung von sechs möglichen Funktionen der Anschauung in der Hochschullehre.

Im *konstruktiven Teil* der Arbeit werden zunächst auf der Basis instruktionspsychologischer sowie medien- und mathematikdidaktischer Überlegungen Gestaltungsprinzipien für interaktive dynamische Visualisierungen erarbeitet, auf deren Basis Wieland Wilzek insgesamt 36 Lernumgebungen zur Analysis I und II entwickelt hat, die mehrfach in entsprechenden Lehrveranstaltungen eingesetzt wurden. Die Breite der Umsetzung kann in der vorliegenden Veröffentlichung zwar nicht sichtbar werden, sie verdeutlicht aber die Tragfähigkeit der Gestaltungsprinzipien, die nicht an die Analysis gebunden sind, sondern auch in anderen Teilgebieten der Mathematik umgesetzt werden können. Die jeweils erforderlich stoffdidaktische Durchdringung der fachlichen Gegenstände ist dabei allerdings nicht zu unterschätzen und gelingt hier für die Analysis vorbildlich.

Die Analyse, inwieweit Studierende in Beweisprozessen (hier im Umfeld des Begriffs „gleichmäßige Stetigkeit") auf anschauliche Betrachtungen zurückgreifen, und die anschließende Reflexion, inwiefern dieser Rückgriff hilfreich oder wünschenswert ist (normative Einordnung aus Sicht der Hochschullehre), bilden den methodologisch versiert reflektierten *empirischen Teil*. Hier wird mit großem Gespür für das Material (dokumentierte Beweisprozesse) und die fachlichen Gegenstände (Begriffsnetz zur gleichmäßigen Stetigkeit) eine Typologie mit zwölf theoretisch und empirisch fundierten Idealtypen erarbeitet. Diese Typologie ist von großem Wert sowohl für weitere Analysen von Bearbeitungsprozessen von Studierenden als auch für die Reflexion der Berücksichtigung entsprechender Betrachtungen in der Lehre.

Insgesamt leistet diese Dissertation also wichtige Beiträge zur mathematik-didaktischen Forschung und Entwicklung durch (a) die theoretischen Klärungen der Idee der Anschauung und der möglichen Funktionen der Anschauung, (b) die Erarbeitung und breite Umsetzung der Gestaltungsprinzipien für interaktive dynamische Visualisierungen und (c) die Identifikation und normative Einordnung anschaulicher Betrachtungen in Beweisprozessen. Da in weiteren Projekten und Studien direkt an diese Resultate angeschlossen werden kann, dürfte diese erfreulich gut lesbare Arbeit insbesondere die Hochschuldidaktik der Mathematik weiter fundieren und anregen.

Essen im   Andreas Büchter
Juli 2021

Inhaltsverzeichnis

Abkürzungsverzeichnis

MER   Multiple Representation System

Abbildungsverzeichnis

Tabellenverzeichnis

Einleitung

Seit einigen Jahren ist der Übergang von der Schule zur Hochschule und die Studieneingangsphase in den Fokus der mathematikdidaktischen Forschung gelangt. Dies zeigt sich unter anderem an einer Reihe Dissertationen, die in den letzten Jahren erschienen sind (vgl. z. B. Rach, 2014; Arend, 2017; Liebendörfer, 2018; Kempen, 2019; Ostsieker, 2020). Die hohe Aufmerksamkeit, die diesem Thema gewidmet wird, lässt sich vor allem durch hohe Studienabbruchquoten erklären, die in anderen Fächern nicht in diesem Ausmaß gegeben sind (Blömeke, 2016). Die Schwierigkeiten des scheinbar besonders anspruchsvollen Mathematikstudiums sind vielfältig. Roth, Bauer, Koch und Prediger (2015) unterscheiden eine kognitive Ebene von Wissen und Fertigkeiten, eine kulturelle Ebene der Praktiken und Denkweisen sowie eine Meta-Ebene, auf denen Herausforderungen für Studierende liegen können. Bei Gueudet (2008) findet sich ein Überblick über die vielen verschiedenen Forschungsansätze, die im Bereich der Übergangsproblematik international verfolgt werden, wobei auch hier Herausforderungen auf verschiedenen Ebenen sichtbar werden. Eine Gegenüberstellung der Lerngegenstände „Schulmathematik" und „wissenschaftliche Mathematik in der Studieneingangsphase" hat Rach (2014) unter verschiedenen Gesichtspunkten unternommen. Sie kommt unter anderem zu dem Schluss, die Begriffsbildung in der Schule sei durch inhaltliche Axiomatik und durch auf konkrete Objekte bezogene Definitionen geprägt, während in der Hochschule eine formale Axiomatik vorherrsche und Definitionen die Eigenschaften abstrakter Begriffe festlegen (vgl. Rach, 2014, S. 67–85).

Die vorliegende Arbeit nimmt eine der vielen Facetten der oben beschriebenen Übergangsproblematik in den Blick. Dabei ist der Aspekt des Übergangs, der hier ins Auge gefasst wird, der unterschiedliche Grad an verwendeter Anschauung

W. Wilzek, *Zum Potenzial von Anschauung in der mathematischen Hochschullehre*, Essener Beiträge zur Mathematikdidaktik, https://doi.org/10.1007/978-3-658-35361-2_1

der Schul- und Hochschulmathematik. Eine weitere Fokussierung findet dadurch statt, dass sich die folgenden Untersuchungen auf den Lernbereich Analysis konzentrieren. Dabei wird von der These ausgegangen, dass Mathematik, wie sie in der Schule dargestellt wird, in den letzten Jahrzehnten zunehmend anschaulicher wurde, wohingegen die Vermittlung von Mathematik in der Hochschule der Anschauung nur wenig Raum lässt. Zwar kann man an den einschlägigen Analysis-Lehrwerken für die Hochschule (vgl. z. B. Forster, 2016; Königsberger, 2004) erkennen, dass durch das Einfügen von Abbildungen bereits Versuche unternommen wurden, anschauliche Einstiegshilfen anzubieten, jedoch scheint die Realität an deutschen Hochschulen noch deutliche Spuren des Stils und der Rhetorik von Bourbaki zu tragen. Ziel des Bourbakismus war es, Vereinheitlichung und Ökonomie dadurch zu erreichen, dass man den Fokus auf die Strukturen zwischen den Objekten anstatt auf den Objekten selbst legt. Doch auch die knappe Satz-Definition-Beweis-Struktur in Verbindung mit der axiomatischen Methode, gehen auf Bourbaki zurück (Houzel, 2002). In diesem Darstellungsmodus ist (zumindest im idealtypischen Fall) kein Raum für anschauliche Deutungen der Objekte.

In einem Grundlagenwerk zur Analysis des Bourbaki-Mitglieds Jean Dieudonné wird diese Position klar ausgesprochen:

> Als weitere Konsequenz ergibt sich ferner die Notwendigkeit, sich strikt an axiomatische Methoden zu halten und sich keiner Weise auf die 'geometrische Anschauung' zu berufen, wenigstens in den formalen Beweisen. Diese Notwendigkeit habe ich unterstrichen, indem ich ganz bewußt darauf verzichtet habe, irgendwelche Abbildungen in das Buch aufzunehmen. Nach meiner Meinung muß der fortgeschrittene Student unserer Tage so schnell wie möglich an den sicheren Gebrauch dieser abstrakten und axiomatischen Denkweise gewöhnt werden, wenn er jemals verstehen soll, was sich heute in der mathematischen Forschung abspielt (Dieudonné, 1971, S. 7-8).

Zwar spricht Dieudonné im Folgenden auch von „abstrakter Anschauung" und verwendet in demselben Werk bewusst auch geometrische Terminologien, indem er beispielsweise von „Umgebungen" spricht, jedoch werden dahinterliegende Vorstellungen nicht explizit thematisiert. An anderer Stelle drückt er sich diesbezüglich so aus: „Ich meine, der Weg zur ‚intuitiven Vorstellung' führt notwendigerweise zunächst durch eine Periode rein formalen und oberflächlichen Verstehens, das erst allmählich durch ein besseres und tieferes Verständnis ersetzt werden wird" (Dieudonné 1973, S. 409, zitiert nach Jahnke, 1978, S. 203). Studierende sollen also in der Studieneingangsphase durch eine rein „formale Schule" gehen.

Für die zunehmende anschauliche Ausrichtung in der Schulmathematik sollen exemplarisch die Analysis-Teile der Schulbuchreihe Lambacher Schweizer stehen. Vergleicht man die Leistungskursvarianten aus den Jahren 1994, 2002 und 2011 stellt man eine zunehmende Vernachlässigung der formalen Seite zu Gunsten von numerischen und anschaulichen Betrachtungen fest. So wird in dem ältesten der hier verglichenen Schulbüchern die Ableitung der Sinusfunktion lokal formal über Additionstheoreme und durch den bewiesenen (!) Hilfssatz $\lim\limits_{x \to 0} \frac{\sin(x)}{x} = 1$ hergeleitet. Grafisches Differenzieren dient hier nur zur Aufstellung der Vermutung über die Ableitung der Sinus-Funktion, bevor diese Vermutung dann durch den Beweis verifiziert wird (Arzt et al., 1994, S. 94–95). Im Werk von 2002 wird ähnlich vorgegangen. Allerdings wird hier der Grenzwert $\lim\limits_{x \to 0} \frac{\sin(x)}{x}$ nicht mehr bewiesen, sondern durch eine numerische Annäherung in tabellarischer Form legitimiert (Freudigam et al., 2002, S. 14). Im jüngsten Schulbuch dieses Vergleichs findet nun kein formaler Beweis mehr statt. Tangenten sollen gezeichnet und deren Steigung abgelesen werden. Zur Absicherung dieses empirischen Näherungsverfahrens wird die Ableitung über einen Funktionsplotter dargestellt (Freudigam et al., 2011, S. 36), sodass hier ein „Black Box"-Autoritätsargument vorliegt, wobei sich außerdem die Frage stellt, wie man den dargestellten Funktionsgraphen wirklich als Kosinus-Funktion identifiziert.

Wenn man also davon ausgeht, dass in der Schule die anschauliche Seite der Mathematik aktuell überbetont und in der Hochschule auf ein Minimum reduziert wird, stellt sich die Frage, ob der Übergang von der Schule zur Hochschule durch mehr anschauliche Elemente in der Studieneingangsphase erleichtert werden kann.[1] Dieser Ansatz kommt auch den Studierenden entgegen, da in einer Studie von Buchholtz und Behrens (2014) festgestellt wurde, dass Studierende Anschaulichkeit als positiv für den eigenen Wissenserwerb einschätzen. Doch könnte eine Zuwendung zu anschaulichen Herangehensweisen auch negative Effekte mit sich ziehen, wie durch die folgenden Fragen angedeutet werden soll. Inwiefern ist ein anschaulicher Zugang mit den wissenschaftlichen Standards des Faches Mathematik an Hochschulen verträglich? Auf welche Weise sollte Anschauung in der Hochschule umgesetzt werden? Können anschauliche Lerngelegenheiten wegen der Eigenarten der Anschauung unerwünschte Effekte nach sich ziehen?

Das Hauptanliegen dieser Arbeit besteht also darin, die Rolle von Anschauung in der mathematischen Hochschullehre auszuloten.

---

[1] Man könnte genauso gut fordern, dass in der Schule (wieder) mehr formale Betrachtungsweisen angestellt werden. Auf diesen Gedanken wird am Ende dieser Arbeit eingegangen.

Dazu wurde ein theoretischer, ein konstruktiver und ein empirischer Ansatz gewählt, sodass der Hauptteil dieser Arbeit drei Kapitel umfasst. Zunächst gilt es theoretisch zu klären, welche verschiedenen Funktionen anschauliche Elemente in der Hochschullehre übernehmen können. Dabei wird ein Fokus auf den Inhaltsbereich Analysis gelegt. Auf Grundlage dieser Ergebnisse schließt sich dann eine Diskussion an, welche der verschiedenen Funktionen unter didaktischen und wissenschaftstheoretischen Überlegungen in der Hochschullehre umgesetzt werden sollten. Für diese theoretischen Überlegungen ist es allerdings zunächst notwendig, eine Arbeitsdefinition von Anschauung zu entwickeln, um die Diskussion auf einen sicheren Boden zu stellen.

Nach diesem ersten Teil mit theoretischer Fragestellung wird auf eine konkrete Möglichkeit, Anschauung in die Hochschullehre zu integrieren, eingegangen. Die hier vorgeschlagene Maßnahme zur Stärkung der Anschauung sind interaktive dynamische Visualisierungen, welche unter Hinzunahme weiterer Theorie aus Psychologie, Medien- und Mathematikdidaktik entwickelt wurden. In diesem zweiten Teil soll die Forschungsfrage beantwortet werden, was geeignete Gestaltungsprinzipien für solche Visualisierungen sein können.

Die Arbeit schließt mit einer empirischen Untersuchung zu den Wirkungen einer durch Anschauung angereicherten Lehre auf Beweisprozesse von Studierenden. Nachdem deskriptiv festgestellt wurde, welche anschaulichen Elemente in den Beweisprozessen von Studierenden vorliegen, die Zugang zu interaktiven dynamischen Visualisierungen hatten, wird anschließend das Potenzial dieser Elemente für die Beweisführung der Studierenden bewertet.

In einem abschließenden Kapitel werden erst die Ergebnisse der Arbeit zusammengefasst. In der sich anschließenden Diskussion werden sowohl die empirischen Erkenntnisse des letzten Teils wieder auf die Ergebnisse der ersten beiden Teile bezogen als auch Implikationen für die Lehre und die Forschung aufgezeigt.

Zur Rolle der Anschauung für die mathematische Hochschullehre

Da die didaktische Auseinandersetzung mit Anschauung in der mathematischen Hochschullehre ein bisher wenig erforschtes Feld ist, müssen zunächst theoretische Grundlagen geschaffen werden, bevor Entwicklungsarbeit für konkrete Unterstützungsmaßnahmen oder empirische Forschung stattfinden kann. In diesem Teil werden daher zunächst das Begriffsfeld „Anschauung" abgesteckt und verschiedene Diskurse aus Philosophie, Pädagogik und Mathematikdidaktik zu der Anschauungsthematik rezipiert. Diese Auseinandersetzung mündet schließlich in einer Arbeitsdefinition von Anschauung, die weiteren Überlegungen dieser Arbeit zu Grunde liegt. Auch soll die Frage geklärt werden, welchen Platz Anschauung in der Hochschullehre haben kann, um auf Grundlage der verschiedenen Einsatzmöglichkeiten eine Einschätzung zu geben, welche Art der Einbettung von Anschauung in der Hochschullehre angemessen ist. Dabei liegt das Hauptaugenmerk auf dem Lernbereich Analysis, da sich hier in der Geschichte der Mathematik eine für die Entwicklung der Wissenschaft besonders prägende Debatte um Anschauung zugetragen hat (vgl. z. B. Volkert, 1986, S. 99–146),[1] was an der Betrachtung unendlicher Prozesse liegt, die der Anschauung nicht ohne Weiteres zugänglich zu sein scheinen (siehe Abschnitt 2.2.1). In dieser Arbeit wird die Annahme getroffen, dass sich die Lehre an den Hochschulen an authentischen Praxen der mathematischen Forschung orientiert, sodass der Gebrauch von Anschauung mit den wissenschaftlichen Standards des Faches verträglich sein muss. Die Auseinandersetzung mit der Anschauungsthematik in der schulbezogenen Mathematikdidaktik ist nicht ohne

---

[1] Auch die Entdeckung der nichteuklidischen Geometrien war ein folgenreiches Ereignis für das Infragestellen der Anschauung (Davis & Hersh, 1985, S. 224–230).

© Der/die Autor(en), exklusiv lizenziert durch Springer Fachmedien Wiesbaden GmbH, ein Teil von Springer Nature 2021
W. Wilzek, *Zum Potenzial von Anschauung in der mathematischen Hochschullehre*, Essener Beiträge zur Mathematikdidaktik, https://doi.org/10.1007/978-3-658-35361-2_2

Weiteres auf die Hochschule übertragbar, da in der Schule ein anderer Bildungsauftrag zu Grunde liegt.

Zusammenfassend lässt sich das Ziel dieses Teils der Arbeit in der Beantwortung der folgenden drei Forschungsfragen beschreiben:

- Wie lässt sich das Begriffsfeld Anschauung gewinnbringend für die Hochschuldidaktik aufarbeiten?
- Welche Funktionen können anschauliche Elemente in der mathematischen
  Hochschullehre übernehmen?
- Welche dieser Funktionen sollten aus wissenschaftstheoretischer und mathematikdidaktischer Perspektive in der Lehrveranstaltung Analysis umgesetzt werden?

Um diese Fragen zu beantworten, werden Arbeiten verschiedener Bezugsdiszipli-
nen herangezogen, diese kritisch geprüft und die gewinnbringenden Aspekte einer
Synthese unterworfen. Aufgrund der teils divergierenden, teils ungenauen und insgesamt doch spärlich ausfallenden theoretischen Auseinandersetzungen in diesen
Arbeiten müssen hier auch praktische Entscheidungen getroffen werden. So kann
es dazu kommen, dass verwandte Begrifflichkeiten aufeinander bezogen werden,
auch wenn leichte Bedeutungsverschiebungen zu befürchten sind. An lückenhaften
Stellen müssen ferner eigene Überlegungen einfließen, damit ein zusammenhän-
gendes tragfähiges Ergebnis zustande kommt. Auch kann der Autor einer solchen interdisziplinären Arbeit in die verschiedenen Bereiche nur unterschiedlich
tief eindringen. Wegen der damit verbunden methodischen Ungenauigkeit wird
an dieser Stelle um Nachsicht gebeten. In dieser Arbeit soll lediglich ein erster
Schritt zur Klärung der Anschauungsfrage getan werden, der als Anstoß für weitere Überlegungen dienen soll. Konstruktive Kritik an diesem Vorhaben kann die
Hochschuldidaktik nur weiterbringen.

2.1 Versuch einer Begriffsklärung von Anschauung für die Mathematikdidaktik

Im Verlaufe dieses Unterkapitels wird sich zeigen, dass das Begriffsfeld der
Anschauung nicht leicht zu ordnen ist. Daher wird es nötig sein, eine eigene
Arbeitsdefinition zu entwerfen. Diese soll möglichst gut die aktuellen Diskurse
aufgreifen, damit die hier vorliegende Arbeit an diese anschlussfähig ist, kann
aber nicht alle Ideen miteinander vereinen, zumindest da nicht, wo sie sich widersprechen. Eine Definition kann nicht richtig oder falsch sein, sie muss sich aber

in der Praxis bewähren. Dies soll dadurch erreicht werden, dass die bestehende Theorie ausführlich rezipiert wird (in der Hoffnung, dass sich hier ein bereits bewährter Gebrauch des Begriffes etabliert hat). Anders als die lineare Anordnung dieser verschriftlichten Arbeit, sind die Abschnitt 2.1 und 2.2 in ihrer Entstehung gewissermaßen parallel gewachsen, sodass in der Erarbeitung der Arbeitsdefinition immer schon mögliche Anwendungen mitgedacht wurden.

2.1.1   Etymologische und philosophische Annäherung

Um den Begriff der Anschauung zu verstehen, ist es naheliegend, zunächst den allgemeinen Sprachgebrauch, wie er in Wörterbüchern beschrieben wird, heranzuziehen. Neben der historischen und aktuellen Bedeutung scheint aber insbesondere die philosophische Auseinandersetzung mit Anschauung relevant zu sein, da diese auch in mathematikdidaktischen Diskursen häufig herangezogen wird. Dies wird zum Beispiel an zwei Beiträgen der Workshopreihe „Visualisierung in der Mathematik" deutlich (vgl. Jahnke, 1989 und Volkert, 1989).

2.1.1.1 Anschauung im allgemeinen Sprachgebrauch

Der Begriff der Anschauung lässt sich weit zurückverfolgen. Laut Merkle (1983, S. 141) sei der Begriff einer Wortschöpfung des Mönches Notker Labeo (geboren 950 in Thurgau) entsprungen, der für eine Übersetzung ins Althochdeutsche das Wort „an-scouuungo" erfand. Doch blieb dieses Wort lange Zeit durch verschiedene Sprachstufen hinweg ohne exakte inhaltliche Deutung (ebd.). In dem Wörterbuch der Gebrüder Grimm ist das Wort *anschauen* mit mehreren Fundstellen aufgeführt, die von philosophischen Abhandlungen bis zu Bibelstellen reichen.[2] Um den Begriff von anderen Verben der visuellen Sinneswahrnehmung abzugrenzen, wird angemerkt, dass *anschauen* feierlicher, sinnlicher und inniger als verwandte Verben sei (Grimm & Grimm, 2011).

Im Duden online werden zwei grundlegende Bedeutungen von *Anschauung* unterschieden. Erstens kann mit *Anschauung* eine „grundsätzliche Meinung" oder „Betrachtungsweise", wie zum Beispiel in Welt*anschauung*, gemeint sein. Die zweite Bedeutung wird wiederum in zwei Unterbedeutungen geteilt. So kann *Anschauung* einmal Synonym für „das Anschauen, Betrachten" oder „Meditation" sein, zum anderen kann mit Anschauung eine „Vorstellung" oder ein „Eindruck" gemeint sein („Anschauung" auf Duden online, o. J.). Das Verb *anschauen* kann laut Duden online durch „ansehen" ersetzt werden („anschauen" auf Duden online,

---

[2] Die Gebrüder Grimm geben dabei verschiedene Schreibweisen an.

o. J.), wobei *ansehen* wiederum die direkte Sinneswahrnehmung als auch eine „Auffassung" neben anderen Bedeutungsvarianten in sich trägt („ansehen" auf Duden online, o. J.).

Doch hilft die Annährung über ein (historisches) Alltagsverständnis nur bedingt weiter, da es verschiedene, nicht unmittelbar vereinbare Bedeutungen des Wortes gibt. Auch werden in der Didaktik häufig Wörter des allgemeinen Sprachgebrauchs entlehnt, um diese mit einer spezifischen Bedeutung zu füllen (man denke etwa an den Begriff *Vernetzen*). Da es kein etabliertes mathematikdidaktisches Wörterbuch gibt, kann stattdessen ein Blick in verschiedene Grundlagenwerke eine Hilfe sein. Im Handbuch der Mathematikdidaktik (Bruder, Hefendehl-Hebeker, Schmidt-Thieme & Weigand, 2015) kommt der Begriff Anschauung mehrfach in verschiedenen Beiträgen vor, wird aber kein einziges Mal definiert. In den Grundlagen der Mathematikdidaktik (Reiss & Hammer, 2013) kommt der Begriff seltener und ebenfalls ohne Definition vor. Spezielle mathematikdidaktische Abhandlungen über Anschauung werden im späteren Verlauf dieser Arbeit untersucht.

2.1.1.2 Anschauung in der Philosophie

Immanuel Kants Erkenntnistheorie spielt eine wichtige Rolle in der Diskussion um Anschauung, was man unter anderem daran erkennt, dass man sich auch in der Mathematikdidaktik auf sie bezieht (vgl. z. B. Jahnke, 1989; Otte, 1994). Aus diesem Grund kann der Blick in ein philosophisches Wörterbuch erhellend sein, wenn schon die fachdidaktische Recherche zunächst wenig Informationen bietet. Im von Martin Gessmann (2009) herausgegebenen philosophischen Wörterbuch werden die folgenden vier Bedeutungen von Anschauung unterschieden: „A. als (1.) unmittelbare[] Einsicht, (2.) sinnliche[] Auffassungsweise, (3.) intellektuelle[] A. und (4.) Akt der Erfüllung von Bedeutungsintentionen" (ebd., S. 37). Dennoch gibt es auch Gemeinsamkeiten dieser vier Auffassungen. Anschauung ist unmittelbar und simultan und steht somit dem Diskursiven, Sukzessiven, Mittelbaren und daher beispielsweise auch dem Begrifflichen gegenüber (ebd.). Unterschiede liegen vor allem in der Frage, ob Anschauung mit einer wirklichen Sinnestätigkeit einhergeht.

(1.) Anschauung als unmittelbare Einsicht geht auf Gottfried Wilhelm Leibniz zurück und ist eine Übersetzung des lateinischen Wortes *intuitio*. Es handelt sich um eine reine Vernunfterkenntnis, die durch die gleichzeitige Vergegenwärtigung aller wichtigen Aspekte vollzogen wird. Der direkte Gebrauch des Sehsinns ist hier nicht nötig und daher lediglich als Metapher gemeint. Sowohl Leibniz als auch John Locke schreiben der Anschauung den höchsten Grad an Erkenntnis zu (ebd.). Beispiele für durch Anschauung gewonnene Wahrheiten sind bei Leibniz Tautologien und Definitionen, bei denen unmittelbar ersichtlich ist, dass in ihnen kein

Widerspruch vorliegt. Neben anschaulicher Erkenntnis stellt Leibniz die symboli-sche, welche sich durch das Befolgen von Regeln auf formale Strukturen bezieht (Kaulbach, 1971, S. 341).

(2.) Bei der zweiten Bedeutung wird Anschauung hingegen als eine der Sinn-lichkeit zugeordnete Tätigkeit aufgefasst. Diese Sichtweise stammt von Immanuel Kant, der zwei Erkenntnisquellen, den Verstand und die Sinnlichkeit, unterschei-det. Nur durch die Vereinigung dieser beider Quellen kann Erkenntnis erlangt werden (Gessmann, 2009, S. 37). Dabei ist eines der Hauptanliegen in Kants Kri-tik der reinen Vernunft (Kant, 1974) nachzuweisen, dass die Sätze der Mathematik synthetisch a priori sind (B 14)[3]. Anders als bei analytischen Sätzen, bei denen das Prädikat versteckt im Subjekt enthalten ist, muss bei synthetischen Sätzen etwas Weiteres (z. B. aus der Erfahrung) hinzugeführt werden (B 10). Apriorisch ist als das Gegenteil von empirisch zu verstehen (B 2). Kant begründet diese These durch die Art des Zusammenspiels von Sinnlichkeit und Verstand, wobei die Sinnlichkeit zwei verschiedene Arten von Anschauungen hervorbringen kann, die reine und die empirische Anschauung. Während die empirische Anschauung für die Begründung apriorischer Sätze per Definition ungeeignet ist, kommt der reinen Anschauung eine Schlüsselrolle zu. Durch das Abstrahieren alles Empirischen einer Vorstel-lung bleibt nicht etwa nichts übrig, sondern die reine Anschauung, welche so frei von jeglicher Empfindung ist. Kant argumentiert, dass es nur zwei Formen der reinen Anschauung gibt, nämlich der Raum und die Zeit (B 33–37). Erst diese reine Anschauung ermöglicht apriorische Urteile, wobei der synthetische Charak-ter eben durch die Kombination von Anschauung und Begriffen entsteht (B 73). Der Verstand hingegen behandelt keine Vorstellungen, sondern Begriffe (B 33). Eine Zusammenfassung der Erkenntnisquellen nach Kant ist durch Tabelle 2.1 gegeben.

Tabelle 2.1 Erkenntnisquellen nach Kant

Sinnlichkeit			Verstand
Reine Anschauung		Empirische Anschauung	Begriffe
Raum	Zeit		

---

[3] Durch den Buchstaben „B" wird wie üblich ausgedrückt, dass die zweite Auflage der Kritik der reinen Vernunft von 1787 herangezogen wurde. Die nachstehende Zahl ist die Originalnummerierung Kants, da die tatsächliche Seitenzahl verschiedener Neudrucke variiert.

Zum Zusammenspiel von Sinnlichkeit und Verstand schreibt Kant:

> Keine dieser Eigenschaften ist der anderen vorzuziehen. Ohne Sinnlichkeit würde uns kein Gegenstand gegeben, und ohne Verstand keiner gedacht werden. Gedanken ohne Inhalt sind leer, Anschauungen ohne Begriffe sind blind. Daher ist es eben so notwendig, seine Begriffe sinnlich zu machen (d.i. ihnen den Gegenstand in der Anschauung beizufügen), als, seine Anschauungen sich verständlich zu machen (d.i. sie unter Begriffe zu bringen). Beide Vermögen, oder Fähigkeiten, können auch ihre Funktionen nicht vertauschen. Der Verstand vermag nichts anzuschauen, und die Sinne nichts zu denken. Nur daraus, daß sie sich vereinigen, kann Erkenntnis entspringen (Kant, 1974, B 75–76).

Anschauungen sind für Kant vom Denken unabhängige Vorstellungen, denn er schreibt: „Diejenige Vorstellung, die vor allem Denken gegeben sein kann, heißt Anschauung" (B 132).

(3.) Während bei Kant Anschauung klar der Sinnlichkeit zugeordnet ist und es daher keine nichtsinnliche Anschauung geben kann, wurde von den Anhängern Kants, vor allem von Friedrich Wilhelm Joseph Schelling und Johann Gottlieb Fichte, die Anschauung zunehmend intellektualisiert.[4] Den Begriff intellektuelle Anschauung hat Kant selber geprägt, aber nur um die Grenzen der menschlichen Erkenntnis aufzuzeigen. Die Idee dieser unanschaulichen Anschauung wurde aufgegriffen und als möglich uminterpretiert, um zwei Probleme der Kantschen Philosophie zu beheben, die sich aus seiner Forderung nach Konstruierbarkeit in der reinen Anschauung ergeben. Zum einen wird der Bereich der Mathematik durch diese Forderung stark eingeengt, da zum Beispiel keine höher dimensionalen Konstruktionen in der Anschauung möglich sind.[5] Zum anderen haftet der Forderung nach Konstruierbarkeit etwas Empirisches an, welches der Idee Kants von synthetischen Urteilen a priori entgegensteht. So stellt es zumindest die Analyse von Hans Nils Jahnke (1989) dar. Bei der intellektuellen Anschauung geht es um das „Erfassen des Absoluten" (Gessmann, 2009, S. 37), welches über die weltliche Erkenntnis hinausgeht und daher als höchste Erkenntnisform gilt (ebd.).

(4.) Der Anschauungsbegriff von Edmund Husserl ist in seine Philosophie der Phänomenologie eingebettet. Ziel ist es, die letzte Naivität der wissenschaftlichen Erkenntnis zu verbannen. Dazu muss bereits an der Wahrnehmung angesetzt werden, welche nach Husserl immer mit einer gewissen Intention verbunden ist. Ein

---

[4] Mit der Intellektualisierung ist eine Elimination des Sinnlichen und dadurch eine Loslösung vom Gegenständlichen der Anschauung gemeint. Jahnke (1989) spricht von einer „unanschaulichen Anschauung" (ebd., S. 37).

[5] Kant schreibt, Mathematik beschäftige sich nur mit anschaulich darstellbaren Gegenständen (B 8)

bloßes Anstarren ist noch keine Wahrnehmung (Szilasi, 1959, S. 14–25). Husserl setzt sich das Ziel, Kants Philosophie zu verbessern, indem er die Beziehung zwischen Denken und Anschauen expliziert: „Erst durch die Auffassung der kategorialen Akte als Anschauungen wird das bisher von keiner Erkenntniskritik zu erträglicher Klarheit gebrachte Verhältnis zwischen Denken und Anschauen wirklich durchsichtig und somit die Erkenntnis selbst in ihrem Wesen und ihrer Leitung verständlich" (Hua. 7^6, 146, zitiert nach Szilasi, 1959, S. 29). Husserl weitet den Anschauungsbegriff stark aus, indem er „alle Bewusstseinsweisen, die Gegenständliches zur Selbstgebung bringen, als Wahrnehmungen und Anschauungen" (Janssen, 2008, S. 56) bezeichnet. Dabei unterscheidet er eine sinnliche Anschauung und eine kategoriale Anschauung. Anders als bei Kant kann also auch hier die Anschauung über das Sinnliche hinausgehen. Zum Beispiel lässt sich im Sachverhalt: *Ich sehe ein weißes oder ein rotes Kleid,* die Farbe und das Kleid sinnlich wahrnehmen, nicht aber das *oder*. Doch das *oder* lässt sich wie andere kategoriale Formen (Beispiele für kategoriale Formen sind *und, oder, wenn, alles,* usw.) durch die kategoriale Anschauung wahrnehmen. Hiermit ist eine Sachverhalt-Wahrnehmung gemeint, die analog zur sinnlichen Wahrnehmung zu verstehen ist (Szilasi, 1959, S. 26–30). Die kategorialen Formen bestimmen, wie der sinnlich wahrnehmbare Stoff geformt ist (Janssen, 1971, S. 351). Neben der Erklärung des Verhältnisses von Anschauung und Denken ist die kategoriale Anschauung auch für die Sicherung des a priori-Charakters von Erkenntnissen wichtig (Szilasi, 1959, S. 42–44).

Für die vorliegende Arbeit sind vor allem die Auslegungen (1.) und (2.) relevant. Wie bereits geschildert, ist die Philosophie von Kant zumindest in der deutschen didaktischen Diskussion sehr präsent. Im französischen und angloamerikanischen Raum finden sich allerdings andere Begrifflichkeiten, sodass hier der Anschauungsbegriff von Leibniz weiterhelfen kann, da dieser zwischen den Begriffen Intuition und Anschauung zu vermitteln scheint (siehe Abschnitt 2.1.3). Auch die Auslegung (3.) kann interessant sein, da der Begriff der „abstrakte[n] Anschauung" bei Dieudonné (1971, S. 8) oder auch Wolfgang Memmert (1969, S. 191) fällt und auf eine Intellektualisierung hindeuten kann.[7] Nur Husserls Anschauungsbegriff (4.) wird im Folgenden keine Beachtung finden, da er in der Mathematikdidaktik nicht rezipiert wird.[8]

---

[6] Gemeint ist der siebte Band „Erste Philosophie" (1923/1924) der Husserliana: Edmund Husserls Gesammelte Werke.

[7] Dieudonné vertritt die Meinung, die abstrakte Anschauung könne ohne Bilder vermittelt werden (siehe Einleitung).

[8] Dem Autor sind zumindest keine solche Arbeiten bekannt.

Auch wenn Anschauung im Sinne von Kant sehr prominent ist, gilt es zu bedenken, dass seine Auffassung von mathematischen Sätzen als synthetisch a priori nicht unbedingt mit der durch den Logizismus geprägten heutigen Auffassung von Mathematik kompatibel ist. Der frühe Gottlob Frege geht von einer unanschaulichen Mathematik aus und stuft die arithmetischen Urteile als analytisch ein (Kaulbach, 1971, S. 346), da sich alle Eigenschaften allein aus den Definitionen und Axiomen deduzieren lassen. Inwiefern diese Auffassung von Mathematik der aktuellen Praxis von forschenden Mathematikern nahekommt und inwiefern sich diese Praxis in dem Endprodukt formaler Beweis erschöpft, sind Fragen, die im weiteren Verlauf angegangen werden (siehe Abschnitt 2.2.3).

2.1.2 Geschichtliche Entwicklung des didaktischen Prinzips Anschauung

Um den Begriff der Anschauung besser verstehen zu können, wird auch eine historische Perspektive aufgezeigt. Doch kann man eine Geschichte der Anschauung unter Berücksichtigung verschiedener Aspekte schreiben. Eine wissenschaftstheoretische und mathematikspezifische Abhandlung, wie Volkert (1986) sie in seiner Dissertation vorgelegt hat, wird an anderer Stelle in dieser Arbeit eingebracht. Stattdessen wird Anschauung zunächst als überfachliches Unterrichtsprinzip beschrieben, welches eine lange Tradition hat und auch den mathematikdidaktischen Diskurs nachhaltig beeinflusst hat. Dazu orientiert sich der folgende Abschnitt in erster Linie an dem Buch: „Die historische Dimension des Prinzips der Anschauung – Historische Fundierung und Klärung terminologischer Tendenzen des didaktischen Prinzips der Anschauung von Aristoteles bis Pestalozzi" von Siegbert Ernst Merkle (1983). An den Stellen, an denen Merkle zu detailliert und multiperspektivisch wird, kann die weniger ausführlichere Darstellung von Michael (1983) herangezogen werden, um die Ausführungen möglichst knapp zu halten.

2.1.2.1 Definition Unterrichtsprinzip

Zuvor soll aber geklärt werden, was unter einem Unterrichtsprinzip zu verstehen ist. Nach Werner Wiater (2018) sind Unterrichtsprinzipien „für alle Fächer geltende Grundsätze oder Handlungsregeln der Unterrichtsplanung und -gestaltung. Ihre Beachtung vergrößert und sichert die Effizienz und die Qualität des Unterrichts. Sie sind bei der Unterrichtsplanung zu berücksichtigen. Von ihnen sind allgemeine Planungsgrundsätze zu trennen" (ebd., S. 8). Bedeutungsgleiche Begriffe sind „Unterrichtsgrundsätze", „Bildungsprinzipien" und „didaktische Prinzipien",

um nur einige der gebräuchlichen Synonyme zu nennen (ebd., S. 6). Wiater nennt
Anschaulichkeit (ebd., S. 7) und Veranschaulichung (ebd., S. 62) als Beispiele für
Unterrichtsprinzipien, wobei nur das Prinzip der Veranschaulichung ausführlich im
Zusammenhang mit Digitalisierung erläutert wird.

2.1.2.2 Vorläufer des didaktischen Prinzips Anschauung

Merkle (1983) beginnt seine Untersuchungen bei den antiken und mittelalterlichen
Vorläufern des Prinzips der Anschauung. Auch wenn der Begriff Anschauung hier
noch nicht explizit fällt, wird dennoch deutlich, dass es implizit um philosophische und didaktische Fragen der Anschauung geht. Bereits im vierten Jahrhundert
vor Christus lässt sich in den Schriften Aristoteles eine erste Auseinandersetzung
mit Anschauung erkennen. Im Gegensatz zu der Ideenlehre Platons, bei der die
Ideen und die zugehörigen Objekte voneinander getrennt sind, nimmt Aristoteles
die Position ein, dass die Ideen in den Objekten zu finden seien. Daher kommt der
Wahrnehmung eine besondere und unumgängliche Funktion für den Erkenntnis-
vorgang zu, denn Aristoteles hält eine Erkenntnis ohne sinnliche Wahrnehmung für
unmöglich. Weiter wird die Wahrnehmung als objektiv aufgefasst, Vorstellungen
hingegen können falsch sein. Thomas von Aquin (1225–1274) hat die Lehre Aristoteles wieder aufgegriffen und versucht durch anschauliche Mittel unter anderem
das Leib-Seele-Problem oder Fragen der Übersinnlichkeit zu beantworten. Auch
bei ihm stellt die Wahrnehmung den Ausgangspunkt eines Erkenntnis- oder Lernprozesses dar, welcher durch darauffolgende Abstraktionsschritte weiterverläuft
(ebd., S. 15–21).

Neben diesen in erster Linie erkenntnisphilosophischen Auseinandersetzungen
gibt es auch frühe didaktische Anwendungen von Anschauung, die man als Vorläufer des Prinzips der Anschauung auffassen kann. Merkle nennt neben der römi-
schen Rhetorik, bei der der Redner sich in den Sachverhalt hineinversetzen soll, um
seine Rede anschaulicher zu gestalten, auch die Lehre Christus. Um seinen Zuhö-
rern das Übersinnliche zu vermitteln, bedient sich Christus anschaulicher Mittel,
wie unter anderem durch die vielen Gleichnisse und die Symbolik in den Evange-
lien ersichtlich wird. Die nachträgliche Projektion des Begriffes Anschauung auf
die Lehre Christus ist allerdings nur dadurch möglich, wenn Merkle hier von einem
sehr weiten Anschauungsbegriff ausgeht (ebd. S. 22–39).

2.1.2.3 Anschauung zur Überwindung des Verbalismus

Im Mittelalter wurde die Anwendung von Anschauung in Lehrprozessen durch die
dominante Scholastik weitestgehend verdrängt. Stattdessen herrschte ein autori-
tärer Verbalismus, also eine Vermittlung, die sich stark an dem Wort orientiert.

Verschiedene Reformer wandten sich gegen den Verbalismus, da sie ein unverstandenes Auswendiglernen darin sahen. Während die Bemühungen Martin Luthers (1483–1546), Francis Bacons (1561–1626) und Wolfgang Ratkes (1571–1635) noch unbeachtet blieben, war Johann Amos Comenius (1592–1670) der erste Reformer, dessen Ideen auch umgesetzt worden sind, auch wenn dies meist als unreflektierte Methode geschah (ebd. S. 50–63). In seiner didactica magna (1657) stellt er den allgemeinen Grundsatz auf, alle Lehre habe mit der Anschauung zu beginnen, sodass die Schülerinnen und Schüler mit ihren Sinnen und ihrer Vernunft anstatt durch Autorität lernen. Da der Begriff der Anschauung hier zum ersten Mal als Grundsatz formuliert und in einem didaktischen Kontext fällt, kann man sagen, dass Comenius als Vater des Prinzips der Anschauung gelten kann. Die Umsetzung dieses Prinzips zeigte sich beispielsweise in den aufkommenden Materialsammlungen für Realanschauungen und Schulbüchern für Stellvertreteranschauungen (Michael, 1983, S. 71–74). Comenius begründet das Prinzip der Anschauung über anthropologische und erkenntnistheoretische Argumente:

> Da die Wissenschaft oder Kenntnis der Dinge nichts anderes ist, als das innerliche Schauen der Dinge, sind für sie die gleichen Gegebenheiten erforderlich wie für das äußere Sehen oder Betrachten, (nämlich): das Auge, ein Gegenstand und Licht. Sind diese (drei) gegeben, so kommt das Sehen zustande. Das Auge für die innere Sicht ist der Verstand (mens) oder der Geist (ingenium). Gegenstände sind alle Dinge, die außerhalb oder innerhalb der Erkenntnis (intellectus) liegen. Das Licht ist die gebührende Aufmerksamkeit. Aber wie beim äußeren Sehen eine gewisse Art und Weise nötig ist, wenn man ein Ding sehen soll, wie es ist, so bedarf es auch hier einer bestimmten Methode, nach der die Dinge dem Geist so vorgeführt werden, daß er sie sicher und rasch erfaßt und durchdringt (Did. Magna Kap 20 Ziff. 2, zitiert nach Michael, 1983, S. 71)

2.1.2.4 Klärung des erkenntnistheoretischen Rahmens

Nach Merkles Ausführungen hatte sich das durch Comenius geborene Prinzip der Anschauung noch nicht sofort durchgesetzt. Erst im 18. Jahrhundert wurde durch Aufklärer wie August Hermann Francke (1663–1727), John Locke (1632–1704), Jean Jaques Rousseau (1712–1778) oder Johann Bernhard Basedow (1724–1790) auf den „Durchbruch" hingearbeitet, der letztlich durch den Pädagogen Johann Heinrich Pestalozzi (1746–1827) errungen wurde (Merkle, 1983, S. 65–86). Trotz der regen Auseinandersetzungen mit dem Prinzip der Anschauung durch die Philosophen der Aufklärung war der erkenntnistheoretische Rahmen noch nicht geklärt. Erst Immanuel Kant (1724–1804) nahm sich der Aufgabe an „den Begriff der Anschauung im deutschen Sprachgebrauch durch seine Stellung in der Philosophie zu verankern und zu systematisieren" (ebd., S. 87). Eine ausführlichere

Darstellung der Theorie Kants wurde bereits in Abschnitt 2.1.1 gegeben. Für die geschichtliche Entwicklung des Prinzips der Anschauung ist relevant, dass Kant die Begrifflichkeiten nachhaltig eingeengt hat, seine Lehre aber auch zunehmend falsch interpretiert wurde. So wurde das Zusammenspiel von Anschauung und Verstand zunehmend als „Divergenz" aufgefasst (ebd., S. 90).

2.1.2.5 Anschauung als Bildungsziel

Als letzte entscheidende Station für die geschichtliche Entwicklung des Unterrichtsprinzip der Anschauung aus überfachlicher Sicht folgt nun eine kurze Beschreibung von Pestalozzis Beitrag, obwohl es schwierig ist, sein Werk zusammenfassend zu systematisieren, da es sich im Laufe seines Schaffens oft verändert hat. Hintergrund seiner Ideen war ein schulischer und gesellschaftlicher Wandel, der sich durch eine expandierende Schulpflicht und die Industrialisierung auszeichnete. Pestalozzi befürchtete, dass das Lernen im Elternhaus zunehmend verdrängt werden würde, welches er wegen der Natürlichkeit sehr schätzte. Daher war ein Anliegen Pestalozzis, dass Schule ein Ersatz für das häusliche Lernen darstelle, wobei die Natürlichkeit dieses Lernens bei ihm mit Anschauung in Verbindung gebracht wird. Außerdem gilt auch bei Pestalozzi Anschauung als das Fundament der Erkenntnis und auch er wendet sich gegen ein unverstandenes Auswendiglernen (Merkle, 1983, S. 93–134).

Anschauung wird von Pestalozzi als so elementar aufgefasst, dass ein Anschauungsunterricht noch vor dem eigentlichen Rechen- und Sprachunterricht stattfinden soll. Damit ist Anschauung nicht mehr nur eine Methode, sondern auch ein Bildungsziel. Wie dieser Anschauungsunterricht gestaltet werden soll, hat Pestalozzi im ABC der Anschauung methodisch festgehalten. Es handelt sich um einen stark durchstrukturierten Lehrgang, der den Kindern helfen soll, ihre ungeordnete und wirre Wahrnehmung zu ordnen (ebd.). Dabei geht das ABC der Anschauung vom Einfachen zum Komplexen vor, damit die Lernenden einem „psychischen Mechanismus" gemäß die Erkenntnisleiter bestehend aus vier Stufen erklimmen können. Beginnend bei „dunklen Anschauungen" sollen sie über „bestimmte Anschauungen" und „klaren Vorstellungen" zu „deutlichen Begriffen" geführt werden (Michael, 1983, S. 25). Pestalozzi beginnt beim Rechteck als einfachster geometrischer Figur. Kinder sollen zunächst Linien zeichnen, Figuren anschauen, Quadrate teilen usw., um später das Gelernte auf die Natur zu übertragen, indem sie ihre Aufmerksamkeit auf geometrische Formen in ihrer Wahrnehmung lenken. Eine Modifikation des ABCs der Anschauung nimmt Johann Friedrich Herbart (1776–1841) vor, indem er das Dreieck als die elementarste Form allen anderen voranstellt (Schulze, 1886). Pestalozzis Verdienst ist aber, einen Anschauungsunterricht als eigenes Fach etabliert zu haben. Allerdings gibt Michael (1983, S. 76) noch zu bedenken, dass in der Praxis das ABC häufig als bloße Sprechübung Anwendung fand, sodass von dem hohen Ziel Pestalozzis, wirkliche Erkenntnisakte im Kind auszulösen, nicht die Rede sein kann.

2.1.2.6 Das Prinzip der Anschauung in der Mathematikdidaktik

Zum Prinzip der Anschauung gibt es auch frühe mathematikdidaktische Überlegungen. Der Mathematiker Felix Klein (1849–1925), der sich neben seinen fachlichen Forschungstätigkeiten auch mit Fragen der Hochschullehre und insbesondere der Lehrerbildung beschäftigt hat, erklärt in einer Rede „Über die Aufgabe und Methode des mathematischen Unterrichts an Universitäten" (Klein, 1898), dass ihm die Anschauung ein wichtiges Moment in der Lehre sei. Er selbst hat eine Vorlesung für angehende Lehrerinnen und Lehrer gehalten, welche auch in einem dreibändigen Werk „Elementarmathematik vom höheren Standpunkt" (Klein, 1968) in Buchform veröffentlich wurde. In diesem Werk wird sich aus Gründen der Motivation, Zugänglichkeit und der Vorbildfunktion (angehende Lehrer sollen später anschaulich unterrichten) der Anschauung bedient. Henrike Allmendinger (2014) identifiziert in der „Elementarmathematik vom höheren Standpunkt" vier verschiedene Einsatzarten von Anschauung. Erstens wird durch Anschauung der Einstieg in eine neue Thematik motiviert, zweitens ersetzen anschauliche Überlegungen einzelne deduktive Beweisschritte, drittens dient Anschauung als Grundlage bei Begriffsbildungen und schließlich will Klein die Raumanschauung trainieren, sodass die Studierenden von der empirischen Anschauung zu einer inneren Anschauung gelangen, die über das Zeichenbare hinausgeht. Klein scheint sich hier an der Terminologie Kants anzulehnen (ebd., S. 43–54).

Auf die Frage, was Klein und Allmendinger unter Anschauung verstehen und ob es sich tatsächlich in der Anwendung Kleins um ein Unterrichtsprinzip handelt, kann hier nicht eingegangen werden. Interessant ist aber, dass es bereits gegen Ende des 19. Jahrhunderts eine mathematikdidaktische und vor allem hochschulspezifische Auseinandersetzung mit Anschauung gegeben hat. Da Klein auch noch in der aktuellen Diskussion um Lehrerbildung gerne herangezogen wird (vgl. z. B. Ableitinger, Kramer & Prediger, 2013), ist davon auszugehen, dass auch in anderen Thematiken wie der Anschauungsdiskussion sein Wirken nachhaltig war. Die geschichtliche Entwicklung des Anschauungsprinzips wird durch Abbildung 2.1 zusammengefasst.

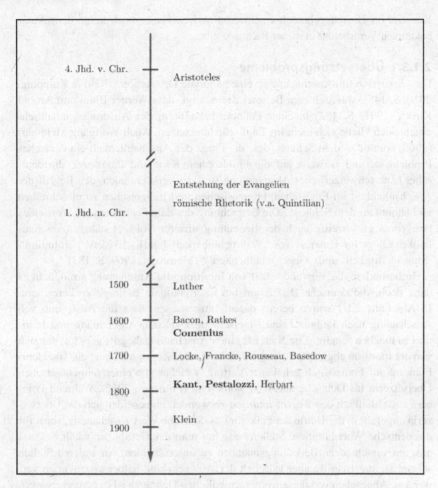

4. Jhd. v. Chr. —|— Aristoteles

1. Jhd. n. Chr. —|— Entstehung der Evangelien
römische Rhetorik (v.a. Quintilian)

1500 —|— Luther

1600 —|— Bacon, Ratkes
Comenius

1700 —|— Locke, Francke, Rousseau, Basedow

1800 —|— **Kant, Pestalozzi**, Herbart

1900 —|— Klein

Abbildung 2.1   Zeitstrahl zu der geschichtlichen Entwicklung des Anschauungsprinzips

2.1.3 Schwierigkeiten der Begriffsbestimmung

Es ist bereits angeklungen, dass die Klärung des Begriffes Anschauung keine leichte Aufgabe ist. Diesem Eindruck wird im Folgenden weiter nachgegangen. Es wird sich zeigen, dass der Versuch, das Begriffsfeld zu ordnen, durchaus eine lohnende Aufgabe ist, da sich Schwierigkeiten verschiedener Art auftun, die einen

Konsens im Begriffsgebrauch erschweren und es bisher noch keine dem Autor bekannten Vorarbeiten in dieser Richtung gibt.

2.1.3.1 Übersetzungsprobleme

Die Diskussion um Anschauung ist eine nationale Diskussion[9] (Reid & Knipping, 2010, S. 145), was sich zum Beispiel daran zeigt, dass Werner Blum und Arnold Kirsch (1991, S. 184) in einer Fußnote behaupten, der Ausdruck „inhaltlich-anschaulich" ließe sich nicht ins Englische übersetzen. Auch Wolfgang Memmert (1969) kommt zu dem Schluss, dass die Frage der Anschaulichkeit ein deutsches Problem sei und verweist auf die Philosophen Kant und Pestalozzi, die deutscher bzw. schweizerischer Abstammung sind. Er versucht auch, den Begriff der Anschaulichkeit im Englischen, Französischen und Italienischen zu umschreiben und kommt zu dem Schluss: „Die Betrachtung des dabei entstehenden Wortfeldes bringt uns gleichzeitig auch der Bedeutung unserer Vokabel näher: ‚Anschaulichkeit' liegt im Umkreis von ‚Wahrnehmbarkeit [sic!], ‚Evidenz', ‚Intuition', ‚Sinnenhaftigkeit' und, ‚Gegenständlichkeit'" (Memmert, 1969, S. 187).

Insbesondere die Verwandtschaft von Intuition und Anschauung ermöglicht es dann doch, die deutsche Diskussion um internationale Beiträge zu bereichern. In Abschnitt 2.1.1 wurde bereits darauf hingewiesen, dass die Auslegung von Anschauung nach Leibniz keine Unterschiede zwischen Anschauung und Intuition zu machen scheint. Erst Kant hat einen Anschauungsbegriff geprägt, der sich von der Intuition abgrenzt. Interessant ist in diesem Zusammenhang ein von Henri Poincaré auf Französisch gehaltener Vortrag, welcher von einer zeitgenössischen Übersetzerin ins Deutsche übersetzt worden ist (Poincaré, 2012). Während Poincaré ausschließlich den Begriff *intuition* verwendet, entscheidet sich die Übersetzerin ungefähr in der Hälfte der Fälle für das deutsche Wort Anschauung, sonst für das deutsche Wort Intuition. Stellenweise hat man das Gefühl, sie wählt bewusst aus, um verschiedene Bedeutungsnuancen zu unterscheiden. An anderen Stellen scheint sie die Begriffe aber lediglich der Abwechslung halber synonym zu verwenden. Abgesehen von diesem unterschiedlichen Gebrauch ist es bemerkenswert, dass nicht ausschließlich der deutsche Begriff Intuition verwendet wird. Im Verlaufe des Vortrags entwickelt Poincaré verschiedene Anschauungsarten, sodass er gegen Ende (Poincaré, 2012, S. 30) von einer *intuition pure* und einer *intuition sensible* spricht (in der Übersetzung „reine Intuition" und „sinnliche Anschauung", siehe ebd., S. 12). Möglicherweise versucht Poincaré dadurch das zu unterscheiden, was in der deutschen Sprache durch die Begriffe Intuition und Anschauung

---

[9] Es ist aber vorstellbar, dass sich ähnliche Diskurse in anderen Begrifflichkeiten abspielen. Darauf wird weiter unten noch eingegangen.

differenziert werden kann, wenn man wie Kant Anschauung als etwas Sinnliches auffasst. Während die reine Intuition nämlich allein auf die reinen Zahlen und logischen Formen gerichtet ist, wird die sinnliche Anschauung bei Poincaré mit Wahrnehmung und Einbildungskraft in Verbindung gebracht.

Im Rahmen dieser Arbeit kann und soll also auch die internationale Auseinandersetzung mit der Intuition einbezogen werden. Als eine Heuristik zur Definitionsfindung werden die Begriffe Intuition und Anschauung zunächst gleichgesetzt. Auch der Begriff der *visualization*, wie er zum Beispiel von Arcavi (2003) definiert wurde, kann ebenfalls mitberücksichtigt werden. Hier spielt die sinnliche Seite der Anschauung, welche im Begriff *intuition* nicht hervorgehoben wird, eine größere Rolle. Valeria Giardino (2010) argumentiert, dass es keine scharfe Trennlinie zwischen *visual processes* und *linguistic processes* gibt und plädiert dafür, die Rolle von *intuition* und *visualization* auf einmal in den Blick zunehmen.

2.1.3.2 Ungenauer Begriffsgebrauch

Neben dem Übersetzungsproblem gibt es auch Schwierigkeiten, die die fehlenden, vagen oder sich widersprechenden Definitionen betreffen. So schreibt Lothar Profke über die Begriffe *anschaulich* und *Veranschaulichung*: „Die Verwendung der Begriffe geschieht meistens intuitiv und unpräzise, zuweilen unüberlegt und inflationär, auch so, als wären Anschaulichkeit und mathematische Strenge Gegensätze" (Profke, 1994, S. 13) und auch Fischbein (1982, S. 9) stellt fest, dass Psychologen den Begriff *intuitive* in verschiedenen Kontexten verwenden, ohne eine Definition oder wenigstens eine Erklärung anzugeben, was ironischerweise daran zu liegen scheint, dass der Begriff *intuition* intuitiv klar sei. Schließlich weist Siegbert Ernst Merkle (1983, S. 12) darauf hin, dass sowohl das Begriffsfeld Anschauung als auch das Unterrichtsprinzip der Anschauung in den verschiedenen Disziplinen Psychologie, Philosophie, Pädagogik und Didaktik unterschiedlich gebraucht wird, was eine Begriffsklärung weiter erschwert.

Diese Feststellungen decken sich mit den Erfahrungen, die der Autor beim Verfassen dieser Dissertation gemacht hat. Als Beispiel wird der überaus lesenswerte Beitrag Heinrich Winters „Gestalt und Zahl – zur Anschauung im Mathematikunterricht, dargestellt am Beispiel der Pythagoreischen Zahlentripel" (Winter, 1999) vorgebracht. Winter setzt sich in diesem Artikel das Ziel, „verschiedene allgemeine Aspekte der Anschauungsthematik zu diskutieren" (ebd., S. 254), gibt dabei aber keine Definition oder auch nur eine Beschreibung seines Anschauungsverständnisses an. Nur ein vager Verweis auf eine eigene Publikation „Mathematik als Schule der Anschauung oder: Allgemeinbildung im Mathematikunterricht des Gymnasiums" (Winter, 1997) kann Aufschluss über den zugrundeliegenden Anschauungsbegriff geben. Doch in diesem Beitrag, der immerhin zum

Ziel hat, den Status von Anschauung in der Allgemeinbildung aufzuwerten, bleibt das Anschauungsverständnis implizit. Anschauung scheint als Gegenpol zu Formeln und Abstraktion verstanden zu werden (ebd., S. 27) und durch die Schreibweise „Anschauung/Intuition" (ebd., S. 28–29) wird eine Gleichsetzung der beiden Begriffe angedeutet. Dagegen spricht, dass Anschauung vor allem durch die ausgewählten Beispiele, aber auch durch die Ausführungen sehr visuell geprägt zu sein scheint. Doch auch die Ausbildung und Weiterentwicklung von Anschauung wird angesprochen, denn diese sei durch eine intellektuelle Einflussnahme veränderbar (ebd., S. 28). Man kann also hier ohne Probleme verschiedene philosophische Anschauungsbegriffe wiederfinden.[10]

2.1.3.3 Intrinsische Schwierigkeiten

Bei der Begriffsbestimmung gibt es aber auch Schwierigkeiten, die mit dem Wesen der Anschauung an sich zu tun haben. Anschauung ist schwierig zu verstehen und daher auch schwierig zu beschreiben. So gesehen ist es kein Wunder, dass viele Autoren dieser Schwierigkeit aus dem Weg gehen. Dazu schreibt Jahnke:

> Die Allgegenwart der Anschauung macht es allerdings schwierig, ihre Bedeutung tatsächlich zu verstehen, weil ihre Rolle im Erkenntnisprozeß nicht eindeutig lokalisiert werden kann. Anschauung gibt uns das Material der Erkenntnis und ist zugleich das Medium, in dem wir die Schemata konstruieren, mit deren Hilfe wir das Material analysieren und uns zugänglich machen. Anschauung ist zugleich empirisch sinnliche Wahrnehmung, und abstrakt. Die Anschauung wirklich zu verstehen, würde bedeuten, unsere Erkenntnis zu verstehen (Jahnke, 1989, S. 33).

Durch die verschiedenen Schwierigkeiten wird deutlich, dass die Beschäftigung mit dem Begriff der Anschauung auch im Rahmen dieser Arbeit nur vorläufige Ergebnisse liefern kann. Dennoch soll das Beste versucht werden, das Feld weiter zu ordnen, um zumindest eine Arbeitsdefinition zu erhalten, die für praktische Zwecke zunächst ausreicht.

2.1.4   Ordnen des Begriffsfeldes über begriffsnahe Definitionen

Wenn es auch im mathematikdidaktischen Kontext schwierig ist, eine Definition von Anschauung zu finden, so kann man stattdessen Definitionen und Beschreibungen begriffsnaher Wörter untersuchen. Um das Begriffsfeld besser zu verstehen,

---

[10] Nämlich die Anschauungsbegriffe (1.)–(3.) aus Abschnitt 2.1.1

werden nun einige dieser begriffsnahen Definitionen dargelegt, miteinander verglichen und voneinander abgegrenzt. Dabei werden neben Wortverwandtschaften aufgrund gleicher Wortstämme auch die Begriffe *visualization* und Intuition wie in Abschnitt 2.1.3 beschrieben als begriffsnah aufgefasst.

2.1.4.1 Anschaulichkeit

Wenn man vom Wortstamm ausgeht, ist Anschaulichkeit ein der Anschauung besonders naher Begriff. Nils Buchholtz und Daniel Behrens (2014) stellen eine Studie vor, in der Lehramtsstudierende zum Thema Anschaulichkeit in ihrem Studium befragt wurden. Dabei geben sie in ihren theoretischen Ausführungen zwei verschiedene Auffassungen von Anschaulichkeit an. Einmal ist Anschaulichkeit ein „didaktisches Mittel", um Wahrnehmen und Verstehen zu fördern. Anschaulichkeit wird durch Repräsentationswechsel innerhalb einer Darstellungsebene und durch Wechsel zwischen verschiedenen Darstellungsebenen erzeugt.[11] Gemäß der zweiten Auffassung ist Anschaulichkeit eine notwendige Bedingung dafür, dass Lernende ihre individuellen inneren Vorstellungen erzeugen können (ebd., S. 142). Die Autoren verweisen an dieser Stelle auf Klaus Peter Walcher (1975), der die Begrifflichkeiten Anschauung, Anschaulichkeit und Veranschaulichung philosophie- und psychologiehistorisch aufarbeitet. Anschaulichkeit wird bei Walcher als etwas Subjektives aufgefasst: „Wir sprachen bereits davon, daß die Anschaulichkeit der Erfahrungsinhalte vom Urteil des interpretierenden Subjekts abhängig sei" (ebd., S. 13). Diese Auslegung passt zu der Lehre Franz Brentanos (1838–1917), in der Anschaulichkeit als ein Urteilsakt aufgefasst wird, der psychischen Bedingungen der Wahrnehmung und des Gemüts unterliegt (Walcher, 1975, S. 24).

Diese Idee soll auch hier aufgegriffen werden. Anschaulichkeit wird in dieser Arbeit von Anschauung im folgenden Sinne abgegrenzt. Bei der Anschaulichkeit spielt die Subjektivität eine Rolle, da es individuell zu klären ist, ob ein Lerngegenstand dem Lernenden zugänglich ist. Für didaktische Überlegungen, die einem konstruktivistischen Paradigma verschrieben sind, spielt die Subjektivität eine große Rolle. Für den Begriff der Anschauung ist es aber sinnvoll, die Subjektivität dennoch auszuklammern, da es im Folgenden (siehe Abschnitt 2.2.1) auch um die Frage nach sicheren Erkenntnissen bzw. Strenge in der Mathematik geht. Hier würde der Einbezug von Subjektivität von vornherein die Möglichkeiten der Anschauung stark beschränken. Wird allerdings das Adjektiv *anschaulich* verwendet, so kann es sich je nach Kontext auf die Anschaulichkeit oder auf die

---

[11] Die Autoren beziehen sich bei den Darstellungsebenen in erster Linie auf das Brunersche EIS-Prinzip (Bruner, 1974).

Anschauung beziehen. Ist zum Beispiel von anschaulichen Elementen in der Hochschullehre die Rede, so seien damit Elemente gemeint, die sich der Anschauung bedienen. Nur in Sätzen, wo ausdrücklich von einer Empfindung oder subjektiven Einschätzung gesprochen wird, bezieht sich *anschaulich* auf Anschaulichkeit.

2.1.4.2 Veranschaulichung

Ebenfalls nahe am Wortstamm von Anschauung ist der Begriff der Veranschaulichung. Wie bereits in Abschnitt 2.1.3 ausgeführt, sieht Wolfgang Memmert Schwierigkeiten, Anschauung und verwandte Begriffe zu definieren. Dennoch gibt er eine Arbeitsdefinition für Anschaulichkeit und Veranschaulichung: „In einer vorläufigen Arbeitsdefinition wäre demnach ‚Anschaulichkeit' für uns Übereinstimmung mit alltäglichen und allgemeinen Erfahrungen und der didaktisch-methodische Begriff der ‚Veranschaulichung' die Maßnahme der Überführung von nicht unmittelbar Erfahrbarem in Erfahrbares" (Memmert, 1969, S. 187). Während seine Ideen zur Anschaulichkeit zu der oben genannten subjektiven Auffassung passen,[12] wird der Begriff der Veranschaulichung als didaktisches Mittel verstanden, das diese subjektive Anschaulichkeit herstellt. Die Idee des Überführens findet sich auch bei Profke wieder (1994): „Veranschaulichen soll die Möglichkeiten umfassen, einen fremden Sachverhalt durch Übertragen in einen vertrauten Bereich zugänglich zu machen" (ebd., S. 13). Interessant ist, dass die visuelle Komponente keine notwendige Eigenschaft der Veranschaulichung darstellt.

2.1.4.3 Visualisierung

Beim Begriff der Visualisierung hingegen rückt sie Sinneswahrnehmung stärker in den Fokus. Gert Kadunz (2000) beschreibt verschiedene Gebrauchsformen des Begriffes Visualisierung, die er auf ein trennscharfes Verständnis einzuengen versucht (ebd., S. 280). Dabei bedient er sich kognitionswissenschaftlicher, didaktischer und semiotischer Theorien[13] und definiert schließlich indirekt: „Diese durch den Gebrauch von Metaphern geprägte Tätigkeit des ergänzenden Wechsels zwischen Analogem und Propositionalem, zwischen Bildhaftem und nicht Bildhaftem oder zwischen konkurrierenden Attraktoren ist das charakteristische Merkmal von Visualisierung" (Kadunz, 2000, S. 297). Um diese Definition zu verstehen, werden einige der vorkommenden Wörter kurz erläutert. Metaphern sind kognitive Werkzeuge, mit denen Wissen aus bekannten Bereichen der eigenen Erfahrung auf neue Konzepte projiziert werden kann (Lakoff & Núñez, 2000, S. 39–45). Der Begriff

---

[12] Erfahrungen sind individuell.

[13] Sollte die Leserin oder der Leser mit dem Begriff der Semiotik nicht vertraut sein, kann der Exkurs in Abschnitt 2.1.8 herangezogen werden.

der Proposition bezieht sich auf die kleinsten eigenständigen Bedeutungsträger in einer (logischen) Sprache (Kadunz, 2000, S. 293–294) und kann als Gegenpart zur analogen Repräsentation aufgefasst werden, da sich hier die Bedeutung nicht eigenständig, sondern erst durch eine Beziehungs- bzw. Strukturähnlichkeit zu etwas Bezeichnetem erschließt (ebd., S. 290–292).[14]

Auch für Willibald Dörfler (1984) ist der spezifische Umgang mit einer bildlichen Darstellung das Kriterium, welches die Darstellung zu einer Visualisierung erhebt. Durch Handlungen, Umstrukturierungen, Transformationen usw. sollen Informationen erschlossen werden. In der bildlichen Darstellung müssen also Bedeutungen in direkter oder rekonstruierbarer Form enthalten sein. Würde man sich auf die Modalität des Visuellen ohne diese Aktivitäten der Lernenden beschränken, könnte auch symbolische Algebra oder die geschriebene Sprache als Visualisierung dienen. Dörflers Visualisierungsverständnis betont den kommunikativen Aspekt unter Vernachlässigung des psychologisch individuellen Aspekts (ebd., S. 48–50), welcher zum Beispiel beim Begriff der Anschaulichkeit stärker anzutreffen war.

Auf den Zusammenhang der Begriffe Visualisierung und Anschauung geht Klaus Boeckmann (1982) ein. Seiner Ausführung nach ist Anschauung durch den neu in die Didaktik gekommenen Begriff der Visualisierung abgelöst worden. Auch wenn sich dadurch vermutlich eine leichte Bedeutungsverschiebung ergeben hat, nehme der Begriff der Visualisierung dennoch die Tradition der Anschauung auf, das Gegenteil von abstrakt zu sein. Einerseits sei Visualisierung ein speziellerer Begriff, da er sich anders als die Anschauung nur auf die visuelle Wahrnehmung fokussiere. Andererseits können auch abstrakte visuelle Zeichen Teile von Visualisierungen sein (ebd., S. 13–14), was der vorherigen Aussage, Visualisierungen seien nicht abstrakt, zumindest in Teilen widerspricht. Wir halten fest, dass der Begriff Visualisierung in Abgrenzungen zu den vorherigen Begriffen eine visuelle Komponente hat, sich der Begriff darin aber nicht erschöpft, da diese alleinige Eigenschaft für die Mathematikdidaktik keine brauchbare Unterscheidung liefert. Stattdessen müssen noch gewisse metaphorische oder semiotische Aspekte hinzutreten.[15]

---

[14] Kadunz lockert diesen Gegensatz aber wieder auf, indem er darauf hinweist, dass auch Präpositionen analog interpretiert werden können.

[15] Dies hat Kadunz (2000) bereits angedeutet. Aber auch Volkerts Anschauungsverständnis (siehe Abschnitt 2.1.5) ist semiotischer Natur.

2.1.4.4 Visualization

Unter *visualization* ist nicht nur die direkte Übertragung des deutschen Wortes Visualisierung ins Englische zu verstehen. Es handelt sich um einen viel weiteren Begriff, der neben Darstellungsarten auch beispielsweise interne Denkprozesse miteinschließt. So verhält es sich zumindest bei der Definition von Abraham Arcavi (2003):

> Visualization is the ability, the process and the product of creation, interpretation, use of and reflection upon pictures, images, diagrams, in our minds, on paper or with technological tools, with the purpose of depicting and communicating information, thinking about and developing previously unknown ideas and advancing understandings (S. 217).

Visualization in diesem Sinne nähert sich den philosophischen Auffassungen von Anschauung, da auch die erkenntnistheoretische Funktion neben der didaktischen Vermittlung mitgedacht wird. Jedoch scheint der Begriff an Differenzierungspotenzial einzubüßen, da er so weit gefasst ist, dass wirklich alles, was man sich unter Visuellem in der Mathematikdidaktik vorstellen kann, darunterfällt.[16] Dennoch wird die Definition Arcavis auch in der deutschen Didaktik verwendet (vgl. z. B. Gretsch, 2016, S. 24).[17]

Die internationalen Forschungsansätze zu dem Bereich *visualization* sind sehr vielseitig und können hier nicht erschöpfend dargestellt werden.[18] Um nicht den Eindruck zu erwecken, allein die Definition von Arcavi würde die Theorielandschaft bestimmen, wird nun noch eine weitere von Rina Zazskis, Ed Dubinsky und Jennie Dautermann vorgestellt:

> Visualization is an act in which an individual establishes a strong connection between an internal construct and something to which through access ist gained through the senses. Such a connection can be made in either of two directions. An act of visualization may consist of any mental construction of objects or processes that an individual associates with objects or events perceived by her or him as external. Alternatively, an act of visualization may consist of the construction, on some external medium such as paper, chalkboard or computer screen, of objects or events that the individual identifies

---

[16] Tatsächlich ist der Begriff so allgemein definiert, dass er nicht mal mathematikspezifisch gedeutet werden muss (siehe Fußnote 17).

[17] Der zitierte Beitrag ist Teil eines interdisziplinären Austauschs über Visualisierungen. Die Weite des Begriffs macht es möglich, dass die Deutsch- und Mathematikdidaktik dieselbe Definition verwenden können.

[18] Entsprechende Arbeiten sind z. B. bei Presmeg (1986), Clements (2014) und Nardi (2014) zu finden.

with object(s) or proccess(es) in her or his mind (Zazkis, Dubinsky & Dautermann, 1996, S. 441).

Auch hier werden interne und externe Medien miteinbezogen, der Fokus liegt aber auf dem Generieren eines mentalen oder physischen Bildes, sodass der Begriffsumfang hier deutlich geringer als bei Arcavi ist. Die beiden zuletzt vorgebrachten Definitionen haben gemein, dass bei beiden die Sinneswahrnehmung eine Rolle spielt. Während bei den Begriffen Anschaulichkeit und Veranschaulichung die visuelle Sinneswahrnehmung nicht von entscheidender Bedeutung ist, ist dieser für die Definitionen von Visualisierung und *visualization* eine notwendige Eigenschaft.

2.1.4.5 Intuition

Als letztes begriffsnahes Konstrukt wird nun die Intuition erläutert. Dieser Begriff hat wie die Anschauung eine lange philosophische Tradition (vgl. z. B. Kobusch, 1976), die hier nicht vollständig rezipiert werden kann. Daher beschränken sich die Ausführungen auf eine Auswahl didaktischer Arbeiten zum Intuitionsbegriff, die sich aber in Teilen auf den philosophischen Hintergrund beziehen. Heinrich Winter geht auf diese philosophische Tradition ein und zieht für seine Zwecke[19] die Definition René Descartes (1596–1650) heran:

> Unter Intuition verstehe ich nicht das schwankende Zeugnis der sinnlichen Wahrnehmung oder das trügerische Urteil der verkehrt verbindenden Einbildungskraft, sondern ein so müheloses und deutliches Begreifen des reinen und aufmerksamen Geistes, daß über das, was wir erkennen, gar kein Zweifel zurückbleibt, oder, was dasselbe ist: eines reinen und aufmerksamen Geistes unbezweifelbares Begreifen, welches allein dem Lichte der Vernunft entspringt und das, weil einfacher, deshalb zuverlässiger ist als selbst die Deduktion, die doch auch, wie oben angemerkt, vom Menschen nicht verkehrt gemacht werden kann. So kann jeder intuitiv mit dem Verstande sehen, daß er existiert, daß er denkt, daß ein Dreieck von nur drei Linien, daß die Kugel von einer einzigen Oberfläche begrenzt ist und Ähnliches, weit mehr als die meisten gewahr werden, weil sie es verschmähen, ihr Denken so leichten Sachen zuzuwenden (Descartes, 1979, S. 10f., zitiert nach Winter, 1988, S. 230).

Winter stellt fest, dass der Begriff der Intuition so ohne die sinnliche Wahrnehmung auskommt und hebt die unmittelbare, unzweifelhafte Evidenz hervor, die in

---

[19] Sein Ziel ist es die curriculare Bedeutung des Mittelwertsatzes der Differenzialrechnung vor dem Hintergrund des heuristischen Wechselspiels von Intuition und Deduktion hervorzuheben.

der Definition enthalten ist (Winter, 1988, S. 230). Diese Aspekte sind in den bisher behandelten begriffsnahen Definitionen nicht zum Tragen gekommen. Dass sie in der Diskussion um Anschauung aber eine Rolle spielen, zeigt sich (wie schon in Abschnitt 2.1.2 beschrieben) daran, dass im Laufe der geschichtlichen Entwicklung des Prinzips Anschauung diese immer wieder als unbezweifelbare Erkenntnis postuliert wurde.

Auch Efraim Fischbein (1982) hat sich mit dem Begriff der *intuition* auseinandergesetzt, jedoch stützen sich seine Überlegungen stärker auf eine psychologische als auf eine philosophische Basis. Er unterscheidet *anticipatory intuition* und *affirmatory intuition*. Während es sich bei der ersten Art von Intuition um das psychologisch gut untersuchte, plötzliche, noch nicht artikulierbare Erkennen der Lösung in einem Problemlöseprozess handelt, beschreibt der zweite Intuitionsbegriff eine selbstevidente Erkenntnis, die durch natürliche Repräsentationen, Erklärungen und Interpretationen ermöglicht wird. Fischbein spricht in diesem Zusammenhang auch von intrinsischer Bedeutung und stellt fest, dass dieses Verständnis von Intuition noch nicht ausreichend untersucht sei (ebd., S. 10).[20] Beiden Intuitionsarten ist gemein, dass sie kein diskursives Element aufweisen, also nicht schrittweise voranschreiten (Gessmann, 2009, 174). Insbesondere die *affirmatory intuition* lässt sich gut mit den Ideen Descartes verbinden, was vermutlich daran liegt, dass die psychologische Forschung die philosophische Tradition berücksichtigt hat.

Noch deutlicher wird die Vielfalt von *intuition* bei Valeria Giardino (2010). Sie unterscheidet drei Anwendungen des Intuitionsbegriffs. Einmal wird Intuition als unmittelbare Kognition von mathematischen Objekten aufgefasst. Intuition kann aber auch die unterbewusste Vorbereitung zur Illumination (plötzliches Erkennen der Lösung) bei der Suche nach einem Beweis sein und schließlich werden Axiome durch Intuition, wie physikalische Gesetze durch Wahrnehmung, erkannt. Die drei Intuitionsarten haben die Gemeinsamkeit, dass sich die Wahrheit von selbst aufdrängt (ebd., S. 29–30). Die Ausführungen Giardinos passen daher gut zu den bisher referierten Arbeiten, wenn man Selbstevidenz als Aufdrängen der Wahrheit versteht, jedoch kommt mit der Kognition der Objekte auch ein bisher noch unerwähntes Element hinzu. Denkt man an die Philosophie Kants, bei der die Gegenstände als Anschauungen in der Sinnlichkeit gegeben sind, könnte diese erste Anwendung des Intuitionsbegriffs dem kantschen Anschauungsbegriff zuzuordnen sein. Jedoch schreibt Kant, dass die Gegenstände im Verstand gedacht

---

[20] Fischbeins These ist, dass sich die Selbstevidenz bei genauerer Untersuchung als ein Pseudo-Konzept entpuppt. Unabhängig davon, ob hier diese These unterstützt wird, soll lediglich ein weiteres Verständnis von Intuition in die Diskussion aufgenommen werden.

werden (Kant, 1974, B 75). Es ist also die Frage, was Giardino unter unmittelbarer Kognition versteht und ob diese Tätigkeit schon so weit geht, dass Kant sie eher dem Verstand als der Sinnlichkeit zuordnen würde.

Giardino stellt sich die Frage, inwiefern *intuition* und *visualization* voneinander abzugrenzen sind. Auf der einen Seite gebe es die Haltung, dass Intuition da beginnt, wo das Sehen aufhört. Diese Sichtweise könnte sich gut mit dem Anschauungsbegriff von Leibniz vertragen, bei dem das Schauen lediglich als Metapher gedacht ist (siehe Abschnitt 2.1.1). Auf der anderen Seite haben *intuition* und *visualization* aber auch gemein, dass sie keine linguistischen oder logischen Züge tragen und damit als nicht reliabel gelten (Giardino, 2010, S. 30). Dies steht im krassen Gegensatz zu der selbstevidenten Auffassung von Intuition. Auch der Begriff der Intuition scheint also ähnlich wie der Anschauungsbegriff wegen der vielen unterschiedlichen Auslegungen[21] schwierig zu fassen zu sein.

Im Folgenden wäre es wünschenswert zu klären, wie sich Intuition und Anschauung voneinander abgrenzen lassen. Einerseits kann man fragen, inwiefern auch die Anschauung unmittelbare, selbstevidente Züge trägt. Andererseits gilt es zu klären, ob die Anschauung etwas Spezifisches enthält, was sie von der Intuition unterscheidet. So ein spezifisches Element könnte etwa in der Sinneswahrnehmung liegen. Gerhard Heinzmann bemerkt, dass der Begriff Anschauung im Gegensatz zu dem Begriff der Intuition verwendet wird, „um die Affektion durch ein Objekt zu bezeichnen, was manchmal im Englischen als ‚konkrete Anschauung' übersetzt wird" (Heinzmann, 2013, S. 3). Dies würde den Anschauungsbegriff wieder näher an das Sinnenhafte rücken.[22] Wie durch die bisherige Analyse ersichtlich wird, lässt sich die Frage, wie Intuition und Anschauung voneinander abgrenzen lassen, hier nicht abschließend klären.[23] Eine praktische Entscheidung für diese Arbeit wird aber in Abschnitt 2.1.7 getroffen. Die begriffsnahen Definitionen werden durch Tabelle 2.2 zusammengefasst.

---

[21] Davis und Hersh (1985, S. 413–415) unterscheiden sogar sechs verschiedene, aber nicht trennscharfe Verständnisweisen von Intuition: 1. Gegenteil von streng, 2. visuell, 3. einleuchtend, 4. unvollständig, 5. auf physikalische Modelle oder Beispiele verlassen und 6. ganzheitlich/integrierend.

[22] Dennoch entscheidet sich Heinzmann dafür, Anschauung dem Begriff der Intuition vollständig unterzuordnen, sodass man wieder einmal feststellt, dass die Begrifflichkeiten alles andere als fixiert sind.

[23] Dies ist schon allein wegen der Übersetzungsproblematik so (siehe Abschnitt 2.1.3).

Tabelle 2.2 Zusammenfassung der begriffsnahen Definitionen

begriffsnahes Wort	Bedeutung
Anschaulichkeit	Subjektives Urteil, ob geeignete Bedingungen für eine Vorstellungsbildung vorliegen
Veranschaulichung	Übertragung eines unzugänglichen Bereichs auf einen zugänglichen Bereich als didaktische Maßnahme, um Anschaulichkeit zu erhöhen
Visualisierung	Bildliche Darstellung, die auf metaphorische oder spezifisch semiotische Weise gedeutet wird
Visualization	Weiter Begriff, der alles Visuelle in der Didaktik, insbesondere auch Handlungen, umfasst
Intuition	Unmittelbare und unzweifelhafte Erkenntnis
	Vorbereitung zur Illumination
	Kognition von Objekten

2.1.5 Rekonstruktion des Anschauungsverständnisses ausgewählter mathematikspezifischer Arbeiten

Bisher wurde der Begriff der Anschauung auf verschiedene Arten umkreist. Nun aber soll der Fokus auf einem mathematikspezifischen Verständnis von Anschauung selbst liegen. Es gibt einige Arbeiten, die in der Diskussion um Anschauung in der Mathematik und Mathematikdidaktik als Klassiker gelten, von denen hier nur eine Auswahl betrachtet werden kann. Nachdem die Ideen Heinrich Winters bereits in Abschnitt 2.1.3 angedeutet wurden, werden hier sowohl die beiden mathematikdidaktischen Beiträge von Wittmann und Müller (1988) sowie von Blum und Kirsch (1991) als auch die wissenschaftstheoretische Dissertation Volkerts (1986) vorgestellt. Da das jeweilige Anschauungsverständnis von einigen der Autoren nur in Teilen explizit gemacht wird, soll der Versuch einer Rekonstruktion dieses Verständnisses anhand der weiteren Ausführungen in den Arbeiten unternommen werden. Dies ist nicht unproblematisch, da man dabei schnell in den Bereich der Spekulation gerät. Jedoch bleibt ohne dieses Vorgehen nicht mehr viel Substanzielles zum Anschauungsbegriff zurück.

2.1.5.1 Anschauung bei Wittmann und Müller (1988)

Erich Christian Wittmann und Gerhard Müller haben in einer Festschrift für Heinrich Winter ihren Beitrag: „Wann ist ein Beweis ein Beweis?" (1988) veröffentlicht. Wie der Titel des Aufsatzes bereits andeutet, geht es um die Akzeptanz von verschiedenen Beweisformaten. Das übergeordnete Ziel ist aber, die Etablierung elementarmathematischer Studienanteile für die universitäre Lehrerbildung voranzutreiben. Die Autoren plädieren dafür, dass neben rein formal-symbolischen Beweisen auch weitere Beweisarten als gültig anerkannt werden, damit diese ohne Bedenken in elementarmathematischen Lehrveranstaltungen vermittelt werden können. Dabei soll das Kriterium für die Validität nicht die Darstellungsweise an sich sein, sondern entscheidend ist, ob der Beweis den gesamten Objektbereich der zu beweisenden Aussage oder nur Einzelfälle behandelt.

Damit reihen sich Wittmann und Müller in die Tradition der genetisch orientierten Mathematikdidaktik ein, dessen Hauptvertreter Benchara Branford für eine Klassifikation von Beweisarten herangezogen wird. Branford unterscheidet den experimentellen, intuitiv-anschaulichen und den wissenschaftlichen Beweis. Während der experimentelle Beweis wegen der fehlenden Allgemeingültigkeit als nicht streng eingestuft wird, stellen für Brandford die anderen beiden Beweisarten valide Argumentationsformen, nur in unterschiedlicher Darstellungsweise, dar (ebd., S. 248).

Für die Zwecke dieser Arbeit ist vor allem der intuitiv-anschauliche Beweis von Bedeutung, da sich hinter diesem Begriff womöglich ein spezifisches Verständnis von Anschauung verbirgt. Zunächst wird aber wegen der bereits mehrfach benannten Übersetzungsproblematik (siehe Abschnitt 2.1.3) die originale Bezeichnung Branfords hinzugezogen. Wittmann und Müller übernehmen den Begriff „intuitiv-anschaulich" aus dem ins Deutsche übersetze Werk Branfords: „Betrachtungen über mathematische Erziehung vom Kindergarten bis zur Universität" (Branford, 1913). An den markanten Stellen dieses Werkes ist aber nur von der „intuitiven Ableitung" (ebd., S. 100) oder von „Evidenz oder Beweis durch Intuition" (ebd., S. 239), ohne das Attribut *anschaulich*, die Rede. Das Wort *anschaulich* wird dann aber doch von den Übersetzern in den weiteren Ausführungen verwendet. So ist von einem „anschauungsmäßigen Beweise" (ebd. S. 104) und von „Evidenz durch Anschauung" (ebd., S. 239) die Rede. Schaut man in das Originalwerk, welches in der ersten Auflage 1908 in englischer Sprache erschienen ist, so wird an allen zitierten Stellen lediglich der Begriff *intuitional* verwendet (Branford, 1921, S. 94, 98 und 233). Wir haben es also wie im Falle Poincarés (siehe Abschnitt 2.1.3) mit der Gleichsetzung von Anschauung und Intuition in der Übersetzung zu tun, welche Wittmann und Müller in dem Begriff intuitiv-anschaulich wieder in einem Wort zum Ausdruck bringen.

Das Attribut *anschaulich* scheint in dem Artikel von Wittmann und Müller bewusst hervorgehoben worden zu sein, weshalb ihr Beitrag durchaus wichtig für die Debatte um Anschauung ist. Die Autoren zitieren die Eigenschaften des intuitiv-anschaulichen Beweises von Branford, der sich durch die sinnlichen Postulate, auf die er sich stützt, auszeichnet. Es handelt sich um eine strenge

Beweisform, die ihre Allgemeingültigkeit dadurch erlangt, dass in der Wahrnehmung keine Ausnahmen möglich sind. Die Frage, wie es um die Validität solcher Beweise bestellt ist, spielt für die Rekonstruktion des Anschauungsverständnisses zunächst keine Rolle. Entscheidend ist aber, dass sich auch der intuitive Beweis Branfords durch eine Sinnlichkeit auszeichnet (Wittmann & Müller, 1988, S. 248), obwohl Intuition an anderen Stellen (siehe Abschnitt 2.1.4) als nicht ausschließlich sinnlich ausgelegt wurde.

In ihren eigenen Ausführungen verwenden Wittmann und Müller nicht den Begriff intuitiv-anschaulich, sondern inhaltlich-anschaulich, worunter sie vermutlich etwas Ähnliches, aber doch Anderes als Branford unter *intuitional proof* verstehen.[24] Sie beziehen nämlich auch andere präformale Beweisarten mit ein, wenn sie zum Beispiel auf operative Beweise eingehen, bei denen Handlungen so durchgeführt werden, dass intuitiv erkannt wird, dass dieselben Handlungen in allen Fällen durchführbar sind, was ebenfalls die Allgemeingültigkeit der Beweise sichert (Wittmann & Müller, 1988, S. 249). In diesem Sinne könnte der inhaltlich-anschauliche Beweis der Oberbegriff für alle generischen Beweise[25] sein. Generische Beweise, die besonders visuell geprägt sind, könnte man dann als anschaulich auffassen.

Dies passt auch gut zu den Beispielen, die Wittmann und Müller für inhaltlich-anschauliche Beweise geben. So wird zum einen ein Schülerprodukt zum chinesischen Restgliedsatz betrachtet, in dem ein allgemeines Muster an konkreten Zahlenbeispielen erkennt werden kann (Wittmann & Müller, 1988, S. 240–242). Man könnte diese Beweisskizze als symbolisch, algebraisch und generisch beschreiben. Ein anderes Beispiel behandelt eine Aussage über Trapezzahlen. Hier wird ein typischer Punkmusterbeweis vorgestellt, der nicht über numerische Beispiele, sondern über eine ikonische Darstellung funktioniert (ebd., S. 243–245). Der Begriff inhaltlich-anschaulich scheint daher eine große Bandbreite von Beweisen abzudecken. Wichtig ist lediglich, dass es sich um nicht-formale Beweise handelt, die auf irgendeine Art die Allgemeingültigkeit enthalten. Was genau Wittmann und Müller unter Anschauung verstehen lässt sich nur erahnen. Es scheint plausibel, anzunehmen, dass Anschauung hier visuelle Züge trägt, dem Formalismus entgegensteht und das Potenzial hat, allgemeine Wahrheiten zu begründen.

---

[24] Blum und Kirsch (1991, S. 184) fassen Wittmann und Müller allerdings so zusammen, als würde Branfords *intuitional proof* mit den inhaltlich-anschaulichen Beweis zusammenfallen.

[25] Generische Beweise, sind solche Beweise, die zwar an einem einzelnen (numerischen, konkreten, visuellen oder sachbezogenen) Beispiel durchgeführt werden, die allgemeine Struktur aber deutlich hervortritt, sodass ohne Weiteres klar wird, dass das Beweisschema in jedem weiteren Beispiel gleichermaßen anzuwenden ist (Reid & Knipping, 2010, S. 129–144).

2.1.5.2 Anschauung bei Blum und Kirsch (1991)

Werner Blum und Arnold Kirsch (1991) nehmen in ihrem Artikel „preformal proving: examples and reflections" direkten Bezug auf Wittmann und Müllers Konzeption des inhaltlich-anschaulichen Beweises. Auch sie sind Befürworter der These, dass nicht-formale Argumentationen dem Kriterium der Strenge genügen können. Allerdings sind sie kritischer, was die Gültigkeit solcher Beweise betrifft, indem sie fordern, dass jeder präformale Beweis vom Prinzip her formalisierbar sein muss (ebd., S. 187). Die Formalisierung muss nicht notwendigerweise tatsächlich stattgefunden haben, aber erfahrene Mathematikerinnen und Mathematiker müssen das Gefühl haben, sie wäre möglich (ebd., S. 199).[26]

Als Aufhänger für ihren Artikel wählen sie ein reales Beispiel aus einer Unterrichtssituation, in der das Richtungsfeld der Differentialgleichung $f' = f$ diskutiert wird. Der Lehrer erklärt den Schülerinnen und Schülern, warum nur die trivialen Lösungen Nullstellen besitzen können, indem er behauptet, eine Kurve, die die X-Achse an irgendeiner Stelle berührt, könne aufgrund des Richtungsfeldes die X-Achse nie mehr verlassen (siehe Abb. 2.2).

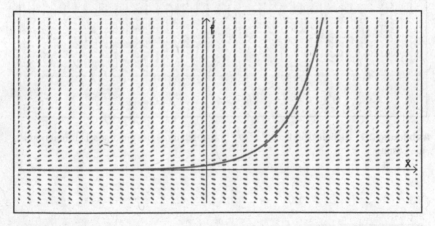

Abbildung 2.2 Richtungsfeld zu $f' = f$ mit Exponentialfunktion als eine Lösung

---

[26] Das klingt zwar recht vage. Man sollte sich aber vor Augen führen, dass Beweise, die in der aktuellen mathematischen Forschung hervorgebracht werden, nicht streng logisch im Detail, sondern anhand ihrer Kernideen überprüft werden. Eine gewisse Auswahl von Experten entscheidet letztendlich dem Gefühl nach, ob der Beweis vermutlich gültig ist. Je länger sich der Satz bzw. Beweis in Anwendungen bewährt, desto gewisser wird seine Gültigkeit (Davis und Hersh, 1985, S. 373–374). Blum und Kirsch orientieren sich also an nicht weniger als der Praxis der wissenschaftlichen Mathematik.

Auch wenn diese Begründung zunächst überzeugend wirkt und laut Blum und Kirsch den Kriterien eines inhaltlich-anschaulichen Beweises nach Wittmann und Müller genügt,[27] stellen Blum und Kirsch fest, dass die Argumentationsweise unzulänglich ist. Betrachtet man nämlich das Richtungsfeld zur Differentialgleichung $f' = \sqrt{f}$, so scheint sich dieses qualitativ nicht vom vorherigen Richtungsfeld zu unterscheiden (siehe Abb. 2.3). Der Beweis ließe sich auf dieses Beispiel entsprechend übertragen, die nicht-trivialen Lösungen besitzen hier allerdings Nullstellen (Blum & Kirsch, 1991, S. 183–186). Durch das Kriterium der Formalisierbarkeit sollen solche problematischen Argumentationen entlarvt werden.[28]

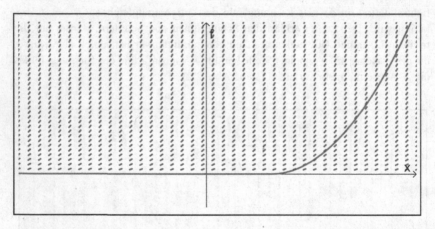

Abbildung 2.3 Richtungsfeld zu $f' = \sqrt{f}$ mit abschnittsweise quadratischer Funktion als eine Lösung

---

[27] Möglicherweise ist die Argumentation des Lehrers kein gültiger inhaltlich-anschaulicher Beweis im Sinne von Wittmann und Müller, denn das Kriterium für die Gültigkeit solcher Beweise ist, dass in der Sinneswahrnehmung keine Gegenbeispiele vorstellbar sind. Ist eine Lösungskurve, die die X-Achse berührt und sich wieder entfernt, wirklich nicht vorstellbar?

[28] Die Argumentation des Lehrers ließe sich durchaus formalisieren. Dabei würde man auf das gängige numerische Streckenzugverfahren von Euler stoßen, welches aber aufgrund des approximativen Charakters keine zuverlässigen Ergebnisse garantiert (Papula, 2009, S. 273–274). Die Schwierigkeit dieses Ansatzes liegt also nicht in der Anschauung, sondern spielt sich auf der numerischen und der visuellen Ebene gleichermaßen ab.

Analog zu den drei Beweisarten Branfords schlagen auch Blum und Kirsch drei Beweisniveaus vor. Sie sprechen von „Beweisen", präformalen Beweisen und formalen Beweisen, wobei die Anführungszeichen im ersten Niveau zum Ausdruck bringen sollen, dass solche Argumentationen ungültig sind, da zum Beispiel nur Einzelfälle betrachtet werden (Blum & Kirsch, 1991, S. 189). Ob das formale Niveau ein höheres als das präformale ist und wodurch sich dies ausdrückt, kann an dieser Stelle offengelassen werden, da für die Anschauungsdefinition allein der präformale Beweis interessant ist.

Um präformale Beweise zu definieren, beziehen sich die Autoren auf den polnischen Mathematiker Zbigniew Semadeni, der das Konzept der *action proofs* geprägt hat. Wie im deduktiven Beweis muss eine Kette von korrekten Schlüssen vorliegen, die jedoch nicht formal dargestellt sind. Auch müssen die Argumentationen auf validen Prämissen fußen, die ebenfalls keiner formalen Darstellung benötigen. Diese Prämissen können aus unterschiedlichen Bereichen wie der geometrischen Intuition,[29] realitätsbezogenen Ideen und anderen Bereichen stammen. Dadurch dass außerdem die Formalisierbarkeit gefordert wird, erlangen diese Beweise Allgemeingültigkeit (ebd., S. 187).

Blum und Kirsch geben als Beispiele verschiedene präformale Beweisarten an. Neben *action proofs* im engeren Sinne und realitätsbezogenen Beweisen nennen sie auch den *geometric-intuitive proof*, auf welchen im Folgenden näher eingegangen wird. Leider geben die Autoren nur die kurze Beschreibung, dass bei dieser Beweisart auf elementare geometrische Konzepte und intuitiv evidente Fakten Bezug genommen wird (ebd., S. 187–188). Auch hier stellt sich wieder die Frage, ob Intuition mit Anschauung übersetzt werden kann oder sogar muss. Das wird aber sofort klar, wenn man die Ausführungen Blums (2000) zu den Perspektiven für den Analysisunterricht heranzieht. Blum bezieht sich auch hier auf das Beispiel des Richtungsfeldes zu $f' = \sqrt{f}$ und benutzt dieselbe Terminologie, indem er von präformaler Mathematik spricht. Der Artikel ist in deutscher Sprache verfasst und man stellt fest, dass hier das Wort *geometrisch-anschaulich* verwendet wurde, wobei das Wort *Intuition* an keiner Stelle auftritt.

Das Verständnis von Anschauung von Blum und Kirsch lässt sich also gut durch die *geometric-intuitive proofs* rekonstruieren, zu denen die Autoren zwei Beispielbeweise angeben (Blum & Kirsch, 1991, S. 190–192).[30] Die Beweise

---

[29] Im Original: *geometric-intuitive facts*. Eine Übersetzung durch *geometrisch-anschauliche Fakten* ist denkbar.

[30] Aus Gründen der Ökonomie können die Beweise nicht ausführlich paraphrasiert werden. Es empfiehlt sich daher, den Artikel von Blum und Kirsch beim Lesen dieses Abschnittes zur Hand zu nehmen.

sind schrittweise linear wie formal-deduktive Beweise aufgebaut. Nicht alle Argumente müssen scheinbar eine geometrische Basis haben, wie man beispielsweise an der syntaktischen Berechnung eines bestimmten Integrals über den Hauptsatz erkennt (ebd., S. 191). Einige der verwendeten Argumente sind aber geometrischer Art, wie die Tatsache, dass ein linksgekrümmter Graph oberhalb seiner Tangente verläuft (ebd. S. 190). Dies kann formal bewiesen werden (ebd., S. 196), was nach Blum und Kirsch für die Validität des Beweises wichtig ist, wird an dieser Stelle aber direkt aus der Wahrnehmung entnommen. Der geometrisch-anschauliche Beweis ist also eine Mischform aus geometrischen, unmittelbar evidenten, aber auch aus syntaktisch-formalen Elementen. Teilweise verschwimmt die Grenze auch innerhalb eines Beweisschrittes, wenn es zum Beispiel um das spezielle Steigungsdreieck mit Breite eins geht (ebd. S. 190). Einerseits ist das Steigungsdreieck klar mit einer ikonischen Darstellung assoziiert und die Autoren bieten auch ein entsprechendes Diagramm an, andererseits ergeben sich die für das Argument nötigen Beschriftungen nicht unmittelbar durch Betrachten der abgebildeten Figur. Präpositionales Wissen über Steigungsdreiecke muss hinzugezogen werden.

Dies lässt zwei Rekonstruktionsmöglichkeiten für das Anschauungsverständnis zu. Entweder wird Anschauung in der Weise interpretiert, dass der gesamte geometrisch-anschauliche Beweis in allen seinen Komponenten der Anschauung zugeordnet wird. Anschauung ist dann durch Anreicherung von Wissen (wie im Falle des Steigungsdreiecks) entwickelbar und es handelt sich bei Anschauung um ein diskursives, linear angeordnetes Erkenntnisvermögen. Kognitive Tätigkeiten scheinen eine Rolle zu spielen, sodass man von einer intellektuellen Variante der Anschauungsbegriffs sprechen kann. Alternativ könnte man Anschauung auf eine Komponente dieser Beweiskonzeption reduzieren. Diese Auslegung hat den Vorteil, dass sie an die philosophischen Auffassungen von Leibniz und Kant anschlussfähig ist, wonach Anschauung unmittelbar und holistisch (ganzheitlich) wirkt bzw. nicht als intellektuell dargestellt wird.

Zusammenfassend lässt sich sagen, dass Anschauung neben anderen Ansätzen eine Möglichkeit für nicht-formale Beweise bietet, die dennoch streng sind. Anschauung hat mit dem mathematischen Teilgebiet der Geometrie zu tun, lässt sich aber nicht einfach durch eine Umformulierung mathematischer Sätze anderer Teilgebiete in geometrischer Sprache erfassen. Blum und Kirsch lehnen zum Beispiel eine geometrische Deutung des Mittelwertsatzes für einen geometrisch-anschaulichen Beweis ab, da ein nicht konstruktiver Existenzbeweis trotz seiner geometrischen Darstellbarkeit unnatürlich wirke (Blum & Kirsch, 1991, S. 198–199), wodurch die Argumentation an Evidenz verliert. Natürlichkeit und Evidenz, die ja in der Diskussion um Intuition und Anschauung eine besondere Rolle spielen, sind daher im Anschauungsverständnis Blum und Kirschs ebenso enthalten, wobei sich die Evidenz nicht direkt aus der Anschauung zu ergeben scheint, da die Gültigkeit der Argumentation über die Formalisierbarkeit geklärt werden muss.

Auch dieser Rekonstruktionsversuch ist mit Vorsicht zu genießen, vor allem da es Blum und Kirsch nicht so sehr um Anschauung an sich geht. Ihnen geht es vielmehr um präformale Beweise aller Arten und nach welchen Kriterien diese das volle Maß an Strenge erhalten können. Auch bei Wittmann und Müller stellte sich die Anschauung nur als eine Möglichkeit von mehreren heraus, Allgemeinheit in nicht-formalen Darstellungen herzustellen.

2.1.5.3 Anschauung bei Klaus Thomas Volkert

In der Wissenschaftstheorie wird die Anschauung allerdings auch isoliert untersucht und andere nichtformale Aspekte wie Realitätsbezüge oder generische Beispiele ausgeklammert. Deswegen erscheint ein Blick in Volkerts Dissertation sinnvoll, die auch sonst in der mathematikdidaktischen Diskussion einige Male rezipiert wurde (siehe z. B. Kautschitsch, 1989; Winter, 1997, S. 28).

In der besagten Dissertation „die Krise der Anschauung" (1986) spielt der Anschauungsbegriff ein zentrales Element, was man neben dem Titel auch an der Tatsache erkennen kann, dass das Kapitel zur Erläuterung des Anschauungsbegriffs sich über 24 Seiten erstreckt. Volkerts Ziel ist es, die verschiedenen Funktionen von Anschauung in den historischen Entwicklungsstufen und verschiedenen Auffassungen des Faches Mathematik zu beschreiben. Dabei versucht Volkert die, wie er diagnostiziert, zunehmend in Verruf geratene Anschauung wieder zu rehabilitieren (ebd., S. XVII–XXXI).

Volkerts Anschauungsbegriff stützt sich in erster Linie auf die Lehre Immanuel Kants, was er damit begründet, dass dies in den meisten Auseinandersetzungen mit Anschauung ebenso der Fall ist (ebd., S. 161). Eine von Kants Hauptzielen in der Kritik der reinen Vernunft ist es, zu erklären, wie durch die Anschauung synthetische Urteile a priori in der Mathematik möglich sind (siehe Abschnitt 2.1.1). Strittig an dieser These ist vor allem, dass mathematische Sätze allgemeine Sätze, Anschauungen aber singulär sind (Volkert, 1986, S. 163). Kant löst diese Problematik durch die Unterscheidung verschiedener Anschauungsarten. Die reine Anschauung ist diejenige Anschauungsart, die allgemeine Urteile ermöglicht und daher konzentriert sich Volkert zunächst auf diese.

Doch kann der Begriff der reinen Anschauung recht unterschiedlich ausgelegt werden. Eine Möglichkeit ist, die reine Anschauung lediglich als mentales Vorstellen gegenüber dem Wahrnehmen äußerer Gegenstände aufzufassen, wie es zum

Beispiel Felix Klein tut. Kurt Reidemeister versteht die reine Anschauung hingegen als eine Fähigkeit, die das Aktualunendliche[31] anschauen kann. Dies entspricht der Ansicht Georg Cantors, jedoch beschreibt Reidemeister diese Anschauungsart lediglich, um sie direkt wieder abzuwerten. Wegen der bekannten Paradoxien,[32] die mit unendlichen Prozessen zu tun haben, stuft Redemeister die reine Anschauung als widersprüchlich ein.[33] Als dritte Variante, die reine Anschauung zu deuten, führt Volkert die Interpretation von Hans Reichenbach an, welche von Andreas Kamlah weitergeführt wird. Die reine Anschauung wird weiter in direkte und symbolische Anschauung unterteilt, wobei die direkte Anschauung mit der empirischen Anschauung im Wechselspiel steht, da sich in der direkten Anschauung die Forderungen der empirischen Anschauung präzisieren (Volkert, 1986, S. 164–167 und S. 170–171).

Volkert greift die Ideen von Reichenbach und Kamlah auf, indem er die Unterteilung direkte und symbolische Anschauung übernimmt, kritisiert aber, dass die Auslegung der reinen Anschauung Reichenbachs und Kamlahs keinen Raum für ikonische Zeichenanschauung ließe. Volkerts eigene durch die Semiotik geprägte Auslegung versteht reine Anschauung als Zeichenanschauung und direkte Anschauung als ikonische Anschauung (ebd., S. 171–172) (siehe Tab. 2.3).[34]

Tabelle 2.3 Volkerts Anschauungsverständnis

Anschauung		
Reine Anschauung = Zeichenanschauung		Empirische Anschauung
Direkte Anschauung = ikonische Anschauung	Symbolische Anschauung	

---

[31] In der philosophischen Diskussion unterscheidet man zwischen dem Potentielunendlichen, bei dem ein Prozess nie abbricht (beispielsweise die Nachfolgerbildung der natürlichen Zahlen) und dem Aktualunendlichen, wo man das Unendliche als einen statischen Zustand (man denke an Cantors Lehre der Mächtigkeiten) deutet (Tall, 1992, S. 504–506).

[32] Volkert nennt hier die Paradoxien des Zenons. In Abschnitt 2.2.1 werden auch weitere Beispiele für solche Paradoxien betrachtet.

[33] Volkert kommt zu demselben Schluss, da der Begriff der Unendlichkeit durch eine Negation gebildet wird. Es ist aber nicht klar, was stattdessen vorliegt, wenn man nur eine Möglichkeit (also das Endliche) ausschließt. Deswegen ist die Unendlichkeit physikalisch nicht wahrnehmbar.

[34] Den folgenden Ausführungen kann möglicherweise besser gefolgt werden, wenn ein Vorverständnis zur Semiotik vorliegt. Daher sei an dieser Stelle auf den Exkurs zur Semiotik in Abschnitt 2.1.8 verwiesen.

Volkert geht von einem triadischen Zeichenbegriff aus (siehe Abb. 2.4). Im Falle eines ikonischen Zeichens liegt mit der Marke eine physikalische Realisation (z. B. die Zeichnung eines Dreiecks) des Schemas vor, auf das die Marke verweisen soll. Durch die Marke werden die Eigenschaften des Schemas auf eine sinnliche Weise vorgeführt. Auch wenn die Marke in gewissen Grenzen abgeändert wird, bleibt die Zeichenrelation erhalten (z. B. kann die Liniendicke variiert werden). Begründet wird diese Variationsmöglichkeit durch die Tatsache, dass die Assoziation der Marke mit dem Schema durch Ähnlichkeit vonstattengeht, die nur bei starker Modifikation der Marke abhandenkommt (ebd., S. 172).

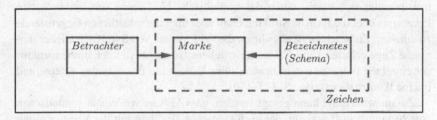

Abbildung 2.4   Zeichenanschauung bei Volkert (1986, S. 169)

Das Besondere bei mathematischen Ikonen ist, dass das Objekt, auf das verwiesen wird, nicht schon physikalisch vorliegt, sondern erst durch den Zeichenprozess konstituiert wird. Daher muss zusätzlich auch eine Abstraktion bzw. Ideation stattfinden. Die Ähnlichkeit zwischen Marke und Schema spielt sich entsprechend auch nicht auf der Ebene von physikalischen Eigenschaften ab, sondern das Wesentliche liegt in der Binnenstruktur (räumliche Gliederung) der Marke. Dadurch dass bestimmte Eigenschaften der Marke auch Eigenschaften des Schemas sind, können durch die Betrachtung des Ikons Erkenntnisse über das bezeichnete Objekt gewonnen werden.[35] Die Marke hat aber einen Informationsüberschuss, da im Besonderen das Allgemeine dargestellt wird (ebd., S. 173–174).

Die symbolische Zeichenanschauung funktioniert hingegen über (willkürliche) Konventionen statt über Ähnlichkeit. Ein Symbol stellt so eine alternative Schreibweise für das zu bezeichnende Objekt dar und ist einzig durch eine festgelegte Ersetzungsregel bestimmt (z. B. kann man das Dreieck durch die Punkte A, B und C mit dem Symbol ABC bezeichnen). Während die Marke des ikonischen Zeichens

---

[35] An dieser Stelle geht Volkert noch nicht auf die Problematik ein, dass der Betrachter des Ikons allein durch die Anschauung nicht erkennen kann, welche der Eigenschaften auch dem allgemeinen Schema angehören und welche nur der vorliegenden Realisierung.

nicht unabhängig vom Schema gedacht werden kann, da die Marke selbst schon eine bestimmte Realisierung des Schemas darstellt, kann eine symbolische Marke isoliert betrachtet werden. Diese Dekontextualisierung hat gewisse Konsequenzen. Zum Beispiel können Symbole beherrscht werden, ohne dass man die Schemata kennt, auf die sie verweisen, indem man die Substitutionsregeln rein syntaktisch anwendet. Wirkliches Verständnis liegt aber erst vor, wenn auch die Gegenstände (z. B. durch Kenntnis der Ikone) bekannt sind (ebd., S. 174–175).

Durch das Betrachten eines Symbols ist keine Erkenntnis möglich. Die Anschauung spielt bei dem Umgang mit Symbolen also lediglich für die bloße Markenwahrnehmung eine Rolle. Entweder Erkenntnis findet begrifflich statt oder man begnügt sich damit, durch das syntaktische Umformen von Symbolketten Erkenntnis über die formale Struktur, nicht aber über die inhaltlichen Gegenstände zu erhalten. Zu beachten ist allerdings, dass ein System von Symbolen wieder ikonische Züge erhalten kann.[36] Um diese äußere Ikonizität von der Binnenstruktur der einzelnen Ikone zu unterscheiden, führt Volkert die Bezeichnung externe und interne Ikonizität ein (ebd., S. 175–176).

Zusammenfassend kann gesagt werden, dass Volkert von einem semiotischen Anschauungsbegriff ausgeht, der nach kantscher Tradition mit der Wahrnehmung verbunden ist. Besonders relevant ist die direkte Anschauung, die Volkert mit dem ikonischen Zeichen in Verbindung bringt. Hier ist es nämlich möglich, allgemeine Erkenntnisse über mathematische Objekte anhand einer konkreten ikonischen Realisierung zu gewinnen. Es gibt auch weitere Anschauungsarten wie die symbolische, deren Möglichkeiten aber stark eingeschränkt sind. Eine Zusammenfassung der Rekonstruktionsversuche ist durch Tabelle 2.4 gegeben.

2.1.6 Offene Fragen

Durch die bisherigen Ausführungen zum Begriff der Anschauung hat sich ein Begriffsfeld ergeben, das nicht völlig frei von Widersprüchen ist. Einige Fragen bleiben dadurch offen und können auch im Rahmen dieser Arbeit nicht abschließend beantwortet werden. In diesem Kapitel werden diese offenen Fragen aufgeführt, um verschiedene Möglichkeiten der Begriffsauffassung übersichtlich darzustellen. Ausführlich wurde bereits auf die Übersetzungs- und Abgrenzungsproblematik zu den Begriffen Anschauung und Intuition eingegangen. Auch die Abgrenzung zwischen Anschauung und Visualisierung und die damit verbundene Frage,

---

[36] Es macht beispielsweise einen Unterschied, ob $A \Rightarrow B$ oder $B \Rightarrow A$ gilt. Dieser Unterschied wird wie bei den Ikonen durch die räumliche Struktur deutlich gemacht.

Tabelle 2.4 Zusammenfassung der Rekonstruktionsversuche

Autor/en	Rekonstruktionsversuch
Wittmann & Müller (1988)	Anschauung als Gegenpol zum Formalismus, ist sinnlich geprägt, kann allgemeine Wahrheiten begründen
Blum & Kirsch (1991)	Anschauung als Gegenpol zum Formalismus, hat mit Geometrie, Natürlichkeit und Evidenz zu tun, Sicherheit anschaulicher Schlüsse muss aber über Formalisierbarkeit geklärt werden Anschauung kann hier als Teilaspekt präformaler Beweise oder als intellektuelle Tätigkeit gedeutet werden
Volkert (1986)	Anschauung als Zeichenkompetenz mit sinnlichem Charakter, Besonders relevant ist die direkte Anschauung, bei der Erkenntnisse durch ikonische Zeichenanschauung möglich sind Die Möglichkeiten einer symbolischen Anschauung ist auf die bloße Markenwahrnehmung eingeschränkt

wieviel Sinnlichkeit der Anschauung zukommt, wurde ausführlich thematisiert. Diese beiden Aspekte werden daher nun nicht mehr aufgegriffen.

2.1.6.1 Unmittelbarkeit, Selbstevidenz und Diskursivität

Viele widersprüchliche Auffassungen werden durch die Eigenschaften gewahr, die der Anschauung in verschiedenen Arbeiten zugesprochen werden. So wird Anschauung an vielen Stellen als unmittelbar, selbstevident und nicht-diskursiv dargestellt. Diese Darstellung deckt sich vor allem mit der philosophischen Diskussion (siehe Abschnitt 2.1.1) und weist große Überschneidungen mit dem Begriff der Intuition auf (siehe Abschnitt 2.1.4). Auch in der Mathematikdidaktik werden diese Eigenschaften genannt.[37]

Dieser scheinbare Konsens entpuppt sich auf den zweiten Blick als fraglich. Zum Beispiel führt Hans Nils Jahnke in seinem Vortrag „Anschauung und Begründung in der Schulmathematik" (1984) zwei Studien an, die darauf hinweisen, dass Diagramme, die mit dem didaktischen Zweck einer Veranschaulichung eingesetzt werden, nicht „selbst-offensichtlich" wirken (ebd., S. 32–34). Jens Holger Lorenz unterstützt diese These und behauptet, dass Veranschaulichungen nicht selbstevident seien, da nach dem Betrachten des Anschauungsmaterials erst gewisse Transformationen ablaufen müssen, die nicht von selbst stattfänden (Lorenz, 1998,

---

[37] Man siehe z. B. Otte (1994). Weitere Beispiele finden sich in Abschnitt 2.1.4 und 2.1.5.

S. 1–2). Dies lässt sich mit der Theorie der Semiotik erklären, der zu Folge Diagramme Spezialfälle von Ikonen sind. Sie beruhen nicht allein auf Ähnlichkeit, sondern sind auch mit abstrakten Elementen ausgestattet, welche durch symbolische Erläuterungen erklärt werden müssen. Diagramme haben damit neben ihren bildlichen auch einen Symbolcharakter und bieten unterschiedliche Interpretationsmöglichkeiten, sodass die Kenntnis der Regeln des Darstellungssystems nötig ist (Brunner, 2009, S. 209–211).

In einem anderen Artikel gibt Jahnke ein Beispiel für eine Fehlinterpretation eines Diagramms, die die Selbstevidenz dieser Darstellung widerlegt. Um die Subtraktion zu erklären, malt eine Lehrerin Kreise an die Tafel, von denen sie dann einige wieder durchstreicht. Der Schüler interpretiert das Durchstreichen allerdings nicht als Subtrahieren, sondern als Division durch Zwei, was eine gleichermaßen sinnvolle Interpretation sein kann (Jahnke, 1989, S. 34). Sollte daher auf die Selbstevidenz in einer Anschauungsdefinition verzichtet werden oder ist der Umgang mit Diagrammen bereits eine Tätigkeit, die über das bloße Anschauungsvermögen hinausgeht? Auch die Unmittelbarkeit der Anschauung scheint, durch die notwenige Kenntnis von Diagrammregeln gefährdet zu sein.

Was die Diskursivität betrifft, so kommt es darauf an, ob man ein enges oder weites Verständnis von Anschauung hat. In Abschnitt 2.1.5 wurde der geometrisch-anschauliche Beweis von Blum und Kirsch (1991) beschrieben. Es stellte sich heraus das dieser wie formale Deduktionen als schrittweise charakterisiert werden kann. Doch gerade das Attribut *schrittweise* wird in dem philosophischen Sprachgebrauch als Kriterium von diskursiven Argumentationen genannt (Gessmann, 2009, 174). Es kommt also wieder darauf an, ob man den ganzen Beweis als ausschließlich der Anschauung zugehörig klassifiziert oder nur einzelne Komponenten des geometrisch-anschaulichen Beweises.

2.1.6.2 Globalität

Eine weitere Eigenschaft, die der Anschauung häufig zugesprochen wird, ist die Globalität. Auch diese Position lässt sich in der philosophischen Auseinandersetzung wiederfinden,[38] ist aber auch im psychologischen Vergleich verschiedener Modalitäten anzutreffen. So vergleicht Richard R. Skemp (1986, S. 104) die auditive und visuelle Modalität und kommt zu dem Schluss, dass das Visuelle simultan und daher besser für die global-holistische Übersicht, dafür aber schlechter zu kommunizieren sei. Diese psychologischen Befunde werden auch in der didaktischen Diskussion um Intuition wieder aufgegriffen (vgl. z. B. Tall, 1991b, S. 15).

---

[38] Was in Abschnitt 2.1.1 mit dem Begriff der Simultanität beschrieben wurde.

Doch auch zu dieser Ansicht können gegenteilige Positionen angeführt werden. Tommy Dreyfus (1994) gibt einen visuellen Beweis zu einem geometrischen
Problem und bemerkt dazu: „Visual reasoning used in this kind of argument may
be global or local, dynamic or static, but it is never purely perceptual" (S. 109).
Dreyfus hat also ein Verständnis von visuellen Argumentationen, dass über die
reine Wahrnehmung hinausgeht und daher müssen solche Argumentationen nicht
zwangsläufig global-holistisch vonstattengehen.

Es scheint so, dass sich die Debatte um *visual reasoning* nicht völlige konträr zu
logisch-deduktiven Beweisen verhält. Norma Presmeg (1997a) geht in ihrer Arbeit
nämlich von folgender These aus:

> All mathematics involves reasoning and logic in some form. Thus the distinction is not
> between logic and the use of imagery in mathematics. Within the logic and reasoning
> of mathematics, imagery may be used to a greater or lesser extent, and this imagery
> may assume various forms (S. 304).

Visuelle Beweise sind demnach immer Mischformen aus Anschauung und Deduktion. Möglicherweise könnte in diesem Punkt eine Abgrenzung der *visualization*
zur Anschauung und Intuition vorgenommen werden, da letztere womöglich ent-
schiedener von logischen Erkenntnisakten abgegrenzt werden.

Ob Anschauung per se als global-holistisch angesehen wird oder nicht, hängt
damit zusammen, wie man zur Diskursivität der Anschauung steht. Da eine Auslegung von Anschauung, in der diese diskursiv ist, linear-logische Argumentationen zur Folge hat, muss es sich auch um eine sequenzielle statt um eine globale
Aufmerksamkeitslenkung handeln.

2.1.6.3 Singularität

Auch Singularität ist eine Eigenschaft, die der Anschauung gelegentlich zugesprochen wird. Im Anschauungsverständnis von Kant gelten Anschauungen als
„einzeln oder singulär den allgemeinen Begriffen gegenübergestellt" (Kambartel,
1995, S. 121) und auch Volkert geht in der folgenden Frage von der Singularität der
Anschauung aus: „Wie kann die Anschauung in der Mathematik eine Rolle spielen, wenn doch die Sätze der letzteren allgemeine Sätze sind, die Anschauungen
aber immer nur Einzelnes zu erfassen erlauben" (Volkert, 1989, S. 10)? Doch Volkert widerspricht später dieser Auffassung, die offensichtlich nicht seine eigene ist:
„Dieses Argument [Anschauung sei singulär, Ergänzung WW] verkennt den Charakter der Zeichenanschauung. Zeichen werden immer exemplarisch genommen.
Sie stehen nicht für sich selbst, sondern für eine ganze Klasse von Gegenständen"
(ebd., S. 26).

Semiotisch gesprochen geht es um die Typ-Token-Unterscheidung. Verschiedene konkrete Vertreter (Token) können auf denselben allgemeinen Typ verweisen. Einen Typ kann man sich daher als Äquivalenzklasse aller zugehörigen Token vorstellen. Doch ist bei der Betrachtung eines Tokens ohne zugehörigen Kontext oder bekannte Regeln nicht klar, von welchen sinnlichen Eigenschaften abstrahiert werden muss, um den richtigen Typ zu erhalten (Brunner, 2013, S. 54–61). Auf der einen Seite könnte man also sagen, dass Anschauung allein nicht ausreicht, um über Singularität hinauszukommen. Auf der anderen Seite sehen Davis und Hersh (1985, S. 164) gerade in der *intuition* die schwierig zu fassende Fähigkeit, das Allgemeine in einer speziellen Zeichnung zu erkennen. Je nach Begriffsauffassung kann Anschauung also singulär oder allgemein sein.

2.1.6.4 Abhängigkeit von Wissen

Verschiedene Ansichten gibt es auch bezüglich der Frage, ob Anschauung eine trainierbare, vom Wissen abhängige oder eine unbeeinflussbare sich selbst entwickelnde Fähigkeit ist. Die Trainierbarkeit wird da unterstellt, wo Anschauung als Bildungsziel erhoben wird. Pestalozzi war der erste, der Anschauung gezielt schulen wollte (siehe Abschnitt 2.1.2), doch auch Winter (1988) nennt als eine von drei verschiedenen Auffassungen zur Intuition: „Die Fähigkeit zur Intuition [...] ist keine angeborene und keine unveränderliche intellektuelle Einrichtung, sondern basiert auf Erfahrungen, gerade auch auf sinnlichen, und ist entwicklungsfähig. Die Intuition ist verfeinerungsfähig und verfeinerungsbedürftig" (ebd., S. 231). Und auch über die Anschauung schreibt Winter (1997): „Durch Einwirken von Begriffen, deren Bildung ihrerseits durch Beobachtung von Phänomenen angeregt sein können [sic!], kann die Fähigkeit zur Anschauung gefördert, das Anschauungsvermögen auf eine höhere (sublimere) Stufe gebracht werden" (S. 28). Folgt man dieser Auffassung, kann die Selbstevidenz der Anschauung nicht länger behauptet werden, denn Selbstevidenz setzt ja voraus, dass die Erkenntnis unabhängig von weiteren Faktoren wie dem Wissen des Betrachters ist.

Passend dazu diskutiert Memmert (1969) die Frage, ob Anschaulichkeit mit Gewöhnung gleichgesetzt werden kann, was auch zu einem Verständnis führen kann, in dem Anschauung veränderlich ist. Ein mathematischer Bereich würde dann dadurch anschaulich werden, wenn sich jemand lange genug damit beschäftigt hätte. Da die Beschäftigung nicht unbedingt Veränderungen auf der Ebene der Vorstellungen mit sich bringen muss, liegt hier insbesondere ein Unterschied gegenüber einem sinnlichen Anschauungsbegriff vor (ebd., S. 191).

Anna Sfard (1994) interviewte Mathematikerinnen und Mathematiker, um dem Phänomen des Verstehens auf den Grund zu gehen. Mehrere der Interviewten setzten tiefes Verständnis in einem Bereich mit der Fähigkeit gleich, gültige Sätze in diesem Bereich intuitiv vorhersehen zu können. Intuition sei demnach eine Fähigkeit, die das sichere Beweisen übersteigt und erst durch genügend bereichsspezifische Erfahrung entwickelt wird. Sfard stützt sich dabei auf den Intuitionsbegriff von Fischbein, spricht in diesem Zusammenhang aber auch von Schlüssen durch Analogie und Induktion. Wenn man diese Position zur Intuition auf Anschauung übertragen will, muss man also beachten, dass Sinnlichkeit hier nur eine kleine Rolle spielt.

Die Abhängigkeit der Anschauung vom Wissen ist erst durch einen intellektualisierten Anschauungsbegriff möglich, denn im Kantschen Verständnis würde man das Wissen dem Verstand zuordnen, der nichts anzuschauen vermag. Die Sinne wiederum vermögen nichts zu denken (siehe Abschnitt 2.1.1).

2.1.6.5 Neigungen

Ein weiterer Aspekt der Anschauungsthematik betrifft die Frage, ob Menschen eine unterschiedliche ausgeprägte Neigung zur Anschauung haben und ob diese Neigung angeboren oder entwickelt worden ist. Poincaré (2012, S. 4–5) ist davon überzeugt, dass sich Mathematiker den beiden Denktypen „Geometer" oder „Analytiker" zuordnen lassen, wobei die ersten der Intuition und letztere der Logik nach Mathematik betreiben. Am Beispiel von Joseph Bertrand (1822–1900) und Charles Hermite (1822–1901) begründet Poincaré, dass diese Neigung eine angeborene sein müsse, denn beide „haben gleichzeitig die gleiche Schule besucht, sie genossen die gleiche Erziehung, waren den gleichen Einflüssen unterworfen" (ebd., S. 5). Auch wenn es Poincarés Beleg vor allem an Repräsentativität fehlt, sind ähnliche Annahmen auch in jüngerer Zeit getroffen und untersucht worden.

So gibt McKenzie A. Clements (2014) einen Überblick über 50 Jahre Forschungsgeschichte im Bereich der *visualization*.[39] Der russische Forscher Vadim Krutetskii war einer der ersten, der sich der Frage nach verschiedenen Denktypen psychologisch näherte. Er klassifizierte die untersuchten Schülerinnen und Schüler in die drei Kategorien „geometric", „analytic" und „harmonic thinkers", wobei Probanden der ersten Kategorie visuell-bildlich, Probanden der zweiten verbal-logisch und Probanden der dritten Kategorie auf beide Arten denken (ebd., S. 179–180).

Stephanus Suwarsono entwickelte in seiner unveröffentlichten Dissertation von 1982 ein Instrument, mit dem ähnliche Neigungen wie bei Krutetskii identifiziert werden sollen. Das „Mathematical Processing Instrument" besteht aus 30

---

[39] Dieser Überblick ist nützlich, da einige unveröffentlichte Arbeiten behandelt werden, die nicht ohne Weiteres als Primärquelle zu beschaffen sind.

Textaufgaben, die Schülerinnen und Schüler lösen sollen. Anhand eines Kategorienschemas sollen sie retrospektiv ihre Lösung einer der dort vorgeschlagenen Ansätze zuordnen. So wird am Ende ein Score berechnet, der angibt, ob die untersuchte Person eher zu verbalen oder zu visuellen Lösungsansätzen tendiert (ebd., S. 184–188). Auch Norma Presmeg (2006, S. 215) entwickelte im Rahmen ihrer nicht veröffentlichten Dissertation von 1985 ein Instrument zur Erfassung der visuellen Neigung und kam mit dessen Hilfe zu dem Ergebnis, dass die Ausprägung dieser Neigung in den meisten Stichproben einer Normalverteilung nahekäme.

Schließlich stellte auch Clements selbst anhand einer klassischen Rotationsaufgabe, die er 1981 auf einer Tagung der Zuhörerschaft zur Bearbeitung gab, fest, dass nur etwa ein Viertel der ungefähr hundert befragten Personen angab, tatsächlich eine mentale Rotation vorgenommen zu haben. Ein Drittel behauptete, die Aufgabe über statische Beziehungen gelöst zu haben (Clements, 2014, S. 183–184).

Die Idee von unterschiedlichen Neigungen zur Anschauung ist zwar weit verbreitet, doch geht aus den Studien von Krutetskii, Suwarsono und Clements nicht hervor, ob diese Neigungen angeborene Veranlagungen darstellen oder ob sie Produkte einer Beeinflussung durch schulische und sonstige Erziehung sind.

Schülerinnen und Schüler benutzten früher selten visuelle Methoden, sodass der Grund dieser Abneigung sogar ein eigener Untersuchungsgegenstand war (vgl. z. B. Eisenberg, 1994). Doch hat sich eine anschauliche Ausrichtung der Mathematik in der Schule durchgesetzt (siehe Vorwort) und Klagen über Schülerinnen und Schüler, die sich gegenüber visuellen Ansätzen sträuben, scheinen in der mathematikdidaktischen Literatur verschwunden zu sein, was dafür spricht, dass Schülerinnen und Schüler zu visuellen oder nicht-visuellen Methoden erzogen werden.

Eine andere Frage ist, ob solche Studien wirklich das untersuchen, was mit Anschauung gemeint sein kann oder ob es sich nur um die oberflächlich festgestellte Modalität in der aufgeschriebenen Lösung einer Aufgabe handelt. Auch diese Frage muss an dieser Stelle offenbleiben.

2.1.6.6 Verschiedene Arten von Anschauung

Möglicherweise ist es notwendig, den vielschichtigen Begriff der Anschauung nicht als einen einzigen, ganz bestimmten Akt der Erkenntnis zu bezeichnen, sondern die verschiedenen Facetten des reichhaltigen Begriffsfeldes müssen sich auch in verschiedenen Arten von Anschauung wiederfinden. Ob es gewinnbringend ist,

so eine Unterteilung des Anschauungsbegriffs vorzunehmen und welche Spezial-
formen am besten geeignet wären, ist ebenfalls eine Frage, die hier nicht abschließend beantwortet werden kann. In der Literatur finden sich verschiedene Ausdif-
ferenzierungen von Anschauung, Intuition und visuellem Denken, von denen nun
einige vorgestellt werden.

Profke (1994, S. 15–20) gibt acht verschiedene Arten des Veranschaulichens an,
von denen hier nur vier genannt werden. Unter anderem können Veranschaulichungen durch geometrische Diagramme, durch Bezüge zu realen Alltagserfahrungen,
durch generische Beispiele, durch Analogien oder durch Gewöhnung erfolgen.
Diese Aspekte des Veranschaulichens passen auch gut zu dem Bild, welches Studierende von Anschaulichkeit haben. Dieses wurde von Buchholtz und Behrens
in einer Studie erhoben, in der mit einer qualitativen Inhaltsanalyse die folgenden
fünf Verständnisse von Anschaulichkeit in Interviews mit Studierenden identifiziert wurden:

- „Anschaulichkeit durch visuelle Darstellung von Mathematik
- Anschaulichkeit durch das beispielhafte Arbeiten mit Mathematik
- Anschaulichkeit durch Anwendungsbezüge
- Anschaulichkeit durch Rückbezüge zur historischen Genese von mathemati-
  schen Begriffen
- Anschaulichkeit durch die Verbindung mit Vorwissen aus der Schulmathema-
  thematik"

(Buchholtz und Behrens, 2014, S. 146). Dabei muss beachtet werden, dass in der
Regel verschiedene Verständnisse in ein und demselben Interview rekonstruiert
wurden (ebd.), was für die Annahme verschiedener Anschaulichkeitsarten auch bei
dem Alltagsverständnis von Studierenden spricht.

Felix Klein (1894) unterscheidet in seinem Vortrag „On the Mathematical Cha-
racter of Space-Intuition and the Relation of Pure Mathematics to the Applied
Sciences" zwischen *naive intuition* und *refined intuition*. Da dieser Vortrag in englischer Sprache gehalten und abgedruckt wurde, benutzt Klein hier den Begriff *intuition*. Er nimmt aber die Gedanken des Artikels „Ueber den allgemeinen Functionsbegriff und dessen Darstellung durch eine willkürliche Curve" (1873) auf, welcher
auf deutscher Sprache verfasst ist und von dem Begriff *Anschauung* Gebrauch
macht.

Kleins These ist, dass in der Formierung einer neuen Theorie zunächst eine
naive geometrische Form der Anschauung als Triebkraft vorliege, die aufgrund
der Tatsache, dass sie die ideellen mathematischen Objekte nur approximativ

beschreibe, fehleranfällig sei. Dadurch, dass die so entwickelte Theorie axiomatisiert und in logisch deduktiver Weise dargestellt wird, löst die *refined intuition* die anfängliche *naive intuition* ab (Klein 1894, S. 41–43). Klein fasst dies so zusammen: „the naïve intuition is not exact, while the refined intuition is not properly intuition at all, but arises through the logical development from axioms considered as perfectly exact" (ebd., S. 42). Man kann Klein so interpretieren, dass bei der *refined intuition* Anschauung im eigentlichen Sinne nicht mehr vorliegt, aber die ursprünglichen geometrischen Ideen noch Spuren im Formalismus hinterlassen haben. Es handelt sich bei dem Begriff *refined intuition* also lediglich um ein späteres Stadium der Genese. Doch ist die Unterteilung in naive und verfeinerte Anschauung unglücklich, wenn man die zweite gar nicht mehr als Anschauung auffasst.

Zum Begriff der Intuition gibt es zahlreiche Zergliederungsversuche, die in früheren Kapiteln bereits in Teilen behandelt worden sind. So unterteilt Fischbein (1982) *intuition* in *anticipatory intuition* und *affirmatory intuition* (siehe Abschnitt 2.1.4) und auch Poincarés (2012) Abgrenzung von *intuition pure* und *intuition sensible* wurde bereits thematisiert (siehe Abschnitt 2.1.3). Wenn man von einem sinnlichen Anschauungsverständnis ausgeht, stellt sich im letzten Fall die *intuition sensible* gerade als die Anschauung heraus. Werden im englischen oder französischen Sprachgebrauch Arten von Intuition aufgeführt, kann es häufiger dazu kommen, dass eine dieser Arten mit Anschauung identifiziert werden kann. Solche Klassifizierungen der Intuition kann man daher nicht dafür verwenden, Anschauungsarten zu bilden, sie helfen aber die verschiedenen Diskurse aufeinander zu beziehen.

Durch die folgenden Fragen werden die Aspekte des Anschauungsdiskurs zusammengefasst bezüglich derer es keinen Konsens gibt:

• Ist Anschauung unmittelbar, selbstevident, holistisch und singulär?
• Ist Anschauung intellektuell beeinflussbar?
• Ist es sinnvoll, verschiedene Arten von Anschauung zu unterscheiden?

2.1.7 Entwurf einer Arbeitsdefinition

Nachdem das „Begriffsfeld" der Anschauung aus verschiedenen Perspektiven beleuchtet wurde und sich unterschiedliche Auslegungen des Begriffes sowie offene Fragen ergeben haben, wird nun der Begriffsgebrauch für den weiteren Verlauf dieser Arbeit fixiert. Die Definition, die hier vorgeschlagen wird, hat den Status einer Arbeitsdefinition. Wie ersichtlich wurde, ist es nicht möglich, eine

Definition zu finden, die alle Aspekte der Diskurse abdeckt und dennoch einen brauchbaren Grad an Differenzierung mit sich bringt. Dennoch bedarf es einer definitorischen Orientierung, um im Folgenden nicht willkürlich irgendwelche Argumente ins Feld führen zu können.

> **Definition:** Der Begriff „Anschauung" bezeichnet ein kognitives Werkzeug, welches sich auf ikonische Zeichenprozesse oder visuelle Metaphern stützt. Auf dem Kontinuum zwischen formalen und präformalen Denk- und Schreibweisen, ordnet sich die Anschauung tendenziell den letzteren zu.

Nun gilt es die einzelnen Bestandteile dieser Definition zu erläutern und die getroffenen Entscheidungen zu begründen.

2.1.7.1 Kognitives Werkzeug

Während in der philosophischen Auseinandersetzung Anschauung als Erkenntnisquelle oder Erkenntnisakt bezeichnet wird, wird in der Definition hier stattdessen von einem Denkwerkzeug gesprochen. Der Grund liegt in der starken Assoziation von Erkenntnis mit Beweisen und Argumentationen. Hier wird jedoch die These vertreten, dass Anschauung über den Anwendungsbereich der Beweise hinaus noch andere Funktionen übernehmen kann. Dieses Problem löst sich zwar dann auf, wenn man ein so weites Verständnis von Erkenntnis hat, dass jegliches Denken zu einer Erkenntnis führt. Doch soll diese ungünstige Assoziation im Vorhinein vermieden werden.

Da Anschauung mit Kognition in Verbindung gebracht wird, vollzieht sie sich in internen Medien. Doch auch bei dem Erstellen oder Betrachten externer bildlicher Darstellungen spielt die Kognition eine Rolle, wenn man sich nicht unbewusst der Reizflut hingibt, sondern seine Wahrnehmung durch Aufmerksamkeitslenkung steuert. Anschauung ist mit der obigen Definition also als ein mentales Phänomen konstituiert, wird aber in externen Prozessen nicht ausgeklammert.

2.1.7.2 Ikonizität

Eine gewichtige Entscheidung wurde insofern getroffen, als dass Anschauung als etwas Visuelles aufgefasst wird. Zum einen kann Anschauung so von dem Begriff der Intuition abgegrenzt werden.[40] Zum anderen kommt diese Auslegung so aber auch dem Wortstamm *schauen* nahe. Auch scheint Kants Anschauungsbegriff,

---

[40] So wird beispielsweise Intuition im Sinne eines „Bauchgefühls" auf der syntaktischen Ebene ausgeschlossen.

bei dem die Anschauung der Sinnlichkeit zugeordnet ist, besonders einflussreich gewesen zu sein, sodass dieses tradierte Verständnis hier aufgegriffen werden soll.

Doch wie Dörfler (1984) einwendet, ist die alleinige Eigenschaft des Visuellen noch keine ausreichende Charakterisierung (siehe Abschnitt 2.1.4). Daher wurde hier das Visuelle auf ikonische Zeichenprozesse eingeengt. Dadurch verliert die Anschauung auch ihre Singularität und hat das Potenzial allgemeine Erkenntnisse zu erzeugen (siehe Abschnitt 2.1.6). Durch die Aufnahme der Ikonizität ist die Anschauungsdefinition außerdem mit der von Volkert kompatibel (siehe Abschnitt 2.1.5), was insofern zweckmäßig ist, dass die Arbeit von Volkert noch an einigen Stellen herangezogen werden wird.

2.1.7.3 Metaphern

Die mathematische Fachsprache ist von Metaphern durchdrängt. So spricht man in der Analysis beispielsweise von Hochpunkten, Grenzwerten und Folgen. Lakoff und Núñez (2000) gehen einen Schritt weiter und behaupten, dass es sich dabei nicht nur um sprachliche Mittel handle, sondern dass Metaphern kognitive Mechanismen seien, mit deren Hilfe abstrakte Konzepte überhaupt erst konstituiert werden könnten. Durch die Metapher wird ein bekannter Bereich auf einen unbekannten übertragen, wobei gewisse Beziehungen und Eigenschaften dabei erhalten bleiben (ebd., S. 39–45).

Bereits der Begriff der (natürlichen) Zahl wurde demnach durch Metaphern aus sensomotorischen Erfahrungen, die die Menschheit beim Zählen und Vereinigen von Objektansammlungen gewonnen hat, erschaffen (ebd., S. 50–76). Weiterführende Konzepte wie die der Analysis können rein syntaktisch gehandhabt werden, ihre ursprüngliche Entstehung und damit auch ihre inhaltliche Bedeutung, erhalten[41] sie aber über Metaphern. Wenn es sich um höhere Mathematik handelt, geht die metaphorische Übertragung in der Regel nicht direkt von sensomotorischen Erfahrungen, sondern von anderen mathematischen Begriffen niedriger Abstraktionsstufe aus (ebd., S. 383–451).

Unabhängig davon, ob man der starken These folgt, die gesamte Mathematik ließe sich über Metaphern beschreiben (Lakoff & Núñez, 1997, S. 21–31), kommt es in der Praxis vor, dass metaphorische Vorstellungen als didaktische Hilfen selbst konstruiert oder in der Lehre vermittelt werden.[42] Solche Hilfen gehen häufig direkt auf die sensomotorische Ebene statt auf andere abstrakte Konzepte zurück.

---

[41] Man kann hier „erhalten" im Sinne von „bekommen" oder „bewahren" lesen.

[42] Zum Beispiel, wenn in der Schule Konvexität einer Funktion mit folgender Vorstellung erklärt wird: Man stelle sich vor, man fahre mit dem Fahrrad auf dem Funktionsgraphen und überlege sich, ob der Lenker nach links oder rechts eingeschlagen werden muss.

Deswegen und wegen der oben erwähnten Festlegung, dass Anschauung etwas Sinnliches sei, werden in der Definition von Anschauung ausschließlich Metaphern des visuellen Erfahrungsbereiches berücksichtigt. Da metaphorische Übertragungen Inferenzen erhalten (Lakoff & Núñez, 2000, S. 42), können auch durch den Gebrauch von Metaphern, wie im Falle der Ikonizität, allgemeine Erkenntnisse gewonnen werden, sodass sich dieses Konzept gut in den Begriff der Anschauung integrieren lässt. Die Theorie der Metaphern ist auch geeignet, um informelle Darstellungswechsel (z. B. von der Analysis in die Geometrie) zu erklären, die einen ikonisch-anschaulichen Zugang überhaupt erst möglich machen.

Die Idee, Metaphern mit Anschauung in Verbindung zu bringen, wurde bereits von Kadunz (siehe Abschnitt 2.1.4) geäußert. Bei genauerer Betrachtung stellt sich der Unterschied zwischen der Theorie der Metaphern und der ikonischen Zeichen aber als klein heraus. Auch bei Metaphern kann man davon ausgehen, dass Quell- und Zielbereich sich ähnlich zueinander verhalten, da der Zielbereich ja gerade durch die Übertragung der Eigenschaften des Quellbereiches konstruiert worden ist. Doch lassen sich im Falle von Metaphern, die aus dem visuellen Erfahrungsbereich stammen, diese Ähnlichkeit auch über die visuelle Wahrnehmung feststellen? Hans Jürgen Wulff (1993, Abschnitt IV) gibt zu bedenken, dass es sich auch bei ikonischen Zeichen immer um eine unterstellte Ähnlichkeit handelt, die der Betrachter in das Bild hineinsieht. Ähnlichkeit ist keine Eigenschaft eines Bildes, sondern hängt vom Kontext und der semiotischen Praxis des Betrachters ab. Dies spricht im Übrigen auch gegen eine selbstevidente Auffassung von Anschauung.

2.1.7.4 Formalität als Kontinuum

Die Idee, das Verhältnis von Anschauung und Formalismus nicht einfach als Dichotomie aufzufassen, lässt sich in ähnlicher Weise zum Beispiel bei Klaus Rehkämper finden, der die beiden Begriffe analog und propositional als Endpunkte eines Spektrums auffasst (Kadunz, 2000, S. 294). Den Begriff der Analogie erklärt Kadunz hier als Struktur- und Beziehungsähnlichkeit (ebd., S. 290–292), sodass man statt von Analogie auch von Ikonizät sprechen kann, denn eine andere Form der Ähnlichkeit ist zwischen bildlichen Darstellungen und abstrakten mathematischen Objekten nicht möglich. Propositionen sind hingegen die kleinsten bedeutungtragenden Bestandteile einer (logischen) Sprache (ebd., S. 293–294).

Auch Eisenberg (1994, S. 113) fasst die beiden Denkarten *analytic* und *visual* als ein Kontinuum auf und begründet dies mit Forschungsergebnissen zum Phänomen der Dyslexie, die sich auch mit seinen eigenen Beobachtungen decken. Aufgrund der Übersetzung aus dem Englischen ist wieder nicht klar, inwiefern die Begriffe *visual thinking* und Anschauung aufeinander bezogen werden können. Eine Nähe der Begriffe zueinander ist aber wahrscheinlich.

Die beiden Pole in der vorliegenden Anschauungsdefinition werden als formal und präformal bezeichnet. Unter einer formalen Art des Mathematiktreibens soll eine rein syntaktische Beschäftigung verstanden werden, bei der die Bedeutungen der Zeichen keine Rolle spielen und Zeichenketten allein durch vorgegebene Regeln konstruiert und abgewandelt werden. Präformal versteht sich entsprechend als das Gegenteil von formal. Hier tritt die Semantik in den Vordergrund und neben symbolischen Zeichen können beispielsweise auch Ikone in die Denkprozesse eingebunden werden.

Die größtmögliche Ausprägung von Formalismus lässt sich in formalen Systemen wiederfinden, welche durch Kurt Gödel und Alan Turing nach Hilberts Ideen definiert wurden. Solche formalen Systeme enthalten keine inhaltlichen Deutungen und die einzigen möglichen Aktionen sind, Zeichenketten nach genau festgelegten Regeln zu konstruieren und umzustrukturieren. Beweise, die in dieser Form geführt werden, können durch Computer überprüft werden (Longo und Viarouge, 2010, S. 16).[43]

Solche formalen Systeme sind zwar für logische Grundsatzuntersuchungen wichtig,[44] spielen aber in der Praxis von forschenden Mathematikern kaum eine Rolle, da bereits die einfachsten Beweise wegen ihrer Länge und fehlenden Semantik unübersichtlich werden. Die tägliche Realität sieht vielmehr so aus, dass Beweise Lücken und eine Mischform aus sprachlichen und symbolischen Elementen aufweisen. Dennoch erkennt man, dass solche Beweise an dem Ideal der formalen Systeme ausgerichtet sind. Mathematiker halten solche Beweise nur dann für gültig, wenn sie das Gefühl haben, der von ihnen geführte Beweis ließe sich in ein formales System überführen (vgl. z. B. Kempen, 2019, S. 29–31; Davis & Hersh, 1985, S. 138–142).

Wegen dieser Relativierung von „formalen" Beweisen in der Praxis ist es angebracht, Formalismus als ein Kontinuum aufzufassen. Außerdem lassen sich auch in mathematischen Betrachtungen, die dem formalen Ideal weniger nahestehen, Unterschiede feststellen. Wie in Presmegs These (siehe Abschnitt 2.1.6) wird auch hier angenommen, dass präformales Mathematiktreiben nicht ohne Logik auskommt, sodass es auch hier auf das Maß ankommt. Da es sich demnach im Gebrauch von Anschauung immer um eine Mischform mit logisch-syntaktischem Anteil handelt, wird ersichtlich, dass Anschauung auch intellektuell beeinflussbar ist und diskursive Anwendungen möglich sind. Dies ist vor allem beim Umgang

---

[43] Für eine ausführliche Beschreibung von formalen Systemen siehe z. B. Hoffmann (2018).
[44] Man denke an die beiden Unvollständigkeitssätze von Kurt Gödel (Kahle, 2007).

mit Diagrammen der Fall, da diese neben ihrem ikonischen auch einen symbolischen Charakter aufweisen und somit mittig zwischen den beiden Extremen formal und präformal stehen (siehe Abb. 2.5):

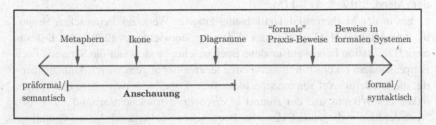

Abbildung 2.5   Anschauung im Kontinuum zwischen präformalen und formalen Mathematiktreiben[45]

2.1.8   Exkurs: Semiotik

In der Mathematikdidaktik wird die aus der Philosophie kommende Semiotik gelegentlich als Grundlagentheorie für didaktische Überlegungen herangezogen. Dies zeigt sich beispielsweise am Themenheft „Semiotik in der Mathematikdidaktik – Lernen anhand von Zeichen und Repräsentationen" des Journals für Mathematik-Didaktik (Hasemann, Hefendehl-Hebeker & Weigand, 2006), dem Sammelband „Mathematik verstehen – Semiotische Perspektiven" (Hoffmann, 2003) und auch in jüngeren Arbeiten zur Hochschuldidaktik wie der Dissertation von Stefanie Arend (2017). Der hier vorliegende Exkurs zur Semiotik ist für Leserinnen und Leser gedacht, die sich mit der Terminologie und den Grundprinzipien der Semiotik vertraut machen wollen, die in der hier vorliegenden Arbeit an verschiedenen Stellen vorausgesetzt werden. Dabei geht diese Abhandlung weder in die Tiefe noch werden kontroverse Positionen diskutiert.

Auch wenn es verschiedene semiotische Theorien gibt, ist in der Mathematikdidaktik vor allem der Ansatz von Charles Sanders Peirce (1839–1914) populär, wie ein Blick in die oben angegebenen Arbeiten offenbart. Arend sieht den Grund

---

[45] Die Einordnung in dieser Abbildung soll nur eine grobe Orientierung bilden. Tatsächlich kann beispielsweise ein Diagramm in einem konkreten Fall viel näher am semantischen Pol angesiedelt sein, wenn nur wenige Konventionen nötig sind, um es im vorgesehenen Sinn zu interpretieren.

darin, dass die Peircesche Semiotik über rein sprachliche Zeichen hinausgeht und dass dort die Zeichenrelation nicht dyadisch, sondern triadisch ausgelegt ist. Bei triadischen Zeichenrelationen wird neben einem Stellvertreter und dem gemeinten Objekt, auf das verwiesen wird, auch die Rolle eines Interpretierenden berücksichtigt (Arend, 2017, S. 113–115).

Ein in der Mathematikdidaktik häufig zitiertes Werk zur Peirceschen Semiotik stellt Michael H. G. Hoffmanns „Erkenntnisentwicklung" (2005) dar. Das aus einer Habilitation heraus entstandene Buch beschreibt nicht nur die Semiotik nach Peirce, sondern rekonstruiert auch Peirce Ideen einer allgemeinen Erkenntnistheorie, die wiederum auf semiotische Ideen fußt. Dabei wird vor allem die Vorläufigkeit des Wissens und der *context of discovery* berücksichtigt (ebd., S. 1–14). Auch der hier vorliegende Exkurs zur Peirceschen Semiotik erfolgt auf Grundlage von Hoffmann (2005). Dabei beschränkt sich die Darstellung auf die Funktion von Zeichen als Repräsentationsmittel und klammert bewusst die Funktion als Erkenntnismittel (ebd., S. 34–35) und alle weiteren Überlegungen zu einer allgemeinen Erkenntnistheorie aus.

Eine gebräuchliche Definition von Zeichen ist bei Gessmann (2009) zu finden. Dort wird das Zeichen als etwas beschrieben, das „auf etwas anderes verweist, für etwas anderes steht, es repräsentiert oder vertritt" (ebd., S. 782). Doch in dieser Definition wird lediglich eine zweistellige Relation angedeutet, da eine Sache A für eine andere Sache B steht. Hoffmann (2005, S. 35) bringt den Interpretanten mit ins Spiel und beschreibt auf diese Weise eine dreistellige Relation: So „ist ein ‚Zeichen' – wie im gewöhnlichen Sprachgebrauch – etwas, das etwas, sein Objekt, für jemanden (Peirce spricht genauer von einem ‚Interpretanten') repräsentiert" oder kurz: Ein Zeichen ist etwas, das etwas für jemanden repräsentiert. Zeichen sind in Form von Wörtern, Bildern und Gesten in der mündlichen und schriftlichen Kommunikation allgegenwärtig und ihre Vermittlungsweise ist uns bei vertrauten Zeichen nicht (mehr) bewusst. Wir sehen ein Zeichen und sprechen sofort über das Objekt, auf das verwiesen wurde, als hätten wir dieses Objekt unmittelbar wahrgenommen (ebd., S. 34–36).

Die triadische Struktur der Zeichen wird durch die drei Bestandteile Zeichen (im engeren Sinne), Objekt und Interpretant konstituiert. Das Zeichen ist der Stellvertreter, der für etwas anderes steht (ebd., S. 40–41). Um es von dem Zeichen im weiteren Sinne, welches die gesamte triadische Zeichenrelation bezeichnet, zu unterscheiden, können auch die Begriffe Mittel oder Zeichenmittel für das Zeichen im engeren Sinne verwendet werden (ebd., S. 53).[46] Das Objekt ist wiederum

---

[46] Eine weitere verwandte Begrifflichkeit ist die der Inskription. Während Zeichenmittel im Allgemeinen auch mental sein können (Hoffmann, 2005, S. 36), sind mit Inskriptionen geschriebene Zeichenmittel gemeint (Dörfler, 2006, S. 202). Volkert benutzt den Begriff

der Gegenstand auf den verwiesen wird. Derselbe Gegenstand kann durch verschiedene Zeichen repräsentiert werden und ein einzelnes Zeichen kann wiederrum unterschiedlich interpretiert werden. Die Interpretation kann vom Vorwissen, vom Kontext und auch von der „Interpretationskompetenz" abhängen (ebd., S. 52–53). Der Interpretant ist schließlich der Effekt eines Zeichens. Diese allgemeine Beschreibung erlaubt es, auch emotionale oder körperliche Reaktionen auf ein Zeichen zu klassifizieren. Hierunter fällt aber auch die Bedeutung des Zeichens, was wiederum mit der Wortherkunft (Interpretation) im Einklang steht (ebd., S. 45–46).

In der Peirceschen Semiotik werden verschiedene Zeichenarten entlang einzelner Dimensionen unterschieden. Im Folgenden werden nur die verschiedenen Arten innerhalb der Objektdimension beschrieben.[47] Dabei geht es um die „Weise, in der das Objekt, in die triadische Zeichenrelation eingebunden ist" (ebd., S. 55). Die drei Modi, die hier unterschieden werden, lauten: ikonisch, indexikalisch und symbolisch. Handelt es sich beim Zeichen um ein **Ikon**, wird die Verbindung zwischen Objekt und Zeichen durch eine Ähnlichkeitsbeziehung zwischen diesen beiden hergestellt. Diese Ähnlichkeit zeigt sich vor allem in der „relationalen Struktur". Beispiele für Ikone sind Fotografien, Fußabdrücke und Diagramme. Liegt ein Zeichen in Form eines **Index** vor, so wird lediglich die Aufmerksamkeit auf etwas gelenkt. Anders als beim Ikon ist die Zeichenrelation nicht allein durch die Gestalt des Zeichens allein konstituiert, sondern wird erst in Verbindung mit dem auf das gezeigt wird klar.[48] Ein Beispiel für ein Index ist das Zeigen mit dem Finger auf ein Objekt (ebd., S. 55–57). Weiter Beispiele für Indizes sind Rauch, das auf Feuer verweist, und Symptome, die auf eine Krankheit verweisen (Brunner, 2009, S. 209). Bei **Symbolen** kann die Zeichenrelation nur durch Gewohnheit oder bekannte Konventionen interpretiert werden. Ohne einen Interpretanten kommt die Zeichenrelation gar nicht erst zu Stande. Die Beziehung zwischen Zeichen und Objekt ist in gewisser Weise willkürlich und kann nur durch Vorwissen des Interpretierenden erkannt werden. Ein Beispiel für ein Symbol ist das Zeichen π, welches auf eine irrationale Zahl verweist. Anders als im üblichen Sprachgebrauch wird aber nicht die Inskription (also die abgedruckten Striche, die die Form π bilden) als Symbol bezeichnet, sondern das Wissen, das nötig ist, um das Zeichen zu interpretieren (Hoffmann, 2005, ebd., S. 55–57).

„Marke" in einem ähnlichen Sinne. Auch hier sind spezielle Zeichenmittel gemeint, nämlich solche, die materieller Natur sind (Volkert, 1989, S. 13).

[47] Beispielsweise ist die Unterscheidung von Quali-, Sin- und Legizeichen für die Funktion von Zeichen als Erkenntnismittel relevant (Hoffmann, 2005, S. 57–60), die in diesem Exkurs nicht zum Thema gemacht wird.

[48] Peirce nennt diese Unterscheidung erstheitlich (beim Ikon) und zweitheitlich (beim Index).

Eine besondere Form des Ikons stellt das **Diagramm** dar. Diagramme sind für die weiteren erkenntnistheoretischen Überlegungen von Peirce zentral und es ist einleuchtend, dass Diagramme für die Mathematik relevanter sind als andere Ikone wie Fotografien oder Fußabdrücke. Diagramme werden von anderen Ikonen dadurch unterschieden, dass diese in gewisser Weise standardisierte Darstellungen sind. Hinter einem Diagramm steht ein vollständiges, in sich konsistentes Darstellungssystem, welches die Regeln der Konstruktion und des Gebrauches bestimmt. Doch, obwohl Diagramme in erster Linie den Ikonen zugeordnet werden, beinhalten diese auch indexikalische und symbolische Elemente (ebd., S. 127–130).

Ein Beispiel für ein Diagramm ist eine Landkarte. Die Ähnlichkeit besteht hier in den Abstandsverhältnissen und der gegenseitigen Lage zwischen abgebildeten Dingen und Orten der Wirklichkeit, was den ikonischen Aspekt des Diagramms ausmacht. Einige der abgebildeten Inskriptionen sind aber mit Städtenamen versehen, was wiederum indexikalisch auf die gemeinten Städte verweist und auch Eigenschaften eines Symboles lassen sich feststellen. So ist eine Legende nötig, um zu verstehen, mit welchen Farben welche Eigenschaften repräsentiert werden (ebd., S. 127–128).

Diagramme sind für die weiteren erkenntnistheoretischen Ausführungen Hoffmanns relevant, da ein kreativer spielerischer Umgang mit diesen möglich ist. Auf den damit verbundenen Begriff des diagrammatischen Schließens wird aber nicht mehr eingegangen, da dieser im Rahmen der hier vorliegenden Arbeit keine Rolle spielt.

2.2   Funktionen von Anschauung

In diesem Kapitel soll geklärt werden, welche verschiedenen Funktionen der Anschauung in der mathematischen Hochschullehre allgemein, vor allem aber im Inhaltsbereich Analysis, zukommen können. Der Einsatz von Anschauung lässt sich nicht pauschal bewerten. Stattdessen muss eine Beurteilung unter Berücksichtigung verschiedener Arten des Einsatzes erfolgen. Je nachdem, welche Ziele durch anschauliche Elemente in der Lehre verfolgt werden, kann der Gebrauch der Anschauung gewinnbringend oder problematisch sein.

Die Rolle von Anschauung wird in verschiedenen Arbeiten aus didaktischer und wissenschaftstheoretischer Sicht diskutiert. Dabei sprechen die Argumente für oder gegen Anschauung unterschiedliche Funktionen an. In einigen Texten werden verschiedene Funktionen von Anschauung direkt angesprochen. So unterscheidet beispielsweise Volkert (1989, S. 9–11) die erkenntnisbegründende, erkenntnisbegrenzende und die erkenntnisleitende Funktion von Anschauung, auf die im Folgenden ausführlicher eingegangen wird. Auch lassen sich gewisse Funktionen aus „best practice"-Beispielen gewinnen.

Durch die Sichtung solcher Arbeiten wurde versucht, die explizit und implizit angesprochenen Funktionen von Anschauung in einem zusammenhängenden Schema zusammenzuführen. Die sechs Funktionen, die sich dabei ergeben haben, sind nicht trennscharf, können aber helfen, die Bewertung von Anschauung in der Hochschullehre differenzierter durchzuführen. Die Reihenfolge der Funktionen soll keine Gewichtung nach Relevanz andeuten, sondern ist so gewählt worden, dass in den ersten drei Funktionen zunächst die fachliche Kultur der wissenschaftlichen Mathematik berücksichtigt wurde. Während die letzten beiden Funktionen eher der Didaktik zuzuordnen sind, ist die Funktion der Kommunikation zwischen beiden Bereichen angesiedelt (siehe Abb. 2.6).

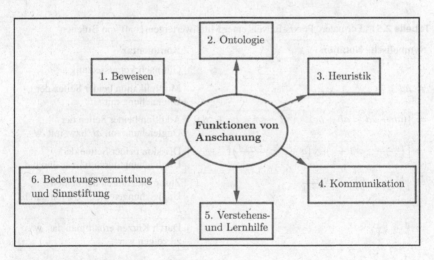

Abbildung 2.6 Funktionen von Anschauung

2.2.1 Anschauung in Beweisen

Die erste Funktion von Anschauung betrifft die Anwendung in Beweisen. Das bedeutet, dass die Gültigkeit einer Aussage durch Mittel validiert werden soll, die nicht ausschließlich formal-syntaktisch sind.[49] Stattdessen werden auch ikonische Darstellungen oder visuelle Metaphern herangezogen, wobei unterschiedliche Mischungen aus semantischen und syntaktischen Anteilen möglich sind. Häufig werden dabei Aussagen aus Gebieten wie der Analysis oder Algebra in geometrische Aussagen transformiert, um einen anschaulichen Zugang zu ermöglichen.

Um eine Idee davon zu erhalten, wie Anschauung in Beweise eingebunden werden kann, wird nun die folgende Mittelwerteigenschaft von Brüchen auf zwei Arten bewiesen: Seien a, b, c und d natürliche Zahlen[50], so dass $\frac{a}{b} < \frac{c}{d}$ gilt. Dann gilt auch

$$\frac{a}{b} < \frac{a+c}{b+d} < \frac{c}{d}$$

Zuerst erfolgt ein formaler Beweis, wie er in der Analysis 1 als Übungsaufgabe eingefordert werden könnte (vgl. z. B. Grieser 2015, S. 27) (siehe Tab. 2.5).

Tabelle 2.5 „Formaler" Praxis-Beweis einer Mittelwerteigenschaft von Brüchen

Symbolische Notation	Kommentar
$\frac{a}{b} < \frac{c}{d}$	Gilt nach Voraussetzung
$\Rightarrow ad < bc$	Multiplikation beider Seiten der Ungleichung mit bd
$\Rightarrow [(ab + ad < ab + bc) \wedge (ad + cd < bc + cd)]$	Addition beider Seiten der Ungleichung mit ab bzw. mit cd
$\Rightarrow \left[\left(\frac{ab+ad}{b} < a + c \right) \wedge \left(a + c < \frac{bc+cd}{d} \right) \right]$	Division beider Seiten der Ungleichung durch b bzw. durch d
$\Rightarrow \frac{ab+ad}{b(b+d)} < \frac{a+c}{b+d} < \frac{bc+cd}{d(b+d)}$	Zusammenführen der beiden Ungleichungen und Division durch $b + d$
$\Rightarrow \frac{a}{b} < \frac{a+c}{b+d} < \frac{c}{d}$	Durch Kürzen erhält man das, was zu zeigen war

---

[49] Volkert (1989, S. 10–11) spricht von der erkenntnisbegründenden Funktion, da die Erkenntnis in Form einer Vermutung schon vorliegt und es nun gilt, diese abzusichern.

[50] In dieser Arbeit wird die Eins als kleinste natürliche Zahl aufgefasst. Daher kann bei diesem Spezialfall der Aussage Multiplikation und Division mit bzw. durch Variablen ohne Bedenken durchgeführt werden.

Dieser Beweis orientiert sich an dem Ideal formaler Systeme, da im Wesentlichen syntaktische Umformungen an Zeichenketten vorliegen. Die dahinterliegenden Ersetzungsregeln werden nicht explizit genannt, da angenommen wird, dass die Leserin oder der Leser diese Regeln aus den Kommentaren rekonstruieren kann. Außerdem weist der Beweis kleinere Lücken auf. So wird von der vorletzten zur letzten Zeile eine Ausklammerung übersprungen. Da kein Gebrauch der Anschauung vorliegt,[51] soll ein solcher Beweis hier als formal klassifiziert werden. Beweise dieser Art sind in der Regel ökonomisch, gut überprüfbar, auf der anderen Seite jedoch auch unvollständig und wirken willkürlich, da ihre Genese nicht mehr thematisiert wird (vgl. Dreyfus, 1994, S. 110–114; Greiffenhagen & Sharrock, 2011) und haben wegen der fehlenden semantischen Ebene einen geringen erklärenden Wert (vgl. Hanna, 1990).

Kontrastierend dazu folgt nun ein anschaulicher Beweis, der auf den Mathematiker Georg Pick (1859–1943) zurückgeht (vgl. Arcavi, 2003, S. 220–221). Die Abbildung 2.7 zeigt ein Diagramm, welches die wesentlichen Beweisschritte enthält. Zuerst übersetzt man die beiden Brüche $\frac{a}{b}$ und $\frac{c}{d}$ in die Vektoren $\begin{pmatrix} b \\ a \end{pmatrix}$ und $\begin{pmatrix} d \\ c \end{pmatrix}$, die man mithilfe ihrer Standardrepräsentanten als Pfeile im Diagramm unten darstellt.[52] Auch wenn es sich bei dieser Darstellung von Brüchen keinesfalls um eine Standardrepräsentation handelt, wird sie sich als geeignet herausstellen. Der fragliche Term $\frac{a+c}{b+d}$, den es abzuschätzen gilt, ergibt sich nämlich, wie man an der Syntax ablesen kann, gerade durch die Addition der beiden Vektoren. Geometrisch kann man die Addition zweier Vektoren bekanntermaßen über die Konstruktion eines Parallelogramms vollziehen. Dadurch wird klar, dass der Standardrepräsentant zu $\begin{pmatrix} b+d \\ a+c \end{pmatrix}$ auf der Diagonalen dieses Parallelogramms liegen muss.

Um die Größe der Brüche zu vergleichen, darf nicht die Länge bzw. der Betrag der Vektoren herangezogen werden. Tatsächlich entspricht ein Erweitern des Bruchs einer zentrischen Streckung des zugehörigen Pfeiles am Ursprung,

---

[51] Außer Markenwahrnehmung und externer Ikonizität (siehe Abschnitt 2.1.5)

[52] Zähler und Nenner könnte man bei dieser Darstellung auch vertauschen, aber Arcavi (2003, S. 220) nimmt an, dass es unserer Gewohnheit entspricht, den Nenner mit der X-Achse zu assoziieren.

sodass sich die Pfeillänge, nicht aber die Größe des Bruchs verändert. Durch geeignetes Kürzen bzw. Erweitern ist es daher möglich, die drei Pfeilspitzen der Vektoren auf einem gemeinsamen Kreis mit Mittelpunkt im Ursprung zu bringen, ohne die Größen der Brüche dabei zu verändern. Hat man diese zentrischen Streckungen durchgeführt, ist es einfacher, die Brüche miteinander zu vergleichen, denn je näher die Pfeilspitze an der X-Achse liegt, desto kleiner ist der Bruch, da der Zähler kleiner und der Nenner größer wird.

Wegen der Voraussetzung $\frac{a}{b} < \frac{c}{d}$ und der Tatsache, dass $\begin{pmatrix} b+d \\ a+c \end{pmatrix}$ auf der Diagonalen des Parallelogramms liegt, ist klar, wie die auf den Kreis projizierten Pfeilspitzen liegen müssen. An ihrer Lage zueinander kann man die zu beweisende Ungleichung ablesen, womit die Aussage als bewiesen gilt.

In diesem Beweis werden Aspekte der Bruchrechnung auf geometrische Konzepte übertragen und andersherum. Gewisse Schlüsse wie die finale Lage der Pfeilspitzen auf dem Kreis können am Diagramm abgelesen werden,[53] sodass es sich nach der Definition dieser Arbeit tatsächlich um einen Gebrauch von Anschauung handelt. Zwar scheint das Diagramm in diesem Beispiel nur eine Hilfe beim Verstehen des Textes zu sein, doch muss zumindest eine vergleichbare ikonische Vorstellung im Denken erzeugt werden.

Der Beweis kommt nicht ohne formale Aspekte aus. Zum einen wird weiteres Wissen, wie der Zusammenhang von Punkt, Pfeil und Vektor, benötigt. Zum anderen wird die ursprüngliche algebraische Ebene nicht verlassen, sondern beide Ebenen werden immer wieder in Beziehung zueinander gesetzt. Sie laufen sozusagen parallel. Wegen dieser Mischform aus anschaulichen und syntaktischen Aspekten hat der Beweis gleichzeitig einen holistischen Charakter (man kann die Beweisidee in einem einzigen Bild einkapseln), kommt in der konkreten Ausführung dennoch diskursiv zum Ausdruck. Die Rückbesinnung auf die algebraische Ebene hat den Beweisenden außerdem davor bewahrt, nicht die Größe der Brüche mit der Länge der Vektoren gleichzusetzen und diente ihm daher als Kontrollinstanz. Dass der Beweis einen diagrammatischen Charakter hat, erkennt man daran, dass man ihm ohne entsprechende Erläuterungen vermutlich nicht folgen könnte.

Wie man an diesem Beispiel sehen kann, können anschauliche Beweise über den Bereich der kanonischen Standardrepräsentationswechsel hinausgehen.[54] So

---

[53] Anstatt das am Diagramm abzulesen, könnte man diese Aussagen auch streng als geometrische Sätze einer anschauungsfreien Geometrie im Sinne Hilberts (Hilbert & Volkert, 2015) beweisen. Hier würde dann nicht mehr von Gebrauch der Anschauung gesprochen werden.

[54] Ein Standardrepräsentationswechsel wäre zum Beispiel das Zeichnen eines Funktionsgraphen bei gegebener Funktionsvorschrift. Solche Repräsentationswechsel werden in der Schule vermittelt. Vektoren und Brüche werden üblicherweise nicht in Verbindung gebracht.

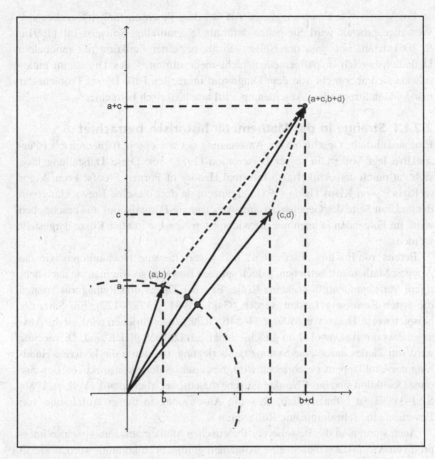

Abbildung 2.7 Anschaulicher Beweis einer Mittelwerteigenschaft von Brüchen

können auch Sätze, die scheinbar keinen anschaulichen Zugriff ermöglichen, doch anschaulich bewiesen werden, wenn genügend Erfindungsreichtum vorhanden ist. Auch kann man an diesem Beispiel erkennen, dass häufig nur eine Spezialisierung eines Satzes durch den Beweis abgedeckt wird. So wurden die Variablen hier auf echt-positive Zahlen eingeschränkt, da das Diagramm für Spezialfälle wie $a = 0$ zunächst keine geeigneten Interpretationen zulässt. Solche trivialen Grenzfälle können aber durch weitere Darstellungen abgehandelt werden.

Ein Vorteil von Beweisen dieser Art ist, dass ihnen ein höherer erklärender Wert zugesprochen wird. Sie gelten dafür als fehleranfällig. So weist Tall (1991a, S. 106) darauf hin, dass der Nullstellensatz bei einer Funktion mit rationalem Definitionsbereich im Allgemeinen nicht mehr stimmt,[55] das Diagramm unterscheide sich aber nicht von dem Diagramm im reellen Fall. Dieses Problem der mangelnden Strenge von Anschauung wird nun historisch betrachtet.

2.2.1.1 Strenge in der Mathematik historisch betrachtet

Eine ausführliche Geschichte der Anschauung aus wissenschaftstheoretischer Perspektive legt Volkert in seiner Dissertation (1986) vor. Diese Darstellung lässt sich gut durch den Artikel „An Informal History of Formal Proofs: From Vigor to Rigor?" von Klaus Galda (1981) ergänzen, da dort dieselbe Entwicklung von der anderen Seite des Gegensatzpaares Anschauung-Formalismus aus beschrieben wird. Im Folgenden können nur die wichtigsten Aspekte in aller Kürze dargestellt werden.

Bereits vor Euklids „Elementen" haben verschiedene Hochkulturen wie die Ägypter Mathematik betrieben, jedoch spielten Beweise, so wie man sie nach heutigem Verständnis auffasst, keine Rolle. Erst bei Thales und Pythagoras können die ersten Beweise gefunden werden (Galda, 1981, S. 126–127). Ein Satz, der beispielsweise Thales von Milet (624–546 v. Chr.) zugeschrieben wird, ist die Aussage, dass die Basiswinkel im gleichschenkligen Dreieck gleich sind. Dieser Satz wird von Thales durch eine Symmetrieüberlegung, die durch die konkrete Handlung des Umklappens beschrieben wird, bewiesen. Solche konstruktiven Beweise ohne Deduktion sind das Charakteristische thaletischer Mathematik (Volkert, 1986, S. 1–3). Es ist offensichtlich, dass die Anschauung in dieser Auffassung von Beweisen eine sehr dominante Rolle spielt.

Auch wenn man die Beweise der thaletischen Mathematik semiotisch so interpretieren kann, dass diesen eine Allgemeingültigkeit zukommt, wurden sie in der folgenden Zeit als empirisch aufgefasst. Aus dieser Kritik heraus wurde die axiomatisch-deduktive Methode propagiert (ebd., S. 3–6) und durch Euklids Elemente als neuer Standard etabliert, der in dieser Ausprägung lange bestehen blieb. Das Werk „die Elemente" (3. Jhd. v. Chr.) ist eine Gesamtdarstellung der damals bekannten Mathematik, die der heutigen Idee von formalem System sehr nahekommt. Es besteht aus undefinierten Begriffen, Definitionen, Axiomen, Postulaten und Sätzen. Während in thaletischen Beweisen die Logik kaum verwendet wurde,

---

[55] Man betrachte die Funktion $f : \mathbb{Q} \to \mathbb{R}$ mit $f(x) = x^2 - 2$ und stelle fest, dass die einzigen Kandidaten für Nullstellen die irrationalen Zahlen $\sqrt{2}$ und $-\sqrt{2}$ sind.

spielt sie nun durch den Gebrauch von Deduktion die Hauptrolle (Galda, 1981, S. 127–128).

Doch gibt es zwischen den „Elementen" und modernen formalen System auch einige Unterschiede. So bleiben die Schlussregeln bei Euklid implizit und es wurde noch eine Unterscheidung von geometriespezifischen Postulaten und allgemeingültigen Axiomen unternommen. Der wichtigste Unterschied liegt allerdings darin, dass die Axiome und Postulate durch ihre Selbstevidenz gerechtfertigt wurden (ebd., S. 128). Da sich in der Geometrie diese Evidenz aus der Anschauung ergibt, hat sich die Methode Euklids nicht gänzlich von der Anschauung gelöst.

Wenn auch das axiomatisch-deduktive Ideal Euklids bis in das 19. Jahrhundert vorherrschte, lässt sich über das Mittelalter hinweg bis in die Renaissance hinein eine Abnahme von Strenge in Beweisen beobachten. Der Intuition und Anschauung wurde vertraut und Entdeckungen, die zu anschaulich validen Sätze führten, wurden nicht immer bewiesen (ebd., S. 134–135). Auf der einen Seite zählt René Descartes (1596–1650) nach Galda noch zu diesem Zeitalter des Elans (ebd., S. 135). Auf der anderen Seite beschreibt Volkert, wie durch die Entstehung der analytischen Geometrie durch Descartes, die Geometrie zu einer berechenbaren und anschauungsfreien Disziplin wurde. Diese Verbannung der Anschauung war durch die arabische Errungenschaft der Variablen möglich und zeigte sich zum Beispiel darin, dass nun auch Potenzen höherer Ordnung als drei und gemischte Potenzen ohne inhaltliche Erklärungsnot betrachtet werden konnten (Volkert, 1986, S. 19–32).

Für den ontologischen Status der mathematischen Objekte war die Anerkennung der komplexen Zahlen ein bedeutsames Ereignis (ebd., 1986, S. 33–46). Da es dort aber weniger um das Beweisen, sondern vielmehr um die ontologische Grundlegung geht, wird diese Thematik erst in Abschnitt 2.2.2 behandelt.

Auch die vielen Etappen bei der Entwicklung des modernen Funktionsbegriffs können hier nur angedeutet werden. Während der Begriff der Funktion das erste Mal explizit durch Leibniz verwendet wurde, aber auf das Problem, eine Tangente zu einer Kurve zu finden, eingeengt war, schuf Euler einen allgemeineren Funktionsbegriff, der stärker die analytische Seite betont und dennoch an dem anschaulichen Ursprung Kurven zu beschrieben verhaftet blieb. Etwas vereinfachend könnte man sagen, Euler hat Funktionen als Terme definiert, wobei sich hier verschiedene Probleme ergaben. Neben der aus heutiger Sicht problematischen Annahme über den Zusammenhang von analytischer Darstellbarkeit und Stetigkeit gab es auch das Problem, verschiedene Darstellungsformen für dieselbe Kurve zu haben. So wurde die Definition von Funktion im Folgenden weiter zu einem willkürlichen formalistischen Funktionsbegriff geführt (Volkert, 1986, S. 47–79). Die Entwicklung des Funktionsbegriffs ist insofern relevant, da erst auf Grundlage des modernen Funktionsbegriffs eine Analysis geschaffen wurde, bei der die anschauliche und die formale Ebene in immer größere Widersprüche geraten konnten. Galda (1981, S. 135) sieht in dieser Entwicklung den Punkt, an dem die Strenge in die Mathematik wieder zurückkehrte und im Folgenden eine nie dagewesene Ausprägung erreichte.

Die erste Disziplin, in der sich die Strenge-Welle ausbreitete, war die Analysis. Bereits Bernard Bolzano (1781–1848) äußerte Skepsis bei der nicht bewiesenen Existenz von Zwischenwerten im Fundamentalsatz der Algebra durch Gauß, doch blieb er nicht beachtet. Auch Augustin-Louis Cauchy (1789–1857) fühlte sich unsicher in Bezug auf unendliche Prozesse und versuchte daher die Analysis durch strenge Methoden auf einen sicheren Boden zu stellen (Volkert, 1986, S. 80–98).[56] Um dieses Ziel zu erreichen, führte er einen neuen Stetigkeitsbegriff ein, der dem heutigen sehr nahekommt. Zwar taucht die Epsilontik[57] in der Definition noch nicht explizit auf, in Beweisen verwendet Cauchy diese aber bereits, sodass er als Erfinder der Epsilon-Delta-Definition gelten kann (Arend, 2017, S. 20–23). Durch diese Neuerung stütze sich die Beschäftigung mit der Analysis nicht mehr auf den Umgang mit Kurven sondern auf den Umgang mit Zahlen. Der so angebrochene Vorgang wurde später von Felix Klein als Arithmetisierung bezeichnet und auch durch ihn propagiert (Volkert, 1986, S. 80–98).

Zunächst schien es so, als ließe sich alles, was anschaulich klar ist, auch durch die neuen Methoden formal beweisen und andersherum. Doch durch den neuen Funktionsbegriff war es möglich, Funktionen über Reihen zu definieren, die sich anders verhielten, als die Anschauung es vermuten ließ. Das bekannteste Beispiel eines so genannten „Monsters", ist die Weierstraßfunktion, eine Funktion, die auf ihrem gesamten Definitionsbereich stetig, aber an keiner einzigen Stelle differenzierbar ist. Dies widersprach dem noch durch Anschauung geprägten Bild von Stetigkeit der damaligen Zeit, da man sich zwar vorstellen konnte, dass eine „zusammenhängende" Kurve mehrere „Knicke" aufweisen könne, aber nicht, dass sie ausschließlich aus „Knickstellen" besteht. Die Reaktionen auf diese Entdeckung waren häufig mit heftigen negativen Emotionen verbunden (ebd., S. 99–146).

Nachdem die formale und die anschauliche Ebene nun unverkennbar auseinandergebrochen waren, wären verschiedene Positionen denkbar gewesen. Man hätte

---

[56] Jahnke (1978, S. 30–32) sieht aber auch in historischen Veränderungen der universitären Lehre einen Grund für die Strenge-Welle. Während die Mathematik vorher eine Wissenschaft für ein kleines Expertentum war, sollte jetzt an der École Polytechnique, an der Cauchy lehrte, eine klare und praktische Lehre für ein größeres Publikum etabliert werden.

[57] Gemeint ist der heute übliche Gebrauch des griechischen Buchstabens Epsilon in Verbindung mit Ungleichungen und Quantoren, um Begriffe der Analysis, die mit unendlichen Prozessen zusammenhängen, zu definieren.

dem Formalismus anpassen können, indem man den neuen Funktionsbegriff weiter verändert, sodass Monster dieser Art nicht mehr möglich sind. Auch hätte man den Begriff der Differenzierbarkeit überarbeiten können, da die Anwendung an dem Weierstraßmonster mit der ursprünglichen Idee der Ableitung nicht mehr unbedingt im Einklang steht. Alternativ könnte man das Versagen in der Anschauung sehen und daher fordern, dass sich die Mathematik von dieser emanzipieren solle. Es sind aber auch versöhnliche Reaktionen vorgeschlagen worden, wie die Idee, die Anschauung weiterzuentwickeln, um sie von ihrer Fehlbarkeit zu befreien oder die Idee, die Mathematik in einen anschaulichen und unanschaulichen Bereich einzuteilen (Volkert, 1989, S. 22–23).

Auch wenn es Verfechter zu den verschiedenen möglichen Reaktionen gab, setzte sich letztendlich eine Verbannung der Anschauung durch. Volkert nennt dafür zwei Gründe. Zum einen hatte sich die abstrakte Mathematik, die auf den dann etablierten Funktionsbegriff beruhte, in der naturwissenschaftlichen Anwendung bewährt. Zum anderen herrschte eine platonistische Auffassung von Mathematik vor, nach der Mathematik nicht vom Menschen erschaffen, sondern durch ihn entdeckt wird. So ist es nicht erlaubt, Definitionen nach Belieben abzuändern und die Arithmetisierungsbewegung wurde lediglich als ein Beschreibungsversuch aufgefasst, der die abstrakten Objekte bereits besser als vorherige Beschreibungsmittel fasse (Volkert, 1986, S. 185–190).

Nachdem die Strenge-Welle am Beginn des 19. Jahrhunderts in der Analysis ihren Ursprung nahm, folgte die Algebra durch Arbeiten von Niels Henrik Abel, Évariste Galois und anderen. Parallel dazu kam es auch durch die Beschäftigung mit nicht-euklidischen Geometrien zu einem Formalisierungsschub in der Geometrie. Gerade die Erfahrungen mit dem lange falsch behandelten Parallelenpostulat (Davis & Hersh, 1985, S. 224–230) führte in der Mitte des 19. Jahrhunderts dazu, dass die Tendenz zur Abstraktion und zum Formalismus zunahm und sich auf alle Bereiche übertrug. So wurde schließlich auch die Logik von George Boole und Augustus De Morgan formalisiert (Galda, 1981, S. 135–136).

Trotz der zunehmenden Strenge basierten die axiomatischen und deduktiven Standards noch auf dem Prototyp Euklids. Im Übergang vom 19. zum 20. Jahrhundert kam es durch die Ideen David Hilberts (1862–1943) auch hier zu einer Umwälzung. Da man in Euklids Elementen einige Lücken wie das implizit verwendete Pasch-Axiom finden konnte, versuchte man, solche Fehler zu beheben. Auch Hilbert ging diese Aufgabe mit einer eigenen axiomatisch-deduktiv aufgebauten Geometrie an, wobei er die anschauliche Fundierung der Axiome aufgab. Diese letzte Loslösung von der Anschauung sollte garantieren, dass man keine weiteren Lücken in Beweisen übersah. Die einzigen Kriterien für solche modernen Axiomensysteme sind seitdem die Widerspruchsfreiheit, Vollständigkeit und aus

Stilgründen auch die Unabhängigkeit der Axiome (Galda, 1981, S. 128–129 und S. 136). Auf dieser überarbeiteten axiomatischen Methode basiert das Verständnis von formalen Systemen, welches später von Gödel und Turing aufgegriffen wurde (Longo und Viarouge, 2010, S. 16).

Zu Beginn des 20. Jahrhunderts standen sich die drei Richtungen Logizismus (Bertrand Russel), Formalismus (Hilbert) und der Intuitionismus (Luitzen E. J. Brouwer) gegenüber. Doch alle diese Ansätze haben ihre Schwächen. Der Logizismus, der die Wahrheit von Sätzen nur nach ihrer logischen Struktur beurteilt, muss wegen auftretender Paradoxien in der Mengenlehre umstrittene Annahmen treffen. Im Intuitionismus müssen sich alle Sätze konstruktiv aus den natürlichen Zahlen, die als Urintuition aufgefasst werden, herleiten lassen. Durch diese Einschränkung lassen sich große Bereiche der bereits etablierten Mathematik nicht mehr beweisen. Obwohl es auch Probleme mit Hilberts Ansatz gibt, hat sich dieser letztendlich durchgesetzt (Heintz, 2000, S. 60–69).

Hilbert versuchte die Vollständigkeit und Widerspruchsfreiheit der natürlichen Zahlen zu beweisen. Jedoch wurde durch die beiden Gödelschen Unvollständigkeitssätze bewiesen, dass dieses Vorhaben scheitern muss. Denn stark vereinfacht ausgedrückt, besitzt ein formales System, das mindestens die Arithmetik umfasst, eine Aussage, die weder beweisbar noch widerlegbar ist. Dieser erste Unvollständigkeitssatz besagt also, dass die Vollständigkeit einer Axiomatisierung der natürlichen Zahlen nicht erreichbar sein kann. Der zweite Unvollständigkeitssatz besagt darüber hinaus, dass sich die Widerspruchsfreiheit eines solchen Systems nicht beweisen lässt (Kahle, 2007). Bettina Heintz konnte in einer soziologischen Studie nachweisen, dass forschende Mathematiker in ihrer Praxis diese Probleme ignorieren (Heintz, 2000, S. 69).

Mit den formalen Systemen wie sie bei Gödel und Turing vorkommen ist die größte Ausprägung des Formalismus erreicht. Inwiefern diese Auffassung von Mathematik noch aktuell ist, ist schwierig zu beantworten. Auf der einen Seite wurde bereits das nachhaltige Wirken der Bourbaki-Ära (siehe erstes Kapitel) beschrieben, dessen Vertreter Dieudonné eine formale Analysis propagiert. In den folgenden Ausführungen werden andererseits auch abweichende Ansichten vorgestellt. Doch zunächst wird auf die Probleme der Anschauung in Beweisen eingegangen. Durch Abbildung 2.8 wird die geschichtliche Entwicklung der Strenge zusammengefasst.

2.2.1.2 Probleme der Anschauung in Beweisen

In Abschnitt 2.1 sind bei der Ordnung des Begriffsfeldes Anschauung bereits kritische Auseinandersetzungen mit dem Gebrauch von Anschauung angeklungen. So wurde die Singularität von Anschauung an einigen Stellen erwähnt, die dem

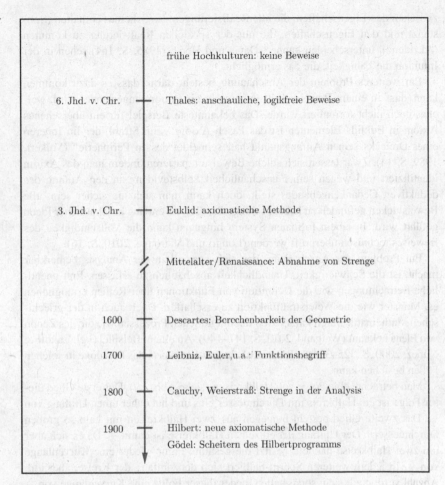

frühe Hochkulturen: keine Beweise

6. Jhd. v. Chr. — Thales: anschauliche, logikfreie Beweise

3. Jhd. v. Chr. — Euklid: axiomatische Methode

Mittelalter/Renaissance: Abnahme von Strenge

1600 — Descartes: Berechenbarkeit der Geometrie

1700 — Leibniz, Euler, u. a. : Funktionsbegriff

1800 — Cauchy, Weierstraß: Strenge in der Analysis

1900 — Hilbert: neue axiomatische Methode
Gödel: Scheitern des Hilbertprogramms

Abbildung 2.8 Zeitstrahl zu der geschichtlichen Entwicklung der Strenge

Anspruch der Mathematik, allgemeine Sätze zu beweisen nicht gerecht werde. Dies entspricht auch der Kritik Platons an der thaletischen Mathematik (Volkert, 1986, S. 3–7). Zwar löst Volkert dieses Problem, indem er auf den Zeichencharakter der Anschauung verweist. Demzufolge ist Erkenntnis an einem Ikon möglich, da allgemeine Eigenschaften in der speziellen Realisierung des Schemas enthalten sind (siehe Abschnitt 2.1.5). Doch stellt sich die Frage, wie der Betrachter zwischen den Eigenschaften, die alle Realisierungen des Schemas enthalten (Substanz) und den Eigenschaften, die nur der speziellen Realisierung zu kommen (Akzidenz), unterscheiden kann.[58] Davis und Hersh (1985, S. 164) sehen in der Intuition die Fähigkeit, die das ermöglicht.

Ein weiteres Problem der Anschauung besteht darin, dass es dazu kommen kann, dass in einem Beweisschritt unbemerkt ein Axiom angewendet wird, welches noch nicht formuliert wurde. Das bekannteste Beispiel für ein übersehenes Axiom in Euklids Elementen ist das Pasch-Axiom: „Ein Strahl, der im Inneren eines Dreiecks seinen Anfangspunkt hat, schneidet dessen Peripherie" (Volkert, 1989, S. 14). Zwar lassen sich solche Beweise reparieren, indem man das Axiom identifiziert und wegen seiner anschaulichen Selbstevidenz an den Anfang des deduktiven Gedankengebäudes stellt, doch kann man sich nie sicher sein, alle Beweislücken gefunden zu haben, solange der Beweis entlang anschaulicher Ideen geführt wird. In einem formalen System hingegen kann die Vollständigkeit des Beweises technisch überprüft werden (Longo und Viarouge, 2010, S. 16).

Ein Problem der Anschauung, das sich speziell in der Analysis bemerkbar macht, ist die Schwierigkeit, Unendlichkeit anschaulich zu erfassen. Erst unendliche Betrachtungen wie die Definition von Funktionen über Reihen ermöglichen es, Monster wie die Weierstraßfunktion zu erschaffen. Doch auch in der griechischen Mathematik waren Paradoxien mit unendlichen Prozessen wie die des Zenon von Eleas bekannt (Weigand, 2013, S. 147–149). An einem Beispiel (vgl. Lakoff & Núñez, 2000, S. 325–334) soll verdeutlicht werden, worin das Paradoxe in solchen Fällen bestehen kann.

Man betrachte eine Folge von Halbkreisen (siehe Abb. 2.9). Das erste Glied dieser Folge ist ein Halbkreis mit Durchmesser eins und hat daher einen Umfang von $\frac{\pi}{2}$. Das zweite Glied besteht hingegen aus zwei Halbkreisen mit halb so großen Durchmessern. Der Umfang der einzelnen Halbkreise ist damit $\frac{\pi}{4}$. Da es sich aber um zwei Halbkreise handelt, besitzt die gesamte Figur wieder eine Kurvenlänge von $\frac{\pi}{2}$. In jedem weiteren Schritt halbiert sich der Umfang der Kreise, aber ihre Anzahl verdoppelt sich, sodass alle Glieder dieser Folge eine Kurvenlänge von $\frac{\pi}{2}$ besitzen.

Gemäß dem Prinzip, dass eine Eigenschaft, die jedem Glied der Folge zukommt, auch der Zielfigur des Grenzprozesses zukommen muss, erwartet man, dass die Bogenlänge der „unendlichsten Figur" ebenfalls $\frac{\pi}{2}$ beträgt. Andererseits kann man sich die Gestalt, die bei diesem unendlichen Prozess angenähert werden

---

[58] Die Unterscheidung von Akzidenz und Substanz geht auf Aristoteles zurück (Gessmann, 2009, S. 13).

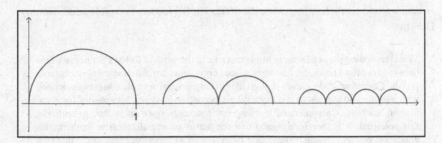

Abbildung 2.9 Kreisumfangsparadoxon

muss, in der Anschauung vorstellen und kommt vermutlich zu dem Ergebnis, dass es sich um eine Strecke der Länge eins handle.

Die anschauliche Betrachtung kommt also zu einem anderen Ergebnis als eine rechnerische. Auch hier kann man sich die Frage stellen, welche der beiden Betrachtungen nun versagt habe oder man interpretiert den Sachverhalt so, dass beide Gedankengänge unterschiedliche Phänomene, etwa eine Zahlenfolge oder eine Figurenfolge untersuchen. Egal wie man sich entscheidet, es scheint keine sichere Beweismethode zu sein, eine Aussage über formal-gefasste unendliche Prozesse mit anschaulichen Betrachtungen zu begründen.[59]

Diese Liste an Kritikpunkten lässt sich endlos fortsetzen. So behauptet Phillips (2010, S. 3), dass Mathematiker Diagrammen skeptisch gegenüberstehen würden, da sich der abstrakte Kern eines Beweises nicht in der Besonderheit eines Diagrammes darstellen ließe. Doch wie die „proofs without words" (Nelsen, 2016) zeigen, lassen sich Beweisideen zumindest in ausgewählten Beispielen visuell transportieren. Dabei kann man sich darüber streiten, was die Essenz eines Beweises ausmacht. Auch wenn sich noch weitere solcher Einwände anführen ließen, bricht die Ausführung zu den Schwierigkeiten mit Anschauung in Beweisen an dieser Stelle ab.

2.2.1.3 Rehabilitation der Anschauung in Beweisen

Auch wenn es nach den bisherigen Ausführungen so wirkt, als könne Anschauung den aktuellen wissenschaftlichen Standards nach Strenge in Beweisen nicht standhalten, gibt es doch eine größere Anzahl an Stimmen, die eine Rehabilitation der Anschauung befürworten, wobei im englischen Sprachgebrauch dann von *visual*

---

[59] Aufgrund der beschriebenen geschichtlichen Entwicklungen wird in dieser Arbeit angenommen, dass die Hochschullehre eine Analysis in formal gefasster Weise betreibt.

reasoning und ähnlichen Begriffen die Rede ist. So fordert beispielsweise Tommy Dreyfus:

> Visual reasoning plays a far more important role in the work of today's mathematicians than is generally known. Increasingly, visual arguments are also becoming acceptable proofs. Cognitive studies, even though identifying several specific dangers associated with visualization, point to the tremendous potential of visual approaches for meaningful learning. Computerized learning environments open an avenue to realizing this potential. It is therefore argued that the status of visualization in mathematics education can and should be upgraded from that of a helpful learning aid to that of a fully recognized tool for mathematical reasoning and proof (Dreyfus, 1994, S. 107).

Neben der Funktion von Anschauung als Lernhilfe, spricht Dreyfus gezielt das Beweisen an. Seine These belegt er durch aktuelle Trends in der mathematischen Forschungsgemeinschaft. Zum Beispiel wurde im *Journal of Combinatorial Theory* im Jahre 1972 ein Paper angenommen, welches nur aus der Formel $\theta(K_{16}) = 3$ und drei beschrifteten planaren Graphen bestand, die diese Formel beweisen sollen.

Ein weiteres Argument für die Verwendung von Anschauung in Beweisen wird unter anderem von Volkert genannt. Er beschreibt, wie einige der in der Analysis aufgekommenen Monster doch auf geometrische Art erklärt werden können (Volkert, 1986, S. 147–157).[60] Ist es daher möglich die Anschauung so weiterzuentwickeln, dass sie den Paradoxien im Zusammenhang mit unendlichen Prozessen trotzen kann?

David Tall (1991a, S. 111–112) gibt einen Vorschlag an, wie eine überall stetige, aber nirgends differenzierbare Funktion anschaulich beschrieben werden kann. Die so genannte Blancmange-Funktion sctzt sich aus einer Reihe von Dreieckskurven (siehe Abb. 2.10) zusammen. In Abbildung 2.11 sind diese Summanden in kumulierter Weise dargestellt, sodass man erkennen kann, wie die Anzahl der Knickstellen von Summanden zu Summanden der Reihenentwicklung wächst. So soll anschaulich ersichtlich werden, dass an jeder Stelle jede noch so kleine Umgebung um diese Stelle irgendwann im Laufe der Entwicklung einen „Knick" enthält. Man könnte daraus schließen, dass im Grenzwert, jede Stelle zu einer

---

[60] So galt die Peano-Kurve, die das Einheitsquadrat als Bild hat, als anschaulich nicht erklärbar, da es nicht zu der damaligen Auffassung von Dimension passte, dass eine eindimensionale Kurve eine zweidimensionale Fläche vollständig ausfüllt (S. 107–109). Doch gibt zum Beispiel Hilbert ein geometrisches Konstruktionsverfahren an, sodass Mandelbrot von einer „Zähmung" dieses Monsters spricht (Volkert, 1986, S. 147–157).

„Knickstelle" wird. Es gibt daher keine Stelle, an der diese Funktion differenzierbar ist. Der Graph der Blancmange-Funktion (angenähert über die 1000. Partialsumme) ist in Abbildung 2.12 dargestellt.

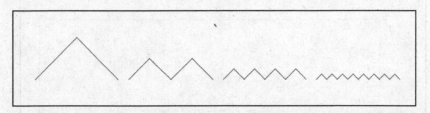

Abbildung 2.10 Die ersten vier Summanden der Blancmange-Funktion

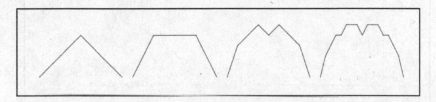

Abbildung 2.11 Die ersten vier kumulierten Summanden der Blancmange-Funktion

Doch gibt es mehrere Probleme bei diesem anschaulichen Zugang. Folgende Fragen können durch die Anschauung nicht unmittelbar beantwortet werden:

- Die Anordnung der Knickstellen ergibt sich durch ein nicht triviales Verfahren. Wie kann man sichergehen, dass die so erzeugte Menge der „Knickstellen" den Definitionsbereich dicht ausfüllt?
- Wie man erkennen kann, können „Knickstellen" im nächsten Schritt der Reihenentwicklung wieder verschwinden. Wird wirklich jede Stelle, die einmal „Knickstelle" war, wieder und dann dauerhaft zur „Knickstelle"?
- Auch wenn sich die ersten beiden Fragen womöglich durch zusätzliche Begründungen positiv beantworten lassen, bleibt doch ein unlösbares Problem offen. Woher weiß man, dass sich gewisse Eigenschaften, die für alle Glieder der Reihenentwicklung gelten, auf den Grenzwert übertragen? Könnten nicht alle „Knickstellen" im Übergang zum Limes auf einen Schlag verschwinden, weil eine dichte Anordnung „Knick an Knick" wieder zu einer glatten Kurve führt?

Die anschauliche Beweisführung beinhaltet hier also ähnliche Probleme wie die Betrachtung im Halbkreisparadoxon oben.

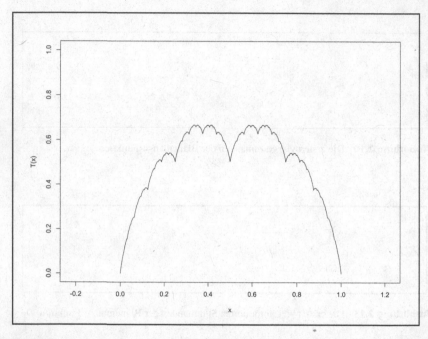

Abbildung 2.12 Graph der Blancmange-Funktion angenähert über die 1000. Partialsumme[61]

Es scheint so, als hätte man eine anschauliche Erklärung im Nachhinein so zurechtgelegt, dass sie zu den bereits formal bewiesenen Erkenntnissen führt. Andere anschauliche Sichtweisen könnten zu falschen Ergebnissen führen. Wenn die Sicherheit der anschaulichen Schlussweisen nur durch eine formale Absicherung zu gewährleisten ist, kann nicht von einer Weiterentwicklung der Anschauung für die Beweisfunktion die Rede sein. Anschauung hat dann eine heuristische statt

---

[61] Diese Abbildung mit dem Titel „Graph der Takagi-Funktion" wurde von Zakoohl erstellt. Die Abbildung ist über die Creative Commons Attribution-Share Alike 4.0 International Lizenz geschützt und kann hier abgerufen werden: https://commons.wikimedia.org/wiki/File: Graph_der_Takagi-Funktion.svg.

Unter diesem Link kann auch nachvollzogen werden, unter welchen Bedingungen die Abbildung weiterverwendet werden darf.

einer validierenden Funktion (siehe Abschnitt 2.2.3). Dennoch hat die Existenz wenigstens einer passenden anschaulichen Erklärung eine befriedigende Wirkung, da die Kluft zwischen Anschauung und Formalismus dadurch ein Stück kleiner erscheint.

In der philosophischen Auseinandersetzung gehen die Meinungen zu visuellen Beweisen auseinander. Zwischen extremen Befürwortern und absoluten Gegnern gibt es die verschiedensten Meinungen dazu, unter welchen Bedingungen Anschauung in Beweisen eingesetzt werden darf. Hanna und Sidoli (2007) unterteilen diese Meinungen vereinfachend in drei Lager (ebd., S. 73–74).

Im ersten Lager werden visuelle Repräsentationen nur als Beigaben zu formalen Beweisen akzeptiert. Dadurch wird der sterile Formalismus der Bourbaki-Zeit zwar aufgelockert, doch solche Beweise könnten prinzipiell auch ohne Bilder auskommen. Würde aber ein Beweisschritt durch ein anschauliches Argument ersetzt, so wird dies als ein geringerer Grad an Strenge aufgefasst (ebd., S. 74–75).

Eine tiefergehende Rolle kommt visuellen Repräsentationen im zweiten Lager zu. Hier können Bilder und Diagramme einen essenziellen Bestandteil des Beweises ausmachen. Doch können sie nicht alleinstehen, da entweder eine sprachliche Führung durch ein Diagramm gefordert wird oder es müssen gewisse Gütekriterien der visuellen Repräsentation überprüft werden, um sicherzustellen, dass es sich um eine geeignete Darstellung handelt (ebd., S. 74–76).

Interessant ist hier der Ansatz von Marcus Giaquinto (2007), der dem zweiten Lager zugeordnet wird. Bereits bei der Entdeckung eines Zusammenhanges durch visuelle Betrachtungen kann laut Giaquinto die Validität berücksichtigt und so ein relativer Grad an Gewissheit erreicht werden. Doch auch bei der anschließenden Verifikation durch einen Beweis kann ein Diagramm eine nichtüberflüssige Rolle spielen. Zum Beispiel um Lücken zu füllen, die aus Gründen der Ökonomie nicht formal gefüllt werden können. Die Sicherheit bei diesen Schlüssen muss dann aber durch eine Verallgemeinerung des speziellen Diagramms erfolgen. Doch gibt Giaquinto auch zu bedenken, dass Beweise mit visuellen Anteilen, in der Geometrie häufig, in der Analysis hingegen sehr selten funktionieren, denn „analytic concepts are not intrinsically linked to perceptual concepts" (ebd., S. 178), während die Konzepte der Geometrie idealisierte Formen unserer Wahrnehmung seien.

Im dritten Lager werden visuelle Repräsentationen sogar als eigenständige Beweise akzeptiert, doch bezüglich der Frage, wie die Validität solcher Beweise sichergestellt werden kann, gibt es noch einige offene Fragen (Hanna & Sidoli, 2007, S. 76–77). Nach der Einschätzung von Hanna und Sidoli macht das dritte Lager im Vergleich zum zweiten zahlenmäßig nicht viel aus: „Very few assert that proofs can consist of visual representations alone, but a number of researchers do claim that figures and other visual representations can play an essential, though restricted, role in proofs" (ebd., S. 74).

Ein letztes Argument für die Anschauung in Beweisen betrifft die tatsächliche Praxis von forschenden Mathematikern. Auch wenn nur Beweise, die als formales System notiert sind, grundlagentheoretisch gesehen streng sind, ist es in der Praxis weder möglich noch wünschenswert, einen Beweis vollständig als formales System aufzuschreiben (siehe Abschnitt 2.1.7). So kann auf der einen Seite das Argument verwendet werden, dass solche halb-formalen Beweise ebenso Fehler (z. B. durch die nicht explizierten Lücken) wie anschauliche Argumentationen enthalten können (vgl. z. B. Volkert, 1989, S. 26; Dreyfus, 1994, S. 113). Anschauung wäre demnach nicht trügerischer als formale Methoden. Auf der anderen Seite lässt sich dieses Argument wieder damit entkräften, dass sich Lücken in formalen Beweisen bei Bedarf explizieren ließen. Doch auch ein anschaulicher Beweis lässt sich bei Bedarf formalisieren.

Hans-Joachim Vollrath (1984, S. 170) behauptet, dass das formale Niveau bei forschenden Mathematikern schwanke und diese ein Gefühl dafür hätten, an welchen Stellen sie kleinschrittig deduktiv vorgehen müssen und an welchen Stellen sie in ihrem Beweisgang großzügiger sein können. Wenn dem so ist, könnten Bereiche geringerer Genauigkeit auch mit anschaulichen Argumentationen bearbeitet werden.

2.2.2   Anschauung und Ontologie

Volkert (1989, S. 10–11), der vor allem die wissenschaftstheoretischen Funktionen von Anschauung im Blick hat, nennt neben der oben ausgeführten erkenntnisbegründenden Funktion auch eine erkenntnisbegrenzende Funktion von Anschauung. Der Begriff ist so zu verstehen, dass Erkenntnis dadurch verhindert wird, dass gewisse Objekte aus Gründen, die in der Anschauung zu suchen sind, aus dem Bereich der Mathematik ausgeschlossen werden. Volkert schreibt: „Hier ist die Anschauung tief mit der Existenzproblematik verwoben. Sie liefert das Kriterium, das uns zu unterscheiden erlaubt zwischen bloßen Chimären und vernünftigen mathematischen Objekten" (ebd., S. 11). Im Rahmen dieser Arbeit sprechen wir von der ontologischen[62] Funktion von Anschauung, um eine negative Konnotation zu vermeiden. Statt den Fokus auf die Nichtexistenz von Objekten zu richten,

---

[62] Die Ontologie ist eine Teildisziplin der Philosophie, in der Fragen des Seins behandelt werden (Gessmann, 2009, S. 529–531). Speziell für die Mathematik geht es um die Frage, welche Art von Existenz mathematischen Objekten zugeschrieben wird.

soll hier geklärt werden, auf welches Existenzfundament mathematische Axiome und Definitionen aufbauen können und inwiefern die Anschauung dabei eine Rolle spielt.

Ein prägnantes Beispiel für die erkenntnisbegrenzende Funktion von Anschauung im Sinne Volkerts ist die historische Anerkennung der komplexen Zahlen. Den ersten Hinweis auf die Verwendung von negativen Radikanden findet man in der „ars magna" (1545) des Mathematikers Gerolamo Cardano. Er berechnete die beiden Lösungen $5 \pm \sqrt{-15}$ einer quadratischen Gleichung und machte eine Probe, bei der er in der Rechnung den Imaginärteil wie eine Zahl behandelte. Im Folgenden griffen verschiedene Mathematiker diese Idee auf. Dabei war aber immer ein gewisser Zweifel an der ontologischen Rechtfertigung dieser Zahlen anzutreffen. So wurden Wörter wie „unmöglich", „unschicklich", „hässlich", „eingebildet" und „imaginär" verwendet, um diese neuen Zahlen zu beschreiben. Dennoch beschäftigten sich einige Mathematiker, darunter auch Euler, mit den imaginären Zahlen auf einer rein syntaktischen Ebene (Volkert, 1986, S. 33–36).

Während Euler die imaginären Zahlen für unmöglich hielt, da er beweisen konnte, dass diese keine Anordnung besitzen (ebd., S. 34–35), suchte Gauß nach einer geometrischen Rechtfertigung dieser neuen Zahlen und fand sie vermutlich bereits im Jahre 1811 in Form der heute bekannten Gaußschen Zahlenebene. Eine arithmetische Rechtfertigung der komplexen Zahlen hätte Gauß anscheinend nicht gereicht. Er setzt Anschauung mit Semantik in Beziehung und kritisiert ein Zeichenspiel ohne Inhalt (ebd., S. 36–39). Volkert fasst die ontologische Position von Gauß so zusammen: „Gegenstände in der Mathematik sind nur dann voll legitimiert, wenn ihnen eine anschauliche Interpretation gegeben werden kann. Die Tatsache, daß ihre Verwendung zu keinen Widersprüchen führt, genügt nicht als Rechtfertigung" (ebd., S. 38).

Erst nachdem Gauß diese Begründung der komplexen Zahlen vorschlug, folgten auch andere Arbeiten, die rein syntaktische Definitionen vorlegten. In der Beschreibung Volkerts wird es so dargestellt, als sei es der Verdienst von Gauß, dass die komplexen Zahlen eine vollständige Akzeptanz erlangen konnten (Volkert, 1986, S. 41–44). So passt es auch, dass Gauß hier als ein „Vollender seiner Epoche" (ebd. S. 39) beschrieben wird, denn in der Kritik Bolzanos an Gauß' Beweis zum Fundamentalsatz der Algebra kann der Anbruch der Strenge-Welle in der Analysis, die zur Entstehung des modernen Formalismus beigetragen hat, gesehen werden (siehe Abschnitt 2.2.1).

Die ontologische Funktion der Anschauung beschäftigt sich nicht nur mit der Frage, welche Definitionen zugelassen werden, sondern geht auch auf die Herkunft der Axiome ein. Ein kurzer geschichtlicher Abriss über die Veränderungen der axiomatischen Methode wurde bereits in Abschnitt 2.2.1 gegeben. Während im traditionellen Axiomatismus wie in Euklids Elementen die Axiome in der Anschauung begründet wurden, ist diese Verbindung im modernen Formalismus getrennt worden (Memmert, 1969, S. 193–194). Jahnke (1978, S. 19–20) spricht von einer kontinuierlichen Verschiebung der Prioritäten von der antiken zur neuzeitlichen Mathematik. Fragen der Ontologie verloren an Interesse, dafür rückt die Methode an sich in den Vordergrund. So kann man auch Hilberts axiomatische Methode in den Grundlagen der Geometrie (Hilbert & Volkert, 2015) so verstehen, dass die Axiome immer noch anschaulichen Ursprung haben. Nur zum Schutz vor Fehlern werden die anschaulichen Bedeutungen in der formal-deduktiven Methode vorrübergehend ausgeblendet.[63]

2.2.2.1 Verschiedene Auffassungen über die Grundlagen der Mathematik

Ob und in welchem Maße die Anschauung für die Existenz von Axiomen und Definitionen eine Rolle spielt, hängt von der philosophischen Auffassung über das Wesen der Mathematik ab, die man zugrunde legt. Während bereits einige verschiedene Ausprägungen historisch angedeutet wurden, stellt sich die Frage, welche Positionen aktuell vorzufinden sind und ob es darunter besonders dominante gibt.

Heintz (2000, S. 36–52) fasst die gängigen Auffassungen über Mathematik zusammen. Sie unterscheidet zunächst zwischen Positionen, die dem Realismus angehören, und dem Formalismus. Während im Formalismus die Existenzfrage in eine syntaktische Frage außerhalb der weltlichen Existenz verwandelt wird, ist es eine Annahme des Realismus, dass mathematische Objekte in irgendeiner Weise in der Wirklichkeit anzutreffen sind. Das hat gewisse Konsequenzen. Zum Beispiel ist die Wahrheit mathematischer Aussagen unabhängig vom aktuellen Erkenntnisstand der Menschen. Man spricht daher im Realismus davon, dass Mathematik entdeckt und nicht erschaffen wird.

Dabei gibt es verschiedene Arten des Realismus. Im Physikalismus oder Naturalismus ist die Existenz eine raum-zeitliche. Beispielsweise geht man im historischen Empirismus davon aus, dass die mathematischen Objekte ursprünglich aus empirischen Erfahrungen gewonnen wurden, diese Herkunft aber im Laufe der Zeit verloren ging. So kann man beispielsweise den Zahlbegriff auf Tätigkeiten des Zählens zurückführen (ebd., S. 36–47). Dazu passt auch die Sichtweise Aristoteles, der geometrischen Objekte durch Abstraktion bzw. Idealisierung konkreter Realisierungsmöglichkeiten gewinnt. Doch kann man solche Auffassungen auch

---

[63] Auch Heintz (2000, S. 47) beschreibt Hilberts Ansatz so, dass der Ausgangspunkt ein inhaltlicher ist und der Formalismus bloß als „Mittel zum Zweck" dient.

als formalistisch begreifen, da der inhaltliche Ursprung der Objekte an Bedeutung verliert (Volkert, 1986, S. 16–17).

Eine andere Unterart des Realismus ist der Platonismus. Heintz vermutet, dass es sich hierbei um die verbreitetste Auffassung von Mathematik handelt. Auch hier wird den mathematischen Objekten eine Existenz in der Wirklichkeit zugesprochen, allerdings ist diese keine raum-zeitliche. Der Platonismus hat die Schwierigkeit, dass es nicht klar ist, wie solche Objekte dann überhaupt erkannt werden können. Auch die Anwendung mathematischer Erkenntnisse auf die Wirklichkeit lässt sich nicht ohne Weiteres erklären (Heintz, 2000, S. 36–41). In der ursprünglichen Form des Platonismus geht Platon davon aus, dass die Zeichen in der Wirklichkeit helfen können, die dahinterliegenden Ideen der mathematischen Objekte zu erinnern, die in einem früheren Leben bereits erfahren wurden (Volkert, 1986, S. 14–15).

Doch auch im Formalismus können verschiedene Richtungen unterschieden werden. Hier soll der Begriff des Formalismus so gefasst werden, dass alle Positionen, die dem Ideal des formalen Systems nahestehen, darunterfallen. So ist ein Charakteristikum aller formalistischen Grundlegungen, dass Mathematik auf ihre Syntax reduziert wird, es also keine inhaltlichen Deutungen der Objekte mehr gibt. Es wurde bereits darauf hingewiesen, dass Hilberts axiomatische Methode als früheste Methode des Formalismus aufgefasst werden kann, auch wenn Hilbert damit vermutlich nur die Beweise verbessern, nicht aber eine neue Ontologie schaffen wollte. Weitere Spielarten des Formalismus nennt Dörfler (2013).

Während Hilbert die Beziehungen zwischen den Objekten betont und die Ontologie der Objekte selbst lediglich ausklammert, wird die weltliche Existenz im Fiktionalismus entschieden verneint. Mathematische Theorien werden hier als ausgedachte Fiktionen, wie es auch Romane sind, verstanden. So wie es auch wahre Aussagen über den Inhalt einer fiktiven Geschichte gibt, wird hier Wahrheit durch die Stimmigkeit der gesamten Theorie begründet. Da die „Geschichten" von Menschen ausgedacht werden, wird Mathematik im Fiktionalismus erschaffen und nicht entdeckt (ebd., S. 171–173).

Doch auch im Fiktionalismus sind noch gewisse Vorstellungen mit den Objekten verbunden, wenn diese auch nur fiktiv sind. Dies verhält sich im Spieleformalismus anders. Mathematik wird hier als eine akademische Denksportaufgabe verstanden. Wie in einem Schachspiel, werden verschiedene Objekte und Spielregeln willkürlich erfunden, um die Konsequenzen dieser Setzungen zu untersuchen. Genauso wie es beim Schach nicht auf die konkrete Gestalt der Figuren ankommt, spielen die Vertreter, mit denen die mathematischen Axiome repräsentiert werden, hier keine Rolle. Es geht es lediglich um die durch die Regeln festgelegten Beziehungen der Objekte untereinander (ebd., S. 173–175).

Dörfler geht auch noch auf zwei weitere formalistische Auslegungen ein, die aber nahe an der Idee des Spieleformalismus angesiedelt sind. Es handelt sich einmal um einen didaktischen Vorschlag von Charles Sanders Peirce, der durch tatsächliches Spielen im Unterricht mathematische Konzepte vermitteln will. Die andere Auslegung betrifft Wittgensteins Sprach- bzw. Zeichenspiel. Die Regeln, die es zu beachten gilt, werden teilweise explizit vermittelt, müssen aber auch implizit durch die Teilnahme am Zeichenspiel (etwa durch Nachahmung) erworben werden. Bedeutungen ergeben sich durch diese expliziten und impliziten Regeln und lassen sich nicht isoliert vom ganzen Spielsystem betrachten. Da die Regeln im Spiel willkürlich festgesetzt werden, gibt es keinen Wahrheitsbegriff. Man kann lediglich untersuchen, ob sich die Regeln in der Praxis bewähren (ebd., S. 175–179).

Weitere Fragen bezüglich der Grundlagen der Mathematik können hier nicht vertieft werden und auch auf die Konkurrenzsituation zwischen Logizismus, Formalismus und Intuitionismus, in der sich der Formalismus durchgesetzt hatte, wurde bereits hingewiesen (siehe Abschnitt 2.2.1). Durch den Einfluss von Bourbaki wurden noch einmal die Strukturen zwischen den Objekten betont, sodass die ontologische Basis der Objekte offenbleibt und verschiedene Auffassungen koexistieren können (Heintz, 2000, S. 37). So belegen mehrere Quellen, dass forschende Mathematiker sowohl Aspekte einer formalistischen als auch einer platonistischen Auffassung vertreten. Beispielsweise heißt es bei Davis & Hersh (1985, S. 338): „Der typische Mathematiker ist sowohl Platonist wie ein Formalist – ein versteckter Platonist mit einer formalistischen Maske, die er aufsetzt, wenn der Anlaß dies erfordert". Und auch Heintz konnte in ihrer soziologischen Studie Evidenz dafür sammeln, dass Mathematiker zwar aus philosophischen Gründen den Formalismus, den Platonismus aber aufgrund ihres Gefühls bei der alltäglichen Arbeit bevorzugen (Heintz, 2000, S. 40). In Interviews mit forschenden Mathematikern verschiedener Disziplinen stellte Sfard (1994, S. 51) ebenfalls diese platonistische Auffassung fest.

Da Mathematik, anders als das nach außen präsentierte Bild suggeriert, von vielen Mathematikern nicht auf den syntaktischen Umgang mit Zeichenketten reduziert wird, wird die Anschauung für Fragen der Ontologie nicht im Vorhinein ausgeschlossen. Die philosophischen Positionen bezüglich des Wesens der Mathematik werden in Tabelle 2.6 zusammengefasst.

2.2.2.2 Alternative ontologische Ansätze

Bevor die Vor- und Nachteile einer rein formalistischen Auffassung gegenübergestellt werden, werden einige jüngere Ideen bezüglich der Ontologie vorgestellt. Diese neueren Ansätze haben sich bisher nicht durchgesetzt, zeigen aber, dass

Tabelle 2.6 Philosophische Positionen bezüglich des Wesens der Mathematik

Ontologische Haltung	**Realismus**	Physikalismus, Naturalismus, historischer Empirismus
		Platonismus
	Formalismus	Hilbert
		Spieleformalismus (Peirce, Wittgenstein, ...)
		Fiktionalismus

aufgrund der Tatsache, dass alle philosophischen Grundlegungen der Mathematik ihre Schwäche haben, für einige Mathematiker und Philosophen noch kein zufriedenstellender Zustand besteht.

Die Theorie der Semiotik passt gut zu einer platonistischen Auffassung, denn hier sind die Zeichen nötig, um einen Zugriff auf die nicht raum-zeitlich existenten Objekte zu erhalten. Im radikalen Formalismus wird hingegen die Verweisfunktion der Zeichen fallengelassen, sodass man zwar mit Symbolen hantiert, diese aber keine semiotischen Zeichen mehr darstellen. Ein Vorschlag von Dörfler (2006) besteht darin, die Trennung von Bezeichnetem und Bezeichner aufzulösen und Diagramme als die eigentlichen Objekte der Erkenntnis zu verstehen. Dörfler macht diesen Vorschlag vor allem aus didaktischem Interesse, da er so Mathematik weniger abstrakt betreiben und das Bild der Mathematik entmystifizieren möchte. Anders als in einem Formalismus, der bei den Symbolen eine inhaltliche Ontologie aufgibt, führt Dörflers Vorschlag darauf hinaus, auch ikonische Darstellungen ohne platonistische Referenz zu betrachten.

Ein weiterer Vorschlag die Grundlagen der Mathematik zu erneuern, wird von Lakoff und Núñez (1997) gemacht. Sie plädieren dafür, auch die psychologische Realität[64] und die Ideengeschichte beim Mathematikbetreiben zu berücksichtigen und wollen das Gebäude der Mathematik über den kognitiven Mechanismus der konzeptionellen Metapher letztendlich auf sensomotorischen Erfahrungen errichten. Interessant an diesem Ansatz ist, dass das Aufkommen der „Monster" (siehe Abschnitt 2.2.1) durch die Aktivierung verschiedener Metaphern nüchtern erklärt werden kann. So handelt es bei der Peano-Kurve, je nachdem welche Metaphern man gerade zu Grunde legt, um gar keine Kurve (Lakoff & Núñez, 1997, S. 72–79).

Eine besonders starke Befürwortung der Anschauung lässt sich in dem Ansatz von Pirmin Stekeler-Weithofer (2008) wiederfinden. Um verschiedene Probleme

---

[64] Mit der psychologischen Realität sind die tatsächlich stattfindenden gedanklichen Prozesse der Mathematiktreibenden gemeint, die sich häufig nicht mit der formal-logischen Art, wie Mathematik nach Außen präsentiert wird, decken müssen.

des Formalismus zu begegnen, wird hier eine gänzlich neue Grundlegung der Mathematik vorgeschlagen, die in der Geometrie beginnt, aber auch andere Bereiche wie die Arithmetik begründet. Die Idee ist dabei, dass zunächst ein protomathematischer Redebereich über reale Formen der Anschauung konstituiert wird. Hier werden Definitionen und Sätze zunächst in der Praxis mit realen Gegenständen gewonnen. Der Quader ist dabei eine Grundfigur, aus der die meisten prototheoretischen Begriffe und Sätze gewonnen werden können, da man diese Sätze und Begriffe mit hinreichender Genauigkeit praktisch realisieren kann. Eine protomathematische Version des Strahlensatzes dient als Bindeglied zwischen der proto-Geometrie und der reinen Geometrie, denn dieser erlaubt, Maßstabsveränderungen durchzuführen, mit denen auch Sätze über idealisierte Objekte in der Praxis hinreichend gut realisiert werden können. Neben anderen philosophischen Vorzügen kann durch dieses Begründungsprogramm vor allem die Anwendbarkeit der Mathematik auf die Wirklichkeit erklärt werden.

2.2.2.3 Schwierigkeiten des Formalismus

Auch wenn die Mathematik nach außen oft als streng formale Wissenschaft präsentiert wird, um philosophischen Problemen aus dem Weg zu gehen (Davis & Hersh, 1985, S. 337–338), scheint es so, als wäre ein radikaler Formalismus, der keinen Platz für Anschauung in der ontologischen Grundlegung lässt, nicht die Position, die im Alltag der meisten Mathematikerinnen und Mathematiker eingenommen wird. Um die Gründe dafür zu verstehen, werden nun einige Kritikpunkte am Formalismus aufgezählt. Dabei werden im nächsten Abschnitt aber auch die Vorteile der formalen Auffassung von Mathematik benannt, um eine ausgewogene Darstellung zu erreichen, aus der ersichtlich wird, warum der Formalismus als Position auch nicht vollständig fallengelassen wird.

Die Tatsache, dass Mathematik in den Naturwissenschaften und im alltäglichen Leben immer wieder erfolgreich angewendet werden kann, lässt sich in einer formalistischen Auffassung von Mathematik nicht erklären (vgl. Volkert, 1986, S. 352; Stekeler-Weithofer, 2008, S. 16–19). Auch Poincaré (2012, S. 8–9) weist darauf hin, dass in einem Formalismus ohne Anschauung bzw. Intuition die Anwendbarkeit der Mathematik nicht erklärt werde, allerdings sei dies auch in der Zeit vor der Strenge-Welle ein Problem gewesen. In gewisser Weise sei die neue axiomatische Methode eine Verbesserung, da das Problem der Anwendung hier explizit ausgeklammert wird.

Ein weiterer Kritikpunkt besteht darin, dass sich durch reine Deduktion aus vorgegebenen Axiomen nichts Neues schaffen lässt, da alle Wahrheiten bereits implizit in den Axiomen enthalten sind (Poincaré, 2012, S. 7). Ein enges Beweisverständnis, das sich auf das Zurückführen von Aussagen auf Tautologien beschränkt, kann nicht erklären, wie überhaupt irgendwelches Wissen in der Mathematik entsteht (Jahnke, 1978, S. 61). Volkert (1986, S. 264) schließt daraus, dass eine solch logizistische Auffassung zu einer inhaltleeren Mathematik führe. Eine Mathematik ohne Inhalt wird wiederum von einigen Mathematikern als uninteressant angesehen (Jahnke, 1978, S. 205).

Eine technische Schwäche des Formalismus betrifft dessen begrenzte Möglichkeiten. So ist spätestens seit den Arbeiten Gödels aus dem Jahre 1931 klar, dass dem axiomatischen Programm Hilberts klare theoretische Grenzen gesetzt sind. So ist es zum einen so, dass es in einem formalen System gewisser Komplexität immer unentscheidbare Aussagen gibt, was den Anspruch der Vollständigkeit zunichtemacht. Auch lässt sich die Widerspruchsfreiheit solcher hinreichend komplexen formalen Systeme nicht beweisen (Kahle, 2007). Zwar werden diese Makel in der Praxis ignoriert, doch ist damit zumindest die Grundintention Hilberts gescheitert.

Weitere den Formalismus betreffende Schwierigkeiten sind dessen Künstlichkeit und Sterilität (Poincaré, 2012, S. 8–11), das Problem der Zirkularität der impliziten Definitionen (Longo & Viarouge, 2010, S. 16) und das Problem, dass man nur unter formalen Gesichtspunkten nicht entscheiden kann, ob ein formales System interessanter als ein anderes ist (Volkert, 1986, S. 352). Darüber hinaus wird gerne darauf hingewiesen, dass auch im Formalismus Fehler begangen werden können (Volkert, 1989, S. 26). Grundsätzlich scheint kein Begründungsprogramm vor Fehlern gewappnet zu sein. Imre Lakatos' (1979) Verdienst ist es, auf die Vorläufigkeit mathematischen Wissens hingewiesen zu haben, ähnlich wie es der Status in den Naturwissenschaften ist.[65]

2.2.2.4 Vorteile des Formalismus

Nachdem einige Kritikpunkte des Formalismus aufgezählt wurden, werden nun auch positive Aspekte angebracht. Da der Formalismus zur Ontologie keine Position bezieht, betreffen diese Vorteile des Formalismus vor allem den Bereich des Beweisens und passen daher auch gut zu Abschnitt 2.2.1. Aus der dort geschilderten historischen Entwicklung lässt sich der hauptsächliche Vorteil des Formalismus rekonstruieren. Durch formal-deduktive Beweise kann leicht eine Allgemeingültigkeit erreicht werden und durch die inhaltsfreie Axiomatik wappnet man sich gegenüber übersehenen Beweislücken und Paradoxien der Unendlichkeit.

---

[65] Daher bezeichnet man eine Auffassung von Mathematik, die den Prozess und die Vorläufigkeit des Wissens betont, als Quasi-Empirismus. Auch wenn die Vorgehensweisen der Mathematiker denen der Naturwissenschaftler nahestehen, werden die Erkenntnisobjekte weiterhin als abstrakt aufgefasst, wodurch sich das Präfix „Quasi" erklärt (Heintz, 2000, S. 70–92).

Dörfler (1991, S. 18) nennt neben der Sicherheit und Genauigkeit formaler Arbeitsweisen auch die Automatisierbarkeit als Vorteil. So können Maschinen wie ein Computer Berechnungen führen und Beweise kontrollieren, wenn die Darstellung der Eingabe geeignet ist. Auch wenn Dörfler im Artikel von 1991 noch von einem Verlust an Kreativität im Formalismus gegenüber anderen Auffassungen von Mathematik spricht, betont er in einem späteren Artikel, dass auch im Formalismus Kreativität nötig ist, da die syntaktischen Regeln keinen genauen Weg für das Beweisen und Finden von Zusammenhängen determinieren (Dörfler, 2013, S. 179).

Gewisse etablierte Festlegungen im Korpus des mathematischen Wissens lassen sich nicht anschaulich oder anders inhaltlich begründen. So ist die Tatsache, dass die Multiplikation zweier negativer Zahlen etwas Positives ergibt, eine Entscheidung, die aus Gründen der Systemtauglichkeit getroffen wurde und daher auch nur auf syntaktischer Ebene begründet werden kann (ebd., S. 170).

Dörfler sieht auch in der Aufklärung des Euklid-Mythos einen Vorteil des Formalismus. So wurde die Mathematik lange als unfehlbare Wissenschaft, die ewige Wahrheiten hervorbringt, gesehen (Davis & Hersh, 1985, S. 339–347). Neuere Arbeiten wie die von Lakatos (1979) haben dieses Bild zwar ins Wanken gebracht, doch scheint es abgesehen von der ganz aktuellen Forschung immer noch einen Konsens darüber zu geben, dass mathematisches Wissen „ziemlich" sicher ist (Heintz, 2000, S. 17–31). Durch den Spieleformalismus kann dieser Konsens nun dadurch erklärt werden, dass es nicht um die Wahrheit von Sätzen, sondern einzig und allein um die Bewährung willkürlich gewählter Regeln geht (Dörfler, 2013, S. 178). Warum aber die Bewährung von Regeln einen ewigen Status haben soll, erklärt Dörfler nicht. Möglicherweise ist sein Argument aber auch so zu verstehen, dass der Euklid-Mythos so aufgedeckt werden kann.

Wenn es um die Vermittlung von mathematischem Wissen und Fähigkeiten geht, hat der Formalismus den Vorteil, dass dieser leichter zu lehren bzw. zu lernen ist, da das Anwenden syntaktischer Regeln beobachtbar und daher auch leichter zu imitieren ist. Geht man stattdessen von einer aristotelischen Auffassung der mathematischen Objekte aus, muss man darauf hoffen, dass die entscheidenden Abstraktionsprozesse von selbst ablaufen. Dörfler hält eine Anleitung zum Abstrahieren für schwierig (ebd., S. 179–180). Hier stellt sich die Frage, ob auch die Anleitung zu ikonischen bzw. diagrammatischen Zeichenhandlungen nach Dörflers Ansicht schwierig zu leisten ist.

2.2.3 Anschauung als Heuristik

In der Form wie Mathematik für gewöhnlich aufgeschrieben und präsentiert wird erscheint sie statisch und abgeschlossen. Beweise nehmen den größten Raum ein und scheinen das Kernelement mathematischer Forschung zu sein. Tatsächlich ist die spezifische Art zu beweisen das Charakteristikum von Mathematik, welches sie von anderen Wissenschaften unterscheidet (Davis & Hersh, 1985, S. 150). Doch gibt eine Darstellung von Mathematik in der tradierten Definition-Satz-Beweis-Anordnung keinen Aufschluss darüber, welche gedanklichen Prozesse zu dem vorliegenden Endprodukt geführt haben. Fragen der folgenden Art werden selten thematisiert: Mussten Definitionen bei der Theoriebildung abgeändert werden? Welche Betrachtungen haben zu der Vermutung eines Satzes geführt? Mussten weitere Voraussetzung hinzugefügt werden? Konnten Voraussetzungen fallen gelassen werden? Wie wurde die Kernidee des Beweises entdeckt?

Soziologische Studien wie die von Heintz (2000) zeigen, welchen großen Stellenwert die Arbeit vor der endgültigen Formulierung der Definitionen, Sätze und Beweise hat. Dass die Genese der Mathematik in den üblichen Lehrveranstaltungen zur Analysis nicht thematisiert wird, soll an einem Beispiel verdeutlicht werden. In Forster (2016, S. 259–264) werden die Begriffe „punktweise Konvergenz" und „gleichmäßige Konvergenz" von Funktionenfolgen zusammen eingeführt. Es wird zunächst geklärt, welcher der beiden Begriffe der stärkere ist. Dann werden die Vorzüge der gleichmäßigen Konvergenz durch Sätze wie die Übertragung der Stetigkeit auf die Grenzfunktion plausibel gemacht. Diese Darstellung suggeriert, dass die beiden Begriffe durch Variation des Begriffsinhaltes gleichzeitig entstanden wären.

Lakatos (1979, S. 137) weist aber darauf hin, dass der Wunsch nach Übertragung der Stetigkeit auf das leibnizsche Kontinuitätsprinzip zurückgeht, nach welchem sich eine Eigenschaft aller Folgenglieder auf den Grenzwert überträgt. Durch Cauchys neue Stetigkeitsdefinition konnten Gegenbeispiele zu dem Kontinuitätsprinzip erzeugt werden, da es Funktionsreihen aus stetigen Summanden gibt, deren Limes keine stetige Funktion ist. Dennoch konnte Cauchy einen Beweis führen, der die Übertragung der Stetigkeit verifizieren sollte. Da aber immer mehr Gegenbeispiele aufkamen, analysierte man Cauchys Beweis und erkannte, dass unabsichtlich ein impliziter Hilfssatz verwendet wurde. Um die Anwendung dieses

Hilfssatzes explizit zu ermöglichen, mussten neue Voraussetzungen in die Definition aufgenommen werden, die zu einem neuen Begriff, nämlich dem der „gleichmäßige Konvergenz" führten. Die Darstellung von Lakatos beleuchtet also wie mathematischer Fortschritt vonstattengehen kann.[66]

Bei der heuristischen Funktion von Anschauung geht es um alle Prozesse, die stattfinden, bevor die fertige Theorie in deduktiver Weise festgehalten und durch formale Beweise abgesichert worden ist. In der modernen Wissenschaftstheorie unterscheidet man diese beiden Aspekte des Mathematiktreibens durch die Bezeichnungen *context of discovery* und *context of justification* (Volkert, 1989, S. 10). Auch Volkert sieht die Möglichkeit, dass der Anschauung im *context of discovery* eine Funktion zukommen kann. Er nennt diese Funktion erkenntnisleitende Funktion von Anschauung, da die Anschauung hier eine assistierende Rolle einnimmt. So kann eine anschauliche Skizze zu einer Vermutung wie den Nullstellensatz führen, doch gilt es, diese Vermutung in einem nächsten Schritt zu verifizieren. Anschauung dient hier also lediglich als Heuristik, denn es gibt keine Garantie, dass sich die Vermutung wirklich als wahrer Satz herausstellt. Die Güte dieser Heuristik wird durch das Verlässlichkeitsprinzip der Anschauung bestimmt, wonach sich anschauliche evidente Sachverhalte auch formal beweisen lassen (ebd., S. 11). Dieses Prinzip hat, wie in Abschnitt 2.2.1 beschrieben wurde, an Zustimmung verloren, sodass eine moderne Form in etwa so lauten könnte: Vieles was anschaulich evident ist, lässt sich auch formal beweisen.

Wenn das Aufstellen und Verfeinern von Vermutungen und Definitionen sowie das Finden von Beweisen als das Kerngeschäft des forschenden Mathematikers aufgefasst werden, bekommt der *context of discovery* ein starkes Gewicht. Da es sich hierbei um keine Tätigkeiten handelt, die man planmäßig abarbeiten kann, sondern um Tätigkeiten, bei denen man auf brillante Einfälle, Glück und ähnliche Faktoren angewiesen ist, können Ansätze der Problemlöseforschung herangezogen werden. Das Finden eines Beweises kann immer dann als Problem aufgefasst werden, wenn kein standardisiertes Vorgehen zur Verfügung steht, also eine Barriere vorliegt (Rott, 2013, S. 24–26). Dennoch stehen erfahrenen Mathematikerinnen und Mathematikern gewisse Ideen, Handlungen und Ansatzpunkte zur Verfügung, um solche Probleme anzugehen. Diese haben zwar keine Erfolgsgarantie, aber bewähren sich dennoch dadurch, dass sie sich zumindest gelegentlich als hilfreich erwiesen haben. Die Rede ist von sogenannten Heurismen. Benjamin Rott (2013) beschreibt sie folgendermaßen:

---

[66] Im Projekt „Mathematik neu Denken" sind diese und andere historische Betrachtungen als Exkurse in die Analysis-Vorlesung eingeflochten (Beutelspacher et al., 2011, S. 51–89).

> Zum Lösen von Problemen benötigt man – im Gegensatz zur Anwendung von Algo-
> rithmen – in der Regel „weichere" mathematische Tätigkeiten; man benötigt bestimmte
> Tricks und Kniffe sowie Vorgehensweisen und Techniken, die dem Problemlöser zu
> einer Idee verhelfen oder ihn Strukturen besser erkennen lassen. Zusammengefasst
> werden Werkzeuge und Techniken dieser Art als Heurismen bezeichnet (ebd., S. 68).

Damit ein forschender Mathematiker erfolgreich ist, reicht es nicht aus, dass er vorgegebene Beweisideen formal ausführt und Beweise anderer nachvollzieht. Er muss selbst Beweisideen generieren und Vermutungen aufstellen.[67] Dabei spielt die heuristische Ebene eine große Rolle. Sich mit der Genese von Mathematik auseinanderzusetzen, geht daher über historisches Interesse und didaktische Bemühungen hinaus, da dieser Teil ebenso zur Mathematik gehört, wie die fertigen Sätze und Beweisprodukte.

Auch wenn die Möglichkeiten der Anschauung, was das Beweisen und die Ontologie angeht, begrenzt sind, kann Anschauung im *context of discovery* durchaus stärker in Erscheinung treten. Praktisch zu allen Aspekten der Genese von Mathematik gibt es Anwendungsbeispiele:

- Eine anschauliche Betrachtung kann zu einer Vermutung führen, die sich später als gültiger Satz herausstellt (Hanisch, 1985, S. 103). Zum Beispiel kann der Nullstellensatz an einem Diagramm entdeckt werden (Volkert, 1989, S. 11). Jedoch hat diese Entdeckung zunächst den Status einer Vermutung, wenn man anschaulichen Beweisen kritisch gegenübersteht.
- Die Anschauung kann auch dabei helfen, eine Vermutung darüber zu generieren, wie sich eine Aussage beweisen lässt (Hanisch, 1985, S. 103). Hierzu folgen Beispiele weiter unten.
- Selbst wenn ein Beweis prinzipiell auf rein syntaktischem Wege gefunden werden kann, etwa indem man verschiedene Beweiswege der Reihe nach ausprobiert, kann die Anschauung helfen, den richtigen Weg schneller zu finden, indem Sackgassen früher als solche erkannt werden (Poincaré, 2012, S. 9–11).[68] Die Anschauung ist dann eine Kontrollinstanz. Auch kann die Anschauung helfen, unter verschiedenen Beweisen den Besten zu finden. Die Qualität kann sich zum Beispiel auf die Prägnanz oder Ästhetik der Beweise beziehen.
- Tall (1991a, S. 105) spricht davon, dass Anschauung helfen kann, zu beurteilen, ob ein Satz es überhaupt wert ist, bewiesen zu werden. Warum aber manche

---

[67] Man kann die Auffassung haben, dass gerade dieser Problemlöseaspekt das ist, was Mathematik im Kern ausmacht. Dies entspricht auch der Position des Autors dieser Arbeit.

[68] Möglicherweise denkt Poincaré hier eher an Intuition in einem nicht visuellen Sinne. Jedoch kann man seine Ideen ohne Schwierigkeiten auf die Anschauung übertragen.

Sätze nicht bewiesen werden sollen, wird von Tall nicht erklärt. Es könnte sich um Sätze handeln, die keinen interessanten Inhalt haben, aber auch um Sätze, die so evident sind, dass ein Beweis nicht nötig erscheint.

- Das neue mathematische Wissen, was im Forschungsprozess generiert wird, beschränkt sich nicht auf Sätze und deren Beweise, sondern auch neue Notationssysteme und Beweistechniken können darunter zählen. Kiesow (2016, S. 384–300) beschreibt ausführlich, wie auch das Finden und Vermitteln neuer Imaginationsräume unter den Begriff der mathematischen Wissensbildung fallen.

Denkt man an die Situation von Studierenden der Analysis 1, so stellt das Finden von Beweisen die Hauptschwierigkeit dar, denn das Aufstellen von Definitionen und Vermutungen wird selten in Klausuren oder in Übungsaufgaben eingefordert.[69] Bevor an ausgewählten Beispielen aufgezeigt wird, wie es möglich ist, aus der Anschauung eine formale Beweisidee zu generieren, wird auf die Akzeptanz von Anschauung in ihrer heuristischen Funktion eingegangen.

2.2.3.1 Akzeptanz von Anschauung im context of discovery

Anders als bei der Frage nach Strenge in Beweisen und bei den ontologischen Grundlagen hat die Bedeutung von Anschauung im *context of discovery* nicht im Laufe der historischen Entwicklung abgenommen.[70] So sagt Friedrich Wille (1982, S. 49): „Der Wert der Anschauung für neue Ideenbildung ist unbestritten!" Und bei Hanna und Sidoli (2007, S. 73–74) heißt es:

> Diagrams and other visual representations have long been welcomed as heuristic accompaniments to proof, where they not only facilitate the understanding of a theorem and its proof, but can often inspire the theorem to be proved and point out approaches to the construction of the proof itself.

Die soziologische Studie von Christian Kiesow (2016) beschreibt, wie Bilder und Visualisierungen bei der Forschungsarbeit verwendet werden. Forschenden Mathematikern ist es daran gelegen, ein Gefühl für das Forschungsfeld zu entwickeln, indem sie beispielgebunden und experimentell arbeiten. Bildliche Darstellungen sind eine Möglichkeit, solche „Denk-Experimente" durchzuführen (ebd., S. 104).

---

[69] Abgesehen von der Beurteilung des Wahrheitsgehaltes von vorgegebenen Aussagen. Da es hier aber nur zwei mögliche Vermutungen gibt, können einfach beide Hypothesen abwechselnd abgehandelt werden.

[70] Wenn überhaupt, hat sie zugenommen.

Diese Tätigkeiten, die in den *context of discovery* fallen, haben auch eine heuristische Funktion.

> Ähnlich wie naturwissenschaftliche Experimente haben Berechnungen in der Mathematik einerseits eine erkenntnisgenerierende Funktion, indem sie dazu dienen, allgemeine Strukturmerkmale überhaupt erst aufzudecken, zum anderen besitzen sie auch eine erkenntnisvalidierende Funktion, indem sie bestimmte Vermutungen widerlegen oder die Intuition bestärken, auf dem richtigen Weg zu sein (Kiesow, 2016, S. 104).

Auch wenn Kiesow hier zunächst nur auf Beispielrechnungen eingeht, nennt er später visuelle Elemente als „weitere Möglichkeit zur quasi-empirischen Erschließung von Objekten" (ebd.).

Die hohe Akzeptanz bildlichen Arbeitens konnte Kiesow in Interviews mit Mathematikern feststellen. Ein zitierter Mathematiker spricht davon, dass Bilder „sehr gute Hilfsmittel" seien und dass sie helfen, den „mathematischen Prozessen auf den Grund zu gehen" (ebd.). Kiesow betont, dass es sich dabei nicht um eine Einzelmeinung handelt. „Diese Einschätzung hinsichtlich der eminenten Rolle von Bildern im mathematischen Forschungsprozess wird von allen befragten Akteuren geteilt" (ebd., S. 105).

Auch Heintz geht darauf ein, dass quasi-empirisches Arbeiten als Heuristik wichtig sei. Dabei ist die Untersuchung von Beispielen und Spezialfällen nötig, bevor der allgemeine Beweis geführt werden kann (Heintz, 2000, S. 150–153). Grundsätzlich hebt Heintz die Bedeutung des *context of discovery* heraus:

> In der Praxis der Mathematik hat der Beweis nicht die Bedeutung, die ihm gewöhnlich zugeschrieben wird. Im Gegensatz zum Standardbild der Mathematikphilosophie steht er nicht im Zentrum der mathematischen Tätigkeit, sondern ist gewissermassen der letzte Schritt, der offizielle Abschluss eines komplexen Suchprozesses, bei dem zunächst ganz andere Wahrheitskriterien eine Rolle spielen (ebd., S. 144).

Auch Despina A. Stylianou (2002) ist der Meinung, dass anschauliches Arbeiten neben anderen heuristischen Ansätzen als Methode genauso zum Mathematiktreiben gehört wie formale Aspekte:

> Mathematics is as much about axioms and theorems as it is about methods, both highly structured processes (such as mathematical induction) and less structured strategies or heuristics (such as search for patterns and drawing diagrams) (ebd., S. 303).

In Abschnitt 2.2.1 wurde bereits die geschichtliche Entwicklung der Strenge in Beweisen nachgezeichnet. Dabei unterscheidet Galda (1981) das Zeitalter der

Strenge, welches bis in die Gegenwart reicht, von dem Zeitalter des Elans, welches vor der Strengewelle herrschte.[71] Galdas These ist, dass die Hinwendung zum Formalismus nicht nur Vorteile mit sich bringe, da Kreativität und Erfindungsreichtum dadurch eingeschränkt würden. Daher plädiert er für ein ausgewogenes Verhältnis aus strengen Beweisen und nicht formalen Methoden (ebd., S. 139). Es handelt sich also auch hier um eine Aufwertung des *context of discovery*, wobei fraglich ist, ob „hinter den Kulissen" wirklich eine so einseitige Betonung vorliegt, wie Galda dies befürchtet.

Es wird auch die Meinung vertreten, dass sich die beiden Triebkräfte wie sie Galda beschreibt, in verschiedenen Typen von Mathematikern wiederfinden. Pinto und Tall (2002) geben fünf verschiedene Belege an, in denen diese Vermutung geäußert wurde. Die beiden Präferenzen des mathematischen Forschens, fassen Pinto und Tall so zusammen:

> Some have a broad problem-solving strategy, developing new concepts that may be useful before making appropriate definitions to form a basis for a formal theory. Others are more formal from the beginning, working with definitions, carefully extracting meaning from them and gaining a symbolic intuition for theorems that may be true and can be proved (ebd., S. 2).

Beide Ansätze scheinen heuristisches Arbeiten zu beinhalten, doch bleiben Mathematiker des zweiten Typs stets auf einer formalen Ebene. Dies spricht zwar grundsätzlich für eine Akzeptanz des anschaulichen Arbeitens, weist aber auch darauf hin, dass nicht jeder forschende Mathematiker im *context of discovery* semantisch ans Werk geht. Anschauung als Heuristik ist also keine Pflicht, wird aber auch nicht aus grundsatztheoretischen Gründen abgelehnt.

2.2.3.2 Beispiele zur Findung der Beweisidee durch Anschauung

Ein Beispiel dafür, wie ein anschaulicher Beweis zu einem syntaktischen Beweis formalisiert werden kann, wird von John Selden und Annie Selden (2009, S. 348) genannt.[72] Gegeben seien zwei stetige Funktionen f und g, von denen der Einfachheit halber gefordert wird, dass ihr Definitions- und Wertebereich jeweils die reellen Zahlen sind. Um zu beweisen, dass die Verkettung der beiden Funktionen wieder stetig ist, kann eine Darstellung am Nomogramm helfen (siehe Abb. 2.13).

---

[71] In Galdas Artikel, welcher auf Englisch verfasst ist, haben die beiden Epochen die griffigeren Bezeichnungen *age of vigor* und *age of rigor*.

[72] Das Beispiel könnte auch zu der Funktion von Anschauung in Beweisen (siehe Abschnitt 2.2.1) passen. Es ist lediglich die Frage, ob man einen anschaulichen Beweis bereits als streng akzeptiert oder ob eine Formalisierung eingefordert wird.

Das Nomogramm ist so zu lesen, dass die Definitions- und der Wertebereiche auf parallelen Achsen dargestellt werden. Die mittlere Achse stellt sowohl den Definitionsbereich von g als auch den Wertebereich von f dar. An den Pfeilen kann man ablesen, welche Zahl des Definitionsbereiches auf welche Zahl des Wertebereiches abgebildet wird. So kann man an zwei aneinander liegenden Pfeilen auch die Gesamtwirkung der verketteten Funktion $g \circ f$ nachvollziehen.[73] An dieser Stelle werden zwei Tatsachen deutlich, die bereits in Abschnitt 2.1 thematisiert wurden. Zum einen lässt sich die diagrammatische Darstellung nur durch die Kenntnis der zugrundeliegenden Konventionen zielführend interpretieren. Zum anderen müssen in der Darstellung zwei konkrete Funktionen ausgewählt werden, die beispielhaft für alle weiteren stehen. Doch wird sich die Singularität dieser Darstellung auch für den allgemeinen Beweis als eine geeignete Heuristik erweisen.

Inhaltlich gesprochen besagt die Stetigkeit einer Funktion φ in einem Punkt x_0, dass zu jedem noch so kleinen vorgegebenen Epsilonbereich um $\varphi(x_0)$, ein Deltabereich um x_0 angegeben werden kann, sodass alle Pfeile, die im Deltabereich starten ausschließlich im Epsilonbereich enden. Man gibt sich also auf der obersten Achse, die ja dem Wertebereich von $g \circ f$ entspricht, einen bestimmten Epsilonbereich vor, der für alle anderen Wahlmöglichkeiten steht. Zu zeigen ist dann, dass es auf der untersten Achse immer einen zugehörigen Deltabereich gibt, sodass alle zusammengesetzten Pfeile, die dort starten im Epsilonbereich der obersten Achse enden.

Aufgrund der Stetigkeit von g lässt sich ein Deltabereich auf der mittleren Achse mit der entsprechenden Stetigkeitseigenschaft finden. Die entscheidende Beweisidee liegt nun darin, den Deltabereich auf der mittleren Achse als Epsilonbereich für die Funktion f aufzufassen. So lässt sich wegen der Stetigkeit von f auch auf der untersten Achse ein Deltabereich finden, der sich als passender Deltabereich auch für $g \circ f$ herausstellt.[74]

Die Idee, Delta im ersten Schritt mit dem Epsilon im zweiten Schritt gleichzusetzen, lässt sich formalisieren. Grundsätzlich kann diese Idee auch durch ein syntaktisches „Trial-and-Error"-Verfahren gewonnen werden. Jedoch kann es sein, dass für manchen Beweisenden diese Handlung im Diagramm wegen der Doppelbelegung der mittleren Achse naheliegender erscheint, als in einem symbolischen

---

[73] Zur Idee der Darstellung von verketteten Funktionen mithilfe von Nomogrammen siehe auch Kaenders (2014).

[74] Die noch nötige Überlegung, warum dieses Delta für $g \circ f$ geeignet ist, sei der Leserin bzw. dem Leser überlassen.

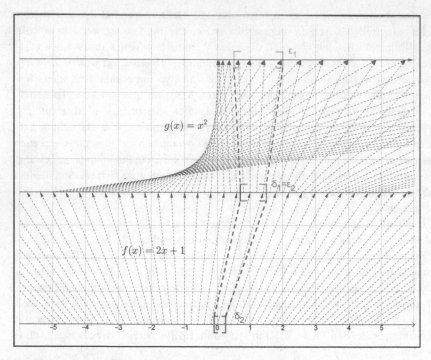

Abbildung 2.13 Verkettung stetiger Funktionen

Repräsentationsmodus. In diesem Fall würde die Anschauung eine geeignete heuristische Funktion übernehmen.

Der Vollständigkeit halber folgt nun der sich aus der anschaulichen Beweisidee ergebene „formale" Praxis-Beweis. Sei $x_0 \in D_f$ und $\varepsilon_1 > 0$ beliebig, aber fest. Dann ist $f(x_0) \in D_g$ und aus der Stetigkeit von g folgt, dass $\delta_1 > 0$ existiert, sodass für alle $y \in D_g$ mit $|y - f(x_0)| < \delta_1$ gilt, dass $|g(y) - g(f(x_0))| < \varepsilon_1$. Wegen der Stetigkeit von f gibt es für das fixierte x_0 und für alle $\varepsilon_2 > 0$ jeweils ein $\delta_2 > 0$, sodass für alle $x \in D_f$ mit $|x - x_0| < \delta_2$ gilt, dass $|f(x) - f(x_0)| < \varepsilon_2$. Insbesondere gibt es dann für den speziellen Fall $\varepsilon_2 = \delta_1$ mindestens ein zugehöriges δ_2, welches nun entsprechend fixiert wird.

Es ergibt sich: Für alle $x \in D_f$ mit $|x - x_0| < \delta_2$ gilt $|f(x) - f(x_0)| < \varepsilon_2 = \delta_1$. Da $f(x) \in D_g$, kann man $f(x) = y$ setzen. Es gilt daher $|y - f(x_0)| < \delta_1$ und somit auch $|g(y) - g(f(x_0))| < \varepsilon_1$. Nach der Substitution $y = f(x)$ erhält man $|g(f(x)) - g(f(x_0))| < \varepsilon_1$. Also gilt insgesamt: Für alle $x \in D_f$ mit

$|x - x_0| < \delta_2$ gilt $|g(f(x)) - g(f(x_0))| < \varepsilon_1$. Da x_0 und ε_1 beliebig gewählt wurden, entspricht dies der Stetigkeit von $g \circ f$, was zu zeigen war.

Im formalen Beweis mussten technische Details ergänzt werden, die entscheidenden Schritte konnten aber aus dem Diagramm entnommen werden. Neben der heuristischen Funktion gibt das Diagramm auch eine Orientierungshilfe und hilft den Beweis zu strukturieren. Dies geht aber über die heuristische Funktion von Anschauung hinaus und fällt bereits in die Funktion von Anschauung als Verstehens- und Lernhilfe (siehe Abschnitt 2.2.5), wobei sich die beiden Aspekte nicht ganz trennen lassen.

Die oben angewandte Heuristik könnte wie folgt beschrieben werden: Wenn man einen Beweis nicht formal führen kann, kann man versuchen, ihn zunächst anschaulich zu führen, um diesen anschaulichen Beweis anschließend zu formalisieren. Da es sich nur um eine Heuristik handelt, kann dieser Ansatz scheitern. Zum einen ist es möglich, dass auch im anschaulichen Repräsentationsmodus keine Beweisidee gefunden wird. Zum anderen kann es Schwierigkeiten bei der Formalisierung geben. Solche Hürden deuten möglicherweise daraufhin, dass die zu beweisende Aussage nicht gilt. Doch auch dafür gibt es keine Garantie.

Selden und Selden (2009, S. 344) geben aber auch ein Beispiel für einen Satz, bei dem sich der formale Beweisansatz nicht offensichtlich aus der Anschauung ergebe. Sie sagen, dass im Beweis dafür, dass die Summe zweier stetiger Funktionen wieder stetig ist, eine Abschätzung benötigt wird, die sich nur mit formal-rhetorischen Mitteln gewinnen ließe. Doch nur weil die Autoren keinen anschaulichen Ansatz gefunden haben, heißt das nicht, dass es keinen gibt. Möglicherweise ist auch die deutliche Trennung zwischen einem problemzentrierten und einem formal-rhetorischen Teil der Beweisgenese bei Selden und Selden ungünstig, da viele Einsatzmöglichkeiten der Anschauung erst in einem Zusammenspiel mit der formalen Ebene möglich sind. Es folgt eine Idee, wie der Beweis doch anschaulich motiviert werden kann.

In Abbildung 2.14 sind zwei stetige Funktionen und deren Summe auf drei verschiedene Achsen dargestellt. Wenn genügend Vorerfahrung zu dem Phänomen der Interferenz in der Physik gewonnen wurde, ist die folgende Vorstellung naheliegend. Fixiert man einen Punkt des Funktionsgraphen, hat der Graph in der näheren Umgebung ein gewisses Streuungsverhalten.[75] Beispielsweise ist das Streuungsverhalten von f in der Nähe der Null am geringsten. Werden die beiden Funktionen addiert, kann das physikalisch als Überlagerung zweier Schwingungen interpretiert

---

[75] Zur Stetigkeit gibt es verschiedene informelle Vorstellung wie die Folgende: „Wackelt" man am X-Wert, kann der zugehörige Y-Wert nur in einem kontrollierbaren Maße wackeln. Diese und weitere Vorstellungen werden in Abschnitt 4.1.2 detailliert beschrieben.

werden. Dabei kann es zu konstruktiver und destruktiver Interferenz kommen.[76]
Da es bei der Stetigkeit um eine kontrollierbare Beschränkung der Streuung geht,
muss man im schlimmsten Fall davon ausgehen, dass ausschließlich konstruktive Interferenz stattfindet. Die beiden Wellen streuen dann zusammen stärker als
jeweils allein. Um die Streuung von $f + g$ zu kontrollieren, müssen also die
einzelnen Summanden noch stärker in ihrem Streuungsverhalten beschränkt werden. Lässt man f und g bei einer vorgegebenen Streuungstoleranz jeweils nur
halb so stark streuen, würden diese bei ausschließlich konstruktiver Interferenz die
vorgegebene Streuungstoleranz nicht überschreiten.

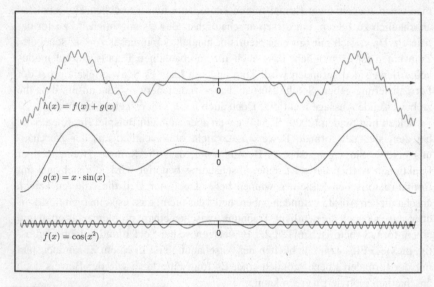

Abbildung 2.14 Addition stetiger Funktionen

Dies liefert den entscheidenden Aspekt der formalen Abschätzung. Ein Epsilon wird vorgegeben und man sucht für die einzelnen Funktionen zu einem halb
so großen Epsilon die zugehörigen Delta-Werte und wählt von beiden den kleineren aus. So kann dann die Abschätzung des formalen Beweises mithilfe der

---

[76] Um den Überlegungen zu folgen, reicht folgende metaphorische Beschreibung des vorausgesetzten physikalischen Wissens aus. Bei der Überlagerung von Schwingungen bedeutet
eine konstruktive Interferenz, dass zwei „Wellenberge" zusammentreffen und sich zu einem
noch höheren Wellenberg überlagern. Bei der destruktiven Interferenz trifft ein Wellenberg
auf ein „Wellental", sodass sich beide Wellen gegenseitig kompensieren.

Dreiecksungleichung angesetzt werden:

$$|(f + g)(x) - (f + g)(x_0)| = |(f(x) - f(x_0)) + (g(x) - g(x_0))|$$

$$\leq |f(x) - f(x_0)| + |g(x) - g(x_0)| \leq \frac{\varepsilon}{2} + \frac{\varepsilon}{2} = \varepsilon.$$

Natürlich liefert diese physikalische Interpretation noch nicht den gesamten formalen Beweis, aber doch eine der entscheidenden Ideen.[77] Die Schwierigkeiten der Anschauung bei der Behandlung unendlicher Prozesse sind bei rein heuristischen Betrachtungen unproblematisch. Ein Fehler der Anschauung würde beim sich anschließenden formalen Beweis auffallen.[78]

Ob es auch Sätze der Analysis 1 gibt, bei denen wirklich kein anschaulicher Zugang möglich ist, lässt sich schlecht sagen. Es gibt aber sicherlich Situationen, in denen ein anschaulicher Zugang zwar prinzipiell möglich, aber nicht zu naheliegenderen Handlungen führt als ein formaler. Da dies aber auch eine Frage der individuellen Perspektive ist, wird an dieser Stelle auf ein entsprechendes Beispiel verzichtet.

Die beiden Diagramme in Abbildung 2.13 und 2.14 können auch als Beispiele dafür verwendet werden, wie Vermutungen über mögliche Sätze gewonnen werden können. Das liegt womöglich daran, dass anschauliche Beweise wegen ihrer Semantik eng mit der eigentlichen Aussage des Satzes verbunden sind. Formale Beweise beschränken sich oftmals auf eine Verifikationsfunktion (Knipping, 2003, S. 74). Hier wird die ursprüngliche Genese so weit vertuscht, dass die Entdeckung des Satzes anhand des Beweises nicht mehr rekonstruiert werden kann.

Die heuristischen Möglichkeiten der Anschauung beschränken sich nicht auf kanonisierte Standarddarstellungen. Dies soll durch den nächsten anschaulichen Beweis aufgezeigt werden. Da es sich um einen Widerspruchsbeweis handelt, müssen unmögliche Konstellationen veranschaulicht werden. Dabei ist es nötig, Objekte in falscher Weise darzustellen. Das folgende Beispiel ist von Hans Bussmann (1992, S. 49–53) entnommen und entspringt der klassischen euklidischen Geometrie.

---

[77] Die anschaulichen Überlegungen sind eine geeignete Heuristik, um einen Ansatz mit $\frac{\varepsilon}{2}$ zu motivieren. Dass aus beiden Delta-Werten, der kleinere ausgewählt werden muss, kann eine weitere Barriere im Problemlöseprozess darstellen, die ebenfalls überwunden werden muss. Auch hier kann die metaphorische Vorstellung helfen.

[78] Natürlich können auch in der Praxis bei halb-formalen Beweisen Fehler übersehen werden. Dennoch stellt eine weitere schlüssige Beweisführung in einem anderen Darstellungsmodus eine gewisse Kontrolle dar.

Gegeben seien die beiden Axiome: a) Trifft eine Gerade eine Dreiecksseite, aber keine Ecke des Dreiecks, so trifft sie (mindestens) eine weitere Dreiecksseite b) Zwei Geraden treffen sich höchstens einmal.[79] Daraus soll der folgende Satz bewiesen werden: Geht eine Gerade durch eine Dreiecksseite aber nicht durch eine Ecke, dann trifft sie genau eine weitere Dreiecksseite.

Wegen a) kann die Behauptung nicht verletzt werden, indem keine weitere Dreiecksseite getroffen wird. Das Axiom b) garantiert, dass dieselbe Seite nicht mehrfach geschnitten werden kann, sodass es nur eine Konstellation gibt, wie die Gerade liegen kann, wenn der Satz ungültig wäre. Im Widerspruchsbeweis nimmt man daher an, dass es eine Gerade gebe, die alle drei Dreiecksseiten jeweils genau einmal trifft. Um diese Annahme visuell darzustellen, muss die Gerade krumm gezeichnet bzw. gedacht werden (siehe Abb. 2.15).

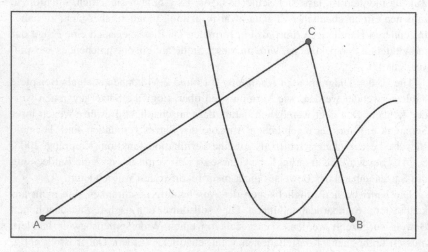

Abbildung 2.15 Umdeuten einer Geraden als krumme Linie

Da man sich keine Gerade im gewöhnlichen Sinne vorstellen kann, die durch alle drei Dreiecksseiten geht, ist dies bereits ein Indiz für die Wahrheit des Satzes. Jedoch soll die Heuristik aufklären, welches Axiom verletzt worden ist. Dies lässt sich in dem aktuell vorliegenden Diagramm noch nicht gut erkennen. Wenn aber bereits eine Linie krumm umgedeutet worden ist, ist es für die Wahrnehmung

---

[79] Im Fall, dass zwei Geraden identisch sind, würde man nicht mehr vom Treffen dieser Geraden sprechen.

unter Umständen besser, diese Umstrukturierung auf alle vorkommenden Linien zu übertragen (siehe Abb. 2.16).

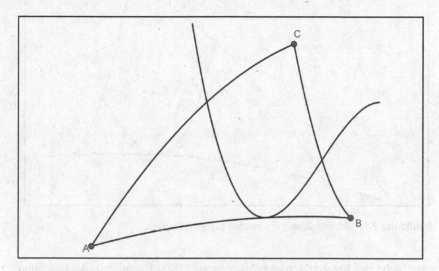

Abbildung 2.16 Umdeuten der Dreiecksseiten als krumme Linien

Jetzt kann leichter erkannt werden, dass die innere Figur nicht etwa ein Viereck, sondern ein Dreieck ist. Zwar sieht es so aus, als würde diese Figur von vier Punkten aufgespannt werden, einer dieser vier Punkte liegt aber mitten auf einer der Seiten. Auch müssen die beiden Begriffe Strecke bzw. Dreiecksseite und Gerade flexibel aufeinander bezogen werden. Tatsächlich handelt es sich bei dem Streckenzug $A'B'C$ um ein Dreieck (siehe Abb. 2.17). Nun ist es aber so, dass die Gerade durch A und B das Dreieck $A'B'C$ nur in einer Seite trifft und auch durch keine Ecke von $A'B'C$ verläuft. Damit ist das Axiom a) verletzt, was den gesuchten Widerspruch liefert.

2.2.3.3 Hintergrundtheorie

Am Beispiel der Verkettung stetiger Funktionen wird deutlich, wie Anschauung als Heuristik fungieren kann. Die Suche des Beweises kann als Problem aufgefasst werden, wenn dem Beweisenden bisher kein Beweis mit einem ähnlichen Trick bekannt ist. Es gibt kein standardisiertes Beweisverfahren und es ist auch nicht klar, wie man alle möglichen Beweisschritte der Reihe nach durchprobieren kann. Eine besondere Barriere kann darin bestehen, dass Delta und Epsilon an

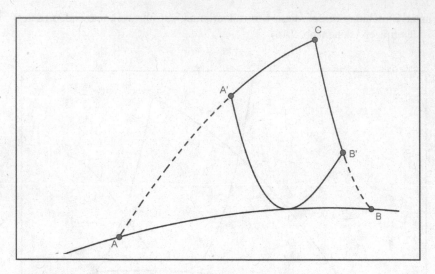

Abbildung 2.17   Identifizierung der inneren Figur als Dreieck

einer Stelle gleichgesetzt werden müssen, obwohl diese Bestandteile der Definition von Stetigkeit unterschiedliche Funktionen übernehmen.

Wenn eine nicht naheliegende Handlung eine Lösung des Problems darstellt, können Heurismen der Umstrukturierung helfen. In der umstrukturierten Form werden nämlich unter Umständen andere Handlungsoptionen wahrgenommen, die vorher übersehen wurden (Malle, 1984, S. 70–76). So kann die Visualisierung durch die Doppelbelegung der mittleren Achse das Gleichsetzen von Epsilon und Delta unterstützen, was noch durch weitere Heurismen wie abwechselndes Vorwärts- und Rückwärtsarbeiten verstärkt werden kann. Die so gewonnene Idee lässt sich auch in der ursprünglichen Gestalt des Problems erproben.

Die Kontrolle in der formalen Ebene ist nötig, da die Übersetzung zwischen formaler und anschaulicher Darstellung nicht isomorph ist. Günther Malle berücksichtigt dies, indem er die Visualisierung eines Problems als Modell des Problems auffasst. An schulnahen Beispielen erklärt er, wie Visualisierungen dem Problemlöser helfen können. Da Modelle in der Regel eine Reduktion bedeuten und neue Handlungsspielräume eröffnen, helfen sie, die geistige Beweglichkeit zu erhöhen und das Problem letztendlich zu lösen (ebd., S. 65–69).

Rolf Biehler (1985) beschreibt, wie grafischen Methoden in der modernen angewandten Statistik vor allem wegen ihres heuristischen Potenzials ab der zweiten Hälfte des 20. Jahrhunderts eine Renaissance erlebten. Der Statistiker Egon S.

Pearson mahnte 1956 an, dass die aktuelle Forschungspraxis sich zu sehr auf die Untersuchung von Modelleigenschaften beziehe und die Frage danach, welche Modelle zu welchen Situationen passen, vernachlässigen würde. Nach Pearson helfen diagrammatische Darstellungen dabei, Muster in den Daten zu erkennen, um diese Frage zu beantworten. In einem Aufsatz aus dem Jahr 1962 verfolgt der Statistiker John W. Tukey ähnliche Ziele und stellte für die Entstehung der explorativen Datenanalyse die entscheidenden Weichen (ebd., 19–23). Die heuristische Wirkung wird durch Repräsentationswechsel erklärt, die verschiedene Aspekte der Daten beleuchten und so verschiedene Muster leichter erkennen lassen (ebd., S. 25). Der Vorteil grafischer Darstellungen wird dabei mit den Vorzügen des „eye-brain Systems" (ebd., S. 29) begründet, welches schnell einen Überblick der dargestellten Daten gewinnen, aber auch Details fokussieren kann.

Kiesow (2016, S. 313) weist darauf hin, dass bereits die Übersetzung zwischen der formalen und der anschaulichen Ebene einen heuristischen Wert hat. Die Übersetzung läuft in der Regel nicht ohne Schwierigkeiten ab und gerade diese Schwierigkeiten sind es, die den Mathematiker zu neuen Gedanken anregen, die wiederum zu neuen Erkenntnissen führen. Beispielsweise hat eine Computervisualisierung des Funktionsgraphen von f mit $f(x) = \frac{\sin(x)}{x}$ keine erkennbare Definitionslücke an der Stelle Null (siehe Abb. 2.18).[80] Angeregt durch diesen scheinbaren Widerspruch kann der Begriff der stetigen Fortsetzbarkeit motiviert werden.

Auch Metaphern wird eine heuristische Funktion zugesprochen. Kadunz (2000) versucht in einem Selbstversuch, einen ihm unvertrauten Satz und den zugehörigen Beweis zu verstehen. Dabei verwendet er unter anderem Metaphern, um sich trotz der fehlenden Vertrautheit zurecht zu finden. Beispielsweise überträgt er die Rotation von Rechtecken auf die Zeilen- und Spaltenvertauschung einer Tabelle. Die heuristische Wirkung erklärt er dadurch, dass bewährtes Wissen aus anderen Bereichen auf die neue Situation projiziert wird (ebd., S. 286–287). In den Beispielen oben ist bei der Addition stetiger Funktionen ebenfalls eine Metapher verwendet worden. Wissen aus der Physik über Wellenüberlagerung wurde auf die Arithmetik von Funktionen übertragen. Da auch diese Übertragung keine sicheren Schlüsse erlaubt, ist eine formale Kontrolle unerlässlich.

---

[80] Wenn es nicht anders gesagt wird, werden in dieser Arbeit Funktionen auf der größtmöglichen Teilmenge von $\mathbb{R}$ definiert und als Wertebereich $\mathbb{R}$ gewählt.

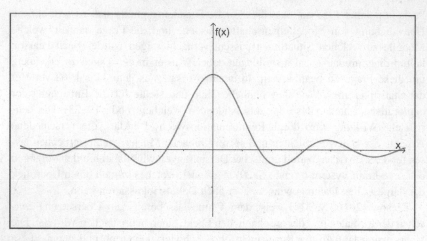

Abbildung 2.18 Der Graph von $f(x) = \frac{\sin(x)}{x}$ hat keine erkennbare Definitionslücke

2.2.3.4 Ausgewählte Studien zum heuristischen Einsatz von Anschauung

Stylianou (2002) hat fünf promovierte Mathematiker beim Lösen von Problemen mithilfe der Methode des lauten Denkens beobachtet. Aufbauend auf dem Visualizer/Analyzer (V/A)-Modell von Zazkis, Dubinsky und Dautermann konnte sie verschiedene Analyse-Handlungen identifizieren, auf die im weiteren Verlauf aber nicht eingegangen wird. Das V/A-Modell geht davon aus, dass sich bei der Lösung eines Problems durch Visualisierung Schritte des Visualisierens und Analysierens abwechseln. Dies Annahme konnte in der Studie von Stylianou ein weiteres Mal bestätigt werden.

Die heuristisch bedeutsame Schlüsselfigur wird nicht auf einmal, sondern schrittweise entwickelt. Dabei müssen auch Entscheidungen kontrolliert und unter Umständen revidiert werden. Es scheint so, dass erst die Kombination von visualisierenden und analysierenden Tätigkeiten eine erfolgreiche Problembearbeitung ermöglichen. Gerade die analysierenden Tätigkeiten, die der Metakognition zuzuordnen sind, haben eine wichtige Funktion. Stylianou konnte solche kognitiven Handlungen bei Experten beobachten, doch gibt zu bedenken, dass Novizen diese Fähigkeiten erst erlernen müssen. Er reicht also nicht aus, Studierende der Mathematik lediglich dazu zu ermutigen, visuell zu arbeiten.

In einem Designexperiment von Raman, Sadefur, Birky, Campbell und Somers (2009) wurden Videos für das Lehren von Beweisen entwickelt. In der theoretischen Vorarbeit wurde dazu der Prozess des Beweisens in drei relevante Abschnitte unterteilt. So muss in einem ersten Schritt eine Schlüsselidee erkannt werden. Diese ist wichtig, damit der Beweisende von der Wahrheit der zu zeigenden Aussage überzeugt ist. Anschließend benötigt der Beweisende einen *technical handle*, was hier frei als „technischer Ansatz" übersetzt werden soll. Erst durch diesen technischen Ansatz bekommt der Beweisende das Vertrauen, den Satz beweisen zu können. In der Kommunikation kann es oftmals ausreichen, den technischen Ansatz anstelle des ausformulierten Beweises zu vermitteln. Im letzten Schritt geht es um die Verschriftlichung des Beweises in einer deduktiven Form.

Die Phasen dieses Modells haben Gemeinsamkeiten mit anderen Arbeiten zu Beweisprozessen, denn auch in dem normativen Modell von Paolo Boero (1999) oder bei den von Christoph Ableitinger (2012) durch qualitative Inhaltsanalyse gewonnen Teilprozessen beim Lösen hochschulmathematischer Aufgaben kommen heuristische Phasen vor, die in der Regel durchlaufen werden müssen, bevor eine Niederschrift des Beweises möglich ist. Raman et al. (2009) konnten in ihrer Studie feststellen, dass selbst, wenn bereits ein technischer Ansatz vorliegt, der nächste Schritt zu einem ausformulierten Beweis häufig nicht gelingt. Interessant ist aber auch eine Studie von Sandefur, Mason, Stylianides und Watson (2013), die unter anderem mit dem Modell von Raman et al. arbeiten. Sie konnten beobachten, dass Studierende Beispiele konstruieren und Repräsentationswechsel vollziehen, um entweder einen technischen Ansatz oder eine konzeptuelle Einsicht zu erlangen. In ihrer Stichprobe gab es Studierende, die zuerst den technischen Ansatz und welche die zuerst die konzeptionelle Einsicht erhielten. Für die Beweiskonstruktion war aber immer entscheidend, dass beide Aspekte koordiniert werden mussten.

In dem Beispiel zur Addition stetiger Funktionen wird deutlich wie die anschauliche Interpretation des Satzes sowohl zu der konzeptionellen Einsicht „zwei kontrollierbare Änderungen bleiben auch in ihrer Überlagerung kontrollierbar" als auch zu dem technischen Ansatz „um die Gesamtänderung zu kontrollieren, müssen die einzelnen Funktionen mit $\frac{\varepsilon}{2}$ abgeschätzt werden" führen kann.

Stefanie Arend (2017) hat sich in ihrer Dissertation mit einem verständnisorientierten Umgang mit dem Stetigkeitsbegriff beschäftigt. Dabei hat sie unteranderem 18 Einzelinterviews mit Studierenden am Ende eines freiwilligen Brückenkurses zur Stetigkeit geführt (ebd., S. 141–144). Neben semiotischen Analysen geht sie auch auf den Strategieeinsatz der Probandinnen und Probanden beim Nachweis von Stetigkeit ein. Eine der identifizierten Strategien ist das Erfassen von Strukturen mittels grafischer Veranschaulichungen. Diese Strategie erweist sich tendenziell als erfolgreicher als verschiedene Einsetzungsstrategien. Besonders hilfreich sei aber ein Wechsel zwischen anschaulichen und algebraischen Betrachtungsweisen, da so ein flexibles Problemlösen möglich wäre. Doch konnte Arend so einen Repräsentationswechsel nur selten in ihrer Stichprobe beobachten (ebd., S. 381–387).

2.2.4   Anschauung in der Kommunikation

Dass Visualisierungen bei der Kommunikation helfen können, ist eine von vielen geteilte Meinung (vgl. Schmitz, 2017, S. 2; Sfard, 1994, S. 48; Heintz, 2000, S. 154). Petra Gretsch und Constanze Weth (2016, S. 243–244) extrahieren aus Arcavis Definition von *visualization* (Arcavi, 2003, S. 217) drei Funktionen von Visualisierungen, von denen eine die der Kommunikation ist. Selbst Mathematiker, die der Anschauung in Beweisen skeptisch gegenüberstehen, lassen eine Aufweichung des sterilen Bourbaki-Stils zu und akzeptieren Bilder als zusätzliche Beigaben in Beweisen, um das Verstehen zu erleichtern (Hanna & Sidoli, 2007, S. 73–74).

Da ein Ziel der Kommunikation ist, beim Gegenüber Verstehen auszulösen, lassen sich Überschneidungen zu der Funktion von Anschauung als Verstehens- und Lernhilfe (siehe Abschnitt 2.2.5) feststellen. Wenn es um die Funktion von Anschauung in der Kommunikation geht, soll aber der Fokus auf der konkreten Praxis in der wissenschaftlichen Community liegen. Dabei werden die folgenden Fragen diskutiert: Wann benutzen Mathematiker anschauliche Elemente in ihrer Kommunikation? Welchem Zweck dienen sie? Welche Vorteile bestehen gegenüber einem formalen Kommunikationsmodus?

Es wird sich herausstellen, dass auf der einen Seite die symbolische Fachsprache und der formale Beweis die charakteristischen Kommunikationsmittel in der Mathematik sind, auf der anderen Seite spielen aber auch visuelle und informelle Kommunikationsweisen eine Rolle. Hermann Kautschitsch (1984, S. 147–148) hält die bildliche Sprache dann für geeigneter, wenn der Untersuchungsgegenstand neu und unvertraut ist. Dies gelte sowohl im didaktischen Kontext als auch wenn es um aktuelle Forschung geht. Demnach sind bildliche Sprechweisen eher im *context of discovery* und die formale Symbolsprache eher im *context of justification* anzutreffen. Bevor die tatsächliche Praxis forschender Mathematiker näher beleuchtet wird, soll zunächst geklärt werden, wie die Anschauung die Kommunikation unterstützen kann.

2.2.4.1 Möglichkeiten und Grenzen anschaulicher Kommunikationsformen

Ein Vorteil von visuellen Darstellungen ist die größere Übersichtlichkeit und die damit verbundene schnellere Informationsverarbeitung (Arcavi, 2003, S. 216–219). So helfen Visualisierungen das Gesamte nicht aus dem Blick zu verlieren und Zusammenhänge besser zu erkennen. Die von Arcavi genannten Vorteile entsprechen einigen Eigenschaften von Anschauung, die in Abschnitt 2.1.6 genannt wurden. So werden die Globalität und die Unmittelbarkeit der Anschauung angesprochen. Dies sind Eigenschaften, die einem logisch-deduktiven Kommunikationsstil nicht zugeschrieben werden, sodass anschauliche Kommunikationsweisen gute Ergänzungen darstellen.

Eine wichtige Möglichkeit, wie Anschauung in der Kommunikation eingesetzt werden kann, betrifft die Darstellung von Beweisen. Wenn ein deduktiver Beweis zusätzlich mit einem Diagramm vorgeführt wird, kann die Leserin oder der Leser des Beweises den Beweisgang besser nachvollziehen. So befinden sich bereits in Euklids Elementen Zeichnungen, um die allgemein beschriebenen Konstruktionsschritte an einem konkreten Beispiel nachvollziehen zu können (Euklid & Lorenz, 1781).

Geht es in der Kommunikation aber nicht um die Vermittlung von Beweisdetails, sondern nur um die Weitergabe der Beweisidee, so können Diagramme und andere bildliche Darstellungen ebenfalls helfen. Die in Abschnitt 2.2.3 gegebenen Beispiele können nicht nur dazu dienen, selbst auf eine Beweisidee zu kommen, sondern auch dazu, diese Idee anderen zu vermitteln. Dass anschauliche Elemente generell als Träger für abstrakte Ideen dienen können, beschreibt Dörfler (1991).

Auch Axiome, Sätze und Definitionen werden in vielen Lehrwerken von anschaulichen Darstellungen begleitet (vgl. Forster, 2016). Jedoch ist nicht klar, welchen Zweck diese anschaulichen Elemente übernehmen sollen. Geht es um Merkhilfen, empirische Evidenz, dahinterliegende Ideen oder darum, die Aussagen an sich besser zu verstehen? Diese Aspekte lassen sich nicht voneinander trennen,[81] denn dadurch, dass eine neue Definition beim Lesen oder Hören bereits verinnerlicht und behalten wird, kann auch der darauffolgende Inhalt besser aufgenommen werden, was eine Verbesserung der Kommunikation bedeutet. Möglicherweise geht es den Autorinnen und Autoren auch darum, ein Repertoire an Anschauungsformen zur Verfügung zu stellen, sodass die Lernenden ihre eigene Kommunikation mit anschaulichen Mitteln anreichern können.

---

[81] In der angewandten Statistik wurden beispielsweise Grafiken dann wieder in der Kommunikation zugelassen als auch deren heuristisches Potenzial erkannt wurde (Biehler, 1985, S. 24).

Doch anschauliche Darstellungen haben für die Kommunikation nicht nur Vorteile. Kritisch anzumerken ist, dass anschauliche Kommunikationsformen die formale Mathematik nicht isomorph abbilden können. So gesehen handelt es sich bei anschaulichen Kommunikationsformen um eine verfälschte Darstellung der Mathematik. Ob so eine Darstellung problematisch ist oder nicht, hängt dann mit dem konkreten Zweck, den man verfolgen möchte, zusammen. Auch ist wichtig, dass die Rezipienten für Schwierigkeiten bei der Übersetzung zwischen formaler und anschaulicher Ebene sensibilisiert worden sind.

Problematisch ist außerdem, dass sich innere visuelle Vorstellungen nicht einfach mitteilen lassen (Skemp, 1986, S. 104). Dies liegt laut Richard R. Skemp daran, dass der Mensch mit seinen Augen Bilder sehen kann, aber keine Art Projektor hat, um Bilder zu erzeugen, wobei diese evolutionäre Gegebenheit, durch neue Medien ausgeglichen werden kann (Tall, 1991b, S. 15). Einerseits helfen Visualisierungen bei der Kommunikation, andererseits ist es aber gerade schwierig mentale visuelle Ideen zu vermitteln. Es gibt also nicht nur eine Diskrepanz zwischen der anschaulichen und der formalen Ebene, sondern auch zwischen internen und externen Bildern. Psychologische Erkenntnisse weisen darauf hin, dass innere Vorstellung gewisse dynamische Formen der Unbestimmtheit zulassen, was in externen Repräsentationen nicht ohne Weiteres möglich ist. Dies zeigen beispielsweise die verschiedenen Forschungsergebnisse, die Giaquinto (2007, S. 90–120) zum mentalen Zahlenstrahl zusammengetragen hat.[82]

Ein weiterer Kritikpunkt wird von Michal Yerushalmy (2005, S. 217) angebracht. Dadurch, dass Visualisierungen beispielgebunden sind, können sie beim Betrachter ein zu enges Begriffsverständnis erzeugen, welches sich vom konkreten Beispiel in der Visualisierung nicht lösen kann. Hier ist wieder die Singularität der Anschauung angesprochen. Wenn die Visualisierungen allerdings nur Begleiter von formalen Definitionen sind, kommt es lediglich darauf an, dass die Lernenden die Aussagekraft der beiden Darstellungen richtig bewerten und flexibel genug sind, weitere Beispiele und Anwendungen in ihr Begriffsverständnis zu integrieren.

Auch die historische Entwicklung der Mathematik scheint gegen anschauliche Elemente in der Kommunikation zu sprechen, da die Herausbildung des Formalismus auch mit einer formalen standardisierten Fachsprache einhergeht. Darauf geht der nächste Abschnitt detaillierter ein.

---

[82] So wird zum Beispiel die Unendlichkeit der natürlichen Zahlen durch eine mentale Operation analog zum „Scrollen" bei dynamischer Geometriesoftware vorgestellt. Die interaktiven Möglichkeiten neuerer Software können also helfen, solche dynamischen Vorstellungsbilder zu vermitteln.

2.2.4.2 Formalismus und Kommunikation

Die Entwicklung der Hilbertschen axiomatischen Methode und des damit verbunden Formalismus geht laut Jahnke nicht nur auf Probleme bezüglich der Strenge von Beweisen zurück, sondern ist auch die Folge eines Kommunikationsproblems (Jahnke, 1978, S. 117). Im frühen 19. Jahrhundert hat die Ausbildung von Ingenieuren und Gymnasiallehrern an der Universität an Bedeutung zugenommen, sodass die Forderung nach Lehrbarkeit des mathematischen Stoffes die Arithmetisierung in der Analysis mit dem Ziel einer besseren Kommunikation mitverursachte (ebd., S. 30–36). In dieser Zeit wuchs auch die mathematische Community rasant, sodass eine anonyme Öffentlichkeit aufkam. Damit Kommunikation weiter gelingen konnte, fanden Prozesse der Systematisierung, Normierung, Präzisierung und Reflexion statt (Kiesow, 2016, S. 87). Dabei gingen aber auch gewisse Aspekte der Mathematik verloren:

> Statt dessen werden nun neue Formen der Explikation, Normierung und Systematisierung des mathematischen Wissens notwendig; Es mußte in Formen transformiert werden, die es von der Zufälligkeit der individuellen Standpunkte und Sichtweise einzelner Mathematiker befreiten. Der notwendig implizite und variable Charakter des Wissens, das Forschung und schöpferisches Handeln reguliert und steuert, kollidiert mit dem Erfordernis der Kommunikation: diese ist auf Fixierung des Wissens und seine Explikation angewiesen (Jahnke, 1978, S. 35).

Ein Kommunikationsproblem besteht darin, dass ein geteilter Bedeutungshorizont vorausgesetzt werden muss. Doch durch die explizite Trennung des *context of discovery* vom *context of justification* bzw. durch die Trennung von Zeichen und Bezeichnetem löst Hilbert diese Schwierigkeit (Jahnke, 1978, S. 156–164). Dadurch, dass im Formalismus die Sprache stark standardisiert ist, kann es kaum zu Interpretationsverschiedenheiten kommen und auch die internationale Kommunikation wird stark erleichtert (Heintz, 2000, S. 271). Generell scheint ein symbolischer Kommunikationsmodus gerade bei örtlich getrennter Kommunikation von Vorteil zu sein (Kiesow, 2016, S. 312).

Die formale Kommunikation mit symbolischen Repräsentationen scheint also die Standardkommunikationsform der wissenschaftlichen Mathematik zu sein, was auch an ihrem Allgemeinheitsgrad liegt (Kempen, 2019, S. 101). Innerhalb der mathematischen Fachsprache spielt der Beweis eine besondere Rolle für die Kommunikation. Dies sieht man beispielsweise an den vielzitierten Beweisfunktionen von De Villiers (1990, S. 18), bei denen die Kommunikation eine der verschiedenen Ziele ist, die ein Beweis bedienen kann. Wenn man sein errungenes mathematisches Wissen mit jemanden teilen möchte, kann man dies tun, indem man einen Beweis weitergibt.

Da Beweise standardisiert sind, vereinfachen sie die Kommunikation. Individuelle Gedanken können so in eine universelle Form gebracht werden, wobei durch die Einhaltung gewisser Regeln das Verstehen beim Lesen des Beweises erleichtert wird. Informelle Kommunikationsweisen reichen nicht aus, da Mathematik als eine besonders schwierig zu kommunizierende Materie gilt. Dies liegt zum einen an den abstrakten Status der Objekte und zum anderen an der Tatsache, dass Mathematiker üblicherweise allein forschen und nur punktuell den Austausch mit Kolleginnen und Kollegen suchen. Auch wenn der Beweis hilft, die mystisch-psychische Gedankenwelt einer Person in einen sozialen Rahmen zu bringen, ist das Verstehen eines Beweises ein aufwendiger Prozess, der je nach Vorwissen auch scheitern kann. Da dieses Vorwissen unter Umständen auch eigentümliche Vorstellungen und inoffizielle Sprechweisen beinhaltet, die in informellen Kommunikationsweisen vermittelt werden, ist der Beweis ein Mittel zu Kommunikation, setzt aber auch andere Formen der Kommunikation voraus (Heintz, 2000, S. 218–226).

2.2.4.3 Anschauliche Kommunikationsformen in der mathematischen Praxis

Es wurde bereits angedeutet, dass auch informelle Sprechweisen und individuelle Vorstellungen für den Umgang mit Mathematik wichtig seien. William P. Thurston (1994) ist der Meinung, dass dieses Hintergrundwissen nötig ist, um an der Forschung in einem bestimmten Bereich der Mathematik teilhaben zu können. Er nennt dieses nötige Kontextwissen die mentale Infrastruktur zu einer mathematischen Disziplin und plädiert dafür, diese explizit in Präsentationen und Publikationen zu vermitteln. Dabei geht er davon aus, dass die Absicherung durch formale Beweise nicht das entscheidende Ziel der Mathematik sei, sondern dass es wichtiger sei, das Verstehen zu verbessern und dieses auch zu kommunizieren. Selbst versierte Mathematiker aus angrenzenden Disziplinen, können einem Vortrag bereits nach kürzester Zeit nicht mehr folgen, wenn sie die mentale Infrastruktur nicht verinnerlicht haben. Auch wenn der Fields-Medaillenträger Thurston nicht unbedingt die Mehrheitsmeinung der mathematischen Community wiedergibt, wirken seine Überlegungen insofern plausibel, dass er sie durch Begebenheiten seiner eigenen Biografie stützt. Erst als er anfing seine Zuhörer in seine persönliche Gedankenwelt einzuführen, konnten sie seinen Vorträgen folgen und seine mathematischen Einfälle verstehen.

Kiesow hat sich in seiner Dissertation (2016) ausführlich mit der Rolle von solchen informellen Kommunikationsweisen im *context of discovery* beschäftigt. Dazu videografierte er Doktoranden, Post-docs und Professoren an verschiedenen Universitäten beim internen fachlichen Austausch. Dass Bilder im inoffiziellen

Rahmen einen großen Stellenwert für die Kommunikation haben, belegt Kiesow mit einem Zitat eines Mathematikers:

> Es gibt natürlich eine Bildsprache, die nicht unbedingt mit dem übereinstimmt, was man in Veröffentlichungen sieht, sondern die dafür da ist, Dinge zu kommunizieren. Wenn ich jetzt mit einem Kollegen Bilder zeichne, dann sind das für Außenstehende völlig abstrakte Gebilde. Aber ohne dass das genau in einem Wörterbuch festgelegt wäre, ist es den Beteiligten dennoch klar, was damit zum Ausdruck gebracht werden soll. Das ist eine Art von Sprache, die irgendwie subtil ist und nie von irgendeiner Person genau festgelegt wurde. Es handelt sich um eine Sprache, die sich in der Ausübung und durch Gewöhnung entwickelt (ebd., S. 105).

Kiesow gibt eine sehr ausführliche und differenzierte Erläuterung von Bildern in der inoffiziellen Kommunikation, von der hier nur einige Aspekte kurz dargestellt werden können, um lediglich einen Eindruck der gängigen Praxis zu vermitteln. Während Bilder einmal in informellen Vorträgen als didaktische Hilfe geplant eingesetzt werden können, werden sie auch spontan erzeugt, um auf eine Nachfrage der Zuhörer zu reagieren, wenn ein Verständnisproblem vorliegt. Anders als beispielsweise Diagramme in der euklidischen Geometrie handelt es sich oft um stark reduzierte Skizzen, die kreativ und pragmatisch hervorgebracht werden. Es fehlen teilweise wichtige Informationen und die Skizzen stehen in Beziehung zu anderen Skizzen oder zu Formeln. Die Bilder können auch unter gewissen Gesichtspunkten falsch sein, doch sind sie trotzdem geeignet, die Kommunikation zu unterstützen. Erst durch den Kontext und mithilfe der Erklärungen des Vortragenden können solche abstrakten Bilder richtig interpretiert werden (ebd., S. 239–284).

Kiesow nennt zwei Gründe, weshalb Bilder die Kommunikation unterstützen können. Zum einen haben sie wegen ihres ikonischen Charakters eine Binnenstruktur, was ein Zeigen auf gewisse Teile und örtliche Bestimmungen wie „rechts", „unten" usw. beim Sprechen ermöglicht. Dies verleiht den Skizzen eine gewisse Greifbarkeit, die Kiesow als Quasi-Materialität beschreibt. Zum anderen wird durch die Bilder eine semantische Komponente konstruiert, die das Arbeitsgefühl von Mathematikerinnen und Mathematikern zu verbessern scheint (Kiesow, 2016, S. 262–263).

Neben Bildern und Gesten, konnte Kiesow auch Metaphern in informellen Kommunikationssettings beobachten. Hier unterscheidet er fünf grundsätzliche Einsatzarten, wobei ein breites Verständnis von Metaphern zu Grunde liegt (ebd., S. 233–238):

- Offizielle fachsprachliche Metaphern zur Objektbeschreibung (z. B. der Begriff des „Raums" in Vektorraum oder Wahrscheinlichkeitsraum),

- Informelle Metaphern zur Objektbeschreibung (z. B. wenn man das „Verhalten" einer Funktion untersucht),
- Informelle Metaphern zur Beschreibung von Objektmanipulationen (z. B. wenn ein Objekt auf ein anderes Objekt „geschossen" wird),
- Sprachbilder (z. B. wenn „Kanten ins Nichts laufen") und
- Emotional-Ästhetische Wertungen (z. B. wenn man gewisse Objekte oder Erkenntnisse als „schön" oder als „komisch" bezeichnet).

Aus der Vielzahl einzelner Beobachtungen und Deutungen, entwickelt Kiesow zusammenfassend einige Thesen, von denen hier nur die ersten drei genannt werden. Da die Formulierungen von Kiesow sehr pointiert und sprachlich genau verfasst sind, werden die drei Thesen zunächst wörtlich zitiert:

- „Die erste These besagt, dass die der Mathematik eigene Abstraktion durch fortwährend konstruierte, konkrete ‚Instanziierungen' bewältigt wird, die eine unmittelbar körperbasierte Form von Denken ermöglichen. Das, was als Gegenstand des Denkens fungiert, wird als Zeichen, Visualisierung oder Geste ‚materialisiert' und dient dergestalt als Grundlage verschiedenartiger Denk-Handlungen" (Kiesow, 2016, S. 301).
- „Die zweite These behauptet daher die Notwendigkeit aktiver und differenzierter Bedeutungskonstitution des epistemischen Setting[s] durch die Akteure" (ebd.).
- „Die dritte These beinhaltet, dass sich das so beschriebene Denkwerk als permanentes intermediales Wechselspiel von unanschaulicheren bzw. formaleren Formen (Zeichen) auf der einen und anschaulicheren bzw. informelleren Formen (Visualisierungen, Gesten) auf der anderen Seite vollzieht" (ebd., S. 302).

Die Bezeichnung Denkwerk hat Kiesow selbst entwickelt, um den Zusammenhang zwischen den konkreten Materialisierungen und den kognitiven Umgang mit ihnen zu beschreiben. Der Begriff des Denkwerks steht für eines der Haupterkenntnisse Kiesows Dissertation und fungiert auch als Titel dieser (Kiesow, 2016, S. 301–302). Die Arbeit trägt den Titel „Die Mathematik als Denkwerk".

In anderen Worten zusammengefasst besagen die Thesen Kiesows Folgendes: Anschauliche Elemente können in der Kommunikation dazu dienen, die Abstraktionslast bei der Beschäftigung mit Mathematik zu bewältigen, wobei solche anschaulichen Formen in der Regel unvollständig und fehlerhaft sind, sodass eine kontextuelle Bedeutungsanreicherung nötig ist. Der Kontext ergibt sich durch die wechselseitige Beziehung zu anderen Kommunikationsformen, die auch formal-symbolische Zeichen einschließen. Kiesow nennt dieses Zusammenspiel von Gesten, Bildern und Symbolen das Kommunikationsgewebe. Dass dieses Kommunikationsgewebe im örtlich getrennten Austausch einen Schwerpunkt auf symbolische Repräsentationen hat, liegt daran, dass die Bedeutungskonstituierung bei Gesten, Bildern und Metaphern besser im direkten und privaten Austausch funktioniert (ebd., S. 301–310).

Um den Eindruck zu verhindern, die mathematische Kommunikation „hinter den Kulissen" laufe sehr vage und nicht nach dem Kriterium der Strenge ab, sei hier noch kurz auf eine weitere soziologische Studie von Chistian Greiffenhagen und Wes Sharrock (2011) verwiesen. Die Autoren versuchen die These zu entkräftigen, dass Mathematiker bewusst den Unfehlbarkeitsmythos der Mathematik aufrechterhalten, indem sie Mathematik nach außen anders präsentieren als sie diese im informellen Rahmen praktizieren. Durch das einjährige Beobachten der Betreuungsgespräche eines Professors mit seinem Doktoranden konnte Greiffenhagen und Sharrock feststellen, dass auch in diesen Gesprächen das Ziel ist, formal-symbolische Beweise zu produzieren. Dabei sind gewisse Ideen noch nicht im Detail ausgeführt und es herrscht Unsicherheit bezüglich der Vermutungen, sodass die Kommunikation durch eine gewisse Vorläufigkeit geprägt ist, die sich aber dennoch an formalen Kriterien der Strenge orientiert (ebd., S. 854–860). Diese Ergebnisse widersprechen den Beobachtungen Kiesows nicht. Sie zeigen lediglich, dass symbolische Repräsentationen und formale Beweise im Kommunikationsgewebe einen höheren Anteil ausmachen, wobei die Gewichtung sicherlich von Fall zu Fall variiert. Bilder, Gesten und Metaphern unterstützen die Kommunikation, ersetzen aber nicht die Strenge in den formalen Anteilen.

2.2.4.4 Beispiele für Anschauung in der Kommunikation

Im Folgenden werden zwei Beispiele vorgeführt, bei denen ersichtlich wird, wie anschauliche Mittel die Kommunikation unterstützen. Anders als in Kiesows Untersuchung handelt es sich nicht um Beispiele aus der aktuellen Forschung, sondern aus der Lehre in der Studieneingangsphase. Daher wird der stark vereinfachende und fragmentarische Aspekt der Darstellungen nur in Ansätzen deutlich.

Die Kommunikationsfunktion der Anschauung überschneidet sich mit anderen Funktionen, da es unter anderem möglich ist, eine Beweisidee, einen heuristischen Ansatz, Hilfestellungen oder semantische Aspekte zu kommunizieren. Im ersten Beispiel (siehe Abb. 2.19) wird durch eine anschauliche Darstellung, der gemeinsame inhaltliche Kern der Stetigkeit von Funktionen $f : D \subseteq \mathbb{R} \to \mathbb{R}$ und der Stetigkeit von Funktionen $f : A \subseteq X \to Y$, wobei X und Y zwei metrische Räume sind, vermittelt.

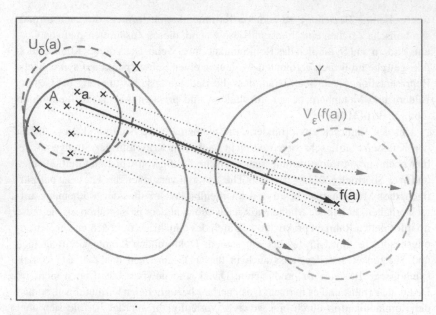

Abbildung 2.19 Verallgemeinerung der Stetigkeit auf metrische Mengen

Durch das Darstellungsmittel des Venn-Diagramms wird der allgemeine Begriff des metrischen Raums auf einfache Weise repräsentiert. Man sieht also auch hier wie abstrakte Begriffe mit simplen Zeichnungen vergegenständlicht werden. Die hier verwendete Notation geht auf ein Vorlesungsskript der an der Universität Duisburg-Essen gehaltenen Analysis 2 zurück. Dort heißt es:

> Seien X, Y metrische Räume. $f : X \supseteq A \to Y$ heißt stetig an der Stelle $a \in A$, wenn zu jeder ε-Umgebung $V_\varepsilon(f(a))$. von $f(a)$ in Y eine δ-Umgebung $U_\delta(a)$ von a in X existiert, für die $f(U_\delta(a) \cap A) \subseteq V_\varepsilon(f(a))$.

Diese Formulierung benutzt das Umgebungskonzept und verwendet daher symbolische Ausdrücke der Mengenschreibweise. Es ist nicht offensichtlich, wie die dort geforderte Teilmengenbeziehung mit den Ungleichungen der Stetigkeit im eindimensionalen Fall zusammenhängt. Dies kann man entweder formal herleiten, indem man die Definitionen der Umgebungen entfaltet und die reellen Zahlen als metrischen Raum einsetzt, oder man versucht, auf einer semantischen Ebene die Gemeinsamkeit der beiden Definitionen mitzuteilen.

Mithilfe der Abbildung lässt sich erkennen, wie informelle Vorstellungen zur Stetigkeit wie die „Wackelvorstellung" (siehe Abschnitt 4.1.2) auch im allgemeineren Fall eine Interpretationsmöglichkeit bieten. So kann das „Streuungsverhalten" von f um den Punkt $f(a)$ im Wertebereich beliebig klein gehalten werden, wenn die Funktion nur genügend stark auf eine Teilmenge um a eingeschränkt wird. So kann mithilfe der Abbildung gut kommuniziert werden, inwiefern dieser allgemeinere Stetigkeitsbegriff auf denselben Ideen wie der speziellere Stetigkeitsbegriff fußt. Ohne die Abbildung wäre dies ungleich schwerer.

Ein weiteres Beispiel betrifft die Schwierigkeit, seinem Gegenüber zu vermitteln, wie man auf eine mathematische Idee gekommen ist. Zwar lassen sich formale Zwischenergebnisse symbolisch kommunizieren, aber die Gedanken, die zu den dazugehörigen Entscheidungen geführt haben, lassen sich nicht so leicht mitteilen.

Das folgende Beispiel stammt aus einem Repetitorium zur Linearen Algebra, welches der Autor dieser Arbeit mit weiteren Lehrenden veranstaltet hat.[83] Als Teil einer Aufgabe wurde ein Homomorphismus $f : \mathbb{R}^2 \to \mathbb{R}^2$ gesucht, dessen Kern eindimensional ist. Außerdem sollte gelten, dass f^2 die Nullabbildung ist. Die Existenz so einer Abbildung wurde in einer vorgeschalteten Aufgabe bewiesen. Dennoch fiel es den Studierenden schwer, eine konkrete Abbildungsvorschrift anzugeben. Hatte jemand einen geeigneten Homomorphismus gefunden, so war es für die anderen Studierenden des Repetitoriums kein Problem, die geforderten Eigenschaften zu überprüfen. Um in Zukunft selbst so ein Beispiel zu finden, sollte aber erklärt werden, wie Homomorphismus gefunden wurde.

Dies war durch Unterstützung anschaulicher Mittel wie folgt passiert. Zunächst hat sich der Finder des Beispiels an den Satz erinnert, dass ein Homomorphismus durch die Bilder der Basisvektoren bereits eindeutig bestimmt ist. So kann man sich die Basisvektoren metaphorisch als Stützpfeiler vorstellen. Mithilfe des Venn-Diagramms können diese Stützen wie Punkte in der jeweils als Ellipse dargestellten Menge $\mathbb{R}^2$ eingezeichnet werden. Da es um die Verkettung von f mit sich selbst geht, werden insgesamt drei Ellipsen mit jeweils zwei Punkten gezeichnet (siehe Abb. 2.20).

Als erstes wird eine Abbildung gesucht, die nur einen Teil der Voraussetzungen erfüllt und möglichst elementar ist. Mit der Dimensionsformel ist klar, dass einer der beiden stützenden Basisvektoren das Bild der Abbildung f aufspannt. Der andere Basisvektor muss auf die Null abgebildet werden. Er wird metaphorisch gesprochen „in den Mülleimer geworfen". Die einfachste Konstellation einer

---

[83] Ähnliche Beispiele mit Inhalten aus der Analysis lassen sich leicht konstruieren. Dem Beispiel hier wurde aber der Vorzug gegeben, da es sich um ein reales und kein fiktives Beispiel handelt.

solchen Abbildung lässt den ersten Basisvektor unverändert und beruht auf der Standardbasis des $\mathbb{R}^2$. Durch Pfeile in der Zeichnung wird dargestellt, welcher Basisvektor auf welches Element abgebildet wird. Jedoch lässt sich (anschaulich oder formal) schnell überprüfen, dass die Abbildung f mit $\begin{pmatrix} x \\ y \end{pmatrix} \mapsto \begin{pmatrix} x \\ 0 \end{pmatrix}$ nicht die geforderte Eigenschaft hat, dass f^2 die Nullabbildung ist.

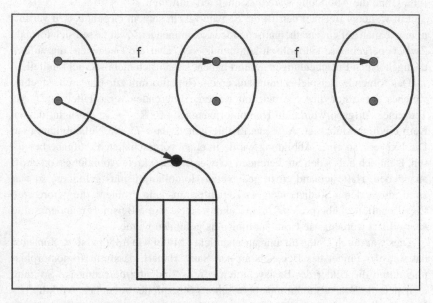

Abbildung 2.20   Naiver Versuch wird kommuniziert

Die „Mülltonnenvorstellung" hilft jetzt aber, den naiven ersten Versuch so anzupassen, dass ein geeigneter Homomorphismus vorliegt. In der ersten Anwendung von f muss der erste Basisvektor so abgebildet werden, dass dieser bei der zweiten Anwendung „in der Mülltonne landet". So kann ein geeignetes Beispiel, wie in Abbildung 2.21 angedeutet, gefunden werden. Die Formalisierung der Gedanken liefert schließlich die Abbildungsvorschrift $\begin{pmatrix} x \\ y \end{pmatrix} \mapsto \begin{pmatrix} 0 \\ x \end{pmatrix}$.

Das vorgestellte Beispiel kann auch als Beispiel für die heuristische Funktion der Anschauung dienen. Möglicherweise wurde die Funktion f aber gar nicht genau auf diesem anschaulich greifbaren Weg gefunden, sondern durch abstrakte,

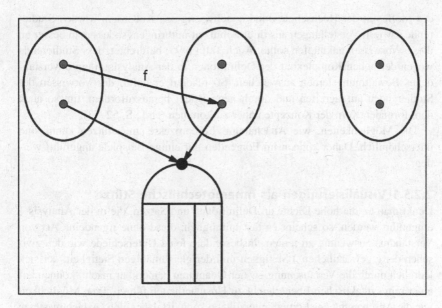

Abbildung 2.21 Erfolgreiche Anpassung des naiven Versuchs

schwierig zu fassende Gedankengänge, die dem Finder selbst nicht bewusst sind. Dann können die Zeichnungen helfen, die abstrakten Ideen anderen mitzuteilen.

2.2.5 Anschauung als Verstehens- und Lernhilfe

Eng verwandt mit der Funktion von Anschauung die Kommunikation zu unterstützen, ist die Funktion von Anschauung als Verstehens- und Lernhilfe. Während bei der Kommunikationsfunktion der Fokus auf den Gepflogenheiten der mathematischen Community lag, soll es nun stärker um das didaktische Potenzial von anschaulichen Elementen gehen, die *eigenen* Gedankengänge zu unterstützen. Jegliche anschauliche Auseinandersetzung, die beim Verstehen und Lernen hilft, zählt darunter. Solche Hilfen können durch Bücher, Lehrpersonen oder andere Forscher vermittelt werden. Sie können aber auch vom Individuum für den eigenen Lernprozess entwickelt worden sein.

Auch wenn Anschauung in dieser Hilfsfunktion keine Notwendigkeit darstellt, weist Vollrath (1984, S. 200) darauf hin, dass eine vorstellungsfreie Vermittlung des Stoffes in der Hochschule unnötig schwierig sei. Außerdem würden Studierende sowieso Vorstellungen aus ihrer Schulzeit mitbringen, sodass man besser an dieses Vorwissen anknüpfen sollte. Auch Tall (1995) befürchtet, dass Studierende wegen der hohen Komplexität der Definitionen in der Analysis in ein unverstandenes Bewältigungslernen ausweichen. So plädiert er dafür, das Vorwissen der Studierenden aufzugreifen und durch neue Bilder herauszufordern, um so auch dem formalen Kern der Konzepte näher zu kommen (ebd., S. 52–53).

Die Möglichkeiten, wie Anschauung Lernprozesse unterstützen kann, sind unerschöpflich. Daher können im Folgenden nur einige Beispiele angeführt werden.

2.2.5.1 Visualisierungen als mnemotechnische Stütze

Denkt man an die hohe Dichte an Definitionen und Sätzen, die in der Analysis 1 eingeführt werden, so scheint es fast unmöglich, diese ohne irgendeine Art von Verständnis auswendig zu lernen. Insbesondere feine Unterschiede wie den zwischen der („gewöhnlichen") Stetigkeit und der gleichmäßigen Stetigkeit, der sich lediglich durch die Vertauschung zweier Quantoren bemerkbar macht, können auf einer rein syntaktischen Ebene leicht zu Unsicherheiten führen. Eine Möglichkeit wie die Anschauung das Lernen unterstützen kann, ist daher eine Gedächtnisstütze für Sätze und Definitionen zu bieten, damit diese besser erinnert werden können.

An verschiedenen Stellen wird auf den mnemotechnischen Vorteil von Visualisierungen und anderen anschaulichen Mitteln eingegangen. Michael (1983, S. 77–88) nennt drei Arten, wie das didaktische Prinzip der Anschauung eine Hilfestellung zur Erreichung eines Lehrziels bieten kann. Eine dieser drei Aspekte ist die Reproduktionshilfe. Michael trägt einige Studien zusammen, die den positiven Effekt eines anschauungsgebundenen Unterrichts bezüglich des Erinnerns belegen. Doch kommt es auch auf die Art des Wissens und den Umgang mit dem Anschauungsmaterial an.

Kautschitsch geht auf den Videofilm als anschauliches Medium ein und sieht darin eine noch bessere Gedächtnisstütze als in gewöhnlichen Abbildungen. Dynamische Visualisierungen, in denen auch Bewegungen darstellbar sind, haben gegenüber statischen Bildern nämlich den Vorteil, mathematische Begriffe in einer „motorischen Kurzform" darstellen zu können (Kautschitsch, 1985, S. 64). „Jede Bewegung stellt den geistigen Inhalt eines relationalen Begriffes zwar unpräzis, dafür aber in einer komprimierten Form dar, an die man sich auch leichter erinnert" (S. 64). Boeckmann (1984, S. 14–15) beschreibt, dass auf Grundlage einer Visualisierung ein so genanntes Anschauungsmodell erstellt werden kann. Solche Modelle sind bildhaft und dennoch abstrakt. Gegenüber reinen Begriffen haben sie den Vorteil „ganzheitlicher, ökonomischer und einprägsamer" (ebd., S. 15) zu sein.

Presmeg (1997b, S. 267–268) geht schließlich davon aus, dass auch durch Metaphern mathematische Konstrukte besser erinnert werden können. Dies erklärt sie damit, dass Metaphern individuell und persönlich ins Leben gerufen werden und verschiedene Wissensbereiche miteinander verbinden.

Arcavi (2003, S. 233) zeigt an einem Beispiel, wie die visuelle Wahrnehmung das Erinnern von Prozeduren unterstützen kann. Allerdings gibt er das rein syntaktische Beispiel der Berechnung von Nullstellen mithilfe des Satzes von Vieta. Hier funktioniert die Gedächtnisstütze lediglich dadurch, dass der Blick auf den zuletzt in symbolischer Form niedergeschriebene Zwischenschritt, die Erinnerung an den nächsten Schritt auslöst. Ein Beispiel für eine Merkhilfe, die die Eigenschaften anschaulicher Repräsentationen ausnutzt, ist in Abbildung 2.22 dargestellt.

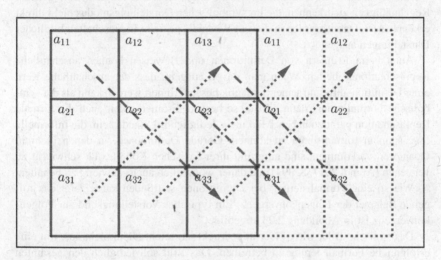

Abbildung 2.22 Gedächtnishilfe für die Regel von Sarrus

Mithilfe des visuellen Schemas lässt sich die Berechnungsvorschrift für die Determinante einer 3×3-Matrix erinnern. Ist eine solche Matrix allgemein mit der Variablenbezeichnung

$$A = \begin{pmatrix} a_{11} & a_{12} & a_{13} \\ a_{21} & a_{22} & a_{23} \\ a_{31} & a_{32} & a_{33} \end{pmatrix}$$

gegeben, so müssen wie in der Abbildung 2.22 die ersten beiden Spalten rechts neben die Matrix ein weiteres Mal aufgeschrieben werden. Die Formel kann „abgelesen" werden, indem man entlang der Pfeile Produkte bildet und dann die Summe all dieser Produkte berechnet. Dabei muss allerdings noch beachtet werden, dass die Summanden der gepunkteten Pfeile mit dem Faktor -1 in die Summe einfließen. So erhält man

$$\det(A) = a_{11}a_{22}a_{33} + a_{12}a_{23}a_{31} + a_{13}a_{21}a_{32} - a_{31}a_{22}a_{13} - a_{32}a_{23}a_{11} - a_{33}a_{21}a_{12}$$

(vgl. Fischer, 2014, S. 195). Da die Formel aufgrund ihrer Länge, nicht einfach zu behalten ist, stellt diese Merkhilfe eine große Erleichterung dar. Erst durch die Binnenstruktur der diagrammatischen Darstellung ist es möglich, eine gewisse Regelmäßigkeit zu erkennen, die im symbolischen Darstellungsmodus nicht direkt erkennbar ist. Damit werden in diesem Beispiel spezielle Eigenschaften bildlicher Darstellungen ausgenutzt.

Auch beim Erinnern von Definitionen und Beweisen können anschauliche Repräsentationen helfen. Wenn man davon ausgeht, dass der anschauliche Kern einer Definition aufgrund seiner Semantik besser erinnert werden kann als die symbolische Formulierung, dann hilft diese bessere Erinnerbarkeit auch die formale Repräsentation parat zu haben. Man muss lediglich im Stande sein, die informelle Idee spontan formalisieren zu können. Gerade Definitionen, in denen mehrere Quantoren vorkommen, sind aufgrund ihrer logischen Komplexität schwierig zu verstehen (Arend, 2017, S. 394) und daher womöglich auch schwierig zu behalten.

Wie so eine Formalisierung bei Definitionen stattfinden kann, zeigt das folgende Beispiel der Folgenkonvergenz. Ein typisches Vorstellungsbild zur Folgenkonvergenz ist in Abbildung 2.23 abgebildet.

Das statische Bild, wie es hier abgedruckt ist, reicht allein nicht aus, um eine erfolgreiche Formalisierung zu betreiben. Das Bild soll lediglich den gesamten Mechanismus verdeutlichen, den es zu formalisieren gilt. Ziel ist, zu jedem vorgegebenen positiven Epsilon ein Folgenglied ausfindig zu machen, sodass alle nachfolgenden Folgenglieder innerhalb des „Epsilonschlauches" um einen vermuteten Grenzwert a liegen. Ist dies immer möglich, so konvergiert die Folge gegen a. Diese Überlegung lässt sich formalisieren zu: Die Folge $(a_n)_n$ konvergiert genau dann gegen den Grenzwert a, wenn $\forall \varepsilon > 0 \; \exists N \in \mathbb{N} : |a_n - a| < \varepsilon$ für alle $n \geq N$.

Während im Beispiel zu der Regel von Sarrus nachträglich ein System konstruiert wurde, wird im Beispiel der Folgenkonvergenz eine Merkhilfe angeboten, die den Inhalt der zu erinnernden Definition berücksichtigt. Durch die Idee des Epsilonschlauches wird nämlich anschaulich klar, dass die Folge einem bestimmten Wert beliebig nahekommen muss. Auch wenn es utopisch scheint, ein Novize

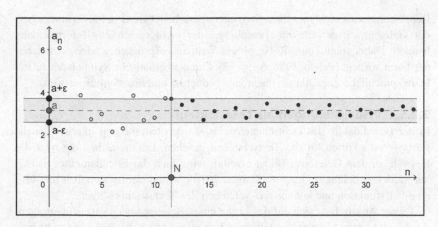

Abbildung 2.23 Vorstellungsbild zur Folgenkonvergenz

könne die Epsilon-N-Definition anhand dieser Vorstellung selbst erfinden, kann die Anschauung doch dabei helfen, eine bereits formal beherrschte Definition zu rekonstruieren. Möglicherweise muss nur eine Unsicherheit wie „Kommt zuerst das Epsilon oder zuerst das N?" am Vorstellungsbild überprüft werden.

Verschiedene psychologische Befunde stützen die These, dass visuelle Darstellungen, die Behaltenswahrscheinlichkeit erhöhen. Hier ist vor allem die *Dual Coding Theory* von Allan Paivio (1986, S. 53–83) zu nennen, bei der davon ausgegangen wird, dass nonverbale und sprachliche Reize in unterschiedlichen Subsystemen des Wahrnehmungsapparates verarbeitet werden. Mehrere Studien belegen, dass sich eine Information besser erinnern lässt, wenn sie verbal und visuell gespeichert wurde (Anderson & Funke, 2007, S. 130–132). Werden also mathematische Definitionen oder Sätze nicht nur in einer symbolisch-sprachlichen Fassung, sondern auch ein weiteres Mal durch visuelle Darstellungen aufgenommen, hat dies für das Behalten dieser Inhalte Vorteile. Es gibt sogar Studien, die einen Vorteil der visuellen Reize gegenüber den verbalen Reizen feststellen, wenn es um die Kapazität der jeweiligen Gedächtnisse geht. Jedoch vermag das visuelle Gedächtnis keine direkten Abbilder des Gesehenen zu hinterlegen, sondern es werden Bedeutungen bzw. Interpretationen zu den Bildern behalten (ebd., S. 169–172).

Auch wenn sowohl Bilder als auch aufgeschriebene Symbole und Wörter mit den Augen wahrgenommen werden und in vereinfachenden Darstellungen der *Dual Coding Theory* zwischen verbalen und visuellen Repräsentationen unterschieden wird, geht Paivios Theorie davon aus, dass formal-symbolische und bildliche

Repräsentationen nicht im selben Subsystem verarbeitet werden. Paivio unterscheidet vielmehr, ob es sich um sprachliche oder nicht sprachliche Informationen handelt. Dabei spielt keine Rolle, ob ein Wort in gesprochener oder geschriebener Form vorliegt (Paivio, 1986, S. 56–58). Die mathematische Symbolsprache hat klare sprachliche Züge, da sie linear angeordnet ist und eine Syntax aufweist.

2.2.5.2 Visualisierungen als Lesestrategie

In der Lesedidaktik des Deutschunterrichts werden externe und interne Visualisierungen als Hilfen für das Textverstehen gesehen. Dadurch, dass die oder der Lesende zu dem Gelesenen Bilder erzeugt, wird auch das Erstellen eines mentalen Modells erleichtert (Jesch & Staiger, 2016). Visualisierungen haben hier also eine Hilfsfunktion und können das Verstehen des Textes unterstützen.

Dieser Ansatz lässt sich auf das Lesen eines Beweises oder Satzes übertragen. Auch hier können visuelle Vorstellungen helfen, die Ideen des Beweises zu begreifen. Kadunz (2000) führt vor, wie er sich einen ihm unvertrauten Satz und Beweis durch die Hilfe von Bildern und Metaphern Stück für Stück erschließt. Dabei hat er absichtlich einen Inhaltsbereich ausgewählt, in dem er wenig Vorerfahrungen hat. Der Satz und der formale Beweis, den Kadunz zitiert, stammen aus „Proofs from THE BOOK" (Aigner & Ziegner, 2018, S. 78).[84] Bevor die Gedankengänge von Kadunz vorgestellt werden, folgt eine Übersetzung des Satzes und dessen Beweis. Dabei werden die einzelnen Beweisschritte durchnummeriert, um besser darauf verweisen zu können.

Satz: Sei X eine Menge mit $n \geq 3$ Elementen und seien $A_1, \ldots, A_m$ echte Teilmengen von X, so dass jedes Paar von Elementen aus X in genau einer Menge A_i enthalten ist. Dann gilt $m \geq n$.

Beweis:

(1) Für $x \in X$ sei r_x die Anzahl der Mengen A_i, die x enthalten.

(2) Bemerke, dass wegen der Voraussetzungen $2 \leq r_x < m$ gilt.

(3) Wenn $x \notin A_i$, dann $r_x \geq |A_i|$, weil die $|A_i|$ vielen Mengen, die x und ein Element von A_i enthalten, unterschiedlich sein müssen.

(4) Angenommen $m < n$, dann $m|A_i| < nr_x$ und daher $m(n - |A_i|) > n(m - r_x)$ für $x \notin A_i$.

(5) Es folgt

---

[84] „Proofs from THE BOOK" ist eine Hommage an Paul Erdős Idee einer Sammlung besonders ästhetischer Beweise. Der von Kadunz zitierte Teil dieses Buches unterscheidet sich in der Auflage von 1998 und 2018 nur in unwesentlichen Details.

$$1 = \sum_{x \in X} \frac{1}{n} = \sum_{x \in X} \sum_{A_i : x \notin A_i} \frac{1}{n(m - r_x)} > \sum_{A_i} \sum_{x : x \notin A_i} \frac{1}{m(n - |A_i|)} = \sum_{A_i} \frac{1}{m} = 1,$$

was zu einem Widerspruch führt.

Der Beweis gilt als besonders elegant, da er im Wesentlichen aus einer Zeile besteht (ebd.). Allerdings gibt es mehrere teilweise ausformulierte Vorüberlegungen, die dieser Zeile vorangestellt werden und auch das Verstehen der Zeile ergibt sich nicht von selbst. Wieder einmal zeigt sich, dass formale Beweise in der Praxis lückenhaft sind und die Aufgabe der Leserin oder des Lesers darin besteht, diese Lücken zu füllen. Diese Aufgabe kann durch Visualisierungen erleichtert werden, wie im Folgenden gezeigt wird, doch sollte man vor dem Weiterlesen versuchen, den Beweis zunächst ohne visuelle Hilfsmittel zu verstehen.

Um einen ersten Zugang zu diesem Beweis zu finden, versucht Kadunz, eine Vorstellung davon zu bekommen, wie die Mengenkonstellationen „aussehen", die die Voraussetzungen des Satzes erfüllen. Dazu stellt er sich die einzelnen Elemente von X als Punkte der euklidischen Ebene vor und verbindet die Punkte miteinander, die derselben Teilmenge A_i angehören. Wegen der geforderten Eindeutigkeitseigenschaft von Elementpaaren können zwei verschiedene Streckenzüge maximal einen gemeinsamen Punkt haben (siehe Abb. 2.24).

Mithilfe der so gewonnenen anschaulichen Repräsentationsform können nun auch Beweisschritte des formalen Beweises in geometrische Sprache übersetzt werden. So lässt sich die Definition von r_x in Zeile (1) als die Anzahl der Streckenzüge, die durch den Punkt x gehen, verstehen.[85] Durch diese Vorstellung ergibt sich auch leicht die Behauptung in (2). Wäre $r_x = 1$ würde es entweder nur einen einzigen Streckenzug geben, der durch alle Punkte geht, was der Forderung nach echten Teilmengen widerspräche oder es gäbe wenigstens einen Punkt y der nicht auf diesem Streckenzug liegt. Dann muss es allerdings einen weiteren Streckenzug durch x und y geben, da alle Paare in einer der A_i enthalten sein müssen. Also ist r_x in diesem Fall größer oder gleich 2.

Der zweite Teil der Behauptung in (2) bedeutet, dass es keinen Punkt gibt, durch den alle Streckenzüge gehen. Angenommen es gäbe so einen Punkt x, dann gibt es

---

[85] Kadunz etabliert zusätzlich eine Metapher, die diese Streckenzüge mit Geraden in Verbindung bringt. Um die Darstellung aber nicht ausufern zu lassen, beschränkt sich die Ausführung hier auf einige zentrale Gedanken des Artikels.

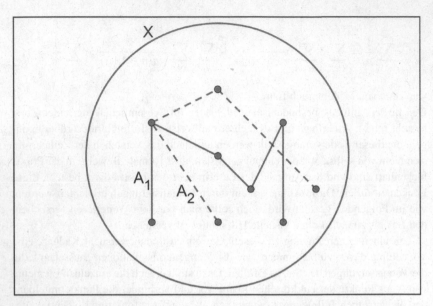

Abbildung 2.24 Zwei Teilmengen als Streckenzüge interpretiert[86]

mindestens zwei Streckenzüge A_1, A_2 durch x, die jeweils mindestens einen weiteren Punkt (im Folgenden x_1, x_2 genannt) besitzen (siehe Abb. 2.25)[87]. Doch muss es entweder einen dritten Streckenzug A_3 durch x_1 und x_2 geben oder A_1 bzw. A_2 muss um die Strecke x_1x_2 verlängert werden, da alle Punktepaare nach Voraussetzung auf irgendeinen Streckenzug liegen müssen. Im ersten Fall muss auch x wegen der Annahme auf A_3 liegen. Dann sind die Punktepaare x, x_1 und x, x_2 aber nicht mehr eindeutig einem Streckenzug zuzuordnen, was den Widerspruch liefert. Im zweiten Fall lässt sich nur eines dieser beiden Punktepaare nicht mehr eindeutig zuordnen.[88]

Als nächstes gilt es die Schlussfolgerung in (3) zu begründen. Dazu betrachtet man einen fixierten Punkt x und einen beliebigen Streckenzug A_i, der keine

---

[86] In dieser Abbildung fehlen noch weitere Teilmengen, damit die Voraussetzungen des Satzes erfüllt sind. Ein vollständiges Beispiel würde aber zu unübersichtlich werden.

[87] Das liegt daran, dass es mindestens drei Punkte gibt und nicht alle Punkte auf einem Streckenzug liegen können.

[88] Die in (2) bewiesene Ungleichung wird im Folgenden nicht mehr expliziert aufgegriffen. Sie gewährleistet aber, dass in (5) keine Null im Nenner stehen kann.

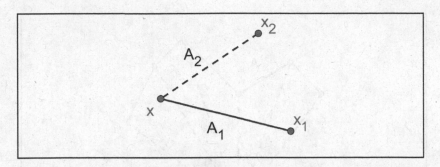

Abbildung 2.25 Minimalkonstellation der Annahme, dass alle Streckenzüge durch x gehen

Verbindung zu x aufweist. Alle Punkte auf A_i müssen aber jeweils durch irgendeinen Streckenzug mit x verbunden sein (siehe Abb. 2.26). Solche Verbindungen gibt es genauso viele wie A_i Punkte verbindet, denn aus Eindeutigkeitsgründen dürfen zwei Streckenzüge maximal einen gemeinsamen Punkt haben. Somit gilt $r_x = |A_i|$, wenn es keine weiteren Streckenzüge durch x gibt als die in Abbildung 2.26 angedeuteten. Gibt es aber weitere Streckenzüge, die durch x verlaufen, gilt $r_x > |A_i|$. Damit ist insgesamt $r_x \geq |A_l|$ gezeigt.

Der Schritt (4) des Beweises ergibt sich leicht aus syntaktischen Überlegungen. Eine geometrische Deutung wäre eher ein Hindernis als förderlich. Durch die Annahme $m > n$ wird auch für den Hauptbeweisgang ein Widerspruchsbeweis angesetzt. Zunächst multipliziert man die angenommene Ungleichung mit $|A_i|$ und schätzt durch r_x nach oben ab:

$$m < n \Rightarrow m|A_i| < n|A_i| \leq nr_x.$$

Dann multipliziert man die so erhaltene Ungleichung $m|A_i| < nr_x$ mit (-1), addiert mn und klammert aus:

$$-m|A_i| > -nr_x \Rightarrow mn - m|A_i| > mn - nr_x \Rightarrow m(n - |A_i|) > n(m - r_x).$$

Jetzt sind alle Vorüberlegungen für die Zeile (5) geklärt. Von links beginnend ist die erste Gleichung leicht einzusehen. Da X gerade aus n Elementen besteht, wird in der Summe n mal $\frac{1}{n}$ addiert, was den Wert 1 ergibt. Die darauffolgende Doppelsumme muss zunächst in einen inneren und äußeren Teil zerlegt werden:

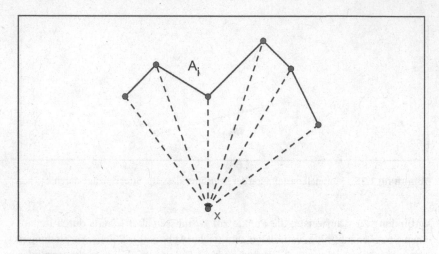

Abbildung 2.26 Die Elemente von A_i werden mit x durch $|A_i|$-viele Streckenzüge verbunden[89]

$$\sum_{x \in X} \sum_{A_i : x \notin A_i} \frac{1}{n(m - r_x)} = \sum_{x \in X} \left(\frac{1}{n} \sum_{A_i : x \notin A_i} \frac{1}{m - r_x} \right).$$

Für die innere Summe gilt aber: Egal welches x gerade fixiert ist, die Anzahl der Mengen A_i, die nicht x enthalten ergibt sich aus der Anzahl aller Mengen A_i (dies entspricht m) minus der Anzahl der Mengen, die x enthalten (dies entspricht r_x). Also wird in der inneren Summe für jedes x der Summand $\frac{1}{m - r_x}$ gerade $m - r_x$ mal addiert, sodass jede innere Summe den Wert 1 ergibt. Auch wenn die Argumentation hier nicht mehr wirklich geometrisch verläuft, kann die semantische Ebene doch dabei helfen, den Überblick zu behalten.

Der nächste Schritt ist scheinbar einfach, da es auf den ersten Blick so aussieht, als wäre lediglich die in (4) gewonnene Ungleichung in der Form ihres Kehrwerts angewendet worden. Doch beim zweiten Blick offenbart sich, dass auch die Indexierung der Summen verändert wurde, was einer Begründung bedürftig ist. Es bleibt Folgendes zu zeigen:

---

[89] Natürlich können diese Streckenzüge mehr als zwei Punkte verbinden. Das Diagramm zeigt nur die relevanten Eigenschaften.

$$\sum_{x \in X} \sum_{A_i : x \notin A_i} \frac{1}{m(n - |A_i|)} = \sum_{A_i} \sum_{x : x \notin A_i} \frac{1}{m(n - |A_i|)}.$$

Um zu begründen, dass die beiden „Abzählweisen" dieselben Summanden zählen, fertigt Kadunz eine Tabelle an.[90] Innerhalb einer Spalte werden die Elemente für innere Summe ausgewählt. Die einzelnen Spalten stehen dann für den „Zählstand" der äußeren Summe (siehe Tab. 2.7 und 2.8):

Tabelle 2.7 Abzählweise der linken Doppelsumme

x_1	x_2	$\ldots$	x_k	$\ldots$	x_n
$x_1 \notin A_1$	←führt zu Summanden		$x_k \in A_1$		
$x_1 \in A_2$			$x_k \notin A_2$	←führt zu Summanden	
⋮			⋮		
$x_1 \in A_l$			$x_k \in A_l$		
⋮			⋮		
$x_1 \notin A_m$	←führt zu Summanden		$x_k \notin A_m$	←führt zu Summanden	

Tabelle 2.8 Abzählweise der rechten Doppelsumme

A_1	A_2	$\ldots$	A_l	$\ldots$	A_m
$x_1 \notin A_1$	←führt zu Summanden		$x_1 \in A_l$		
$x_2 \notin A_1$	←führt zu Summanden		$x_2 \notin A_l$	←führt zu Summanden	
⋮			⋮		
$x_k \in A_1$			$x_k \in A_l$		
⋮			⋮		
$x_n \notin A_1$	←führt zu Summanden		$x_n \in A_l$		

Durch diese Darstellung erhält man einen guten Überblick über das zweigliedrige Abzählverfahren und erkennt, dass die Tabellen in ihren Einträgen denselben

---

[90] Man beachte, dass eine Tabelle aufgrund der räumlichen Binnenstruktur ikonische Züge trägt, die im Folgenden auch ausgenutzt werden, sodass hier der Gebrauch von Anschauung besonders deutlich wird.

Typ von Abfrage enthalten und (sieht man von der fettgedruckten ersten Zeile ab) durch eine Spiegelung an der Hauptdiagonalen auseinander hervorgehen.[91] Es wird also exakt dieselbe Prüfprozedur, lediglich in einer anderen Reihenfolge durchgeführt, was wegen der Kommutativität der Addition letztendlich zur selben Summe führt.

Kadunz merkt an, dass sich die letzten beiden Gleichheitszeichen der Zeile (5) in analoger Weise zu den ersten beiden Gleichungszeichen begründen lassen. Betrachtet man die Ränder der Zeile (5), folgt unmittelbar die Aussage $1 < 1$, sodass der Widerspruchbeweis vollbracht ist.

Auf der einen Seite kommt der Anschauung hier eine Hilfsfunktion zu, indem Definitionen, wie die von r_x, besser erinnert werden können und Argumente werden besser verstanden. So bleibt es bei einer reinen didaktischen Funktion der Anschauung, die keinen epistemischen Wert hat und daher von der Beweisfunktion klar abgetrennt werden kann.

Auf der anderen Seite wurden im obigen Beispiel durch anschauliche Betrachtungen auch einige Lücken des Beweises gefüllt, was auf eine Reihe kleiner Hilfssätze hinausläuft, die anschaulich bewiesen wurden. Grundsätzlich ließen sich diese Beweise auch formal führen, doch kann, wie in Abschnitt 2.2.3 beschrieben, ein Darstellungswechsel das Finden der Beweisidee jeweils erhöhen. Die Funktionsweise der Anschauung unterscheidet sich dann nicht viel von der heuristischen Funktion von Anschauung. Dabei kann man sich fragen, ob es noch nötig ist, die anschaulichen Beweise dieser Hilfssätze zu formalisieren. Auf der einen Seite kann der Anspruch eines strengen Beweises bedeuten, dass jede Lücke formal geschlossen werden muss. Auf der anderen Seite werden lückenhafte Beweise als korrekt eingestuft, wenn man das Gefühl hat, die entscheidenden Stellen wären ausgeführt. Ergibt sich so ein Gefühl nicht gerade aus vergleichbaren semantischen Überlegungen wie hier vorgeführt? Die Frage muss hier unbeantwortet bleiben.

Wenn beim Lesen eines Beweises Visualisierungen angefertigt werden, kann dies auch weitere Vorteile wie Aufmerksamkeitslenkung und Motivationsförderung haben. Diese beiden Aspekte der Anschauung als Verstehens- und Lernhilfe werden am Ende dieses Kapitels wieder aufgegriffen. Zuvor wird aber erst auf die Theorie der Prototypen eingegangen.

---

[91] Neben geometrischen Diagrammen spielen auch Metaphern beim Durcharbeiten dieses Beweises eine große Rolle. Während Kadunz die Tabellen mit Rechtecken in Beziehung setzt, die er um 90° dreht, kann auch wie hier eine Metapher aus dem Bereich der Matrizenrechnung (Transponierung) hilfreich sein.

2.2.5.3 Prototypenbildung durch Veranschaulichungen

Anschauung in ihrer unterstützenden Funktion setzt häufig an der individuellen Gedankenwelt der Mathematiktreibenden an und muss sich daher nicht an die formalen Standards der Logik halten. Auch wenn alle Beispiele zu einer mathematischen Definition formal gesehen gleichwertig sind, kann die psychologische Realität anders aussehen. Die Psychologie der Prototypen geht davon aus, dass Begriffe durch eine kleine Zahl besonders markanter Vertreter mental repräsentiert werden. Dabei wird vorausgesetzt, dass gewisse Beispiele eine höhere Repräsentativität als andere aufweisen. Während man in der klassischen Linguistik noch davon ausging, dass die Bedeutung der Wörter analog zu mathematischen Definitionen über eine hinreichende Anzahl notwendiger Eigenschaften festgelegt wird, haben mehrere psychologische Experimente diese Annahme in Frage gestellt (Bärenfänger, 2002, S. 4–6).

So wurden Probandinnen und Probanden, die verschiedene Sprachen sprechen, in einer Untersuchung gebeten, vorgegebene Farbwerte zu Farbbezeichnungen zuzuordnen. Dabei wurde festgestellt, dass sich die Versuchspersonen einig darüber waren, was besonders repräsentative Farbwerte für die Grundfarben seien. Stattdessen gab es Uneinigkeit darüber, wo die genauen Grenzen zwischen den Farben liegen. Ähnliche Ergebnisse konnten auch zu anderen Begriffen wie „Vogel", „Frucht", „Sport", „Fahrzeug" oder „Krankheit" und unter Variation der Versuchsbedingungen erzielt werden (ebd., S. 6).

Auch andere Experimente scheinen die Existenz von Prototypen zu belegen. Wenn man Probandinnen und Probanden darum bittet, Beispiele zu einem vorgegebenen Begriff aufzuzählen, gibt es ebenfalls Übereinstimmungen bezüglich der genannten Beispiele. Stellt man in einem Experiment die Frage, ob ein Rotkehlchen ein Vogel ist, so ist die Reaktionszeit schneller, als wenn dieselbe Frage mit einem Pinguin gestellt wird. Auch diese Beobachtung lässt sich damit erklären, dass Rotkehlchen Prototypen für Vögel sind, Pinguine aber nicht (ebd., S. 7).

Doch auch wenn die Experimente gegen die klassische Auffassung der Begriffsbildung sprechen, belegen sie noch nicht das Vorhandensein von Prototypen als mentale Repräsentationen. Dies erkannte schließlich auch Eleanor Rosch, die als Begründerin der Prototypentheorie gilt, und schwächte ihre Annahme ab, sodass Prototypen lediglich auf der Ebene der Urteile über die Repräsentativität von Objekten postuliert wurden (ebd. S. 8–9). Aufgrund dieses Umstandes und weiteren theoretischen Problemen[92] wird die Prototypentheorie „in dieser Form praktisch von niemandem mehr vertreten" (Bärenfänger, 2002, S. 13).

---

[92] In der klassischen Linguistik gibt es das Problem, dass es beispielsweise schwierig ist, die definierenden Eigenschaften für einen Stuhl anzugeben. Muss dieser vier Beine besitzen?

Für didaktische Zwecke kann die Theorie der Prototypen dennoch relevant sein. Aufgrund der Singularität von visuellen Veranschaulichungsmitteln, müssen solche anschaulichen Hilfen beispielgebunden arbeiten. Dadurch können auch im Begriffsverständnis der Lernenden die visualisierten Beispiele als Prototypen für das eigene Denken übernommen werden. Ob diese Prototypen dann den Begriff mental repräsentieren oder nicht, ist nicht entscheidend. Empirisch konnte gezeigt werden, dass es prototypische Effekte auf das Alltagsargumentieren gibt. Dies kann auch negative Effekte haben, da in einigen dieser Studien die Beeinflussung durch die Repräsentativität zu einer anderen Einschätzung geführt hat als eine logische Auseinandersetzung mit sich brächte (Rosch, 1983, S. 79–83).

Auch in der Mathematikdidaktik werden Fehleinschätzung durch die Prototypentheorie erklärt. Tall und Bakar (1992) haben Schülerinnen und Schülern sowie Studentinnen und Studenten verschiedene vermeintliche Funktionsgraphen vorgelegt und abgefragt, ob der abgebildete Funktionsgraph tatsächlich zu einer Funktion gehören kann. Dabei wurde unter anderem eine um 90 Grad gedrehte Normalparabel und auch der vollständige Einheitskreis von vielen für eine Funktion gehalten. Dieses Ergebnis wird dadurch erklärt, dass die Befragten nicht auf die gelernte Definition zurückgreifen, sondern stattdessen die aus der Schulzeit etablierten Prototypen zum Vergleich heranziehen. Die behandelten Beispiele aus der Schulzeit legen nahe, dass Funktionen besonders regelmäßige, glatte Graphen besitzen müssen.

Doch kann das Ausbilden von Prototypen auch für den Lernprozess Vorteile haben. Presmeg (2006, S. 222) erwähnt, dass Prototypen mnemotechnische Vorteile haben können. Grundsätzlich ist die Kenntnis von Beispielen für das Mathematiktreiben wichtig (Heintz, 2000, S. 152). Dabei ist es besser, je größer und vielfältiger dieses Repertoire an Beispielen ist, damit in möglichst vielen Problemlösesituationen ein passendes Beispiel herangezogen werden kann, was den Problemlöseprozess voranbringt.[93] Doch muss eine Vermittlung des Vorlesungsstoffes sich auf eine kleine Anzahl Beispiele beschränken. Es sollte also gut überlegt sein, welche wenigen Beispiele in der didaktischen Aufarbeitung ausgewählt werden, damit es zu möglichst wenig ungünstigen Prototypeffekten kommt. Geeignete Prototypen können aber auch eine Orientierung geben, sodass die Beispielgebundenheit der Anschauung eine unterstützende Funktion erhält.

Doch die Prototypentheorie löst dieses Problem nicht, denn wie kann man die Ähnlichkeit zwischen zwei Vertretern eines Begriffes feststellen? Mit etwas Kreativität würden Begriffe dann einen extrem großen Begriffsumfang und eine große Mehrdeutigkeit aufweisen (Bärenfänger, 2002).

[93] Zum Beispiel können Vermutungen durch geeignete Beispiele schnell widerlegt werden, wenn passende Beispiele bekannt sind.

2.2.5.4 Weitere Aspekte zur Anschauung als Verstehens- und Lernhilfe

Nachdem wichtige Anwendungen von Anschauung als Verstehens- und Lernhilfe genannt wurden, werden weitere Aspekte nur der Vollständigkeit halber in aller Kürze vorgestellt.

Kautschitsch (1985, S. 83) betont, dass Anschaulichkeit neben der reinen Repräsentationsfunktion auch eine „denksteuernde orientierte Komponente" besitzt. So können Veranschaulichungsmittel helfen, das Zusammenspiel aus konkreten und abstrakten Gedanken zu verbessern und die interne Informationsverarbeitung kann sowohl simuliert als auch gesteuert werden.

Schmitz (2017, S. 67–68) sieht Motivation als eines von mehreren Zielen von Visualisierungen. Zum einen kann das Arbeiten mit bildlichen Darstellungen eine größere Freude bereiten als mit symbolischen Darstellungen. Zum anderen kann die motivierende Funktion von Anschauung auch darin bestehen, dass Lehrbücher aus ästhetischen Gründen mit Visualisierungen angereichert werden, sodass diese für die Lernenden ansprechender wirken (Holzäpfel, Eichler & Thiede, 2016, S. 93). Michael kritisiert, dass eine solche Motivierung extrinsischer Natur ist und es dazu kommen kann, dass die Aufmachung vom Lerngegenstand an sich ablenkt (Michael, 1983, S. 78–79).

Auch kann man sich die Frage stellen, ob es die Aufgabe der Hochschule ist, Studierende zur Beschäftigung ihres selbstgewählten Studieninhalts zu motivieren. Doch können auch ungewollt gewisse motivationalen Effekte wirksam werden. Die Anwesenheitsquote der Vorlesung kann nämlich davon abhängen, ob die oder der Dozierende dort mehr anschauliche Elemente gebraucht, als es im zugehörigen Skript der Fall ist. Dass zumindest einige Lehrende der Hochschule motivationale Ziele verfolgen, wird durch Felix Klein belegt, der in seinen Lehramtsvorlesungen motivationale Aspekte berücksichtigt (Allmendinger, 2014, S. 78 und S. 94–95).

Möglicherweise ist Anschauung ein wichtiges didaktisches Moment, um den unterschiedlichen Lerntypen gerecht zu werden. Die Unterscheidung von anschaulichen und unanschaulichen Lern- bzw. Forschungspräferenzen lässt sich häufiger in der Literatur finden. So teilt Poincaré (2012) forschende Mathematiker in die beiden Denktypen Geometer und Analytiker ein, wobei erste der Anschauung und letzte der Logik den Vorzug geben. Auch im Schulkontext wurden durch Studien versucht solche Lerntypen zu identifizieren. Eine vielzitierte Studie von Krutetskii aus dem Jahre 1976 konnte die drei Kategorien analytic, geometric und harmonic identifizieren, wobei die dritte Kategorie eine Mischkategorie der ersten beiden darstellt (Wheatley, 1997, S. 284–285).

Neben diesen beiden Unterteilungen, die bereits in Abschnitt 2.1.6 angesprochen wurden, ist ein Artikel von Tall & Pinto (1999) besonders interessant, da hier ähnliche Lerntypen in der Studieneingangsphase identifiziert werden konnten. Durch wiederholte Interviews innerhalb einer Lehrveranstaltung der Analysis konnten bei der Bewältigung des Kurses zwei Herangehensweisen von Studierenden beobachtet werden. Die Autoren nennen die Strategien *giving meaning* und *extracting meaning*. Anders als in der mathematischen Forschung werden Studierende mit unvertrauten Definitionen konfrontiert, mit denen diese dann sinnvoll umgehen müssen.

Bei der Strategie *giving meaning* versuchen Lernende, der formalen Definition eine Bedeutung zu verleihen, indem sie Beispiele konstruieren und Bilder zeichnen. Dabei versuchen sie das neue Wissen mit altem Wissen in Verbindung zu bringen. Aufgrund der bildhaften Darstellungen und der Semantik ist dieser Lerntypus durch Anschauung geprägt. Studierende, die gemäß der *extracting meaning* Strategie vorgehen, versuchen durch wiederholende Tätigkeiten das neue Wissen zu routinisieren, um es dann in formalen Beweisen anzuwenden.

Beide Lerntypen können im Studium erfolgreich und nicht erfolgreich sein. Zum Beispiel kann die Verneinung der Folgenkonvergenz entweder durch das Erinnern der Konvergenzdefinition mit anschließender technischer Negation der logischen Aussage erfolgen. Oder die verneinte Version wird analog zum Vorstellungsbild der Folgenkonvergenz (siehe Abb. 2.23) anschaulich durchgespielt und das gewonnene anschauliche Kriterium anschließend formalisiert. Definitionen können aber auch falsch erinnert werden und bei der Betrachtung bildlicher Vorstellungen muss das Allgemeine im Spezifischen erkannt werden können.

Anschauung hat bei Studierenden des Lerntyps *giving meaning* nur eine Hilfsfunktion, denn auch von diesen Studierenden wird erwartet, dass diese formalen Beweise führen können.

Auch wenn sich Anschauung auf eine unterstützende Funktion beschränkt, kann der Einsatz Probleme mit sich bringen. Von den verschiedenen Grenzen von Veranschaulichungen, die Michael (1983) aufzeigt, ist hier vor allem die „Inaktivierung der Anschauung durch Überangebote von Veranschaulichung" (ebd., S. 95) zu nennen. Demnach würde eine Darstellung mit zu hohen anschaulichen Anteilen dazu führen, dass die Rezipienten sich mit der sofort verstehbaren oberflächlichen Information begnügen, anstatt durch eigenes Nachdenken auch den inhaltlichen Kern hinter der Veranschaulichung zu erfassen. Auf Mathematik übertragen, könnte eine sehr ausführliche anschauliche Vermittlung der Beweisidee bewirken, dass die Studierenden keine Notwendigkeit mehr sehen, den dann folgenden formalen Beweis noch zu verfolgen. Anschauung, die als Hilfe eingesetzt wird, verselbstständigt sich dann und kann so die Enkulturation in die fachmathematischen Normen, vor allem wenn es um Strenge in Beweisen geht, behindern.

Auch kann man es als Lernziel auffassen, dass Studierende Mathematik (irgendwann) auch ohne Veranschaulichungen verstehen können.

Profke (1994, S. 20–27) nennt ebenfalls verschiedene Schwierigkeiten des Veranschaulichens. Neben grundsätzlichen Problemen wie die Tatsache, dass die anschauliche und die formale Repräsentationsform in der Regel nicht isomorph zueinander sind, ist hier vor allem der Hinweis aufschlussreich, dass ein Repräsentationswechsel nur dann nützlich ist, wenn das Darstellungssystem, in das gewechselt wurde, den Lernenden vertraut ist. Inhalte der Analysis werden gerne in die Geometrie übertragen. Doch ist beispielsweise eine Veranschaulichung der analytischen Konvexitätsformel

$$f(tx + (1 - t)y) \leq tf(x) + (1 - t)f(y)$$

über die geometrische Eigenschaft konvexer Mengen nur dann eine hilfreiche Erklärung, wenn die Lernenden das geometrische Phänomen der Konvexität bereits kennen.

2.2.6 Anschauung zur Bedeutungsvermittlung und Sinnstiftung

In Abschnitt 2.2.2 wurde bereits darauf hingewiesen, dass eine Schwäche des Formalismus darin besteht, keine Semantik aufzuweisen. Auch wenn eine inhaltsfreie Mathematik von Prinzip her möglich ist, wird sie doch von vielen als uninteressant abgewertet. Um eine formal begründete Mathematik wieder mit Inhalt zu füllen, kann die Anschauung behilflich sein. So vertritt Volkert die These, dass die Anschauung „als sinn- und bedeutungsstiftende Instanz für die Mathematik unabdingbar" (Volkert, 1989, S. 28–29) sei.

Durch die Hinzunahme einer semantischen Ebene können auch die bereits beschriebenen Funktionen der Anschauung unterstützt werden. Es wurde beispielsweise bereits darauf hingewiesen, dass durch anschauliche Elemente im informellen Austausch die Semantik am Leben gehalten und so die Kommunikation verbessert wird. Auch ist denkbar, dass durch Bedeutungsanreicherung das Gedächtnis unterstützt werden kann. Bei der Funktion von Anschauung zur Bedeutungsvermittlung und Sinnstiftung geht es aber nicht um solche unterstützenden Aspekte, sondern es geht um Semantik allein um der Semantik Willen.

Viele Mathematiker vertreten die These, dass die ursprünglichen Bedeutungen, die zu der Bildung von Begriffen geführt haben, durch die Formalisierung nicht verloren gehen dürfen. So behauptet auch Poincaré (2012), dass eine strenge

Mathematik etwas Künstliches sei und Antworten auf Fragen gibt, deren Ursprung nicht mehr bekannt ist. Auch würde durch ausschließlich logische Verfahren der Sinn von Mathematik nicht sichtbar werden, da auch ein holistischer Blick auf das Gesamte für das Verständnis nötig sei. Poincaré sieht in der Intuition bzw. in der Anschauung das entsprechende Gegengewicht, das diese Schwäche ausgleichen kann (ebd., S. 8–11).

Auch Beutelspacher et al. (2011) befürchten, dass eine formale Beschäftigung mit der Mathematik für die individuelle Sinnstiftung in der Regel nicht ausreicht:

> Das Fach Mathematik wird in universitären Vorlesungen in der Regel in Darstellungen präsentiert, die sich in einer langen Entwicklung herausgebildet haben und Kriterien optimaler Systemtauglichkeit genügen. [...] Folglich begegnet der Vorlesungsstoff den Studierenden wie ein entrückter Formalismus, der hohe technische Anforderungen stellt, dessen Sinn und Bedeutung sich nur mühsam oder gar nicht erschließt. [...] Die Studierenden weichen zwangsläufig in ‚systemkonforme Bewältigungskonzepte' aus... (ebd., S. 13).

Neben Anschauung zur Bedeutungsvermittlung und Sinnstiftung setzten die Autoren aber auch auf andere Methoden wie philosophische und historische Betrachtungen, um die formalen Konzepte mit Sinn zu füllen.

Das folgende Beispiel soll aufzeigen, wie eine anschauliche Betrachtung zur Sinnstiftung beiträgt. In der Analysis 2 werden Niveaumengen durch die folgende Definition eingeführt: Sei $f : U \subseteq \mathbb{R}^n \to \mathbb{R}$ eine Funktion, dann nennt man $N_f(c):=\{x \in U : f(x) = c\}$ die Niveaumenge von f zum Niveau c (vgl. Forster, 2017, S. 62). Eine inhaltliche Beschreibung dieser Definition kann so aussehen: Zur Niveaumenge gehören alle Elemente des Definitionsbereiches, die auf einen festen Wert abgebildet werden. Doch lässt der Name eine tiefergehende Bedeutung vermuten. Zu welchen Zweck werden solche Mengen eingeführt?

In dem Spezialfall $n = 2$ lässt sich der Funktionsgraph von f metaphorisch als Gebirge auffassen. Hier bekommen die Niveaumengen eine anschauliche Deutung als Schnitte mit zur x_1x_2-Ebene parallelen Ebenen (siehe Abb. 2.27). Die Namensgebung der Definition kann nun eingesehen werden, da alle Elemente einer Niveaumenge auf der gleichen Höhe im Gebirge liegen.

Auch der Nutzen dieser Definition kann nun nachvollzogen werden. Die Niveaumengen stellen in gewisser Weise eine Reduzierung der Dimension dar. Dennoch lässt sich durch die Kenntnis dieser Mengen das Aussehen des Funktionsgraphen erahnen. Das Prinzip wird auch beim Erstellen von Karten verwendet, um in einer zweidimensionalen Karte das Höhenprofil einer Gebirgslandschaft darzustellen (siehe Abb. 2.28).

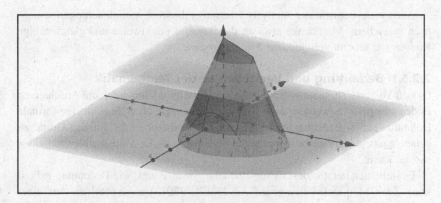

Abbildung 2.27 Anschauliche Deutung von Niveaumengen

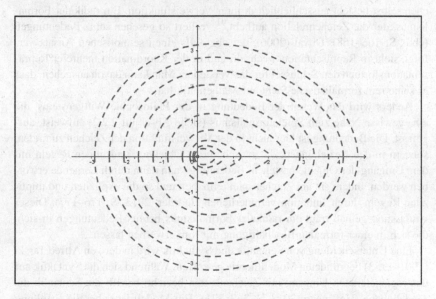

Abbildung 2.28 Repräsentation des Funktionsgraphen aus Abb. 2.27 über Niveaumengen

Auch viele Begriffe der Analysis 1 lassen sich durch Visualisierungen semantisch anreichern. Man denke etwa an die Begriffe punktweise und gleichmäßige Konvergenz und an verschiedene Mittelwertsätze.

2.2.6.1 Bedeutung und Verstehen in der Mathematik

Gemäß Volkerts These im vorangegangenen Abschnitt kann durch die Anschauung Bedeutung gestiftet werden, doch stellt sich die Frage, ob nicht auch eine formale Definition schon Bedeutungen in sich trägt. Um dieser Frage auf den Grund zu gehen, muss geklärt werden, was unter Bedeutung in der Mathematik verstanden werden kann.

Es stellt sich heraus, dass es verschiedene Ansätze gibt, wie Bedeutung gefasst wird. Zwei Möglichkeiten werden von Dörfler (2013) angesprochen. Aus einer semiotischen Perspektive heraus, tragen die Zeichen an sich keinerlei Bedeutung, aber sie verweisen auf etwas, was bedeutungsvoll ist bzw. die Bedeutung der Zeichen selbst besteht ausschließlich in ihrer Verweisfunktion. Ein radikaler Formalismus, der die Zeichenrelation aufhebt,[94] verliert so gesehen seine Bedeutungen (ebd., S. 166–168). Duval (2006), der ebenfalls einen semiotischen Ansatz verfolgt, sieht in Repräsentationswechseln und in der Koordination mehrerer Repräsentationsformen den Schlüssel für das Verstehen. Man kann davon ausgehen, dass er keine rein formalistische Sicht auf Mathematik hat.

Anders wird das Wesen der Bedeutung in der Philosophie Wittgensteins, die eine gewisse Nähe zum Spieleformalismus (siehe Abschnitt 2.2.2) aufweist, aufgefasst. Die Bedeutung ist hier nicht in der Verweisfunktion der Zeichen zu finden, sondern in den Beziehungen, die zwischen den Objekten, und in den Regeln mit dem Umgang der Objekte bestehen. Bedeutung kann dann durch Lernende erworben werden, indem sie am Zeichenspiel teilhaben und so die expliziten und impliziten Regeln durch Imitation verinnerlichen (Dörfler, 2013, S. 176–177). Dieser Auffassung gemäß trägt ein radikaler Formalismus bereits Bedeutungen in sich, die sich in einer formalen Beschäftigung mit ihm erwerben lassen.

Eine Unterscheidung von Semantik und Syntaktik wird in der von Alfred Tarski (1901–1983) begründeten Modelltheorie getroffen. Während sich die Syntaktik auf den regelgeleiteten Umgang mit Zeichenketten bezieht, betrifft die Semantik die Modellebene (Hoffmann, 2018, S. 367–371). Ein Modell ist dabei die Erfüllung eines Axiomensystems durch ein konkretes Beispiel. So sind die uns vertrauten natürlichen Zahlen ein Modell für die Peano-Axiome. In gewisser Weise lässt sich so von einer inhaltlichen Deutung der Axiome sprechen (ebd., S. 371–373).

---

[94] Symbole stehen dann nicht mehr für andere Objekte, sondern stehen für sich und werden nach eigenen Regeln manipuliert.

Doch geht es dabei nicht (nur) um die ideengeschichtliche Bedeutung, sondern um alle potenziellen Interpretationen, denn zu einen Axiomensystem wie das von Peano, gibt es auch so genannte Nichtstandardmodelle. Hier erhalten die Peano-Axiome merkwürdige Ordnungseigenschaften und es lässt sich beweisen, dass es nicht möglich ist, konkrete Berechnungsvorschriften für die Addition und Multiplikation in abzählbaren nicht standard-Modellen der Peano-Axiome anzugeben (ebd., S. 380–391).

Auch gibt es zu den Peano-Axiomen mengentheoretische Modelle, bei denen man sich fragen sollte, welche Qualität der Bedeutung in solchen Modellen enthalten ist. Man kann beispielsweise die leere Menge $\emptyset$ als das kleinste Element auffassen und die Nachfolgerbildung durch die Vereinigung $S(n) = n \cup \{n\}$ darstellen. Dann ergibt sich für die ersten Elemente

- $1 = \emptyset$,
- $2 = S(1) = 1 \cup \{1\} = \emptyset \cup \{\emptyset\} = \{\emptyset\}$,
- $3 = S(2) = 2 \cup \{2\} = \{\emptyset\} \cup \{\{\emptyset\}\} = \{\emptyset, \{\emptyset\}\}$ und
- $4 = \ldots = \{\emptyset, \{\emptyset\}, \{\emptyset, \{\emptyset\}\}\}$

(vgl. Deiser, 2010, S. 91). Doch, ob diese Bedeutung bei Lernenden zur Sinnstiftung beiträgt, ist fraglich. Bei der Modelltheorie geht es wohl eher um die Lösung logischer Probleme. Beispielsweise kann durch die Angabe eines Modells bewiesen werden, dass das zugehörige Axiomensystem widerspruchsfrei ist (Hoffmann, 2018, S. 367–371).

Sfard (1994, S. 44–47) hat sich intensiv mit der Frage des Verstehens von Mathematik auseinandergesetzt und kommt zu dem Ergebnis, dass Verstehen und Bedeutung eng verbunden seien. Klassischerweise werden Bedeutungen in der Linguistik und Philosophie als propositional eingestuft. Damit würden logisch gefasste Definitionen mathematischer Objekte bereits alle Bedeutungen enthalten, die so in die eigene kognitive Struktur übernommen werden können. Doch Sfard hält die Theorie der Metaphern und der *embodied schema* bzw. *image schema* für eine bessere Erklärung dafür, wie Bedeutungen erworben werden. Dort werden Bedeutungen nicht als propositional, sondern als analog aufgefasst. Damit ließe sich auch gut erklären, warum es so schwierig ist, über sein Verständnis zu reden.

Auf die Theorie der Metaphern wurde bereits mehrfach eingegangen.[95] Auch die Theorie der *image schemata* ist eine der Grundlagen von Lakoffs und Núñez' Ansatz die Mathematik auf ein kognitives Fundament aufzubauen. Forscher konnten feststellen, dass jede Sprache ein System räumlicher Beziehungen enthält,

---

[95] Siehe z. B. Abschnitt 2.1.4, 2.1.7 und 2.2.2.

dass in universale Primaten zerfällt. Diese Primaten sind die *image schemata*. Für die Mathematik ist beispielsweise das Container-Schema relevant. Es besteht aus einem Innen, einem Außen und einer Grenze. Da das Schema einen gewissen Allgemeinheitsgrad hat und auch logische Schlüsse erlaubt, bietet es eine geeignete Grundlage für den mathematischen Mengenbegriff (Lakoff und Núñez, 2000, S. 30–34).

In einem älteren Artikel hat sich auch Dörfler (1991) mit der Theorie der *image schemata* auseinandergesetzt und diese um sogenannte Träger erweitert. Auch er glaubt, dass sie für die subjektive Bedeutung eine zentrale Rolle spielen, doch hält Dörfler Bedeutung für ein komplexes mehrdimensionales Phänomen, dass neben dieser geometrisch-objektiven auch eine verbale-propositionale Seite hat. Verstehen ergibt sich dann aus dem Zusammenspiel dieser beiden Facetten. Weiter glaubt er, dass Bedeutung etwas Holistisches sei, dass sich nicht in seine Teile aufspalten ließe.

Für die Frage nach der Bedeutung erscheint die Idee der Metaphern wichtiger zu sein als die *image schemata*, denn Metaphern erklären, wie Verständnis bzw. Bedeutung von einem verstandenen Bereich auf einen unvertrauten Bereich übertragen werden kann. So lassen sich Konzepte der Analysis auf geometrische Konzepte und die wiederum auf sensomotorische Erfahrungen zurückführen. Das Beispiel der Niveaumengen oben zeigt, dass sich nach der Übersetzung in eine geometrische Darstellung noch weitere kognitive Prozesse anschließen können. Mit der Metapher des Gebirges werden sofort Vorstellungen und Handlungserfahrungen angesprochen.

Neben ihren theoretischen Überlegungen konnte Sfard in Interviews mit forschenden Mathematikern feststellen, dass diese von Metaphern Gebrauch machen, was sich auch durch eine platonistische Auffassung von Mathematik im Alltag bemerkbar macht (Sfard, 1994, S. 47–49). Michael Oehrtman (2009) konnte in geschriebenen und mündlichen Beschreibungen von Studienanfängerinnen und -anfängern verschiedene Metaphern für Grenzprozesse feststellen. Als besonders relevant erwiesen sich die folgenden fünf Metaphern:

- Zerfall: In einem Grenzwertprozess verringert sich die Dimension (Bsp.: Wird ein Volumen abgeleitet, so ist das Ergebnis ein Flächeninhalt).
- Annäherung: Eine Zahlenfolge kommt einem Grenzwert numerisch gesehen beliebig nahe.
- Nähe: Der Unterschied zur Annäherung besteht darin, dass hier Nähe geometrisch verstanden wird.

- Unendlichkeit als Zahl: Unendlichkeit wird mit einem Symbol beschrieben, mit dem man rechnen kann. Es kann sich dabei um eine Vorstellung des Aktualunendlichen handeln.
- Physikalische Grenzen: Grenzwertprozesse können so in der Realität nicht stattfinden, da sich Unterschiede irgendwann nicht mehr messen lassen.

Es zeigt sich, dass die Theorie der Metaphern eine durchaus verbreitete Theorie ist, um Bedeutung in der Mathematik zu fassen. Dennoch gibt es auch andere Auffassungen darüber, was Verständnis ausmacht, sodass auch im reinen Formalismus Bedeutungen gesehen werden können.

2.2.6.2 Die Warum-Frage

In dem obigen Beispiel der Niveaumenge wurde gezeigt, wie durch Anschauung eine formal gefasste Definition mit Bedeutungen angereichert wurde. Aber auch rein syntaktische Beweise können aufgrund der fehlenden Semantik zu Unzufriedenheit führen. Ein formaler Beweis, der in der Extremform eines formalen Systems aufgeschrieben ist, lässt keinen Zweifel über die Wahrheit der zu beweisenden Aussage zurück. Der Beweis erfüllt damit seine Verifikationsfunktion (Villiers, 1990). Dennoch wird häufig beklagt, dass solche Beweise keine Einsicht darin liefern, warum die Behauptung wahr ist. Hier wird also ebenfalls die Frage der Sinnstiftung angesprochen.

Gila Hanna (1990, S. 9–12) unterscheidet zwischen Beweisen, die nur beweisen und Beweisen, die auch erklären. Damit ein Beweis nicht nur aufzeigt, dass eine Aussage wahr ist, sondern auch warum diese wahr ist, müssen neben der eingehaltenen äußeren Form die mathematischen Ideen sichtbar werden. Es muss klar werden, *wie* die Eigenschaften in den Voraussetzungen zu der zu beweisenden Aussage führen und warum eine Abänderung dieser Eigenschaften den Satz falsch werden lässt. Neben diesen von Hanna angeführten Charakteristika scheinen auch zwei weitere Aspekte für die erklärende Wirkung wichtig zu sein.[96] Zum einen kann es eine Rolle spielen, ob die einzelnen Schritte eines Beweises mental zu einer Einheit zusammengefasst werden können (vgl. Poincaré, 2012, S. 8–11). Da Anschauung holistisch wirkt, kann diese hier Abhilfe leisten. Zum anderen kann es für die erklärende Wirkung hilfreich sein, wenn die einzelnen Beweisschritte motiviert werden und nicht „vom Himmel fallen".

---

[96] Es handelt sich dabei um Vermutungen bzw. Meinungen des Autors dieser Arbeit, die er durch Reflexion seiner eigenen Beweispraxis gewonnen hat. Letztendlich kann die Frage nach dem erklärenden Wert eines Beweises wohl nur subjektiv und jeweils am einzelnen vorliegenden Beweis beantwortet werden.

Aufbauend auf die Ideen von Hanna gibt Kirsch (1994) ein Beispiel aus der Analysis. Er weist daraufhin, dass der in Lehrwerken übliche Induktionsbeweis der Jensenschen Ungleichung (vgl. z. B. Zorich, 2006, S. 260) keine befriedigende Erklärung bietet und schlägt daher einen anschaulichen Beweis als Alternative vor.

Die allgemeine Jensensche Ungleichung für eine konvexe Funktion $f : J \to \mathbb{R}$ lautet

$$f\left(\frac{1}{n}(x_1 + \ldots + x_n)\right) \leq \frac{1}{n}(f(x_1) + \ldots + f(x_n))$$

und gilt für alle $x_1, x_2, \ldots, x_n \in J$. Kirsch beweist diese Ungleichung zunächst nur für den Spezialfall, dass f auf J differenzierbar ist. Nur dieser Teil von Kirschs Überlegungen wird im Folgenden wiedergegeben.

Zentral für den anschaulichen Beweis ist das in Abbildung 2.29 dargestellte generische Beispiel mit $n = 6$. Neben den Stellen $x_1, x_2, \ldots, x_n$ ist auch deren „Schwerpunkt" $S = \frac{1}{n}(x_1 + x_2 + \ldots + x_n)$ auf der X-Achse dargestellt. Weiter ist an den Graphen von f die Tangente an der Stelle S angelegt worden. „Diese Tangente, aufgefasst als Funktion t, bildet die Stellen $x_1, \ldots, x_n$ und $[S]$ in die y-Achse ab" (Kirsch, 1994, S. 200).

Der Beweis der Jensenschen Ungleichung ergibt sich daraus, dass der von t abgebildete „Schwerpunkt" S auch als Mittelwert $\frac{1}{n}(t(x_1) + \ldots + t(x_n))$ berechnet werden kann. Dies kann man sich entweder physikalisch überlegen, da der Schwerpunkt endlich vieler Massepunkte durch affin-lineare Funktionen auf den Schwerpunkt der Bildpunkte übergeht oder man zeigt dies algebraisch. Wegen der Linksgekrümmtheit konvexer Graphen ist außerdem anschaulich klar, dass $t(x) < f(x)$ für alle $x \neq S$ und $t(x) = f(x)$ für $x = S$ gilt. Somit gilt insgesamt

$$f(S) = t(S) = \frac{1}{n}(t(x_1) + \ldots + t(x_n)) < \frac{1}{n}(f(x_1) + \ldots + f(x_n)),$$

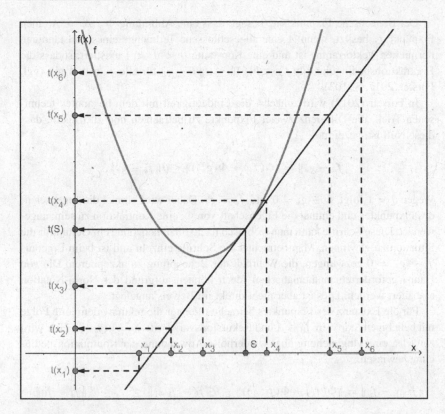

Abbildung 2.29 Beweisfigur zur Jensenschen Ungleichung

woraus wiederum die zu zeigende Behauptung folgt. Kirsch resümiert:

> Bei Vorhandensein entsprechender inhaltlicher Vorstellungen aus Physik bzw. Geo-
> metrie bildet das Vorstehende bereits einen vollständigen (strengen!) Beweis unserer
> Behauptung – einen Beweis, der auch die Frage nach dem „warum" befriedigend
> beantworten dürfte. Er bildet zugleich ein Beispiel für einen inhaltlich-anschaulichen
> Beweis (ebd., S. 201, Hervorhebung im Original).

Während Kirsch und Hanna vorschlagen, die rein verifizierenden Beweise durch
erklärende zu ersetzen, kann auch ein vorgegebener syntaktischer Beweis durch
Beigabe einer anschaulichen Visualisierung so angereichert werden, dass so ebenfalls eine Antwort auf die Warum-Frage angeboten wird.

Der Banachsche Fixpunktsatz besagt, dass eine Abbildung $\Phi : A \rightarrow A$ einen Fixpunkt f_* besitzt, wenn A eine abgeschlossene Teilmenge eines vollständigen normierten Vektorraums ist und eine Konstante $0 < \theta < 1$ existiert, sodass die Kontraktionsbedingung $\|\Phi(f) - \Phi(g)\| \leq \theta \|f - g\|$ für alle $f, g \in A$ gilt (vgl. Forster, 2017, S. 103).

In Forster (2017) wird zunächst die Eindeutigkeit mit dem bekannten technischen Trick, die Differenz zweier Fixpunkte zu betrachten und zu folgern, dass diese Null ist, gezeigt:

$$\|f_* - g_*\| = \|\Phi(f_*) - \Phi(g_*))\| \leq \theta \|f_* - g_*\|.$$

Wegen $\theta < 1$ folgt $f_* - g_* = 0$ und $f_* = g_*$. Dabei wird einmal die Eigenschaft des Fixpunktes und einmal die Eigenschaft von Φ, eine Kontraktion zu sein, angewendet. Diese Schritte kann man technisch nachvollziehen, ohne ein Gefühl für die Situation zu gewinnen. Man betrachtet die Schritte einzeln und ist beim Ergebnis $f_* - g_* = 0$ gezwungen, die Wahrheit der Behauptung zu akzeptieren. Die von Hanna geforderten mathematischen Ideen können aufgrund der Norm-Notation assoziiert werden. Dies ist aber nicht direkt im Beweis angelegt.

Für die Existenz des Fixpunktes betrachtet Forster die rekursiv definierte Folge mit beliebigem Startwert $f_0 \in A$ und Rekursionsvorschrift $f_k := \Phi(f_{k-1})$. Hier wird zunächst eine Ungleichung über wiederholte Anwendung der Kontraktionsbedingung bewiesen:

$$\|f_{k+1} - f_k\| = \|\Phi(f_k) - \Phi(f_{k-1}))\| \leq \theta \|f_k - f_{k-1}\| \leq \dots \leq \theta^k \|f_1 - f_0\|.$$

An dieser Stelle ist noch nicht klar, welche Rolle die Folge in dem Beweis spielen wird.[97] Auch erscheint die hergeleitete Ungleichung zunächst willkürlich.

Als nächstes zeigt Forster, dass die Folge $(f_k)_k$ eine Cauchy-Folge ist. Hier fließt dann auch die oben gezeigt Ungleichung mit ein. Dabei wird ein weiterer syntaktischer Trick verwendet, indem die Differenz $f_m - f_k$ als Teleskopsumme geschrieben wird $\sum_{i=k}^{m-1} (f_{i+1} - f_i)$. Die Gültigkeit dieser Umformung lässt sich einfach erschließen, ihr Zweck bleibt aber zunächst verborgen. Für $m > k$ folgt:

$$\|f_m - f_k\| = \left\| \sum_{i=k}^{m-1} (f_{i+1} - f_i) \right\| \leq \sum_{i=k}^{m-1} \|(f_{i+1} - f_i)\| \leq \sum_{i=k}^{m-1} \theta^i \|f_1 - f_0\|.$$

---

[97] Die Frage ergibt sich nicht, wenn man wie Forster (2017) in die Aussage des Satzes aufnimmt, dass die Folge von besagter Gestalt gegen den Fixpunkt konvergiert.

Da der letzte Term eine geometrische Reihe darstellt, konvergiert dieser für wachsendes k und m gegen Null, sodass die Cauchy-Bedingung erfüllt ist. $(f_k)_k$ ist also wegen der Vollständigkeit des Raumes A konvergent gegen ein Element f_* und wegen $f_* = \lim_{k \to \infty} f_{k+1} = \lim_{k \to \infty} \Phi(f_k) = \Phi(f_*)$, handelt es sich bei diesem Grenzwert auch um den gesuchten Fixpunkt.

Zusammenfassend lässt sich sagen, dass der Beweis eine unbefriedigende Antwort auf die Warum-Frage bietet, da Beweisschritte nicht motiviert werden, der Beweis nicht als Ganzes präsentiert wird und keine inhaltlichen Vorstellungen bzw. mathematische Ideen aktiviert werden. Man kann aber davon ausgehen, dass ein geschulter Leser des Beweises diese fehlenden Aspekte selbst ergänzt. Mit ein bisschen „anschaulichem Training" können viele Beträge direkt mit Abständen assoziiert werden.

Abbildung 2.30 kann einen Beitrag dazu leisten, den erklärenden Wert zu erhöhen. Dadurch, dass jeder Schritt des Verfahrens auf einer neuen Achse dargestellt wird, kann das „Hintereinander" einer Folge in einem einzigen zweidimensionalen Diagramm dargestellt werden, was es ermöglicht, die Beweisidee als Ganzes zu erfassen. Entscheidend ist, die Kontraktionsbedingung als ein wiederholtes Zusammenstauchen eines Intervalls zu verstehen. Wie eine einzige Folge aber immer wieder neue Intervalle aufspannen kann, wird hier durch die gestrichelt dargestellten Linien erklärt.

Metaphorisch kann man das Diagramm als eine Art Trichter interpretieren, sodass der Zusammenhang der Folge mit dem gesuchten Fixpunkt sofort ersichtlich wird. Natürlich handelt es sich beim Diagramm nicht um einen strengen Beweis für alle normierten Vektorräume. Jedoch lässt sich die Trichter-Vorstellung metaphorisch auch auf abstraktere Abstandsbegriffe übertragen.

2.2.6.3 Anschauung als Bildungsziel

Wenn es darum geht, Anschauung zur Bedeutungsvermittlung und Sinnstiftung einzusetzen, geht es letztendlich um die Frage, ob die semantische Seite der Mathematik ein Bildungsziel des Studiums sein soll. Zwar kann man versuchen, die Bildungsziele aus übergeordneten bildungstheoretischen Positionen herzuleiten, doch letztendlich handelt es sich um normative Setzungen und daher um Meinungen, die unterschiedlich breit geteilt werden können. Für die Schuldidaktik ergeben sich womöglich andere Bildungsziele als für die Hochschuldidaktik, da in der Schule ein Allgemeinbildungsauftrag zu Grunde liegt. In der Hochschule hingegen geht es nicht um die Bildung der Allgemeinheit, sondern um die Bildung von Menschen, die sich bewusst für ein mathematisches Studium entschieden haben.

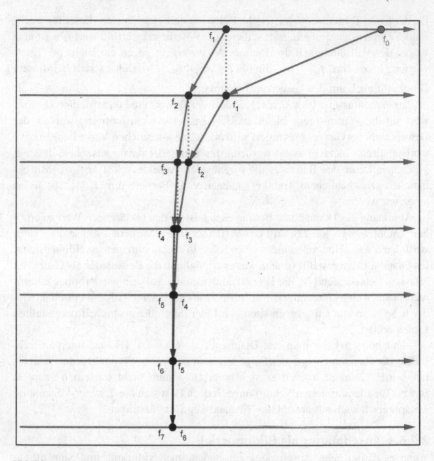

Abbildung 2.30 Anschauliche Beweisidee zum Banachschen Fixpunktsatz

Winter (1997) zeigt die hohe Relevanz der Anschauung für dic schulische Beschäftigung mit Mathematik. Dabei unterscheidet er drei Aspekte, wie wissenschaftliche Mathematik in Erscheinung treten kann:

(1) Mathematik als tendenziell universal anwendbare Wissenschaft; Kreation mathematischer Modelle zu außermathematischen Phänomenen und Unternehmungen,

(2) Mathematik als reine Geisteswissenschaft; Entwicklung deduktiv geordneter Theorien über ideelle Objekte und

(3) Mathematik als Kunst (ars) des Problemlösens; Systematisierung allgemeiner und spezieller Heuristiken als Formen des Denkens (ebd., S. 27).

Während es für den ersten und dritten Punkt selbstverständlich sei, dass Anschauung eine Rolle spiele, behauptet Winter, dass auch für innermathematische Theorien Anschauung fundamental sei. Dies begründet er damit, dass die formalen Prozesse im Vordergrund durch die dahinterliegenden Ideen „Sinn und Bedeutung" erhielten (ebd.). Daraus leitet Winter den Anspruch ab, Anschauung und Intuition als entwicklungsfähige und entwicklungsbedürftige Fähigkeiten aufzufassen, die es zu schulen gilt (ebd., S. 28). In Winters Ausführungen folgt eine Reihe vielseitiger Beispiele aus Geschichte, Kunst und Natur, die den Anwendungsreichtum und die kulturelle Bedeutung der Anschauung aufzeigen. Dies sind Argumente, die dem schulischen Bildungsideal von Persönlichkeitsentwicklung (Fuchs, 2010, S. 16–17) und kultureller Teilhabe (Fend, 2008, S. 51) zuzuordnen sind und aus den obigen Gründen nicht ohne Weiteres auf die Hochschule übertragbar sind.[98]

Die Frage nach den Bildungszielen der Hochschule im Allgemeinen wird bereits seit längerer Zeit diskutiert. Dabei haben sich zwei gegensätzliche Positionen herauskristallisiert: „die einer eher autonomen und zweckfreien Hochschulbildung, der auch Innovationskraft für Arbeitsmarktstrukturen und Gesellschaft zugesprochen wird, und die einer eher im Dienst der Gesellschaft und des Arbeitsmarktes funktional verstandenen Hochschule" (Schilly & Szczyrba, 2019, S. 586). Selbst bei einer Fokussierung auf den berufsbildenden Aspekt eines Studiums, stellt sich die Frage, inwiefern gewisse Selbst- und Sozialkompetenzen, sowie eine Persönlichkeitsentwicklung relevant sein können, um auch möglichen Veränderungen des Arbeitsmarktes in der Zukunft gerecht zu werden (ebd., S. 586–587).

Doch ist anders als zum Beispiel bei einem Ingenieursstudiengang das angestrebte Berufsbild bei einem fachmathematischen Studiengang nicht unbedingt klar. Während ein Lehramtsstudiengang auf den Schuldienst vorbereiten soll, können rein fachlich ausgebildete Mathematikerinnen und Mathematiker in den verschiedensten Bereichen der Wirtschaft wie im Versicherungswesen, bei der Unternehmensberatung oder aber in der universitären mathematischen Forschung beschäftigt sein. Für angehende Lehrerinnen und Lehrer ist die Notwendigkeit

---

[98] Die Thematik Persönlichkeitsentwicklung und kulturelle Teilhabe wird auch in einem Beschluss der Kultusministerkonferenz besprochen (Sekretariat der Ständigen Konferenz der Kultusminister der Länder in der Bundesrepublik Deutschland, 2013). Eine ähnliche Diskussion für die hochschulische Bildung ist dem Autor dieser Arbeit nicht bekannt.

einer Thematisierung der inhaltlichen Seite der Mathematik offensichtlich. So verfolgen auch Beutelspacher et al. (2011) in der Lehramtsausbildung das Ziel, „Wissen um die kulturelle Prägekraft der Mathematik" (ebd., S. 51) zu vermitteln. Für die fachmathematischen Studiengänge ohne Lehramt ist die berufliche Notwendigkeit für eine semantische Beschäftigung mit der Mathematik nicht offensichtlich.

Geht man allerdings von einem Bildungsauftrag aus, der unabhängig vom Arbeitsmarkt zur individuellen persönlichen Entfaltung dient, so können auch rein fachmathematische Studiengänge von der Anschauung profitieren. Im Sinne eines humanistischen Bildungsverständnisses (Menze, 1972) können dann doch kulturelle Aspekte wie die historische Genese der Konzepte in der Analysis oder das Finden der eigenen ontologischen Position Berücksichtigung finden. Doch welche curricularen Entscheidungen zur Charakterbildung letztendlich Berücksichtigung finden, bleibt eine normative Festlegung. Im Folgenden werden daher nur einige Positionen bezüglich der Anschauung und mathematischer Bildungsziele unkommentiert nebeneinander angeführt:

- Philip J. Davis plädiert dafür, das Bild von Mathematik um sogenannte *visual theorems* zu erweitern. So soll auch ein visueller holistischer Zugang akzeptiert werden, um Fragen der traditionellen Art zu inspirieren, Einsichten zu ermöglichen und das Verstehen zu verbessern. Zu solchen *visual theorems* zählen unter anderem geometrisch evidente Aussagen in der Analysis, aber auch Untersuchungen an mithilfe von Computern erstellten Grafiken, die eine Einsicht ohne Formalisierung ermöglichen. Davis denkt, dass durch eine solche Umorientierung des Faches, der *context of discovery* ein größeres Gewicht gegenüber dem bloßen Beweisen erlangen würde (Davis, 1993). Wenn der Lerngegenstand Mathematik Aspekte der Anschauung umfasst, ist davon auszugehen, dass auch eine entsprechende Vermittlung im Studium vorgesehen ist.
- Besonders deutlich wird die Forderung nach Anschauung in der Lehre in einem Zitat von Wille: „Ein Lehrender, der den anschaulichen Gehalt eines mathematischen Zusammenhanges verschweigt, begeht einen intellektuellen Betrug am Lernenden!" (Wille, 1982, S. 74). Dabei ist zu bemerken, dass Wille in diesem Artikel nicht nur die Schulmathematik im Blick hat, sondern auch Beispiele aus Topologie, komplexer Analysis und Funktionentheorie heranzieht.
- Auch Karlheinz Spallek ist ein deutlicher Verfechter der Anschauung und Semantik in der mathematischen Lehre. Eine Auffassung von Mathematik im Sinne eines Spiele-Formalismus wertet er entschieden ab, da er die Auswirkungen auf das logische Denken anzweifelt und einen geringen gesellschaftlichen Nutzen sieht. So stellt er sogar die Finanzierungswürdigkeit einer solchen Wissenschaft in Frage. Spallek befürchtet, dass ein zu hoher Abstraktionsgrad zur

Ausbildung von Scheinwirklichkeiten führe, die wiederum eine Ideologieanfälligkeit mit sich ziehe. Inhaltliche Mathematik sei nicht nur für das Verstehen wichtig, sondern es wäre auch eine Frage der Menschenwürde, dass Worte nicht leer bleiben (Spallek, 1991, S. 291–297). Womöglich spricht Spallek in erster Linie über den Bildungsauftrag der Schule. Übertragen lassen sich die Gedanken nur, wenn man von einem dienenden Bildungsauftrag der Hochschule ausgeht.

- In Abschnitt 2.2.3 wurde auf die Bedeutung des *context of discovery* für die Mathematik eingegangen. Wenn man der Ansicht Stylianous (2002, S. 303) folgend auch die Methoden der Mathematik und damit auch insbesondere anschauliche Zugänge als Teil des Lerngegenstandes Mathematik akzeptiert, so folgt, dass auch solche offenen Methoden in der Hochschullehre vermittelt werden müssen. Stylianou hat dabei aber verstärkt die heuristische Seite von Anschauung im Blick und weniger die semantische Seite. Dennoch lässt sich aus dieser Sichtweise ein Plädoyer dafür gewinnen, das Bild von Mathematik über die reine Beweiskultur hinaus zu erweitern.

- Sogar Dieudonné, der, um die axiomatische Methode zu propagieren, bewusst auf Abbildungen in seinem Lehrwerk verzichtet (Dieudonné, 1971, S. 7–8), sieht die Ausbildung von intuitiven Vorstellungen als ein wichtiges Lernziel des Studiums. Doch wird seiner Ansicht nach, diese intuitive Vorstellung eben nicht durch inhaltliche bzw. anschauliche Vermittlung erworben, sondern die Studierenden sollen zuerst durch eine „harte" formale Schule gehen:

  Letztes Ziel eines jeden Mathematikunterrichts, gleichgültig auf welchem Niveau, ist es sicherlich, dem Studenten eine zuverlässige „intuitive Vorstellung" von den mathematischen Objekten, mit denen er es zu tun hat, zu vermitteln. Erfahrungsgemäß kann dies jedoch nur durch eingehende Vertrautheit mit dem Material und wiederholte Versuche, dieses von jedem möglichen Blickwinkel aus zu verstehen, erreicht werden. Ein Professor, der diese Vertrautheit schon vor langer Zeit erworben hat und glaubt, er könne auf präzise Feststellungen verzichten, wenn er seine „intuitive Vorstellung" seinen Studenten mitzuteilen versucht, läuft Gefahr, daß die Verständigung völlig zusammenbricht, mit anderen Worten: Ich meine, der Weg zur „intuitiven Vorstellung" führt notwendigerweise zunächst durch eine Periode rein formalen und oberflächlichen Verstehens, das erst allmählich durch ein besseres und tieferes Verständnis ersetzt werden wird (Dieudonné, 1973, S. 409, zitiert nach Jahnke, 1978, S. 203).

2.3   Zwischenfazit

Nachdem die verschiedenen Funktionen der Anschauung für die Hochschullehre ausführlich beleuchtet wurden, wird nun auf Grundlage dieser Funktionen erörtert, wie sich Anschauung in die Hochschullehre und speziell in die Analysis-Lehrveranstaltung integrieren lässt. Dabei wird nun jede Funktion der Reihe nach bewertet, wobei sich die Bewertung auf die theoretischen Ausführungen der vorangegangenen Kapitel bezieht. Dennoch soll nicht verschwiegen werden, dass auch die subjektive Einschätzung bzw. Meinung des Autors mit einfließt.

2.3.1   Anschauung in Beweisen

Aufgrund der geschilderten geschichtlichen Entwicklung haben sich in der mathematischen Community Standards herausgebildet, die anschauliche Beweise in Publikationen weitestgehend untersagen. Schaut man in Standardlehrwerke der Analysis (vgl. z. B. Forster, 2016; Königsberger, 2004) so scheint sich die Lehre hier an der Forschung zu orientieren, denn die Beweise werden auch dort in Anlehnung an das formale Ideal geführt. Dies ist insofern sinnvoll, als dass Studierende der Mathematik so dazu befähigt werden sollen, am Ende ihres Studiums eigenständig forschen zu können.

Die verschiedenen Reformationsbemühungen bezüglich der Aufwertung von Anschauung in Beweisen haben bisher noch keinen breiten Konsens erfahren. Insbesondere die Analysis ist aufgrund der Behandlung von unendlichen Prozessen der Anschauung schwer zugänglich. Da auch formale Beweise in der Praxis nur lückenhaft geführt werden können, ist es aber denkbar, einzelne Schritte anschaulich zu führen, die man aus gewissen Gründen nicht formal explizieren möchte. So kann im Beweis, dass die rationalen Zahlen abzählbar sind, das bekannte Cantorsche Diagonalverfahren an einem Diagramm angedeutet werden, ohne eine konkrete Zuordnungsvorschrift anzugeben (siehe Abb. 2.31).

Auch wenn das Voranstellen eines anschaulichen Beweises zur Kommunikation der Beweisidee gut ist und den Beweis semantisch anreichert, sollte dieser einen formalen Beweis nicht völlig ersetzen. Dies gilt zumindest für rein fachliche Lehrveranstaltungen. In Vorlesungen, in denen auch didaktische Inhalte vermittelt werden oder gänzlich dem didaktischen Studium angehören, kann anschaulichen Beweisen eine größere Bedeutung zukommen, da es hier nicht (nur) um den Aufbau einer strengen deduktiven Theorie, sondern (auch) um Mathematik als Kulturphänomen geht, sodass auch geschichtliche, soziologische, philosophische und psychologische Aspekte berücksichtigt werden können (Wittmann, 1988, S. 237).

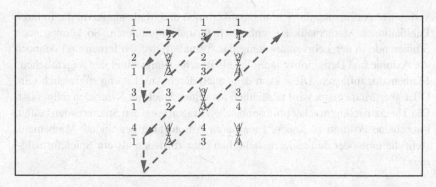

Abbildung 2.31 Cantorsches Diagonalverfahren

2.3.2 Anschauung und Ontologie

Auch wenn es um die Grundlegung der Mathematik geht, hat sich eine geschichtliche Entwicklung dahingegen vollzogen, dass Anschauung als Existenzgrundlage für Axiomensysteme oder Definitionen keine Rolle mehr spielt. So können auch willkürlich syntaktisch festgelegte Objekte untersucht werden, die durch die erkenntnisbegrenzende Funktion der Anschauung (Volkert, 1989, S. 10–11) im Vorhinein ausgeschlossen worden wären. Mathematiker scheinen sich auch intrinsisch für abstrakte Probleme selbst ohne Anwendung innerhalb der Mathematik zu interessieren, wie die Geschichte des großen Satz von Fermat zeigt.[99]

Neuere Ideen bezüglich der Ontologie der mathematischen Objekte scheinen keine große Relevanz zu haben. Zwar wird die Theorie der Metaphern in der Didaktik an vielen Stellen aufgegriffen (vgl. z. B. Dörfler, 1991; Sfard, 1994; Presmeg, 1997b; Kadunz 2003) und wie in den vorherigen Kapiteln beschrieben wurde, spielen Metaphern auch bei der Kommunikation und im *context of discovery* eine Rolle. Doch in den meisten fachmathematischen Lehrwerken werden Metaphern, Ideen und Vorstellungen weiterhin kaum explizit gemacht. Es ist aber durchaus möglich, dass in Vorlesungen solche Aspekte stärker thematisiert werden als in Veröffentlichungen.

Wenn man den Formalismus als reine Methode für das Beweisen auffasst, ist es möglich, ontologische Mischpositionen zu vertreten. Der Platonismus ist eine sehr

---

[99] Etwa 350 Jahre suchten Generationen von Mathematikern einen Beweis der Fermatschen Vermutung, obwohl es keine direkten inner- oder außermathematischen Anwendungen des Satzes gibt. Trotzdem hat die Suche nach dem Beweis indirekt viele Bereiche der Mathematik befruchtet oder erst entstehen lassen (Roquette, 1998).

verbreitete Auffassung unter Mathematikerinnen und Mathematikern, die in ihren Publikationen Mathematik ausschließlich formal präsentieren. So können auch Studierende in der Lehrveranstaltung das formale Beweisen lernen und dennoch die Axiome und Definitionen lediglich als Beschreibungsmittel der „eigentlichen" Mathematik auffassen. Diese kann dann auch durch Anschauung zugänglich sein. Oder aber Mathematik wird tatsächlich als reines Spiel mit Symbolen aufgefasst. Die Thematisierung solcher philosophischen Fragen kann den Studierenden helfen, ihre eigene Position zu finden. Eine durch Anschauung begründete Mathematik stellt die eine oder den anderen sicherlich eher zufrieden als ein Spieleformalismus.[100]

2.3.3 Anschauung als Heuristik

Die Wichtigkeit des *context of discovery* und der heuristische Wert der Anschauung sind unbestritten. Geht man davon aus, dass Vorlesungen typischerweise wie die klassischen Lehrwerke gehalten werden, so werden die Genese und die heuristische Ebene in der Hochschullehre wenig berücksichtigt. Möglicherweise werden diese Aspekte der Mathematik aber in Übungsgruppen thematisiert, wobei dies vermutlich von der Qualität und den Ansichten einzelner Übungsgruppenleiterinnen und -leitern abhängt.

Man kann nicht erwarten, dass sich die Problemlösekompetenz der Studierenden von selbst entwickelt. Daher sollte die Genese einiger mathematischer Begriffe und Beweise exemplarisch behandelt und das heuristische Arbeiten beispielsweise durch Modelllernen (Bandura, 1976)[101] vermittelt werden. Neben unanschaulichen Heurismen, die selbstverständlich genauso wichtig für erfolgreiches Mathematiktreiben wie formale Beweistechniken sind, sollten auch Darstellungswechsel und metaphorische Sprechweisen berücksichtigt werden.

Wichtig ist dabei, dass eine klare Trennlinie zwischen der Beweisfindung und dem eigentlichen Beweis gezogen wird. Die verstärkte Behandlung weicher und anschaulicher Methoden darf sich nicht auf die endgültigen Beweise durchschlagen, da sonst die Strenge der Mathematik in Gefahr gebracht wird. Dafür ist es gut, die Grenzen der Anschauung aufzuzeigen. Geeignet dafür sind Funktionen wie $f(x) = \sin\left(\frac{1}{x}\right)$, bei denen es schon schwierig ist, überhaupt einen Funktionsgraphen zu zeichnen (siehe Abb. 2.32). Die Frage, ob sich die Funktion an

---

[100] Man denke nur an die verschiedenen Schwächen des Formalismus, die in Abschnitt 2.2.2 beschrieben wurden.

[101] Lehrende sollen dabei das zu Lernende vormachen.

der Stelle Null stetig fortsetzen lässt, kann nicht einfach durch anschauliche Vorstellungen wie die der „Durchzeichenbarkeit" beantwortet werden.[102] Besonders geeignet sind aber auch die bekannten Paradoxien, die mit der Unendlichkeit zu tun haben.

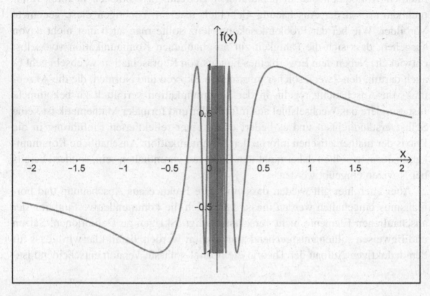

Abbildung 2.32 Der Graph zu $f(x) = \sin\left(\frac{1}{x}\right)$

2.3.4 Anschauung in der Kommunikation

Anschauliche Kommunikationsformen sind im informellen Austausch weit verbreitet. Während sie allerdings in Publikationen in der Regel bewusst vermieden werden, scheint die Anschauung in aktuellen Lehrwerken bereits die Kommunikation zu unterstützen. Vergleicht man diesen aktuellen Stand mit dem Lehrwerk Dieudonnés, der bewusst auf Abbildungen verzichtet hat, so scheint sich hier eine Entwicklung abzuzeichnen.

Diese Entwicklung ist als positiv zu bewerten, da die anschauliche Kommunikation in der Tat einen Mehrwert bietet. So kann durch einen holistischen Blick eine

[102] Wohl aber lässt sich eine Antwort mit einer „Umgebungsvorstellung" finden.

Verdichtung vorgenommen werden, die Binnenstruktur der Ikone kann ausgenutzt werden und es spricht Einiges dafür, dass anschauliche Kommunikationsformen auch der psychologischen Seite des Mathematiktreibens näherkommen.

Wenn man von angehenden Doktoranden erwartet, dass diese auf Tagungen, internen Kolloquien und in persönlichen Betreuungsgesprächen in ihrer Kommunikation von der Anschauung Gebrauch machen, benötigen diese geeignete Vorbilder. Wie bei der Problemlösekompetenz sollte man auch hier nicht davon ausgehen, dass sich die Fähigkeit zur anschaulichen Kommunikation von selbst entwickelt. Neben dem Erwerb eines Fundus von Repräsentationswechseln geht es auch darum, den Zweck solcher informellen Skizzen und Normen, die die Akzeptanz von Anschauung regeln, in der Kommunikation vermittelt zu bekommen. Insbesondere das Wechselspiel aus informeller und formaler Mathematik ist keine Selbstverständlichkeit und es bedarf daher einer reflektierten Einführung in die Praxis der mathematischen informellen Kommunikation. Anschauliche Kommunikationsformen sollten daher nicht den Experten vorenthalten sein, sondern bereits bei Novizen eingeübt werden.

Aber auch hier gilt wieder, dass eine gute Balance aus Anschauung und Formalismus eingehalten werden muss, damit sich die kommunikative Funktion der anschaulichen Elemente nicht verselbstständigt. Skizzen zu Definitionen, Sätzen und Beweisen sollten entsprechend anmoderiert werden, damit klar wird, dass für den deduktiven Aufbau der Theorie die formal gefasste Version entscheidend ist.

2.3.5　Anschauung als Verstehens- und Lernhilfe

Anschauung in ihrer Hilfsfunktion ist etwas, auf das man prinzipiell verzichten könnte. Doch da sich die psychologische Realität nicht mit der formal logischen Seite der Mathematik deckt, ist eine rein syntaktische Beschäftigung mit Mathematik ungleich schwieriger als eine, die auch Anschauung miteinbezieht. Es wurden einige positive Effekte der Anschauung in ihrer Hilfsfunktion aufgezählt. Vor allem die Gedächtnisstütze ist ein sehr relevanter Aspekt, da es unmöglich scheint, alle Sätze und Definitionen als inhaltsleere Zeichenketten auswendig lernen. Anschauung ist zwar nicht die einzige, jedoch eine besonders geeignete Methode, das Lernen bedeutungsvoller zu gestalten und so das Gedächtnis zu unterstützen.

Es wurden aber auch Schwierigkeiten mit anschaulichen Hilfen geschildert. Die Forschung zur Prototypentheorie zeigt, dass bei beispielgebundenen Unterstützungsangeboten, wie es Visualisierungen sind, die Möglichkeit besteht, dass auch Eigenschaften in das Begriffsverständnis aufgenommen werden, die nicht Bestandteil der Definition sind. So können durch ungünstige Prototypen auch in

Argumentationen Fehlschlüsse begangen werden. Auch hier gilt es also wieder, die Grenzen der Anschauung aufzuzeigen und die formalen und anschaulichen Aspekte der Mathematik miteinander zu vernetzen, damit Studierende vor diesen Gefahren gefeit sind.

Werden anschauliche Skizzen angefertigt, um Beweise besser verstehen zu können, so ist dies unproblematisch zu sehen, solange nur bereits formal ausgeführte Beweisschritte als Ergänzung veranschaulicht werden. Werden durch anschauliche Betrachtungen aber Lücken im Beweis geschlossen, so geht die Anschauung über die reine Hilfsfunktion hinaus. Aus pragmatischen Gründen spielt dieser Unterschied aber keine Rolle, denn die Dozentin oder der Dozent hat sowieso keinen Einfluss darauf, wie Studierende die Lücken in den Beweisen füllen. So könnten Lücken auch übersprungen werden, obwohl dem Lernenden der Zusammenhang nicht klar ist oder die Verifikation findet an nicht generischen Beispielen statt.

Möglicherweise ist zu befürchten, dass durch zu viele Hilfestellungen ein Niveauverlust des Mathematikstudiums stattfände. Angehende Mathematikerinnen und Mathematiker befänden sich dieser Auffassung nach in einem Elitestudiengang und müssen lernen, schwierige Probleme auch ohne Unterstützung zu bewältigen. Auch wenn diese These hier nicht vertreten werden soll, so kann es doch ein Lernziel des Studiums sein, sich abstrakte, formal gefasste Definitionen und Beweise selbstständig arbeiten zu können.

Doch muss das Lernziel nicht bereits in den ersten Semestern des Studiums erreicht sein, sondern die Studierenden sollen diese Kompetenz durch das Studium erst erwerben. Als Kompromiss wird hier daher der folgende Vorschlag gemacht. Anschauliche und andere Hilfen können in der Studieneingangsphase verstärkt eingesetzt werden und im Laufe der Ausbildung reduziert werden, bis Studierende ohne Anschauung auskommen oder gegebenenfalls die anschauliche Ebene selbst dazu denken.

2.3.6   Anschauung zur Bedeutungsvermittlung und Sinnstiftung

Auch für Anschauung in ihrer Funktion als Bedeutungsvermittlerin und Sinnstifterin lassen sich gute Argumente ins Feld führen. Wenn man den Formalismus lediglich als Methode für Beweise auffasst, können semantisch-anschauliche Betrachtungen und strenge Beweise koexistieren, da man die anschaulichen Deutungen nur vorübergehend beim Beweisen ausblendet.

Es wurde allerdings auch kritisch diskutiert, ob „Bedeutung" und „Anschauung" tatsächlich gleichgesetzt werden können. Hier soll die These vertreten werden, dass es verschiedene Arten von Bedeutungen geben kann. So ist eine geometrisch-anschauliche Interpretation eines Satzes oder einer Definition nur eine Möglichkeit, formale Mathematik mit Inhalt zu füllen. Auch innermathematische Anwendungen und Vernetzungen können dazu dienen, die syntaktische Seite der Mathematik mit Bedeutungen anzureichern.[103] Für ein erfolgreiches und befriedigendes Mathematiktreiben sind vermutlich beide Bedeutungsarten relevant.

An einem Beispiel wurde gezeigt, dass durch die Anschauung auch der erklärende Wert eines Beweises verbessert werden kann. Doch, anders als Kirsch es empfiehlt, wird hier nicht vorgeschlagen, formale Beweise, die keine Antwort auf die Warum-Frage geben, durch anschauliche Beweise zu ersetzen, da es so zu Problemen bezüglich der Strenge kommt. Geeigneter scheint es, einen formalen Beweis durch eine zusätzliche anschauliche Deutung zu bereichern. Wenn die anschauliche Interpretation dann sauber vom eigentlichen Beweis getrennt wird, kann so sowohl eine bessere Erklärung erreicht als auch das Kriterium der Strenge eingehalten werden. Interessant ist dabei vor allem, dass auch Veranschaulichungen von Spezialfällen durch eine metaphorische Projektion hilfreich für allgemeinere und abstraktere Fälle sein können.

Ist es aber ausschließlich durch anschauliche Betrachtungen möglich, rein verifizierende Beweise um eine erklärende Funktion zu bereichern? Möglicherweise lässt sich der in Abschnitt 2.2.6 beschriebene Beweis zum Banachschen Fixpunktsatz auch durch verbale Erläuterungen in dieser Hinsicht verbessern. Zum Beispiel kann vor dem eigentlichen Beweis zunächst eine Beweisstrategie benannt werden oder es wird ein Zahlenbeispiel gerechnet. Solche mündlichen Kommentare und ergänzende Tätigkeiten machen den Besuch der Vorlesung lohnend, auch wenn ein Vorlesungsskript zur Verfügung steht. Warum sonst besuchen so viele Studierende die Vorlesungen, obwohl ein Skript vorhanden ist?[104] Welche Eigenschaften es aber genau sind, die einen Beweis zu einem erklärenden Beweis erheben, ist eine philosophische Frage, die hier nicht abschließend geklärt werden kann.

---

[103] Dies steht scheinbar im Widerspruch zu der entwickelten Arbeitsdefinition der Anschauung, da hier das Gegensatzpaar Anschauung und Formalismus unteranderem über das Vorhandensein der Semantik beschrieben wurde. Dieses Problem ließe sich durch die Unterscheidung verschiedener Bedeutungsarten aufklären. So ist die Bedeutung der symbolischen Zeichen nicht direkt in den Zeichen selbst zu suchen, sondern wird erst im Beziehungsgefüge deutlich.

[104] Einige Studierende besuchen die Vorlesung womöglich auch aus einem Pflichtgefühl und aus der Hoffnung, durch die bloße Anwesenheit eines Dozenten bereits klüger als im Selbststudium zu werden. Doch wären dies die einzigen Gründe, wäre die Anwesenheitsquote vor allem in weiterführenden Veranstaltungen deutlich geringer.

Ob anschauliche Aspekte der Mathematik ein Bildungsziel des fachmathematischen Studiengangs sind oder nicht, ist und bleibt eine normative Frage, zu der hier nur eine Meinung angegeben werden kann. Für das Lehramtsstudium scheint die Antwort klar, wobei man auch hier die Position vertreten kann, dass die anschauliche Seite der Mathematik nur in den fachdidaktischen Anteilen des Studiums zu vermitteln ist. Für den rein wissenschaftlichen Studiengang hängt die Beantwortung der Frage davon ab, ob man dem Hochschulstudium einen unabhängigen oder einen der Wirtschaft und Gesellschaft dienenden Bildungsauftrag zuweist. Wegen der Vielfalt der möglichen Berufsbilder nach einem Mathematikstudium ist es nicht möglich, dass das Studium genau auf die Bedürfnisse der Arbeitswelt zugeschnitten ist. So spricht vieles für das erste Bildungsverständnis, was zwar keine hinreichende Begründung für Anschauung als Bildungsziel darstellt, aber zumindest in diese Richtung weist, denn es geht dann nur um die Mathematik an sich und die hat möglicherweise auch eine anschauliche Facette.

Doch kann man sich darüber streiten, was alles zum Lerngegenstand Mathematik zählt. Hat man sich allerdings bereits darauf verständigt, dass heuristische Methoden und informelle Kommunikationsweisen miteingeschlossen werden, ist Anschauung in diesen Funktionen bereits fest als Lernziel verankert. Dann ist der Schritt, auch Semantik um der Semantik Willen als Lernziel aufzunehmen, nicht mehr weit entfernt. Der Autor dieser Arbeit spricht sich für einen solchen Bildungsauftrag aus.

2.4 Zusammenfassung

Das Ziel dieses Kapitels war, die Rolle von Anschauung in der Hochschule beurteilen zu können. Deshalb musste zunächst eine Arbeitsdefinition von Anschauung entwickelt werden. Als erste Annäherungen wurden dazu verschiedene Wörterbücher herangezogen. Besonders ergiebig war der Blick in ein philosophisches Wörterbuch, welches Anschauung als unmittelbaren Erkenntnisakt definiert und vier besonders relevante Auslegungen des Anschauungsbegriffes unterscheidet. Bei der ältesten dieser vier Auslegungen nach Leibniz ist Anschauung nicht zwangsläufig an den Sehsinn gebunden. Durch das gleichzeitige Vergegenwärtigen aller Aspekte, kommt es bei diesem Erkenntnisakt zu einer unmittelbaren Einsicht. Das Schauen ist hier metaphorisch gemeint und mit dem Begriff Anschauung wurde lediglich versucht, das lateinische Wort *intuitio* zu übersetzen. Bei Kant, von dem die zweite Auslegung der Anschauung stammt, hat die Anschauung tatsächlich etwas mit den Sinnen zu tun. Er unterscheidet die Sinnlichkeit und den Verstand als zwei Erkenntnisquellen, die einander bedürfen, um Erkenntnis zu erlangen. Die

Sinnlichkeit umfasst sowohl empirische als auch reine Anschauung, wobei letzte für die Mathematik relevant ist, damit allgemeine Sätze a priori durch die Anschauung behandelt werden können. Durch die Trennung von Anschauung und Verstand ist bei Kant keine intellektuelle Form der Anschauung möglich. Dennoch haben Kants Schüler die Idee einer intellektuellen Anschauung verfolgt. Die intellektuelle Anschauung ist die dritte Auslegung der Anschauung, die im herangezogenen Wörterbuch unterschieden wird. Die kategoriale Anschauung in Husserls Philosophie ist die vierte und letzte Auslegung und stellte sich für die Mathematikdidaktik als nicht besonders relevant heraus.

Neben der philosophischen Tradition ist der Begriff der Anschauung auch in der allgemeinen Didaktik als Unterrichtsprinzip aufgekommen und hat dort eine eigene Entwicklung vorzuweisen, die sich an einigen Stellen mit der philosophischen Auseinandersetzung kreuzt. Im Mittelalter war durch die Scholastik der Verbalismus die vorherrschende Lehrmethode. Ab dem 16. Jahrhundert wurde dieser autoritäre, am Wort orientierte Unterricht kritisiert. Damit die Lernenden selbst Erkenntnis erlangen können, sollten diese den Lehrstoff mit eigenen Augen sehen, sodass die Idee der Anschauung aufkam. Comenius forderte, dass Realanschauungen oder, wenn nicht anders möglich, Stellvertreter der Lerngegenstände wie Modelle oder Abbildungen in den Unterricht integriert werden. Pestalozzi entwickelte eine umfangreiche Lehrmethode, um die Anschauung zu schulen. Sein Verdienst war es, die Förderung des Anschauungsvermögens als eigenes Lehrziel auszurufen. Verschiedene Philosophen beteiligten sich an der Diskussion und die Didaktiker machten ihrerseits philosophische Annahmen. Möglicherweise erwuchs Kants Idee einer erkenntnistheoretischen Fundierung aus den philosophischen Ideen dieser Zeit.

Obwohl es in der Philosophie klare Bezugspunkte für ein mathematikdidaktisches Verständnis von Anschauung gibt, hat sich bisher keine eindeutige Definition herausgebildet. Verschiedene Schwierigkeiten könnten der Grund dafür sein. Erstens ist Anschauung ein typisch deutscher Begriff, der vor allem durch Kant und die oben beschriebene allgemeindidaktische Diskussion geprägt wurde. In anderen Sprachen wird kein Unterschied zwischen den verwandten Konzepten Anschauung und Intuition gemacht. So lässt sich der deutsche philosophische Anschauungsdiskurs von den internationalen Diskursen zur *intuition* und *visualization* weder deutlich abgrenzen noch lassen sich die Diskurse verbinden. Auch wird der Begriff Anschauung in mathematikdidaktischen Arbeiten meist als bekannt vorausgesetzt und nicht explizit definiert. Wenn er umschrieben wird, scheinen verschiedene philosophische Auslegungen vermischt zu werden, obwohl sich diese in Teilen sogar widersprechen. Nicht zuletzt halten einige Didaktiker Anschauung für ein Phänomen, was schwierig zu greifen und zu verstehen ist.

Um trotz all dieser Schwierigkeiten etwas Ordnung in das Begriffsfeld
Anschauung zu bringen, wurden Definitionen begriffsnaher Wörter zusammengetragen. An dieser Stelle soll die bereits verwendete Tabelle 2.2 als Tabelle 2.9
dieses Ergebnis ein weiteres Mal zusammenfassen:

Tabelle 2.9 Zusammenfassung der begriffsnahen Definitionen

begriffsnahes Wort	Bedeutung
Anschaulichkeit	Subjektives Urteil, ob geeignete Bedingungen für eine Vorstellungsbildung vorliegen
Veranschaulichung	Übertragung eines unzugänglichen Bereichs auf einen zugänglichen Bereich als didaktische Maßnahme, um Anschaulichkeit zu erhöhen
Visualisierung	Bildliche Darstellung, die auf metaphorische oder spezifisch semiotische Weise gedeutet wird
Visualization	Weiter Begriff, der alles Visuelle in der Didaktik, insbesondere auch Handlungen, umfasst
Intuition	Unmittelbare und unzweifelhafte Erkenntnis
	Vorbereitung zur Illumination
	Kognition von Objekten

Um dem Gebrauch des Begriffes Anschauung in der Mathematik und Mathematikdidaktik weiter auf den Grund zu gehen, wurde außerdem das Begriffsverständnis ausgewählter Arbeiten rekonstruiert. In den beiden didaktischen Arbeiten,
die dazu betrachtet wurden, geht es vor allem darum, zu klären, unter welchen
Umständen auch nicht-formale Beweise strenge Beweise sein können. Anschauliche Beweise seien demnach eine Möglichkeit für ebenfalls strenge Argumentationsformen. Bei Wittmann und Müller (1988) stützen sich anschauliche Beweise
auf sinnliche Postulate und bei Blum und Kirsch (1991) auf elementare geometrische Konzepte sowie intuitiv evidente Fakten. Während Wittmann und Müller eher
das generische Moment der Beweise in ihren Beispielen herausheben, geben Blum
und Kirsch Beispiele aus der Analysis, welche mit diagrammatischen Darstellungen wie gezeichneten Funktionsgraphen arbeiten. Die letzteren anschaulichen
Beweise sind deduktiv aufgebaut und umfassen auch syntaktische Aspekte, sodass
Blum und Kirsch entweder ein intellektuelles Anschauungsverständnis haben oder
den anschaulichen Beweis als eine Mischform aus Logik und Anschauung auffassen.

In der wissenschaftstheoretischen Arbeit von Volkert (1986) wird das Anschauungsverständnis deutlich expliziter. Hier wird die Philosophie Kants aufgegriffen

und die reine Anschauung in eine ikonische und symbolische Anschauung weiter ausdifferenziert. Mit der Ikonizität greift Volkert auch die Semiotik auf, die es ermöglicht, dass Anschauungen, die oft als singulär beschriebenen werden, dennoch allgemeine Sätze begründen können.

Nachdem das Begriffsfeld Anschauung unter verschiedenen Perspektiven beleuchtet wurde, sind einige Fragen offengeblieben oder es haben sich verschiedene Auslegungen ergeben, die sich widersprechen. So wird der Anschauung durch die Philosophie typischerweise Eigenschaften wie Unmittelbarkeit, Selbstevidenz, Ganzheitlichkeit und Singularität zugesprochen. Beobachtungen in der Didaktik sprechen aber dafür, dass Veranschaulichungen verschieden interpretiert werden können und daher nicht von Selbstevidenz zeugen. Auch erhebt das semiotische Anschauungsverständnis von Volkert den Anspruch, die Singularität zu überwinden. Andere Fragen betreffen die intellektuelle Beeinflussbarkeit der Anschauung und ob es sinnvoll ist, verschiedene Arten von Anschauung zu unterscheiden.

Schließlich wurde eine Arbeitsdefinition entwickelt:

Definition: Der Begriff „Anschauung" bezeichnet ein kognitives Werkzeug, welches sich auf ikonische Zeichenprozesse oder visuelle Metaphern stützt. Auf dem Kontinuum zwischen formalen und präformalen Denk- und Schreibweisen, ordnet sich die Anschauung tendenziell den letzteren zu.

Um den Begriff der Anschauung von dem der Intuition abzugrenzen, wurde festgesetzt, dass Anschauung an die visuelle Modalität gebunden ist. Doch reicht dies nicht aus, da sonst auch das Betrachten einer Formel bereits als Akt der Anschauung zu verstehen wäre. Daher wurde zusätzlich die Ikonizität gefordert. Durch die räumliche Binnenstruktur der Ikone können Beziehungen dargestellt werden, die zu einer mathematischen Struktur ähnlich sind. Durch den Verweis eines Ikons auf ein allgemeines mathematisches Objekt, werden die Möglichkeiten der Anschauung nicht bereits im Vorhinein aus Gründen der Singularität stark eingeschränkt. Auch die Idee der Metaphern, die Ursprünglich aus der kognitiven Linguistik stammt, wurde aufgegriffen. Metaphern bieten die Möglichkeit, die konzeptionelle Struktur eines vertrauten Bereiches auf einen Neuen zu übertragen. Zum einen bleiben so auch Argumentationsstrukturen erhalten, was gerade für die Mathematik relevant ist, zum anderen ermöglichen Metaphern abstrakte Strukturen auf weniger abstrakte Strukturen und letztendlich auf sensomotorische Erfahrungen zu reduzieren, was eine natürliche Art des Verstehens mit sich bringt.

Anschauung wird in dieser Definition als Gegenpol des Formalismus aufgefasst, wobei die These vertreten wird, dass ein reiner Formalismus in der Praxis der Mathematik eine Illusion ist und auch jede anschauliche Betrachtung bereits syntaktische und logische Anteile hat. Daher wird in der obigen Definition ein Kontinuum zwischen einem formalen und präformalen bzw. syntaktischen und semantischen Pol vorgeschlagen. Die Anschauung ordnet sich dann auf diesem Kontinuum tendenziell der Semantik zu, wie in der hier erneut abgedruckten Abbildung 2.5 als Abbildung 2.33 dargestellt wird.

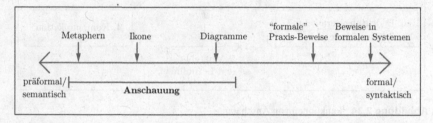

Abbildung 2.33 Anschauung im Kontinuum zwischen präformalen und formalen Mathematiktreiben[105]

Indem die Arbeitsdefinition von Anschauung entwickelt wurde, wurde ein wichtiger Schritt in die Richtung gemacht, den Einsatz von Anschauung in der Hochschullehre zu bewerten. Allerdings hängt die Bewertung von der Art des Einsatzes ab, sodass zunächst geklärt werden musste, welche Funktionen die Anschauung in der Hochschullehre übernehmen kann. Dabei wurden sechs verschiedene Funktionen erarbeitet und der Reihe nach vorgestellt. Eine Übersicht der Funktionen wird durch Abbildung 2.34 gegeben.

Anschauung kann in Beweisen verwendet werden, wobei anschauliche Beweise infolge der geschichtlichen Entwicklung der Mathematik als nicht streng eingestuft werden. So wird an der Anschauung kritisiert, dass sie nicht in der Lage sei, allgemeine Sätze zu begründen und es bestehe die Gefahr, Beweislücken zu übersehen. Speziell für die Analysis gibt es außerdem das Problem, dass die Behandlung der

---

[105] Die Einordnung in dieser Abbildung soll nur eine grobe Orientierung bilden. Tatsächlich kann beispielsweise ein Diagramm in einem konkreten Fall viel näher am semantischen Pol angesiedelt sein, wenn nur wenige Konventionen nötig sind, um es im vorgesehenen Sinn zu interpretieren.

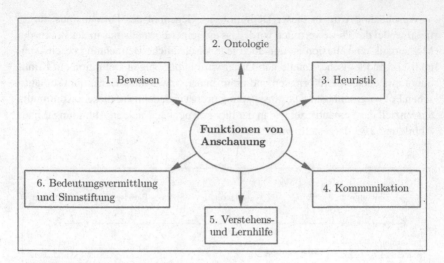

Abbildung 2.34 Funktionen von Anschauung

Unendlichkeit keinen validen anschaulichen Zugang ermöglicht, wie die zahlreichen Grenzwert-Paradoxien zeigen. Zwar gibt es einige Stimmen, die eine Rehabilitation der Anschauung fordern, doch scheinen diese Forderungen noch auf keine größere Zustimmung gestoßen zu sein.

Auch was die Ontologie der Mathematik betrifft scheint es in der Mathematik eine Entwicklung gegeben zu haben, die keinen Platz für Anschauung lässt. Während einst anschauliche Modelle die Existenzgrundlage der mathematischen Objekte waren, werden jetzt Definitionen und Axiome über willkürliche syntaktische Festlegungen angegeben. Doch ein Blick in die tatsächliche Praxis von Mathematikerinnen und Mathematikern zeigt, dass diese neben ihrem formalistischen Handwerk meist auch eine platonistische Auffassung vertreten, also davon ausgehen, dass mathematische Objekte unabhängig von den menschengemachten Definitionen für sich existieren. Solche Mischpositionen scheinen nötig zu sein, um die vielen Nachteile eines reinen Formalismus auszugleichen. Neben anderen Kritikpunkten lässt sich vor allem bemängeln, dass mithilfe des Formalismus nicht erklärt werden kann, warum Mathematik auf die Welt angewendet werden kann und wie man in der Mathematik etwas Neues schaffen kann, obwohl schon alle Wahrheiten implizit in den Axiomen enthalten sind.

Eine Funktion von Anschauung, die große Akzeptanz erfährt, betrifft die Anschauung als Heuristik. Durch anschauliche Betrachtungen können Vermutungen darüber gefunden werden, welche Aussagen wahr sind und wie sich Sätze formal beweisen lassen. Im zweiten Fall kann eine anschauliche Beweisidee mittels eines Repräsentationswechsels in einen formalen Beweis übersetzt werden. Nur wenn der so gewonnene formale Beweis einer Prüfung standhält, gilt der Satz als bewiesen. Durch Anschauung können aber auch weitere Aspekte des *context of discovery* bereichert werden. So stellt diese eine Kontrollinstanz dar, hilft normative Urteile beispielsweise bezüglich Ästhetik und Interesse zu fällen und auch das Erschaffen und Weitergeben gewisser Imaginationsräume ist eine für die Mathematik wichtige Tätigkeit, die sich „hinter den Kulissen" abspielt.

Während für die offizielle Kommunikation die mathematische Symbolsprache und der formale Beweis das Kommunikationsmittel der Wahl sind, spielt Anschauung in der informellen Kommunikation eine große Rolle. Dabei stehen Bilder und Skizzen im Wechselspiel mit Sprechweisen, Gesten und formaler Mathematik. Die anschaulichen Elemente sind dabei oft unvollständig und fehlerhaft, wobei diese Schwächen durch Kontextwissen kompensiert werden. Es findet eine fortwährende Bedeutungskonstituierung durch die Kommunikationsteilnehmer statt. So eine Kommunikation ist nur in einer „face to face"-Situation möglich und hat zum Ziel, die ungeheure Abstraktionslast bei der Beschäftigung mit Mathematik zu reduzieren.

Anschauung kann aber auch als Verstehens- und Lernhilfe eine unterstützende Funktion erfüllen. Dazu wurden zwei Beispiele ausführlicher dargestellt. Zum einen können anschauliche Darstellungen eine mnemotechnische Stütze für die vielen Definitionen und Sätze, die im Rahmen einer Lehrveranstaltung behandelt werden, sein. Lernpsychologische Befunde stützen die These, dass durch die Hinzunahme visueller Repräsentationen die Behaltenswahrscheinlichkeit gegenüber nur sprachlicher Repräsentation steigt. Zum anderen können durch angefertigte oder nur vorgestellte Visualisierungen Beweise besser verstanden werden, indem nicht explizierte Lücken durch anschauliche Betrachtungen ausgefüllt werden. Auch kann Anschauung die Möglichkeit bieten, verschiedenen Lerntypen gerecht zu werden und es lässt sich generell vermuten, dass eine anschauliche Beschäftigung mit Mathematik näher an die psychologische Realität der Mathematiktreibenden kommt. Jedoch kann dies auch zu negativen Effekten führen, wie die Forschung zur Prototypentheorie nahelegt.

Die letzte Funktion der Anschauung, die im Rahmen dieser Arbeit unterschieden wird, handelt von der Bedeutungsvermittlung und Sinnstiftung. Bei dieser Funktion geht es darum, die formale Mathematik mit Semantik anzureichern.

Dazu wurde die Frage diskutiert, ob ein reiner Formalismus bereits Bedeutungen in sich tragen kann. Verschiedene theoretische Ansätze kommen hierbei zu gegensätzlichen Antworten. So sind im Rahmen der Philosophie Wittgensteins die Regeln des Zeichenspiels das, was die Bedeutung ausmacht. Für andere stellt die formale Mathematik etwas Inhaltsleeres dar, das erst durch metaphorische oder andere Handlungen mit Bedeutung versehen wird. Eine andere Frage, die diskutiert wurde, ist die Frage nach dem erklärenden Wert von Beweisen. Formale Beweise lassen keinen Zweifel darüber übrig, dass ein Satz wahr ist, dafür geben sie selten eine gute Antwort darauf, warum der Satz wahr ist. Durch anschauliche Interpretationen formaler Beweise kann dieser erklärende Wert beigesteuert werden. Schließlich wurde die Frage in den Raum gestellt, ob Anschauung allein um der Semantik Willen ein Bildungsziel des Mathematikstudiums sein sollte.

Nachdem die verschiedenen Ziele und Einsatzmöglichkeiten der Anschauung für die Hochschullehre geklärt worden waren, schloss sich im Zwischenfazit eine Bewertung der einzelnen Funktionen an. Dabei stellte sich heraus, dass die Funktion von Anschauung in Beweisen am kritischsten zu sehen ist. Für die anderen Funktionen ließen sich gute Argumente finden, wobei es immer zu beachten gilt, dass in der Lehre deutlich werden muss, welche Funktion eine anschauliche Betrachtung übernehmen soll. So muss beispielsweise Anschauung in der Heuristik so kenntlich gemacht werden, dass Studierende diese Methode nicht mit den Beweisen selbst vermischen. Neben entsprechenden sprachlichen Hinweisen ist eine explizite Thematisierung der Normen und informellen Arbeitsweisen der Mathematik hilfreich. Auch sollten die Grenzen der Anschauung an geeigneten Beispielen aufgezeigt und reflektiert werden. Nicht zuletzt sollte die anschauliche mit der formalen Ebene vernetzt werden. Am Schluss der Bewertung sprach sich der Autor dieser Arbeit für Anschauung als Bildungsziel des Mathematikstudiums aus.

Gestaltung interaktiver dynamischer Visualisierungen

3

Nachdem theoretisch geklärt wurde, unter welchen Bedingungen und mit welchen Zielen Anschauung in die Hochschullehre integriert werden kann, wird nun eine konkrete Möglichkeit, dies zu tun, vorgestellt. Mithilfe dynamischer Geometriesoftware können interaktive dynamische Visualisierungen erstellt werden, die begleitend zum traditionellen Vorlesungsbetrieb digital bereitgestellt werden können. In diesem Kapitel werden diese Maßnahme zur Abmilderung der Übergangsproblematik in der Studieneingangsphase vorgestellt und Gestaltungsprinzipien entwickelt.

Was genau unter interaktiven dynamischen Visualisierungen zu verstehen ist, wird im Laufe dieses Kapitels, vor allem durch das vorgestellte Beispiel, ersichtlich werden. Um die bis dahin behandelte Theorie richtig einordnen zu können, reicht es aus, zu wissen, dass diese Lernumgebungen multimedial sind, also sowohl textliche als auch grafische Elemente beinhalten. Eine Besonderheit der diagrammatischen Grafiken besteht darin, dass diese durch Benutzereingaben variiert werden können. So entsteht der Eindruck eines bewegten Bildes, was den dynamischen Charakter der Visualisierungen ausmacht. Da der Lernende Einfluss auf diese Bewegungen hat, spricht man außerdem von *interaktiven* Visualisierungen. Auch wenn es im Folgenden um die Gestaltung der gesamten Lernumgebung, in der die interaktive dynamische Visualisierung eingebunden ist, geht, ist im Sinne eines *pars pro toto* meist nur von den interaktiven dynamischen Visualisierungen die Rede.

Interaktive dynamische Visualisierungen stellen nur eine von vielen Möglichkeiten dar, anschauliche Aspekte der Mathematik zu vermitteln und es ist nicht zu erwarten, dass ein spezielles Angebot allein alle möglichen Funktionen der Anschauung im vollen Maße umfassen kann. Es ist also richtig und wichtig auch

W. Wilzek, *Zum Potenzial von Anschauung in der mathematischen Hochschullehre*, Essener Beiträge zur Mathematikdidaktik, https://doi.org/10.1007/978-3-658-35361-2_3

weitere anschauliche Maßnahmen zu entwickeln und zu erproben. Die Überlegungen des zweiten Kapitels können daher auch für die Gestaltung anderer
anschaulicher Lehrformate herangezogen werden.

Der Autor dieser Arbeit hat aufbauend auf die Idee der Visualisierungen
im Projekt „Mathematik besser verstehen" (Ableitinger & Herrmann, 2014,
S. 334–336) im Rahmen seiner Beschäftigung an der Universität Duisburg-Essen
über mehrere Semester hinweg, interaktive dynamische Visualisierungen für die
Analysis-Vorlesungen konzipiert. Eine Befragung innerhalb des Projektes „Mathematik besser verstehen" hat ergeben, dass 92 % der Studierenden die Visualisierungen als hilfreich oder sehr hilfreich empfanden (ebd., S. 336). Diese positive
Resonanz war einer der Gründe, die Idee dieser Lehrform weiterzuverfolgen.

Die Designempfehlungen, die in diesem Kapitel entwickelt werden, beruhen daher auch auf reflektierten Praxiserfahrungen, die durch Feedback der
Dozentinnen und Dozenten, Kolleginnen und Kollegen aus der Mathematikdidaktik und auch von den Studierenden, die mit den Visualisierungen gelernt
haben, ermöglicht wurden. Doch sind es vor allem die im vorherigen Kapitel ausführlich geschilderten Grundsatzüberlegungen zur Anschauung, die bei
der Entwicklung der Visualisierungen eine Rolle gespielt haben. Zusätzlich zu
diesen theoretischen und praktischen Grundlagen, wurden auch Erkenntnisse
der Instruktionspsychologie und der Mediendidaktik berücksichtigt, die neben
weiteren mathematikdidaktischen Betrachtungen den Theorieteil dieses Kapitels
ausmachen.

Schon seit längerer Zeit gibt es Vorschläge, wie zentrale Begriffe der Analysis mit digitalen Hilfsmitteln veranschaulicht werden können. So lassen sich bei
Tall (1995) Ideen finden, wie mithilfe von Funktionsplottern Stetigkeit, Differenzierbarkeit, Integration und die Beziehung zwischen diesen Begriffen dargestellt
werden kann. Wie vielfältig die Möglichkeiten der computerunterstützen Veranschaulichung sind, zeigt die folgende Liste von Begriffen, Sätzen, Beweisen und
Verfahren der Analysis 1 und 2 zu denen der Autor dieser Arbeit Visualisierungen
entwickelt hat:

Folgenkonvergenz in $\mathbb{R}$, Cauchy-Folgen in $\mathbb{R}$, Satz von Bolzano-Weierstraß,
Komplexe Zahlen, Potenzreihen (mit dem Beispiel der Exponentialfunktion),
Grenzwerte von Funktionen (über Epsilontik), Grenzwerte von Funktionen (über
Folgen), Stetigkeit (über Epsilontik), Stetigkeit (über Folgen), gleichmäßige
Stetigkeit, Lipschitz-Stetigkeit, punktweise und gleichmäßige Konvergenz von
Funktionenfolgen, Differenzierbarkeit in $\mathbb{R}$ (über Tangentensteigung), Differen-
zierbarkeit in $\mathbb{R}$ (über den Aspekt der lokalen Linearisierung), Ableitung der
Umkehrfunktion, Mittelwertsatz der Differentialrechnung, Konvexität, Satz von

Taylor, Riemann-Integral, Mittelwertsatz der Integralrechnung, Niveaumengen, p-Normen, Folgenkonvergenz im $\mathbb{R}^n$, Stetigkeit im $\mathbb{R}^n$ (über Epsilontik), Stetigkeit im $\mathbb{R}^n$ (über Folgen), Stetigkeit von Abbildungen zwischen metrischen Räumen, Banachscher Fixpunktsatz, Fundamentalsatz der Algebra, partielle und Richtungsableitungen, totale Ableitung, lineare Regression, gewöhnliche Differentialgleichung, System gewöhnlicher Differentialgleichungen, Satz über implizite Funktionen, Riemann-Integrale im $\mathbb{R}^n$, Berechnung von Doppelintegralen.

Neben der Intention das Konzept der interaktiven dynamischen Visualisierungen vorzustellen, besteht das Hauptziel dieses Kapitels in der Beantwortung der folgenden Forschungsfrage: Welche Gestaltungsprinzipien können für interaktive dynamische Visualisierungen, die einen reflektierten Umgang mit Anschauung ermöglichen, formuliert werden?

Um die Forschungsfrage zu beantworten, wird die bisherige Theorie des zweiten Kapitels, die stark wissenschaftstheoretisch orientiert ist, um weitere Aspekte ergänzt. Dazu werden zunächst grundlegende Konzepte der Instruktionspsychologie und Mediendidaktik vorgestellt, um im nächsten Schritt von Studien zu berichten, die auf diese Grundlagen aufbauend Visualisierungen zum Untersuchungsgegenstand haben. Anschließend wird von ausgewählten mathematikdidaktischen Arbeiten berichtet, die sich thematisch mit digitalen Medien auseinandersetzen. Nach diesen drei theoretischen Unterkapiteln wird die Forschungsfrage durch eine Zusammenstellung von Gestaltungsprinzipien beantwortet. Zum Abschluss wird exemplarisch eine interaktive dynamische Visualisierung vorgestellt und einige der Designprinzipien werden daran erläutert.

3.1 Grundlagen der Instruktionspsychologie und Mediendidaktik

Um das Lernen mit multimedialen Lernumgebungen besser verstehen zu können, sind psychologische Konzepte nötig, die mit dem Gedächtnis, der Informationsverarbeitung und der Wahrnehmung zusammenhängen. Eine vielzitierte Theorie dazu ist die *Cognitive Load Theory*, die im ersten Unterkapitel vorgestellt wird. Die Relevanz dieser Theorie für diese Arbeit zeigt sich vor allem darin, dass es möglich ist, direkte Gestaltungsprinzipien aus ihr abzuleiten. Einige dieser Prinzipien werden im anschließenden Unterkapitel dargestellt und auch die Grenzen der Anwendbarkeit dieser Prinzipien thematisiert. Das Kapitel zu den instruktionspsychologischen Grundlagen schließt mit einer Erläuterung zur Interaktivität, da diese ein zentrales Element der hier vorgeschlagenen anschaulichen Lernumgebung ausmacht.

3.1.1 Die Cognitive Load Theory

Die *Cognitive Load Theory* ist eine wichtige Grundlage für die Gestaltung von Lehrmaterialen, da diese Theorie einen Zusammenhang zwischen den Strukturen der menschlichen Kognition und möglichen Designprinzipien für Lehrarrangements herstellt (Sweller, 2005, S. 19). Die Theorie wurde in den späten 80er Jahren von John Sweller aufgestellt, genießt eine große Akzeptanz, wenn es um die Anwendung im Instruktionsdesign geht (Rey, 2011, S. 16) und gilt durch eine Fülle von Befunden als empirisch abgesichert (ebd.). Der Kern der *Cognitive Load Theory* besteht darin, die Grenzen und Möglichkeiten der menschlichen Informationsverarbeitung zu modellieren. Dabei werden andere Forschungsergebnisse und Theorien aus der Gedächtnisforschung miteinbezogen (Bay, Thiede und Wirtz, 2016, S. 123–127).

Im Rahmen der Theorie wird angenommen, dass ein sogenanntes Langzeit- und Arbeitsgedächtnis existieren. Während das Langzeitgedächtnis nachgewiesener Weise eine sehr große Kapazität aufweist (Sweller, 2005, S. 20), stellte George A. Miller bereits im Jahre 1956 fest, dass das Arbeitsgedächtnis etwa sieben Informationen gleichzeitig speichern kann, wobei nur zwei bis vier der Speicherplätze bearbeitet werden können (ebd., S. 21). Abgesehen von dieser stark begrenzten Kapazität, sind die Informationen im Arbeitsgedächtnis auch sehr flüchtig. So können diese ohne bewussten Lernvorgang nicht länger als 20 Sekunden behalten werden (ebd., S. 22). Im Arbeitsgedächtnis findet aber die eigentliche Verarbeitung von Informationen statt, sodass die Beschränkung dieses Gedächtnisses eine große Lernbarriere zu sein scheint. Da aber in einem Problemlöseprozess die einzelnen Informationen experimentell miteinander kombiniert werden müssen, sorgt die kleine Kapazität des Arbeitsgedächtnisses dafür, dass die Kombinationsmöglichkeiten in einem praktikablen Bereich liegen (ebd., S. 22–23).

Die wichtigste Folgerung aus der *Cognitive Load Theory* besteht darin, dass bei der Gestaltung von Lernmaterialien berücksichtigt werden muss, dass die Anzahl der Informationen, die gleichzeitig verarbeitet werden können, eher gering ist. Eine kognitive Überlastung soll daher vermieden werden. Doch stellt sich dabei die Frage, wie groß ein Platz des Arbeitsgedächtnisses ist. Ist das Arbeitsgedächtnis bereits durch die Information einer siebenstelligen Zahl vollständig belegt oder benötigt diese Information nur einen Platz im Arbeitsgedächtnis? Miller konnte feststellen, dass es möglich ist, mehrere Informationen zu einer einzigen zusammenzufassen, sodass die Kapazitäten des Arbeitsgedächtnisses geschont werden. Dieses Prinzip wird unter der Bezeichnung *chunking* beschrieben (Sweller, 2005, S. 24). Kann man beispielsweise ein System in einer siebenstelligen Zahl wie

1357911 finden, so belegt diese Zahl weniger Plätze des Arbeitsgedächtnisses. Ähnliche Prinzipien wie das des *chunkings*, sind in der psychologischen Literatur mit den Bezeichnungen *frames*, *scripts* und *schemata* zu finden (Rey, 2011, S. 18–19).

Eine weitere Möglichkeit, die Grenzen des Arbeitsgedächtnisses zu erweitern, besteht darin, Informationen in verschiedenen Modalitäten aufzunehmen. Eines der einflussreichsten Modelle für das Arbeitsgedächtnis stammt von Alan D. Baddeley. Das Modell geht von einem visuellen und auditiven Register sowie einer zentralen Exekutive aus, die diese beiden Register koordiniert. Auch wenn sich die Existenz der Exekutive empirisch nicht so deutlich nachweisen lässt, ist für das Vorhandensein der beiden Subsysteme überzeugende Evidenz vorhanden. Diese Zweiteilung erklärt den Befund, dass es doch möglich ist, mehr als sieben Informationen im Arbeitsgedächtnis zu speichern, wenn diese nicht ausschließlich visuell oder ausschließlich auditiv sind. Anders als das Modell suggeriert ist es aber nicht möglich, bis zu 14 Plätze im Arbeitsgedächtnis zu füllen (Sweller, 2005, S. 23).[1]

Der Grad der kognitiven Belastung lässt sich an der Anzahl der nötigen Speicherplätze des Arbeitsgedächtnisses messen. Daraus resultiert für jegliche Art von Instruktionsdesign die allgemeine Designempfehlung „less is more" (Rey, 2011, S. 37–38). Doch werden auch verschiedene Arten der kognitiven Belastung unterschieden, wodurch sich ein differenzierteres Bild als allein durch die obige Designempfehlung ergibt (vgl. z. B. Bay, Thiede und Wirtz, 2016, S. 127–128):

- Unter *intrinsic load* versteht man die kognitive Belastung, die minimal nötig ist, um das Lernziel zu erreichen. Diese hängt zum einen vom Lerngegenstand ab, da komplexere Sachverhalte beim Erlernen auch größere kognitive Ressourcen benötigen. Aber auch das Vorwissen der Lernenden ist entscheidend. Liegt zwar ein komplexer Lerngegenstand vor, dieser ist aber nur eine minimale Erweiterung eines bereits gutverstandenen Lerngegenstands, so ist weniger kognitive Belastung notwendig, diesen zu verarbeiten, da bereits passende Schemata vorhanden sind. Der *intrinsic load* kann nicht reduziert werden, da sonst relevante Informationen abhandenkommen.
- Der *extreanous load* bezeichnet hingegen, die kognitive Belastung, die nicht notwendigerweise aufgenommen werden muss, um das Lernziel zu erreichen. Diese hängt allein vom Instruktionsdesign ab. Durch redundante Informationen

---

[1] Auf das Modell des Arbeitsgedächtnisses nach Baddeley beruht auch die *Dualcoding Theory* auf die in Abschnitt 2.2.5 eingegangen wurde.

können beispielsweise unnötige Plätze des Arbeitsgedächtnisses belegt werden. Diese kognitive Belastung ist ausschließlich hinderlich und muss daher möglichst vollständig vermieden werden.

- Es gibt aber auch Informationen, die nicht direkt zum Lerngegenstand gehören und dennoch keine unnötige Belastung, sondern sogar eine Lernunterstützung darstellen können. Solche Informationen werden als *germane ressources* bezeichnet. Solche hilfreichen Zusatzinformationen können etwa Beispiele sein, da diese die Schemakonstruktion unterstützen (Sweller, 2005, S. 27).

Während *intrinsic load* hingenommen werden muss und *extreanous load* reduziert werden sollte, sollten *germane ressources* zur Verfügung gestellt werden. Im Rahmen des Modells geht man davon aus, dass die drei Arten kognitiver Belastung additiv sind. Ist der Lerngegenstand ein besonders einfacher, können auch schlecht designte Lernumgebungen effektiv sein. Erst bei hinreichend komplexen Inhalten, kommt es auf eine genaue Abwägung des Instruktionsdesign an (Sweller, 2005, S. 27–28). Die Grundzüge der Cognitive Load Theory werden in Abbildung 3.1 wiedergegeben.

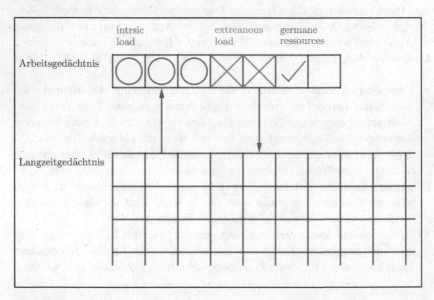

Abbildung 3.1 Die Cognitive Load Theory

3.1.2 Allgemeine Gestaltungsprinzipien der Mediendidaktik

Die aktuell vorherrschende Auffassung über die Art und Weise wie Lernen funktioniert ist der Konstruktivismus, wobei ältere Ansätze wie das behavioristische Reiz-Reaktionslernen für gewisse Anwendungen immer noch Relevanz haben. Auch in der Diskussion um neue Medien wird davon ausgegangen, dass Lernende aufbauend auf ihrem individuellen Vorwissen den zu lernenden Stoff aktiv selbst konstruieren müssen. Entsprechend müssen die digitalen Lernumgebungen so gestaltet werden, dass Lernende ihren Lernprozess in Eigenverantwortung verwalten können. Auch sollte das Lernmaterial zu einer aktiven Auseinandersetzung und zur Reflexion anregen (Zumbach, 2010, S. 18–19).

Neben diesen allgemeinen Gestaltungsprinzipien, die sich aus einer konstruktivistischen Lernauffassung ergeben, gibt es aufbauend auf die kognitionspsychologischen Erkenntnisse auch Empfehlungen für das konkrete Instruktionsdesign. In der Diskussion hat sich mittlerweile ein Kanon von sogenannten Effekten oder Prinzipien ergeben, von denen hier nur die relevantesten benannt werden können. Zwischen den Begriffen „Effekt" und „Prinzip" ist keine Unterscheidung nötig, da sich aus jedem Effekt unmittelbar ein Gestaltungsprinzip ergibt:

Die ersten beiden Effekte, die hier vorgestellt werden, sind der **Multimedia-** und der **Modalitätseffekt**. Es wurde bereits darauf hingewiesen, dass die Kombination sprachlicher und bildlicher Repräsentationen einen Vorteil für das Behalten der Informationen hat. Diese Beobachtung entspricht dem Multimedia-Prinzip (Höffler, 2007, S. 15). Darüber hinaus ist die Kombination von Bild und gesprochenem Wort besser als die Kombination von Bild und geschriebenem Wort, was sich durch Baddeleys Modell des Arbeitsgedächtnisses gut erklären lässt, da auch das geschriebene Wort im visuellen Subsystem verarbeitet werden muss (Zumbach, 2010, S. 81).[2] Der Modalitätseffekt besagt also, dass die Kombination verschiedener Modalitäten zu einem besseren Erinnern führt, was in Lernumgebungen berücksichtigt werden kann.

Die beiden Effekte lassen sich gut mit dem Computer hervorrufen, da es mit diesem besonders leicht ist, Lernumgebungen zu gestalten, bei denen verschiedene Darstellungen integriert werden können. Die Wortbedeutung von Multimedia kann aber irreführend sein. Da dieser Begriff manchmal für die Verwendung mehrerer Modalitäten, aber auch für das Arbeiten mit dem Computer stehen kann (Zumbach, 2010, S. 70–71), wird hier wegen des unklaren Begriffsgebrauchs, der

---

[2] Das steht allerdings im Widerspruch dazu, dass in der *Dualcoding-Theory* keine Unterscheidung zwischen geschriebenen und gesprochenen sprachlichen Repräsentationen gemacht wird.

auch zu Überschneidungen zwischen Multimedia- und Modalitätseffekt führen kann, vor allem der Modalitätseffekt beschrieben.

Der Modalitäts-Effekt zeigt sich nur dann, wenn der *intrinsic load* relativ hoch ist, da die Verwendung verschiedener Modalitäten Ressourcen schont, aber nicht notwendig ist, wenn sowieso genügend Plätze im Arbeitsgedächtnis zur Verfügung stehen. Da der *intrinsic load* durch *chunking* reduziert werden kann, zeigt sich der Modalitätseffekt vor allem bei niedrigem Vorwissen, weil dann kein *chunking* möglich ist. Weitere Faktoren wie die Teilung der Aufmerksamkeit (siehe *Split-Attention*-Effekt) und das Präsentieren redundanter Informationen (siehe Redundanz-Effekt) können den Modalitäts-Effekt begünstigen oder hemmen (ebd., S. 81–82).

Der *Split-Attention*-**Effekt** tritt auf, wenn verschiedene Informationen, die für die Bearbeitung der Lernumgebung aufeinander bezogen werden müssen, räumlich oder zeitlich voneinander getrennt sind. Dadurch, dass der Lernende seinen Aufmerksamkeitsfokus zwischen den Informationen (unter Umständen mehrfach) wechseln muss, liegt eine erhöhte kognitive Belastung vor, die durch ein gebündeltes Instruktionsdesign reduziert werden kann. Der *Split-Attention*-Effekt kann unterschiedlich stark ausgeprägt sein. Bereits bei einer Darstellung von Fließtext, der durch Abbildungen unterbrochen wird, muss die Aufmerksamkeit gelegentlich verlagert werden. Abhilfe können sogenannte integrierte Darstellungen leisten, bei denen die Erläuterung nicht etwa durch eine Legende oder einem Fließtext, sondern durch Beschriftungen direkt neben den zu erklärenden Elementen in der Abbildung selbst erfolgt. Doch ist der *Split-Attention*-Effekt in vielen Fällen erst bei einer größeren räumlichen oder zeitlichen Distanz der Informationen relevant (ebd., S. 82–83). Der Modalitätseffekt basiert sogar auf einer Aufteilung der Informationen, sodass der *Split-Attention*-Effekt in gewissen Konstellationen sogar positiv wirken kann.

Werden in einer Lernumgebung einige der Informationen mehrfach, aber in unterschiedlichen Modalitäten repräsentiert, so kann es zum **Redundanzeffekt** kommen. Da durch die mehrfachvorkommenden gleichen Informationen auch die Plätze des Arbeitsgedächtnisses unnötigerweise mehrfach belegt werden, zeigt sich dieser Effekt in einer verminderten Lernleistung. Untersucht wurde dieser Effekt zum Beispiel an einer Lernumgebung, in der ein abgebildeter Text auch vorgelesen wurde oder an einer Lernumgebung, in der im Text Informationen enthalten waren, die bereits aus einem zugehörigen Diagramm entnommen werden konnten. In beiden Fällen wurde durch die Redundanz die Lernleistung gegenüber den nicht redundanten Lernmaterialien verringert. Doch kommt es auch bei diesem Effekt auf das Vorwissen der Lernenden an, denn bei geringem Vorwissen machen beispielsweise die Hinweise in der einen Modalität erst die Dekodierung der anderen Modalität möglich (ebd., S. 84).

Auf dem ersten Blick erscheint die Aussage des Redundanzeffekts widersprüchlich, da die Wiederholung von Informationen bekanntermaßen das Lernen unterstützt. Dies wäre auch der Fall, wenn die Informationen in der gleichen Modalität repräsentiert wären. Doch dadurch, dass der Novize die Wiederholung nicht als solche erkennt, wirkt sie nicht lernförderlich, sondern belastet kognitiv. Bei Lernenden mit höherem Vorwissen kann die Redundanz aber aufgedeckt werden, sodass dies eine Begründung dafür liefert, warum der Redundanz Effekt vor allem bei niedrigem Vorwissen anzutreffen ist (Höffler, 2007, S. 15–16). Dies widerspricht der Aussage des vorherigen Absatzes, der zufolge Lernende mit niedrigem Vorwissen von der Redundanz profitieren, da sie so erst Informationen dekodieren können. An diesem Beispiel sieht man, dass es keine einfachen Regeln für die Vorhersage des Lernerfolgs und damit auch nicht für das Instruktionsdesign gibt.

Die Tatsache, dass sich einige Effekte wie der Redundanzeffekt je nach Stand des Vorwissens positiv oder negativ auswirken können, wird durch den *Expertise-Reversal*-Effekt beschrieben. Neben der Umkehrung des Redundanzeffekt gibt es auch Studien, die zeigen, dass die Wirkung des *Split-Attention*- und des Modalitätseffekts ins Gegenteil umgekehrt werden können. Während die räumliche oder zeitliche Trennung von Informationen bei Experten sogar einen Vorteil bieten kann, wird die Wirkung des Modalitätseffekts bei fortgeschrittenen Lernenden neutralisiert (Zumbach, 2007, S. 84).

Durch die hier beschriebenen Effekte zeigt sich, dass die *Cognitve Load Theory* in der Tat geeignet ist, konkrete Empfehlungen für die Gestaltung von (digitalen) Lernumgebungen zu geben. Obwohl diese Effekte durch eine große Bandbreite an Forschung empirisch abgesichert sind, zeigt sich auch, dass verschiedene Effekte im Konflikt zueinanderstehen und es mehrere Einflussfaktoren gibt, sodass die Gestaltung von Lernmaterialien weiterhin eine anspruchsvolle Aufgabe ist, bei der es verschiedene Wahlmöglichkeiten abzuwägen gilt. Auch weist Günter Daniel Rey (2011) darauf hin, dass durch die starke Fokussierung auf die kognitiven Verarbeitungsprozesse andere Aspekte wie die motivationale Seite von Lernmaterialien aus den Augen verloren gehen (ebd., S. 37–38). Zur besseren Übersicht sind die hier beschriebenen Effekte in Tabelle 3.1 zusammengefasst.

Tabelle 3.1　Zusammenfassung der allgemeinen Gestaltungsprinzipien der Mediendidaktik

Effekt und daraus resultierendes Prinzip	Beschreibung
Multimedia und Modalität	Verwendung von verschiedenen Modalitäten verbessert Lernerfolg
Split-Attention	Trennung von Informationen verschlechtert Lernerfolgt
Redundanz	Wiederholung von Informationen in verschiedenen Modalitäten verschlechtert Lernerfolg
Expertise-Reversal	Umkehrung der Wirkung anderer Effekte je nach Vorwissenstand

3.1.3　Interaktivität

Ein Unterschied zwischen digitalen Medien und Printmedien besteht darin, dass durch den Einsatz von Computern ein erhöhtes Maß an Interaktivität möglich ist. Diese Formulierung deutet bereits an, dass Interaktivität in den meisten Theorien nicht als dichotome, sondern als graduelle Eigenschaft aufgefasst wird. In diesem Kapitel werden daher Taxonomien zur Abstufung der Interaktivität vorgestellt und Erkenntnisse über die Auswirkung von Interaktivität auf den Lernprozess zusammengetragen.

3.1.3.1　Definitions- und Beschreibungsversuche

Interaktivität und Interaktion sind verwandte Wörter, die im englischen Sprachgebrauch zusammenfallen. Während im Deutschen der Begriff der Interaktion eher die „wechselseitige Einflussnahme" zwischen Menschen beschreibt, geht der Begriff der Interaktivität auf die Wechselwirkungen zwischen Mensch und Artefakt ein. Digitale Lernumgebungen können solche Artefakte darstellen (Zumbach, 2010, S. 45). Während für das Lernen mit digitalen Lernmaterialen auch der Austausch zwischen den Lernenden wichtig sein kann, soll es im Folgenden nur um die gegenseitige Beeinflussung von Mensch und Lernmaterial gehen, da das Forschungsinteresse dieser Arbeit die Gestaltung von Lernumgebungen an sich und nicht die sich daraus ergebenden sozialen Lernformen betrifft.

So wie „Interaktion" oben definiert wurde, findet sie statt oder nicht. Fasst man aber die Möglichkeiten, die ein Lernmedium zur wechselseitigen Einflussnahme potenziell bietet, als Interaktivität auf, so wird Interaktivität zu einer Eigenschaft des Lernmaterials (ebd., S. 46). Da die einzelnen Handlungen, die mit dem Lernmaterial möglich sind, verschiedener Art sein können, gibt es mehrere Ansätze, diese Handlungsmöglichkeiten zu klassifizieren. Dabei gibt es Unterscheidungen wie die von Metzger und Schulmeister (2004, S. 269), die die technische Seite fokussieren. Hier wird unterschieden, ob Interaktion mit der Hardware, der Benutzerschnittstelle des Betriebssystems, der Benutzerschnittstelle der Software oder innerhalb des Lernprogramms stattfindet. Andere Unterteilungen wie die von Strzebkowski und Kleeberg (2002) gehen stärker auf die Qualität der Handlungen ein, indem sie in einem ersten Schritt zwischen Steuerungsinteraktionen und didaktischen Interaktionen unterscheiden. Zu ersten gehören unter anderem die Auswahl des eigenen Lernpfades durch Navigationsmöglichkeiten und das Wechseln von Repräsentationsmodi. Unter die didaktischen Interaktionen fallen Handlungen wie die Beeinflussung von interaktiven Animationen, die Eingabe von Daten und die Bereitstellung eines adaptiven Feedbacks (ebd., S. 232–233).

Bei der zuletzt beschriebenen Klassifikation der Interaktivität stellt sich die Frage, ob es sinnvoll ist, von verschieden starker Ausprägung der Interaktivität zu sprechen. Das würde bedeuten, dass verschiedene Handlungsmöglichkeiten auch die Interaktivität unterschiedlich stark hochsetzen. Zum Beispiel kann man intuitiv annehmen, dass das bloße Navigieren durch eine Lernumgebung ein geringeres Maß an Interaktivität als die Bearbeitung der enthaltenen Informationen mit sich bringt. Dieser graduelle Charakter der Interaktivität zeigt sich in einer Taxonomie von Interaktionsniveaus, die von Metzger und Schulmeister stammt. Ihre Taxonomie geht von sechs Stufen aus (siehe Tab. 3.2):

Stufe	Interaktionsniveau
1	Betrachtung des Lernobjekts
2	Verändern des Repräsentationsmodus
3	Bearbeitung der Inhalte
4	Kombination von Stufe 2 und 3
5	Konstruktion eigener Lernobjekte
6	Erhalten von Feedback

Tabelle 3.2 Interaktionsniveaus nach Metzger & Schulmeister (2004, S. 270)

Auch in der Mathematikdidaktik gibt es Versuche, die Ausprägung gewisser Eigenschaften von digitalen Lernumgebungen zu beschreiben. Die *openness scale* wurde von Michal Yerushalmy (2005, S. 220–225) entwickelt und kann ebenfalls als eine Taxonomie verstanden werden, die den Grad an möglicher Interaktion zu beschreiben versucht. Sie geht von vier Stufen aus. Auf der ersten Stufe kann die oder der Lernende lediglich kontrollieren, wann welche Teile der Lernumgebung sichtbar sind. In der zweiten Stufe ist es möglich, Pseudo-Beispiele zu generieren.

Mit dem Präfix „Pseudo" wird angedeutet, dass die Beispiele nicht völlig frei, sondern nach festgelegten Parametern von der Software generiert werden. Die Bedienerin oder der Bediener kann beispielsweise auf eine Schaltfläche klicken und es wird ein neues Beispiel generiert, ohne dass man Einfluss auf die Wahl dieses Beispiels hat. Die dritte Stufe beinhaltet die Möglichkeit, ein Beispiel systematisch zu variieren, indem etwa ein Parameter einer Funktionenschar verändert werden kann. Auf der letzten Stufe ist es dann möglich, völlig frei Beispiele zu generieren, wie es beispielsweise bei einem Funktionenplotter möglich ist. Diese Klassifizierung konzentriert sich auf die Wahlfreiheit der Beispiele, ohne andere Aspekte wie Repräsentationswechsel oder Feedback zu berücksichtigen.

Jörg Zumbach (2010, S. 46–51) nennt noch weitere Ansätze wie Interaktivität beschrieben werden kann. In dieser Arbeit soll keinem dieser Beschreibungsversuche den Vorzug gegeben werden, da im weiteren Verlauf keine Quantifizierung oder Klassifizierung von Interaktivität stattfindet. Es sollte lediglich dargestellt werden, dass Interaktivität als Eigenschaft von Lernumgebungen mit graduellem Charakter aufgefasst werden kann.

3.1.3.2 Auswirkung von Interaktivität auf den Lernprozess

Auf den ersten Blick scheint Interaktivität als Eigenschaft von Lernumgebungen eine anzustrebende Eigenschaft zu sein, da durch sie eine Aktivierung der Lernenden und eine Individualisierung des Lernprozesses möglich ist, was einer konstruktivistischen Lernauffassung nach anzustrebende Ziele sind (Zumbach, 2010, S. 52). Außerdem wird durch eine Erhöhung der Interaktivität auch eine positive Auswirkung auf die Motivation angenommen, da sich Lernende Entscheidungsfreiheiten wünschen und die Arbeit mit einer interaktiven Lernumgebung herausfordernder sein kann als eine bloße lineare Vermittlung des Inhalts (ebd., S. 53–54). Rey (2011, S. 14–15) zitiert außerdem eine Reihe von Studien, die darauf hinweisen, dass Interaktivität lernförderlich wirkt.

Doch Zumbach weist auch darauf hin, dass es schwierig sei, die Auswirkung von Interaktivität auf die Kognition pauschal vorherzusagen, da diese Wirkung von vielen Faktoren wie dem Vorwissen oder dem Lernstil der Lernenden abhänge (Zumbach, 2011, S. 55–56). Neben den Vorteilen der Interaktivität gibt er auch zu bedenken, dass ein zu hohes Maß an Interaktivität sogar eine Verschlechterung des Lernprozesses bedeute, da es zu einer kognitiven Überlastung des Arbeitsgedächtnisses komme. Dies ist vor allem dann der Fall, wenn wenig Vorwissen vorhanden ist (ebd., S. 56–57).

Es kommt also auf das richtige Maß an Interaktivität an. Dabei ist ein gewisses Mindestmaß an Interaktivität, dass den Lernenden gestattet, das Tempo bei der Bearbeitung der Lernumgebung vorzugeben, grundsätzlich positiv zu bewerten. Dieses sogenannte *self-pacing* sorgt dafür, dass das mentale Modell adäquat ausgebaut wird und so vor allem tieferes Verständnis besser ausgeprägt wird (Höffler, 2007, S. 110). Aus der Beobachtung, dass *self-pacing* lernförderlich ist, lässt sich auch ein Prinzip für das Design von Lernumgebungen ableiten. Gemäß dem sogenannten Segmentierungs- bzw. Interaktivitätsprinzip sollten daher längere Animationen, in kleine Teilanimationen aufgeteilt werden, die durch das Betätigen einer Weitertaste durch die Benutzerin oder den Benutzer im eigenen Lerntempo weitergeschaltet werden können (Rey, 2011, S. 48–49). Neben einer „Weiter"-Funktion können auch andere minimale Interaktionsmöglichkeiten wie eine „Wiederholen"-Funktionen, den Lernprozess verbessern. Bereits diese niedrigen Interaktionsniveaus, die auch mit einem analoger Videorekorder erreicht werden könnten, können schon ausreichen, um Verbesserungen des Lerneffekts zu erzielen (Höffler, 2007, S. 18–20).

Speziell für das Arbeiten mit interaktiven Animationen ist die richtige Auseinandersetzung mit diesen entscheidend. So ist es beispielsweise beim Simulationslernen so, dass das zugrundeliegende Modell einer solchen Lernumgebungen nur dann erschlossen werden kann, wenn Hypothesen aufgestellt und anhand der Lernumgebung getestet werden. Verbleibt die Beschäftigung mit dem Lernmaterial aber auf einem vergleichsweisen oberflächlichen Niveau, bleibt der Lernerfolg aus (Zumbach, 2010, S. 56–57). Gerade bei interaktiven Visualisierungen wird die Gefahr der oberflächlichen Auseinandersetzung gesehen. So vermutet Rey, dass interaktive Animationen zu einer geringeren Anstrengungsbereitschaft führen (Rey, 2011, S. 15). Dabei stützt sich Rey auf eine Studie, in der gezeigt werden konnte, dass beim Lernmedium des Fernsehens im Vergleich zu gedrucktem Lernmaterial, tatsächlich eine unterschiedliche Anstrengungsbereitschaft vorlag (Salomon, 1984). Auch wenn das Medium des Fernsehens eher wenig Interaktivität aufweist, ist es denkbar, dass sich der beobachtete Effekt auf interaktive Animationen übertragen lässt oder dort sogar stärker vorliegt, da die oberflächliche Auseinandersetzung mit dem Lernmaterial mit der Einschätzung der Effizienz seitens der Lernenden zusammenhängen könnte. Da interaktive Visualisierungen erst durch technologischen Fortschritt möglich sind, könnten auch diese als besonders effizientes Lernmedium eingeschätzt werden.

Als Fazit lässt sich daher festhalten, dass Interaktivität aus lernpsychologischer Sicht grundsätzlich einen positiven Effekt auf den Lernprozess hat. Es gilt aber zu beachten, dass der Grad an Interaktivität angemessen ist und es müssen gegebenenfalls Vorkehrungen getroffen werden, die einer oberflächlichen Beschäftigung mit den Lernmaterialien entgegenwirken.

3.2 Instruktionspsychologische Studien zu Visualisierungen

Um Aspekte der Anschauung vermitteln zu können, bedarf es visueller Repräsentationsformen. Für eine Lernumgebung, die anschauliche Aspekte beinhaltet, stehen verschiedene Möglichkeiten für visuelle Repräsentationen wie Standbilder oder Animationen zur Verfügung. Neben der Entscheidung, ob man eine statische oder dynamische Repräsentationsform wählt, stellt sich auch die Frage nach dem Grad der Interaktivität. In diesem Kapitel werden daher Studien vorgestellt, in denen die Effektivität verschiedener Instruktionsformen vergleichend untersucht wurde.

Dabei stellt sich heraus, dass auch verschiedene Moderatoren[3] die schlechtere Lernleistung bei einigen Lernmaterialen kompensieren können. Daher schließt sich eine Zusammenstellung der wichtigsten Einflussgrößen auf den Lernerfolg an. Bei anderen Studien wurden nicht verschiedene Instruktionsformen miteinander verglichen, sondern das Design einer interaktiven dynamischen Visualisierung immer wieder variiert, um so Gestaltungsempfehlungen für die Entwicklung solcher Lernumgebungen zu entwickeln. Das Kapitel schließt mit der Aufzählung einiger Gestaltungsempfehlungen, die speziell für interaktive dynamische Visualisierungen empirisch gewonnen wurden.

In der Psychologie wird der Begriff der Visualisierung möglicherweise anders ausgelegt als in der didaktischen Diskussion. Rey (2011, S. 10) weist darauf hin, dass der Begriff der „dynamischen Visualisierung" häufig synonym mit dem Begriff der „Animation" verwendet wird. Dahingegen werden Animationen bei Höffler (2007, S. 18) dadurch von Standbildern abgegrenzt, dass bei ersteren durch eine „Serie schnell wechselnder Bilder" der Eindruck einer Bewegung vermittelt wird. Gemäß diesen Überlegungen könnte man Standbilder auch als statische Visualisierungen bezeichnen. Interaktive dynamische Visualisierungen sind bewegte Bilder, auf die die Betrachterin oder der Betrachter Einfluss nehmen kann.

---

[3] In der Psychologie versteht man unter einer Moderatorvariable eine „Variable, die die Beziehung zwischen zwei anderen Variablen modifiziert" (Tewes & Wildgrube, 1999, S. 233). Statt „Moderatorvariable" wird häufig das kürzere Wort „Moderator" verwendet.

3.2.1   Vergleich verschiedener Instruktionsformen

In der Dissertation „Lernen mit dynamischen Visualisierungen: Metaanalyse und experimentelle Untersuchungen zu einem naturwissenschaftlichen Lerninhalt" (2007) von Tim Niclas Höffler wird ausführlich auf den Vergleich zwischen statischen und dynamischen Visualisierungen eingegangen. Höffler hat neben einer Metaanalyse und drei eigenen Experimenten auch den aktuellen Forschungsstand des Themas gut zusammengefasst. Aus dieser Zusammenfassung werden zunächst einige wesentliche Punkte aufgegriffen.

Dynamische Visualisierungen wurden zuerst als besonders positive Form der Vermittlung von Wissen angesehen. Doch durch die Überlegungen der *Cognitive Load Theory* wurde diese anfängliche Euphorie gebremst, da man eine größere Belastung des Arbeitsgedächtnisses vermutete (Höffler, 2007, S. 9). Trotzdem gibt es Belege für das Potenzial dieser Repräsentationsform. So geht das Supplantationskonzept von Salomon (1979, S. 231–238) davon aus, dass durch dynamische Repräsentationsformen kognitive Prozesse durch externe Modelle ersetzt werden können, die wiederum durch Beobachtungslernen zugänglich sind. Höffler kommt daher zu dem Schluss, dass Animationen möglicherweise eine mangelnde Vorstellungsfähigkeit kompensieren können (Höffler, 2007, S. 18). Er nennt darüber hinaus vier Studien, die einen positiven Effekt von dynamischen Visualisierungen auf das Lernen nachweisen konnten (ebd., S. 19). Für Animationen spricht, dass diese auch kognitiv entlasten können, da sie Imaginations- und Interpretationsvorgänge überflüssig machen. Außerdem können statische Visualisierungen unter Umständen falsch interpretiert werden, wenn dort abstrakte Symbole notwendig sind, um Bewegungen anzudeuten. Gegen dynamische Visualisierungen spricht allerdings, dass die Informationen dort flüchtiger sind als bei einer statischen Variante (ebd., S. 20–21). Dieser Nachteil lässt sich aber durch interaktive Elemente wie eine Wiederholfunktion kompensieren.

Um die mögliche Überlegenheit der dynamischen Visualisierungen gegenüber statischen Varianten bei Lernumgebungen quantifizieren zu können, führte Höffler eine Metanalyse durch, bei der er 27 Studien zusammentrug, in denen die beiden Instruktionsformen miteinander verglichen wurden. Dabei achtete er auf gewisse Kriterien, wie einen Mindeststandard der Methodologie. Aus inhaltlicher Sicht ist vor allem interessant, dass Studien, bei denen eine größere Interaktivität bei den Lernumgebungen vorlag, nicht ausgewählt wurden, sodass allein der Aspekt der Dynamik im Fokus stand. Das Ergebnis der Metaanalyse zeigte

einen kleinen bis mittelgroßen *overall-effect* (Effektstärke d $= 0,40^4$) zu Gunsten
der dynamischen Visualisierungen. In der Tat scheinen also Animationen bessere
Instruktionsformen als statische Visualisierungen zu sein. Doch gibt es eine Reihe
von Moderatoren, die diesen Effekt verstärken oder abschwächen. Besonders
gut geeignet sind dynamische Visualisierungen, wenn der Lerngegenstand selbst
dynamischer Natur ist. Es kommt aber auch darauf an, ob Faktenwissen abgefragt
oder Problemlöse- bzw. Transferaufgaben gestellt wurden. Werden Standbilder
mit einem Text begleitet, können diese sogar zu bessere Lernergebnissen als
Animationen führen.

Doch auch mit einer Serie von drei eigenen Experimenten konnte Höffler
die Überlegenheit der dynamischen Visualisierungen nachweisen. In einer ersten Pilot-Studie (Höffler, 2007, S. 56–79) wurde eine Lerneinheit zum Thema
„Schmutzabwaschen durch Tenside" einmal als Animation und einmal als Stand-
bildserie mit vier Bildern konzipiert. Beide Lernmaterialen wurden mit einem
erklärenden Audiokommentar unterlegt. An der Studie nahmen 26 Studierende
der Chemie teil. Es wurde ein Wissenstest mit offenen und geschlossenen Items
durchgeführt, der sowohl Faktenwissen- als auch das Verständnisfragen enthielt.
Auch das Vorwissen und weitere Variablen wie die Raumvorstellung wurden
erhoben. Wie zu erwarten war, zeigte sich, dass die Probanden, die mit der
dynamischen Version des Lernmaterials gearbeitet haben, den größeren Lernzuwachs hatten. Auch hier zeigten sich einige moderierende Effekte, auf die
im nächsten Abschnitt eingegangen wird. Interessant ist außerdem, dass die
kognitive Belastung bei der Arbeit mit dem Lernmaterial durch eine subjektive
Selbsteinschätzung der Probandinnen und Probanden erhoben wurde. Laut dieser
Einschätzung war die Belastung bei beiden Materialien gleich gering. Höffler vermutet, dass dies daran liegen kann, dass das Thema für Studierende der Chemie
eher einfach ist.

In der zweiten Studie (ebd., S. 80–108), die als Hauptstudie zur oben
geschilderten Pilotstudie gelten kann, wurden nur wenige Änderungen am Unter-
suchungsdesign vorgenommen. Wegen der Einfachheit des Themas wurden für
diese Studie 62 Schülerinnen und Schüler der elften Klasse rekrutiert. Eine weitere Änderung bestand darin, dass neben der Animation und einer Standbildfolge
mit vier Bildern auch eine Standbildfolge mit elf Bildern als Versuchsbedin-
gung aufgenommen wurde. Auch wenn Höffler vermutete, dass durch die erhöhte
Anzahl der Bilder der Nachteil der statischen Visualisierung ausgeglichen werden
konnte, zeigte sich, dass mit beiden Varianten der Standbilder in etwa gleich gut

---

[4] Cohen (1988) spricht erst ab einer Effektstärke von 0,5 von einem mittleren Effekt. Ab 0,2
ist aber bereits die Rede von einem kleinen Effekt.

gelernt wurde. Die Animation war beiden statischen Lernmaterialien signifikant überlegen. Auch bei den Probanden der elften Klasse zeigt die Selbsteinschätzung der kognitiven Belastung, dass diese bei allen Instruktionsformen gleich niedrig war.

Beim letzten Experiment (Höffler, 2007, S. 109–129) wurde der Aspekt der Interaktivität mitberücksichtigt. Gegenüber dem vorherigen Versuchsdesign wurde eine geringe Erhöhung der Interaktivität bei allen Lernumgebungen dadurch erreicht, dass eine Stopp-, Zurückspul-, Vorwärtsspul-, Play-, und Wiederholungs-funktion eingearbeitet wurde. Die Stichprobe setzte sich dieses Mal wieder aus Studierenden zusammen. Scheinbar gleicht die Erhöhung der Interaktivität die Nachteile der Standbildfolgen aus, da sich eine Überlegenheit der Animation nur noch durch die Kontrolle von vier Variablen signifikant nachweisen lässt. Damit wird Interaktivität zu einem Moderator, der sich sogar stärker auswirkt als andere. Dieser moderierende Effekt wird im nächsten Abschnitt noch einmal aufgegriffen.

Abschließend wertet Höffler (2007, S. 130–136) die drei Exprimente in einer Art „Mini-Metaanalyse" zusammen aus. Obwohl im dritten Experiment der Vor-teil der dynamischen Visualisierungen nicht mehr deutlich gegeben war, wird bei Betrachtung aller Experimente wieder die Überlegenheit der Animationen sicht-bar. Interessant ist aber auch, dass in dieser Auswertung die Möglichkeit besteht, verschiedene Grade an Interaktivität miteinander zu vergleichen. Da die Lerner-gebnisse im dritten Experiment in allen drei Versuchsbedingungen besser waren als in den Ergebnissen zuvor, zeigt sich, dass auch Interaktivität einen lernförderli-chen Effekt hat. Zu dieser Beobachtung nennt Höffler auch zwei Studien anderer Wissenschaftler, in denen ebenfalls der positive Effekt minimaler Interaktivität bestätigt wurde.

Insgesamt zeigt Höfflers Dissertation, dass dynamische Visualisierungen trotz der vermuteten höheren kognitiven Belastung statischen Varianten meist über-legen sind. Dennoch gibt es Konstellationen, in denen der Nachteil statischer Visualisierungen ausgeglichen werden kann oder in denen statische Visualisie-rungen sogar besseres Lernen ermöglichen. Um diese Rahmenbedingungen besser zu verstehen, werden im nächsten Abschnitt die wichtigsten Einflussfaktoren dazu benannt.

Doch, bevor dies geschieht, soll nicht unerwähnt bleiben, dass das Vorgehen Höfflers auch kritisch zu betrachten ist. So sieht Rey (2011, S. 14–16) Pau-schalvergleiche zwischen verschiedenen Instruktionsformen aus verschiedenen Gründen kritisch. Zum einen stellt sich die Frage, ob die zu vergleichen-den Lernmaterialen gleich gut gestaltet sind. Auch bezweifelt er, dass in den Untersuchungen alle relevanten Variablen kontrolliert werden. Beispielsweise kann der Aufforderungscharakter entscheidend sein, obwohl dieser nicht erfasst wird. Außerdem können die Ergebnisse vom Lerninhalt abhängen und es ist zu befürchten, dass neuere Medien aufgrund der erhöhten Motivation in Vergleichen fälschlicherweise besser abschneiden. Ein letzter Kritikpunkt betrifft die Passung zwischen Lehr- und Testsituation. Wird der Lerninhalt einmal statisch und einmal dynamisch präsentiert, macht es auch einen Unterschied, ob der Leistungstest dynamisch oder statisch erfolgt.[5]

3.2.2 Moderatoren

Wie bereits angedeutet wurde, gibt es eine Reihe von Einflussgrößen, die die Lerneffektivität mit Visualisierungen beeinflussen. Ein besonders entscheidender Faktor ist dabei die Raumvorstellung. Gemäß des Supplantationskonzepts von Salomon müssten die Lernenden von dynamischen Visualisierungen stärker profitieren, die eine geringe Raumvorstellungsgabe besitzen. Diese Hypothese wird von Mayer & Sims (1994) *ability-as-compensator*-Hypothese genannt. Doch findet man in der Literatur auch Verfechter der *ability-as-enhancer*-Hypothese, der zufolge eine erhöhte Raumvorstellungsgabe Voraussetzung dafür ist, dass mit Animationen erfolgreich gelernt werden kann (ebd., S. 392–393). Höffler hält die *ability-as-compensator*-Hypothese für naheliegender (Höffler, 2007, S. 23).

In allen drei Experimenten, die Bestandteile der Dissertation Höfflers sind, wurde neben dem Lernerfolg auch die Raumvorstellung gemessen. Es zeigt sich in den ersten beiden Erhebungen, dass Lernende mit niedriger Raumvorstellungsfähigkeit in der Tat stärker von einer Animation profitieren als Probanden mit einer hohen Raumvorstellungsfähigkeit. Weitere Evidenz für die *ability-as-compensator*-Hypothese liefert die Tatsache, dass im zweiten Experiment gezeigt wurde, dass die Raumvorstellung bei der Standbildfolge mit elf Bildern auch einen kompensierenden Effekt gegenüber den vier Standbildern hat, dieser aber nicht so stark wie bei der Animation ausgeprägt ist (ebd., S. 70–74 und S. 94–101). Bei der dritten Studie konnte hingegen kein signifikanter Einfluss der Raumvorstellungsfähigkeit nachgewiesen werden. Dies erklärt Höffler dadurch, dass die im dritten Experiment eingeführte Interaktivität bereits den Nachteil von Standbildern ausgleicht. Dadurch werden andere mögliche Effekte wie der Einfluss der Raumvorstellungsgabe überdeckt (ebd., S. 123–129).

---

[5] Eine typische statische Abfrage ist der *multiple-choice*-Test. Bei einer Lernumgebung zum Krawattenbinden könnte eine dynamische Lernerfolgsmessung darin bestehen, dass die Probanden das Knoten der Krawatte physisch vorführen müssen.

Auch in einer der Studien von Rey (2011), auf die weiter unten ausführlich eingegangen wird, zeigt sich, dass die Raumvorstellung andere Effekte moderiert. So wurde in der vierten Studie die Auswirkung verschiedener Anordnungsweisen einer interaktiven dynamischen Visualisierung auf den Lernerfolg untersucht. Ist die Anordnung von Ursache und Wirkung, anders als die übliche Leserichtung, nicht von links nach rechts, sondern von rechts nach links, so fällt der Lernerfolg geringer aus. Eine hohe Raumvorstellungsgabe gleicht diesen Nachteil aber wieder aus, sodass sich auch hier die moderierende Wirkung dieses psychologischen Konstrukts zeigt (ebd., S. 134–166).

Wie bereits im vorherigen Kapitel beschrieben wurde, kann auch Interaktivität den Nachteil von statischen Visualisierungen gegenüber dynamischen Visualisierungen ausgleichen. Dies ist sogar dann der Fall, wenn auch die dynamische Visualisierung mit demselben Grad an Interaktivität ausgestattet wird. Im dritten Experiment Höfflers (2007, S. 109–129) scheint sogar die moderierende Wirkung der Interaktivität die moderierende Wirkung der Raumvorstellung zu überdecken.

Es kann vermutet werden, dass diese kompensierende Wirkung nur bei einem geringen Maß an Interaktivität stattfindet, da es sonst zu einer kognitiven Überforderung kommen kann. Statt zu kompensieren, würde die Interaktivität dann den Lernerfolg noch verschlechtern, wobei es nicht klar ist, ob eine solche Überforderung durch Interaktivität bei dynamischen und statischen Visualisierungen in gleichem Maß geschicht.

Aus theoretischen Überlegungen heraus ist es plausibel, dass auch das Vorwissen ein Moderator für die Wirkung der Instruktionsform auf den Lernerfolg sein könnte (Höffler, 2007, S. 23–24). Der durch die *Cognitive Load Theory* begründete *Expertise-Reversal*-Effekt lässt vermuten, dass die eigentlich überlegenen dynamischen Visualisierungen bei Lernern mit großem Vorwissen keinen besseren Lerneffekt als statische Visualisierungen mit sich bringen, da durch die freigewordenen Kapazitäten des Arbeitsgedächtnisses die für die Standbilder notwendigen Imaginationsprozesse leichter vonstattengehen.

Auch das Vorwissen wurde in allen drei Experimenten von Höffler erhoben. Jedoch konnte sich in keinem der Versuche ein signifikanter Effekt des vermuteten Moderators nachgewiesen werden. Als mögliche Erklärung verweist Höffler darauf, dass in allen drei Experimenten das Vorwissen insgesamt sehr niedrig ausgeprägt war (Höffler, 2007, S. 68, S. 92 und S. 120). Außerdem hat sich im dritten Experiment trotz Randomisierung eine ungeeignete Verteilung des Vorwissens ergeben (ebd., S. 120), sodass unter anderen Versuchsbedingungen ein Effekt nachweisbar sein könnte.

Der letzte Moderator, auf den in dieser Arbeit eingegangen wird, ist die Art des Wissens, welches durch die Lernumgebung vermittelt bzw. durch den Wissenstest abgefragt wird. Eine gängige Vermutung ist, dass tieferes Verständnis deutlich besser durch Animationen erlangt werden könne und dass bei bloßem Faktenwissen kein Unterschied zwischen einer dynamischen und einer statischen Lernumgebung bestünde. Verschiedene Studien zu diesem Aspekt kommen allerdings zu unterschiedlichen Ergebnissen (ebd., S. 25).

In Höfflers Metaanalyse wurde diese Mediatorrolle überprüft. Höffler kommt dabei zu einem überraschenden Ergebnis:

> Die Analyse zeigt, dass Animationen in einigen Fällen dann größere Lernerfolge erbrachten, wenn eher deklaratives statt prozedural-problemlösendes Wissen gefordert wurde, also eher reine Fakten abgefragt statt Verständnisaufgaben gestellt wurden. In anderen Fällen waren Animationen, die problemlösendes Wissen abfragten, solchen mit deklarativen Aufgaben zumindest nicht überlegen (ebd., S. 50).

Auch wenn dynamische Visualisierungen bei Verständnisaufgaben noch schwach besser waren als statische Bilder ($d = 0{,}27$), so fällt die Überlegenheit bei Faktenwissen größer aus ($d = 0{,}43$).[6] Die oben formulierte Vermutung wurde im Rahmen der Metaanalyse also nicht bestätigt (ebd.).

Da der Wissenstest in den Experimenten Höfflers neben Faktenwissen auch das Verständnis abgefragt hat, lässt sich auch hier überprüfen, ob die Art des Wissens ein Moderator darstellt. Doch anders als in der Metaanalyse zeigt sich beim ersten Experiment (Höffler, 2007, S. 67) die Überlegenheit von dynamischen Visualisierungen nur bei den Verständnisaufgaben. Beim Faktenwissen konnten keine signifikanten Unterschiede festgestellt werden. Allerdings scheinen Unterschiede der Leistung beim zweiten Experiment (ebd., S. 91) eher im Bereich des Faktenwissens zu liegen, wobei nicht alle gerechneten Modelle signifikante Werte erreichen. Beim dritten Experiment deuten die Ergebnisse eher auf einen Unterschied bei den Verständnisaufgaben hin (ebd., S. 119). Die uneinheitlichen Ergebnisse in der von Höffler betrachteten Literatur, ließen sich also ebenso durchwachsen in seiner eigenen Versuchsreihe replizieren. Die zusammengetragenen Moderatoren werden in Tabelle 3.3 zusammengefasst.

Das Wissen um Moderatoren ist nicht direkt geeignet, um Gestaltungsprinzipien für interaktive dynamische Lernumgebungen zu entwickeln. Dennoch ist durch die Thematisierung der Moderatoren deutlich geworden, dass es nicht die

---

[6] Beide Effektstärken werden aber nach der Einschätzung von Cohen (1988) als kleine Effekte interpretiert.

Tabelle 3.3 Zusammenfassung der Moderatoren

Moderator	Vermutete Wirkrichtung	Befunde
Raumvorstellung	a) hohes Raumvorstellungsvermögen kompensiert Nachteil von statischen Visualisierungen b) hohes Raumvorstellungsvermögen nötig, um mit dynamischen Visualisierungen arbeiten zu können	große Evidenz für a)
Interaktivität	minimale Interaktivität kompensiert Nachteil von statischen Visualisierungen	Etwas Evidenz vorhanden
Vorwissen	hohes Vorwissen kompensiert Nachteil von statischen Visualisierungen	keine Signifikanz
Art des gelernten Wissens	Überlegenheit von dynamischen Visualisierungen gegenüber statischen zeigt sich stärker bei Verständnis als bei Faktenwissen	Widersprüchliche Ergebnisse

beste Instruktionsform gibt, sondern dass Individuen in unterschiedlichen Situationen verschieden stark von den Lehrformen profitieren können. Trotz der vielen Einflussgrößen zeigt sich die Tendenz, dass interaktive dynamische Formate grundsätzlich vielversprechende Lehrmittel sind.

Auch wird plausibel, dass sich die theoretisch abgeleiteten Empfehlungen aus der *Cognitive Load Theory* in der Praxis nicht in dem Maße bewähren, wie es auf den ersten Blick den Anschein hat. Neben psychologischen Erkenntnissen sollten daher auch reflektierte Praxiserfahrung und fachdidaktisches Wissen für die Gestaltung von digitalen Lernumgebungen herangezogen werden.

3.2.3 Gestaltungsprinzipien für dynamische Visualisierungen

Neben den Gestaltungsprinzipien für Lernumgebungen im Allgemeinen, die sich direkt aus der *Cognitive Load Theory* ergeben, gibt es auch Studien, aus denen sich Designprinzipien speziell für interaktive dynamische Visualisierungen ableiten lassen. Rey (2011) hat in einer Serie von sieben Experimenten verschiedene Gestaltungsmerkmale variiert und dabei die Auswirkungen auf den Lernerfolg gemessen. Dadurch kommt er zu den folgenden Empfehlungen:

- Das Lernen mit interaktiven dynamischen Visualisierungen war im Allgemeinen besser, wenn die Leserichtung eingehalten wurde (ebd., S. 85–121). Das heißt, dass Ursache und Wirkung von links nach rechts oder von oben nach unten angeordnet werden sollten. Zwar kann durch eine hohe Raumvorstellungsgabe und Computererfahrung dieser Nachteil ausgeglichen werden (ebd., S. 134–166) und es kommt auch darauf an, ob Behaltens- oder Verständnisaufgaben bearbeitet wurden (ebd., S. 105–121), doch haben auch Probanden, die mit der ungünstigen Leserichtung gut zurechtgekommen waren, geäußert, dass sie das Arbeiten mit dieser Visualisierung als unangenehm empfunden haben (S. 133–134).

- Durch so genannte Hinweiszeichen oder Signalisierungen konnte die Lernleistung verbessert werden (ebd., S. 85–105). Unter Hinweiszeichen versteht man die Hervorhebung von besonders wichtigen Informationen. Dies kann beispielsweise durch Fettdruck oder ähnliche Maßnahmen geschehen (ebd., S. 53–54).
- Die letzten drei Studien Reys beschäftigen sich mit dem richtigen Maß an Interaktivität. Nach den bisherigen Ausführungen sollte eine minimale Interaktivität lernförderlich sein, eine zu große Interaktivität kann hingegen kognitiv belasten. Die Ergebnisse der Studien geben aber ein differenzierteres Bild:

a) Das Hinzufügen von unnötiger Interaktivität führte zu keiner Verschlechterung der Lernleistung. Unnötige Interaktivität wurde beispielsweise durch eine Funktion hinzugefügt, bei der einzelne Menüelemente ausgeblendet werden konnten (ebd., S. 167–183).

b) Das Hinzufügen eines *reset-buttons* führte nicht zu besseren Lernleistungen, wobei eine Auswertung der Nutzungsstatistik zeigte, dass diese Funktion kaum in Anspruch genommen wurde. Die seltene Benutzung interaktiver Elemente in Lernumgebungen ist auch in anderen Studien dokumentiert (ebd.).

c) In der sechsten Studie wurde in der Instruktion gesondert auf die Verwendung des *reset-buttons* hingewiesen. Dadurch wurde die Anzahl der tatsächlichen Verwendung und die Betrachtungszeit der Lernumgebung erhöht, was sich letztlich auch durch eine Verbesserung der Lernleistung bemerkbar machte (ebd., S. 183–189). Ob sich die Verbesserung aber durch die wechselseitige Einflussnahme von Lernumgebung und den Lernenden oder einfach durch eine größere Lernzeit erklären lässt, bleibt offen.

d) In der letzten Studie wurden verschiedene Arten, auf die Verwendung der interaktiven Elemente hinzuweisen, verglichen. Dabei zeigte sich, dass eine Vorabinformation wie in der vorherigen Studie eine Verbesserung der Behaltensleistung mit sich bringt. Wurde auf die Benutzung der interaktiven Elemente innerhalb der Lernumgebung hingewiesen, veränderte dies zwar das Lernverhalten, nicht aber den Lernerfolg. Die Software war dabei so programmiert, dass bei zu seltener Betätigung des *reset-buttons* ein Hinweis eingeblendet wurde, der die weitere Benutzung nahelegen sollte. Ähnliche Hinweise innerhalb der Lernumgebung bezüglich der Bearbeitungszeit wirkten sich ebenfalls nicht auf den Lernerfolg aus (ebd., S. 189–203).

Wie schon zuvor zeigt sich auch in den Befunden Reys, dass es keine einfachen Lösungen gibt, sondern dass es sowohl auf Detailfragen als auch auf die Gesamtgestaltung der Lernumgebungen ankommt.

Auch Mireille Bétrancourt (2005, S. 294–295) gibt eine Reihe von Designprinzipien für Lernumgebungen mit dynamischen Visualisierungen. Anders als Reys Empfehlungen beruhen diese aber nicht ausschließlich auf eigene Experimente, sondern sind aus verschiedenen Studien gewonnen. Auch geht Bétrancourt allgemeiner auf dynamische Visualisierungen ein, die nicht notwendigerweise Interaktivität aufweisen:

- Visualisierungen sollen grafisch so gestaltet sein, dass diese möglichst unmittelbar verstandenen werden können. Dies kann zum Beispiel durch die Wahl konventioneller Repräsentationsformen gewährleistet werden. Unnötige kosmetische Effekte sind hingegen kontraproduktiv und sollten daher vermieden werden.
- Visualisierungen müssen nicht unbedingt realistisch sein. Wenn eine unrealistische Darstellung die Funktionsweise des zugrundeliegenden Modells besser hervortreten lässt, ist diese zu bevorzugen. Als Beispiel nennt Bétrancourt eine mögliche Visualisierung aus der Mechanik, bei der ein Hahn geöffnet wird und die daraus resultierende Wirkung erst anschließend gezeigt wird, obwohl sich diese in der Realität sofort äußern würde.[7]
- Passend zu den Befunden Höfflers empfiehlt auch Bétrancourt, dynamische Visualisierungen mit einer minimalen Interaktivität auszustatten, sodass die Lernenden die Visualisierungen im eigenen Tempo schrittweise betrachten können. Abgesehen davon, dass so individuell Zeit zur Verarbeitung der Informationen zur Verfügung steht, wird die gesamte Visualisierung so auch in

---

[7] Denkt man an Visualisierungen zur Analysis, so wird nicht die Realität modelliert und es kann daher auch nicht zu unrealistischen Darstellungen kommen. Man kann sich aber fragen, ob für die Mathematik unsachgemäße Darstellungen hilfreich sein können. So kann die Definitionslücke einer dort stetig-fortsetzbaren Funktion als größeres „Loch" dargestellt werden. Diese Darstellung ist in gewisser Weise unsachgemäßer als ein Graph ohne sichtbare Lücke, kann aber für das Verständnis vorteilhafter sein.

besser lernbare Abschnitte unterteilt. Ob auch ein höherer Grad an Interaktivität angemessen sein kann, hängt von den zur Verfügung stehenden kognitiven Ressourcen ab.

- Da es Befunde gibt, die zeigen, dass Novizen Probleme haben, wichtige und unwichtige Informationen in einer Lernumgebung zu unterscheiden, sollte eine Lenkung der Aufmerksamkeit durch das Instruktionsdesign vorgenommen werden. Die Lenkung der Aufmerksamkeit kann durch Hinweisreize in einem Audiokommentar oder durch grafische Elemente wie Pfeile und Hervorhebungen stattfinden. Diese Gestaltungsempfehlung deckt sich daher mit den Ergebnissen von Reys Studie zu Hinweisreizen.

- Das letzte Designprinzip wird mit der Bezeichnung *Flexibility Principle* betitelt. Leider beschränken sich die Ausführungen Bétrancourts hier auf zwei Sätze, ohne dass ein Beispiel gegeben wird. Daher müssen auch hier die Erläuterungen vage bleiben. Das Prinzip besagt, dass das Design der Lernumgebung durch gewisse Wahlmöglichkeiten (vermutlich zwischen dynamischen und statischen Repräsentationen) flexibel auf Lernende mit verschieden ausgebildetem Vorwissen reagieren soll. Dabei soll aber darauf geachtet werden, dass die Redundanz zwischen den verschiedenen Repräsentationsformen nicht zu groß wird.

3.3 Mathematikdidaktische Betrachtungen

Die Untersuchungen und Empfehlungen der Instruktionspsychologie und der Mediendidaktik geben ein sehr detailliertes, aber auch uneinheitliches Bild. Nicht nur deswegen, wird die bisherige Theorie im Folgenden um mathematikdidaktische Aspekte ergänzt. Der Ruf danach, dass die Fachdidaktik in der Debatte um digitale Medien nicht verdrängt werden darf, lässt sich an mehreren Stellen finden. So weist Florian Schacht (2015, S. 29) darauf hin, dass der Einsatz digitaler Hilfsmittel immer unter Berücksichtigung der mathematischen Gegenstände bewertet werden sollte und Günter Krauthausen äußerst sich äußerst kritisch über Forschungsergebnisse, die die fachliche Seite nicht berücksichtigen: „Derartige Erklärungsversuche mittels vermeintlich allgemeiner Gesetzmäßigkeiten führten jedoch entweder zu ‚trivial-eklektischen‘ Empfehlungen oder zu ‚artifiziell-technologischen Anwendungen‘ ohne großen pädagogischen Nutzen" (2002, S. 19).

Während im zweiten Kapitel dieser Arbeit bereits über Visualisierungen im Rahmen der allgemeinen Anschauungsdebatte gesprochen wurde, stehen nun Repräsentationswechsel durch digitale Medien im Fokus. Da es sich hierbei um ein populäres Thema der Schuldidaktik handelt, gibt es mehrere Arbeiten, die sich diesem Thema widmen. Jedoch können nicht alle Untersuchungen im schulischen Kontext ohne Weiteres auf das Lernen in der Hochschule bezogen werden. Beispielsweise liegt in Andrea Hoffkamps Dissertation mit dem vielversprechenden Titel „Entwicklung qualitativ-inhaltlicher Vorstellungen zu Konzepten der Analysis durch den Einsatz interaktiver Visualisierungen" (2011) der Fokus auf propädeutische Erfahrungen zur Analysis und auf dem funktionalen Denken. Bei den Visualisierungen, die in diesem Kapitel vorgestellt werden, werden allerdings solche schulischen Vorerfahrungen zu Funktionen und der Analysis bereits vorausgesetzt. Andere Arbeiten wie die von Michael Rieß (2018) gehen auf die Thematik der digitalen Medien aus einer „Werkzeugperspektive" ein, wobei für dieses Kapitel in erster Linie die Gestaltung von Lernumgebungen relevant ist. Auch die Arbeit von Angela Schmitz (2017) passt wegen der „Belief"-Thematik nicht direkt zum theoretischen Rahmen. Es wäre für diese Arbeit ohnehin interessanter, die Beliefs von Lehrenden der Hochschule, statt die von Lehrenden der Schule zu kennen. Gerade bei empirischen Studien ist die Übertragung der Ergebnisse fragwürdig, da im schulischen Kontext unter Umständen andere Lernziele wie das Trainieren der prozeduralen Fähigkeiten im Vordergrund stehen können. Zwar gibt es auch in den Schullehrplänen die Kompetenz des Argumentierens, doch besitzt das Lehren von Beweisen an der Hochschule sicherlich einen deutlich höheren Stellenwert. So ist beispielsweise fragwürdig, ob die Metaanalyse von Waxman, Connell und Gray (2002), die eine leichte Überlegenheit von Lernsettings mit digitaler Technologie gegenüber herkömmlichem Unterricht ergab, auch für digitale Lernumgebungen im Hochschulkontext spricht. In der Metaanalyse wurden nämlich keine Studien eingebunden, bei denen hochschulisches Lernen untersucht wurde.

Aufgrund der nur bedingt gegebenen Übertragbarkeit der Schul- auf die Hochschuldidaktik wird nicht sofort klar, wie sich die hier vorgestellten interaktiven dynamischen Visualisierungen in den schuldidaktischen Diskurs einordnen lassen. In einem ersten Schritt wird daher versucht, die Begrifflichkeiten der bisherigen mathematikdidaktischen Forschung, die am besten auf die Visualisierungen passen, heranzuziehen, um diese dort einzuordnen. Im Anschluss wird das Potenzial dynamischer Repräsentationsformen aus mathematikdidaktischer Sicht beschrieben. Während die neuen Medien durch das dadurch gezeichnete Bild in ein überwiegend positives Licht gerückt werden, werden anschließend Risiken aufgeführt, die bei der Verwendung von anschaulichem digitalem Lernmaterial auftreten können. Abschließend werden dann mathematikdidaktische Empfehlungen für die Gestaltung digitaler Lernmaterialen rezipiert, um unter anderem solchen Risiken begegnen zu können.

3.3.1 Schuldidaktische Anknüpfungspunkte

Der Einsatz digitaler Medien im schulischen Mathematikunterricht hat sich mittlerweile etabliert (Schacht, 2015, S. 25). Dennoch lassen sich interaktive dynamische Visualisierungen, wie sie hier entwickelt werden, nicht ohne Weiteres in den aktuellen Diskurs und Forschungsstand der Mathematikdidaktik einordnen. Abgesehen davon, dass in der Schule andere Lernvoraussetzungen und Lernziele vorherrschen, beklagt Rieß (2018, S. 118–119), dass es eine große Fülle von Begrifflichkeiten gibt, die auch nicht einheitlich gebraucht werden.

Eine grobe Einteilung über verschiedene Gebrauchsformen des Computers als digitales Lernmittel ist bei Steinmetz (2000, S. 816–819) zu finden. So kann dieser als eigener Lerngegenstand thematisiert werden. Lernende sollen dann etwas über Bedienung, Aufbau und andere Aspekte dieses digitalen Lernmittels vermittelt bekommen. Eine weitere Verwendung betrifft die Anwendung des Computers als Werkzeug. Hier geht es darum, Berechnungen oder Recherchen durchzuführen, aber auch das Unterstützen der Kommunikation kann darunter gefasst werden. Bei der letzten Gebrauchsform des Computers beinhaltet dieser das Lernmedium. Das digitale Lernmittel hilft hier bei der Repräsentation des Lerngegenstands. Abgesehen von der Darstellung des Inhalts, kann der Computer auch didaktische Aufgaben wie das Geben von Feedback und das Motivieren übernehmen.

Interaktive dynamische Visualisierungen können, egal ob aufgerufen über einen Desktop-PC oder anderen computerbasierten Geräten, grundsätzlich für alle drei Gebrauchsformen eingesetzt werden. Zum Beispiel kann durch eine geeignete Visualisierung die Stetigkeit einer Funktion überprüft werden, sodass die Visualisierung dann als Werkzeug dient. Doch widerspricht ein solcher Gebrauch aus den in Abschnitt 2.2.1 diskutierten Gründen den Kriterien mathematischer Strenge. Wohl aber kann eine solche Visualisierung als heuristisches Werkzeug ohne Bedenken eingesetzt werden. Sollen Visualisierungen von den Studierenden als Werkzeug gebraucht werden, müssen diese in die Handhabung eingeführt werden, sodass auch die Verwendung als Lerngegenstand sinnvoll ist.

Trotz dieser Möglichkeiten beschränken sich die Visualisierungen, die im Rahmen der Projektarbeit des Autors dieser Arbeit entwickelt wurden, auf den Aspekt des Lernmediums. Im Rahmen kleiner Lernumgebungen sollen Definitionen, Sätze und Beweise vorgestellt und so besser verstanden werden. Dabei ist es aber beispielsweise möglich, dass eine anschauliche Erklärung zum Konzept der Stetigkeit die Bildung eines mentalen Modells anregt, welches in späteren Beweisaufgaben als heuristisches Werkzeug eingesetzt werden kann.[8]

Michael Rieß (2018, S. 125) stellt im Rahmen seiner Dissertation vier digitale Werkzeuge vor: Tabellenkalkulation, dynamische Geometriesoftware, Funktionenplotter und Computeralgebrasysteme. Zwar liegt hier, anders als bei Rieß, nicht der Fokus auf dem Werkzeugaspekt digitaler Hilfsmittel, doch spielen diese Werkzeuge in der Konstruktion von Lernumgebungen dennoch eine Rolle, da die digitalen Hilfsmittel als Werkzeuge des Konstrukteurs der Lernumgebung dienen. In modernen Geräten bzw. Programmen sind meist mehrere der vier Funktionen vereint. Bärbel Barzel & Hans-Georg Weigand (2008, S. 6–7) nennen solche multifunktionalen Systeme „Multirepräsentationssysteme" und spielen dabei auf die möglichen Repräsentationswechsel an, die durch solche Systeme möglich sind.

Multirepräsentationssysteme sind für Lernumgebungen, die die anschauliche Seite der Analysis betonen, unabdingbar, denn es müssen sowohl Funktionen geplottet als auch geometrische Objekte wie „Epsilonschläuche" dargestellt werden. Nicht zuletzt werden einige der relevanten Werte geometrisch konstruiert und andere analytisch berechnet, sodass auch ein Computeralgebrasystem gelegentlich zum Einsatz kommt. Viele der Funktionen dieser Werkzeuge finden aber im Hintergrund der Lernumgebung statt und werden selten durch die Lernenden direkt gebraucht.

Die Theorie der *multiple external representations* (häufig auch kurz als „MER" bezeichnet) weist eine thematische Nähe zu den Multirepräsentationssysteme auf, da es auch hier um Repräsentationswechsel geht. Jedoch beschreibt Shaaron Ainsworth (1999) solche MERs im Kontext von Lernumgebungen statt im Kontext von Werkzeugen. Auch liegt ihr Fokus stärker auf Darstellungsarten als auf Berechnungen. MERs sind Lernumgebungen, bei denen mehrere Repräsentationsformen integriert werden. Eine gängige These ist, dass durch die Kombination verschiedener Repräsentationsformen tieferes Verständnis erreicht werden kann (ebd., S. 131).

Ainsworth fasst einige Erkenntnisse zu MERs zusammen. Während der Lernerfolg in einigen Studien positiv, in anderen Studien aber auch negativ bewertet wurde, zeigt sich vor allem, dass Lernende die Arbeit mit MERs anspruchsvoll finden. Besonders schwierig scheint die Übersetzungsleistung zwischen verschiedenen Repräsentationen zu sein und Vernetzungen zwischen diesen finden nicht automatisch statt, sondern müssen angeleitet werden. Eine offene Frage der

---

[8] Hier wird von einen weiten Werkzeugbegriff ausgegangen, der neben physischen Werkzeugen auch mentale Werkzeuge miteinschließt. Weigand und Weth (2002, S. 1) sehen beispielsweise auch Begriffe und Sätze als Werkzeuge an.

Forschung ist daher, ob Repräsentationsübersetzungen vom System übernommen werden sollten oder ob die Lernenden diese selbst leisten sollten (ebd., S. 131–134).

Ainsworth stellt eine Taxonomie für die verschiedenen Funktionen von MERs auf. Auf der ersten Ebene unterscheidet sie Lernumgebungen, in denen verschiedene Repräsentationen verwendet werden, um Ergänzungen zu bieten, um die Interpretation einzuschränken oder um tiefes Verständnis zu erzeugen. Im ersten Fall können in mehreren Darstellungen unterschiedliche (Berechnungs-)Prozesse dargestellt werden. Dies kann aus drei Gründen eine sinnvolle Designentscheidung sein. Zum einen werden so verschiedene Präferenzen der Lernenden bedient. Es gibt aber auch Aufgaben, bei denen es in verschiedenen Aufgabenteilen nötig ist, andere Prozesse zu betrachten. Schließlich ist für das Problemlösen wichtig, unterschiedliche Strategien und auch die Kombinationen dieser zu gebrauchen, was durch die Darstellung verschiedener Prozesse nahegelegt wird. Zwei weitere Möglichkeiten der Ergänzung durch MERs sind die Repräsentation derselben Informationen, aber unter verschiedenen Blickwinkeln oder dass in den verschiedenen Repräsentationen unterschiedliche Informationen dargestellt werden. Letzteres kann sinnvoll sein, wenn die Darstellung aller Informationen in einer einzelnen Darstellung zu unübersichtlich wäre (Ainsworth, 1999, S. 134–139).

Werden MERs mit dem Zweck einer Interpretationseinschränkung entwickelt, gibt es ebenfalls verschiedene Möglichkeiten der Umsetzung. So ist es zum einen möglich, dass die Interpretation einer für die Betrachterin oder den Betrachter noch unbekannten Repräsentationsform dadurch auf die gewünschte Interpretation eingeengt wird, dass dieselben Informationen ein weiteres Mal in einer vertrauten Darstellung repräsentiert werden. Es kann aber auch sein, dass selbst bei vertrauten Darstellungen, diese aufgrund ihrer Ungenauigkeit einen Interpretationsspielraum bieten, der durch eine weitere genauere Repräsentation auf den gewünschten Fall eingeengt wird (ebd., S. 139–141). Da man beispielsweise an einem gezeichneten Funktionsgraphen nicht erkennen kann, ob die zugehörige Funktion auf den reellen oder auf den rationalen Zahlen definiert ist, bietet es sich an, die Funktionsvorschrift als weitere Repräsentation anzugeben.

Auch die Funktion des Erzeugens von tiefem Verständnis unterteilt Ainsworth weiter in drei Bereiche. So können durch MERs zum einen die Abstraktion unterstützt werden.[9] Es ist aber auch möglich, das Wissen zu erweitern, ohne dabei

---

[9] Ainsworth lässt bewusst offen, was mit Abstraktion gemeint ist, da sie die Unterstützung der Abstraktion bei verschiedenen „Abstraktionsarten" für möglich hält. So sei es durch MERs möglich, dass das Absehen von gewissen Aspekten erleichtert wird, aber auch eine Re-Ontologisierung und die Vergegenständlichung durch Einkapselung von Prozessen kann angestoßen werden.

ein höheres Wissenslevel anzustreben. Dies kann durch Verallgemeinerungen geschehen, indem neue Beispiele in derselben Repräsentationsform oder mehrere Repräsentationsformen desselben Beispiels betrachtet werden. Letztendlich können durch MERs auch Vernetzungen, zum Beispiel zwischen verschiedenen Repräsentationsformen, angeregt werden (ebd., S. 141–145).

Die verschiedenen Funktionen sind in der folgenden Auflistung zusammengefasst.

- **Ergänzen**
  a) Verschiedene Prozesse
  b) Verschiedene Blickwinkel auf dieselben Informationen
  c) Aufteilen der Informationen

- **Einengen**
  a) Unvertraute Repräsentation gemäß den Konventionen interpretieren
  b) Uneindeutige Repräsentation im intendierten Sinne interpretieren

- **Tiefes Verständnis fördern**
  a) Abstraktion
  b) Wissen durch Verallgemeinerungen erweitern
  c) Vernetzungen

In der Regel bedient eine konkrete Lernumgebung mehrere dieser Funktionen (ebd., S. 145). Eine Einordnung der hier vorgestellten interaktiven dynamischen Visualisierungen in Ainsworths Taxonomie der Funktionen von MERs erfolgt später, da eine Einordnung erst nach der ausführlichen Beschreibung der Lernumgebung sinnvoll ist (siehe Abschnitt 3.5.3).

Ainsworth geht auch auf die Frage ein, ob eine digitale Lernumgebungen Repräsentationswechsel automatisch durchführen sollte oder ob Lernende diese Tätigkeit selbst übernehmen sollten. Da es für manche Lernziele nicht nötig ist, dass Übersetzungen gekonnt werden, sollten diese wegen der Schwierigkeiten beim Übersetzen vom Computer übernommen werden. So geht es bei den MERs mit einer ergänzenden Funktion nicht so sehr um die Darstellungen an sich, sondern um ein davon losgelöstes Lernziel. Bei der Funktion der Einengung ist es allerdings nötig, dass die Beziehung zwischen den Repräsentationen deutlich erkennbar wird. Neben einer Explizierung der Zusammenhänge können auch Signalisierungen helfen. Um allerdings tiefes Verständnis zu erzielen, ist eine Übersetzung durch die Lernenden nötig. Ein möglicher Ansatz die schwierigen Übersetzungen zu unterstützen ist die Idee des *scaffoldings*, bei der zuerst eine größere Unterstützung durch das System gegeben wird, die aber nach und nach entzogen wird (ebd., S. 145–147).

An dieser Stelle wird bereits deutlich, dass die Fachdidaktik zu anderen Empfehlungen kommen kann, da andere Bedingungen wie die Rolle der Lernziele genauer in dem Blick genommen werden als in der psychologischen Forschung. Gewisse Designprinzipien wie die Idee der Signalisierungen (Hinweisreize), die bereits im psychologischen und mediendidaktischen Teil beschrieben wurden, werden aber auch in der Mathematikdidaktik vorgeschlagen. Weitere Gestaltungsprinzipien der Mathematikdidaktik werden in Abschnitt 3.3.4 vorgestellt.

3.3.2   Didaktisches Potenzial von dynamischen Repräsentationsformen

Die ersten mathematikdidaktischen Arbeiten zum Thema dynamische Visualisierungen entstanden im Zusammenhang der damals aufkommenden Trickfilmtechnik. Dabei wurden die Vor- und Nachteile und die richtige Gestaltung mathematischer Lehrfilme diskutiert. Bei solchen mathematischen Trickfilmen handelt es sich um dynamische Visualisierungen im psychologischen Sinne, wobei auch eine minimale Aktivität durch die Funktionen des Videorekorders vorliegt. Abgesehen von technischen Fragen lassen sich Gedanken zur Modalität und zur Rolle der Anschauung gut auf computerunterstützte Visualisierungen übertragen. Dass in jüngerer Zeit solche Fragen in der Schuldidaktik nicht mehr kritisch diskutiert wurden, liegt vermutlich an der mittlerweile etablierten Selbstverständlichkeit solcher Lehrformen.

Hermann Kautschitsch (1985) hält es für unbestritten, dass dynamische Visualisierungen statischen Visualisierungen überlegen sind. Den Vorteil des bewegten Bildes sieht er vor allem darin, dass dieses weniger abstrakt sei, was daran liegt, dass bei statischen Bildern von der Zeit abstrahiert wurde. So könne man mit den Vorstellungen, die eine dynamische Visualisierung vermittelt, bereits besser mental operieren (ebd., S. 63–65). Wie abstrakt oder konkret eine dynamische Visualisierung ist, hinge aber auch mit der Gestaltung und der Art der Auseinandersetzung mit dieser zusammen (ebd., S. 78–79).

Kautschitsch sieht durch dynamische Visualisierungen die Möglichkeit, die Vorteile von enaktiven und ikonischen Repräsentationsformen zu vereinen. Während ikonische Darstellungen zeitlos und wiederholbar seien, könnten konkrete Handlungen im Sinne des operativen Prinzips die Begriffsbildung begünstigen. Dadurch, dass die Handlung nicht selbst vorgeführt wird, sondern nur im Film zu sehen ist, werde das Verinnerlichen der echten Handlung zu einer mentalen Handlung unterstützt (Kautschitsch, 1984, S. 148–150).

Auch wenn die dynamische Repräsentationsform gewisse Aspekte des enaktiven Repräsentationsmodus wie einen Start- und Endzustand beinhaltet, kann das Betrachten eines Videofilms nicht mit einer echten Handlung gleichgesetzt werden. Kautschitsch hat wegen der damaligen technischen Möglichkeiten keine interaktiven Visualisierungen im Blick, bei denen die repräsentierten mathematischen Objekte verändert werden können. Bei einem solchen höheren Grad an Interaktivität kann man von einer gleichzeitigen enaktiven und ikonischen Repräsentation sprechen.

Kautschitsch sieht einen weiteren Vorteil von dynamische Visualisierungen gegenüber statischen Visualisierungen darin, dass ein höherer Allgemeinheitsgrad durch das Betrachten mehrerer Fälle, erreicht würde. Auch Spezialfälle, Invarianten und nicht-mögliche Fälle ließen sich in einer dynamischen Visualisierung besser als in einem statischen Bild darstellen (ebd., S. 150–151).

Auch sei es ein Vorteil des bewegten Bildes, dass sich dort mehrere Darstellungen simultan repräsentieren ließen, indem der Bildschirm geteilt wird und Symbole zu gezeigten Diagrammen eingeblendet werden (ebd., S. 151–154). Zwar sind dies Möglichkeiten, die ebenso in einer statischen Visualisierung umsetzbar sind, doch ist beim dynamischen Bild möglich, die Bildschirmteilung wieder aufzuheben und verschiedene Ebenen des Bildes ein und wieder auszublenden. Dies würde auch den Abstraktionsvorgang unterstützen (ebd., S. 153).

Schließlich nennt Kautschitsch noch zwei weitere Vorteile dynamischer Visualisierungen. Einmal bereite das bewegte Bild ein größeres „Wahrnehmungsvergnügen" (Kautschitsch, 1985, S. 65) als statische Repräsentationsformen. Der zweite Vorteil bestehe in der „Erzeugung von Vorstellungen, die man so aus der Wirklichkeit nicht erhält" (ebd., S. 84).

Klaus Boeckmann (1984) hat sich ebenfalls mit den Besonderheiten des Videofilms für mathematikdidaktische Zwecke auseinandergesetzt. Anders als Kautschitsch sieht er die Qualität dieses Mediums differenzierter. Er hält für möglich, dass dadurch, dass dynamische Repräsentationen weniger abstrakt sind, ein abstraktes Denken bei den Lernenden verhindert wird (ebd., S. 18–22). So kommt er zu dem Fazit: „Das Laufbild zeigt sich also keineswegs als das Supermedium der Veranschaulichung abstrakter Inhalte, als das es vielfach angesehen wird. Originäre Anschauungsmodelle visuell-kinematischer Art gibt es jedenfalls bisher so gut wie überhaupt nicht, und es spricht vieles dagegen, daß es sie jemals geben wird" (ebd., S. 22).

Doch nennt Boeckmann auch Vorteile von dynamischen Visualisierungen, die sich teilweise mit den von Kautschitsch genannten decken. Zum einen biete die zeitliche Dimension der dynamischen Visualisierungen eine Möglichkeit zur Analogiebildung. Als Beispiele für mathematische Themen, bei denen sich solche Analogien anbieten, nennt er Wellenbewegungen, Wachstums- und Beschleunigungsprozesse (ebd., S. 18–19). Darüber hinaus ließen sich Bewegungen visualisieren, die in der Natur nicht möglich sind und es können motivationale Effekt sowie eine Aufmerksamkeitslenkung durch Hinweisreize und gezielte Überblendungen sowie bildliche Überlagerungen ausgenutzt werden (ebd., S. 23–30).

Trotz der Einschränkungen Boeckmanns scheint ähnlich wie in der psychologischen Forschung auch in der Mathematikdidaktik eine starke Tendenz zur Überlegenheit dynamischer Repräsentationsformen zu existieren. Dabei muss man aber auch bedenken, dass technische Neuerungen häufig mit einer gewissen „Anfangseuphorie" besetzt sind. Dass das Lernen mit neuen Medien auch mit spezifischen Schwierigkeiten behaftet sein kann, zeigt der nächste Abschnitt.

3.3.3 Risiken beim Lernen mit anschaulichem digitalem Lernmaterial

Auf die Risiken, die im Umgang mit der Anschauung verbunden sind, wurde bereits eingegangen. An dieser Stelle werden aber spezielle Probleme der Anschauung angesprochen, die bei der Umsetzung mit digitalen Hilfsmitteln auftreten. Dass anschauliche Skizzen singulär verstanden werden können, ist beispielsweise eine Schwierigkeit, die auch bei einer Handzeichnung zum Tragen kommt.

Speziell bei computerunterstützten Visualisierungen tritt das Problem der endlichen Berechnungen auf. Besonders deutlich wird dies beim Stroboskopeffekt (Balacheff, 2010, S. 121–122), der auftritt, wenn man einen Ausdruck wie $\sin(e^x)$ durch einen Funktionsplotter darstellen will. In Abbildung 3.2 sieht man, dass durch die sehr schnell steigende Exponentialfunktion die zusammengesetzte Funktion immer schneller oszilliert, bis es zu numerischen Artefakten kommt, da das Berechnungsraster nicht beliebig fein sein kann. Der Fehler ist zwar in einer anschaulichen Repräsentationsform anzutreffen, entsteht aber durch die Unzulänglichkeiten einer endlichen Rechenmaschine und nicht in der Anschauung selbst.

Dass Lernende sich von solchen Effekten in die Irre leiten lassen, zeigt sich in einer Studie von Magidson, über die Arcavi (2003, S. 230–232) berichtet. Arcavi

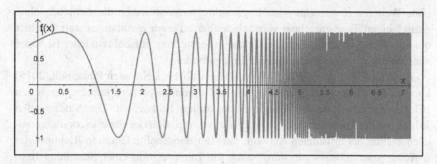

Abbildung 3.2 Stroboskopeffekt

sieht den Grund für ungünstige Interpretationen seitens der Lernenden darin, dass Schülerinnen und Schüler Schwierigkeiten haben, mathematisch relevante Informationen von irrelevanten Aspekten wie technischen Artefakten zu unterscheiden. Die Aufgabe der berichteten Studie bestand darin, gleichzeitig mehrere Graphen linearer Funktionen mit demselben Y-Achsenabschnitt, aber anderer Steigung zu plotten und zu beschreiben. Doch anstatt auf den Einfluss des Steigungsfaktors einzugehen, beschrieben einige der Lernenden Pixelfehler und den von der Software ausgewählten Bildausschnitt. Zwar ist die Auflösung moderner Computerbildschirme so hoch, dass Pixelfehler bei linearen Funktionen mit bloßem Auge nicht mehr erkennbar sind, doch zeigt die Studie, dass auch andere Darstellungsungenauigkeiten wie der oben beschriebene Stroboskopeffekt Irritationen hervorrufen könnten.

Eine weitere Gefahr der falschen Interpretation, die beim Arbeiten mit Funktionsplottern besteht, ist darin begründet, dass immer nur ein Bildausschnitt des Koordinatensystems gezeigt werden kann. Nicolas Balacheff (2010, S. 123) berichtet von einer Erhebung, bei der die Probandinnen und Probanden das Randverhalten der Funktion $f(x) = \ln(x) + 10\sin(x)$ untersuchen sollten. In der Versuchsgruppe, in der kein grafikfähiger Taschenrechner zur Verfügung stand, kamen nur etwa fünf Prozent zu einem falschen Ergebnis. In der anderen Versuchsgruppe hatten die Probandinnen und Probanden einen grafikfähigen Taschenrechner. Die Fehlerquote lag dort bei rund 25 %.

Selbst bei besonders großer Skalierung der X-Achse, lässt sich das langsame, aber unbegrenzte Wachstum der Logarithmusfunktion nicht deutlich genug darstellen. Zwar lässt sich das Randverhalten an einer handgefertigten Skizze ebenso wenig erkennen, aber machen sich vermutlich weniger Lernende die Mühe, bei einer solchen Funktion, einen Funktionsgraphen zu zeichnen. Wegen der nicht ohne Weiteres zu berechnenden Logarithmusfunktion haben die Lernende ohne grafikfähigen Taschenrechner vermutlich eher zu einer qualitativen statt zu einer quantitativen Skizze geneigt, die für die Fragestellung aufschlussreicher ist. Oder aber sie haben ohne anschauliche Hilfe gearbeitet.

Auch Guido Pinkernell und Markus Vogel (2017, siehe auch Pinkernell, 2015) konnten bei Lehramtsstudierenden, die mit Funktionsplottern lernten, durch den Bildausschnitt verursachte Wahrnehmungsfallen beobachten. Die Studierenden sollten die Funktionsschar $f_a(x) = x^2 + a$ bei Variation des Parameters a untersuchen. Neben der erwarteten Antwort, dass der dargestellte Graph in Richtung der Y-Achse verschoben wird, wurde auch die Interpretation einer Stauchung bzw. Streckung des Graphen geäußert. In Abbildung 3.3 wird durch die Pfeile angedeutet, wie diese verschiedenen Deutungen vermutlich zustande kommen. Das Problem besteht darin, dass sich nur anhand der abgebildeten Grafik nicht entscheiden lässt, welcher Punkt der Normalparabel auf welchen Punkt der Parabel mit positivem a abgebildet wurde.

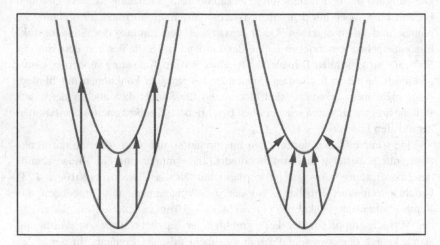

Abbildung 3.3 Wahrnehmungsfalle bei der Untersuchung von quadratischen Funktionen mit einem Funktionsplotter

Pinkernell und Vogel erklären diese Wahrnehmungsfallen dadurch, dass die Oberflächenwahrnehmung nicht mit den Eigenschaften der mathematischen Strukturen im Einklang steht. Dazu ziehen sie auch psychologische und semiotische Theorie hinzu. Interessant ist die Analogie zu bekannten Trugbildern wie dem Neckerwürfel. Dieser ist die zweidimensionale Projektion des Kantenmodells eines Würfels (siehe Abb. 3.4). Durch die Abbildung allein kann nicht erschlossen werden, welche Seite die Vorderseite und welche die Rückseite des Würfels ist, sodass man durch bewusste Wahrnehmung beide Vorstellungen mental erzeugen kann. Gerade bei unrealistischen Bildern wie es Diagramme in der Mathematik sind, gibt es also Uneindeutigkeiten des Bildes, die erst durch die mentale Verarbeitung in der ein oder anderen Weise interpretiert werden.

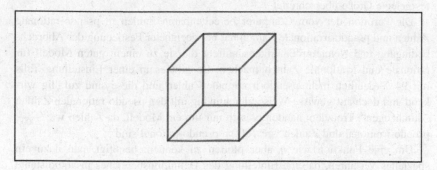

Abbildung 3.4 Neckerwürfel

Auch wenn der Artikel von Pinkernell und Vogel speziell auf digitale Hilfsmittel eingeht, stellt sich die Frage, ob ähnliche Probleme nicht auch bei der papierbasierten Untersuchung von Funktionenscharen bestehen können. Auch hier gibt es das Problem, dass der unendliche Graph der Funktion nur ausschnittsweise gezeichnet werden kann. Möglicherweise tritt das Problem seltener auf, wenn die Zeichnung des Funktionsgraphen selbst erstellt werden muss, da dann neben einer reinen anschaulichen Betrachtung auch algebraische Aspekte mitgedacht werden müssen.

Durch die endlichen Berechnungsmöglichkeiten von computerbasiertem Lernmaterial lassen sich gerade die Phänomene der Analysis schwierig darstellen, die Besonderheiten mit unendlichen Prozessen aufweisen. So scheint es unmöglich zu sein, Funktionen wie $f(x) = \sin\left(\frac{1}{x}\right)$ oder die Dirichletsche Sprungfunktion so zu plotten, dass die relevanten Eigenschaften abzulesen sind. Doch zeigt Tall (1995) wie es mit genügend Erfindungsreichtum sogar für eine Variante der Dirichletschen Sprungfunktion möglich ist, eine für gewisse Zwecke geeignete Darstellung zu erzeugen.

Um Ideen wie das Lebesgue-Integral zu motivieren, sucht Tall nach einen geeigneten Funktionsplot der Funktion $h(x) = \begin{cases} x, & x \in \mathbb{Q} \\ 1 - x, & x \in \mathbb{R} \backslash \mathbb{Q} \end{cases}$. Da es einem Computer aber nicht möglich ist, mit irrationalen Zahlen umzugehen, entwickelt Tall ein durch Computer berechenbares Analogon der Irrationalität. Dazu unterscheidet Tall zwischen pseudo-rationalen und pseudo-irrationalen Zahlen. Eine Zahl heißt pseudo-irrational, wenn ein bestimmtes Approximationsverfahren nach einer festgelegten Abbruchbedingung einen Bruch liefert, dessen Nenner eine festgelegte Größe überschreitet.

Die Partition der vom Computer berechenbaren Zahlen in pseudo-rationale Zahlen und pseudo-irrationale Zahlen hat bei geeigneter Festlegung der Abbruchbedingung und Nennergröße Eigenschaften, die sie zu einem guten Modell für rationale und irrationale Zahlen machen. So gibt es in einer Einstellung Talls mit 94 % deutlich mehr pseudo-irrationale Zahlen und diese sind zufällig wirkend und doch auf gewisse Weise gleichmäßig mit den pseudo-rationalen Zahlen „durchzogen". Trotzdem handelt es sich nur um ein Modell, da Zahlen wie $\frac{1}{20000}$ pseudo-irrational und Zahlen wie 1000π pseudo-rational sind.[10]

Um eine Funktion wie h aber plotten zu können, benötigt man dazu ein spezielles Verfahren, da eine Einteilung des Definitionsbereiches in äquidistante Abschnitte zu übermäßig vielen pseudo-rationalen Zahlen führt. Eine Alternative ist der *random plot*, bei dem so lange Zufallszahlen generiert werden, bis eine Abbruchbedingung erfüllt ist. Nach dem Gesetz der großen Zahlen ist irgendwann der Definitionsbereich hinreichend gleichmäßig abgedeckt. Für den Funktionsplot wird die Funktion dann nur an den zufallsgenerierten Stellen ausgewertet. Das Ergebnis dieses Funktionsplot-Verfahrens, sind nicht zwei sich schneidende Geraden wie in Abbildung 3.5, sondern ein „gesprenkelter" Graph (siehe Abb. 3.6), bei dem eine der beiden angedeuteten Geraden dichter und dicker wirkt als die andere. Dadurch werden relevante Eigenschaften dieser Funktion wie die Isolation der einzelnen Punkte des Graphen und maßtheoretische Ideen angedeutet. Tall erklärt außerdem, wie die Stetigkeit an der Stelle $\frac{1}{2}$ mit diesem Plot-Verfahren

---

[10] Der Autor dieser Arbeit fragt sich, ob man nicht ein beliebiges Zufallsverfahren für die Einteilung in pseudo-rational und pseudo-irrational hätte programmieren können, solange man die Parameter des Verfahrens so einstellt, dass die Verteilung die gewünschten Eigenschaften hat.

anschaulich festgestellt werden kann.[11] Die Darstellung in Abbildung 3.5 suggeriert hingegen, dass die Funktion überall stetig sei oder dass es sich wegen der
verletzten Eindeutigkeit der Funktionswerte um keine Funktion handle.

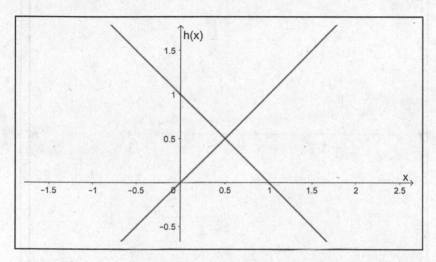

Abbildung 3.5 Darstellungsversuch einer Variante der Dirichletschen Sprungfunktion

Talls Ansatz zeigt zwar, dass durch genügend Erfindungsreichtum auch vermeintlich unanschauliche Aspekte der Mathematik doch der Anschauung zugänglich gemacht werden können. Trotzdem kann keine visuelle Darstellung für
sich genommen einen mathematischen Sachverhalt umfassend repräsentieren. Die
Betrachterin oder der Betrachter muss die Darstellung richtig interpretieren und
mit der formalen Ebene in Einklang bringen. In der von Tall vorgeschlagenen
Darstellung wird der punktweise Zuordnungsaspekt und die damit verbundene
Unstetigkeit an fast allen Stellen deutlich. Andere Aspekte wie die Dichtheit des
Definitionsbereiches werden dafür schlechter repräsentiert.

Ein weiteres Problem mit anschaulichem digitalem Lernmaterial konnte in
einer israelischen Studie mit Schülerinnen und Schülern der elften Klasse beobachtet werden. Diese sollten mithilfe von Tabellenkalkulationen und dynamischer
Geometriesoftware die Ungleichungen zwischen arithmetischen, harmonischen

---

[11] Indem man die X-Achse so skaliert, dass immer ein kleinerer Ausschnitt um $\frac{1}{2}$ betrachtet
wird (Zoom nur in X-Richtung), ergibt sich nämlich *eine* waagerechte Linie. An anderen
Stellen ergeben sich zwei waagerechte Linien.

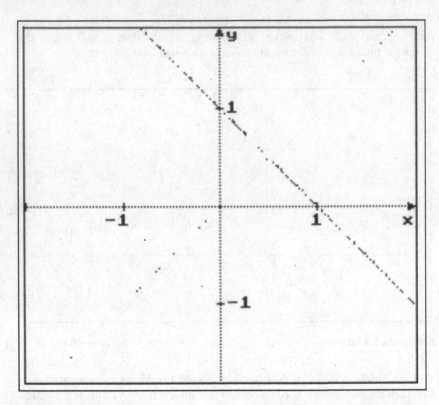

Abbildung 3.6 Darstellung einer Variante der Dirichletschen Sprungfunktion mithilfe pseudo-irrationaler Zahlen (Tall, 1995)

und geometrischen Mittelwerten entdecken. In der Studie konnte zwar festgestellt werden, dass gerade die leistungsschwachen Lernenden von dem digitalen Lernmaterial profitierten. Andererseits wirkten die empirischen Bestätigungen durch die digitalen Hilfsmittel als so überzeugend, dass darüber hinaus kein Beweisbedürfnis entstand (Dvir & Tabach, 2017).

Dadurch, dass bei digitalen Hilfsmitteln die Anzahl der betrachteten Beispiele deutlich höher ist als bei papierbasierten Betrachtungen, kann es dazu kommen, dass der empirischen Evidenz ein deutlich höherer Stellenwert zugesprochen wird. Dennoch gilt es zu prüfen, ob auch im Rahmen der Hochschullehre, der Einsatz von digitaler Technologie zu einer Abschwächung der Strenge führt. Es ist auch denkbar, dass die Enkulturation in die Arbeitsweisen der wissenschaftlichen

Mathematik so prägnant vonstattengeht, dass Studierende anschauliche Beweise auch dann nicht als ausreichend erachten, wenn diese durch Computerunterstützung eine große Bandbreite von Beispielbetrachtungen miteinschließen.

3.3.4 Mathematikdidaktische Empfehlungen für die Gestaltung digitaler anschaulicher Lernumgebungen

Im vorangehenden Kapitel wurden einige Schwierigkeiten beschrieben, die beim Einsatz anschaulicher digitaler Lehrformen aufkommen können. Doch kann man nicht erwarten, dass irgendeine Lehrform ohne spezifische Herausforderungen auskommt. Stattdessen können ausgehend von diesen Schwierigkeiten Empfehlungen ausgesprochen werden, wie mögliche Probleme umgangen oder abgeschwächt werden können.

In Abschitt 3.3.1 wurden bereits zwei solcher Empfehlungen angesprochen. Zum einen kann die Schwierigkeit der automatischen Übersetzung zwischen verschiedenen Repräsentationsformen dadurch unterstützt werden, dass die Beziehung zwischen diesen expliziert wird. Dies kann neben verbalen Kommentaren auch durch Hinweisreize realisiert werden. Zum anderen kann es als Lernziel aufgefasst werden, die Repräsentationswechsel selbst vollziehen zu können, um tieferes Verständnis zu erlangen. Hier kann das Prinzip des *scaffoldings* Abhilfe schaffen, indem die Lernumgebung Übersetzungsleistungen zunächst automatisch durchführt, diese Hilfestellung aber im Lernprozess nach und nach reduziert.

Um der Schwierigkeit zu begegnen, dass Oberflächenwahrnehmung und mathematischer Inhalt sich bei Lernumgebungen mit Funktionsplottern widersprechen können, macht Pinkernell (2015) die beiden Vorschläge, dass die anschaulichen Betrachtungen auch auf eine algebraische Basis gestellt werden sollen und dass Reflexion angeregt werden soll. Pinkernell und Vogel (2017) schlagen außerdem vor, dass, wenn möglich, Wahrnehmungsfallen antizipiert und durch „interpretationseinengende" Elemente wie Hinweisreize abgeschwächt werden sollen.[12] Ist dies nicht möglich, sollen Probleme der Anschauung thematisiert

---

[12] Kritisch bemerken kann man hier, dass eine derartige Einschränkung des Erkundungsprozesses, der im Schulkontext ohnehin schon oft künstlich geführt wirkt, zu einer völligen Entmündigung der Schülerinnen und Schüler führt. Werden zum Beispiel die Pfeile aus Abbildung 3.3 in einer Lernumgebung zur Entdeckung der affinen Transformationen eingeblendet, so besteht beim Lernenden so gut wie gar keine eigene Entdeckungsleistung mehr. Der Autor dieser Arbeit hält es für eine bessere Idee die verschiedenen Interpretationen im Klassengespräch gegeneinander abzuwägen und durch Hinzunahme der algebraischen Ebene zu klären, welche Interpretation konsensfähig ist.

werden. In diesem Zuge kann auch über das Verhältnis von Inhalt und dessen Darstellung nachgedacht werden.

Den Vorschlag, Reflexion anzuregen, findet man auch bei Weigand & Weth (2002, S. 104–105). Diese sehen die Gefahr, dass ohne das Einfordern von Begründungen keine Reflexion auf theoretischer Ebene stattfände und so ein empirisch-experimentelles Niveau nicht überschritten wird. Doch auch Tall (1995), der mit seiner Konstruktion der pseudo-irrationalen Zahlen versucht, die Unzulänglichkeiten digitaler Hilfsmittel zu reduzieren, warnt vor einer reflexionsarmen Beschäftigung mit solchen Lernumgebungen:

> Dealing with these visual concepts requires careful focusing and guidance to distinguish between the theoretical mathematics and the finite images on the computer. Given a supportive environment, students may confront the conflict to produce a more meaningful foundation for the theory (ebd., S. 69).

Da viele digitale Darstellungen nicht im Einklang mit der fachlichen Mathematik stehen, müssen diese also gut angeleitet werden. Durch die Thematisierung der technischen Unzulänglichkeiten kann aber gerade ein tieferes Verständnis erreicht werden.

Weigand und Weth (2002, S. 105) geben noch eine weitere Gestaltungsempfehlung, die speziell für digitales Lernen gilt. Um einen „blinden Aktivismus", der durch die Beschleunigung des Lernens mit Computern entsteht, entgegenzuwirken, empfehlen sie, dass in einer Lernumgebung Maßnahmen zur Entschleunigung des Lernprozesses eingebaut werden. Dies kann zum Beispiel durch Problemlösebarrieren in den Aufgabenstellungen geschehen. Das Problem, dass viele ansprechend gestaltete digitale Lernumgebungen zur „ziellosen Aktivität" anregen, sieht auch Andreas Pallack (2015, S. 6). Es kommt also darauf an, dass die gesamte Lernumgebung inklusive der Anleitung und den Aufgaben gut gestaltet ist.

Eine letzte Gestaltungsempfehlung betrifft den Umgang mit konkreter Soft- und Hardware bei der Formulierung von Designprinzipien. Da die Weiterentwicklung dieser Technologien auch mit Veränderungen der Bedienung dieser einhergeht, sollte der Fokus nicht auf einzelnen Programmen oder Geräten liegen, sondern auf allgemeinen Funktionalitäten. Das bedeutet, dass man zwar zwischen Software zum Plotten von Graphen und zur Tabellenkalkulation unterscheidet, dabei aber nicht auf die Umsetzung einzelner Hersteller eingeht. Es ist davon auszugehen, dass die Funktionalität, einen Graphen plotten zu können, auch in den nächsten Jahren in irgendeiner Weise möglich ist. Wie die konkrete Eingabematrix aussieht und wo diese Funktionalität in der Oberflächenstruktur verschiedener

Softwaren zu finden ist, kann sich aber ändern und unterscheidet sich zwischen verschiedenen Herstellern (ebd., S. 4).

3.4   Aus Theorie und Praxis abgeleitete Gestaltungsprinzipien

Nachdem der theoretische Hintergrund für die Gestaltung der interaktiven dynamischen Visualisierungen dargelegt wurde und bereits erste Designempfehlungen aus der Psychologie, Medien- und Mathematikdidaktik zusammengetragen wurden, soll nun die Beantwortung der Forschungsfrage durch die Angabe einiger Designprinzipien für interaktive dynamische Visualisierungen erfolgen. Dazu wurden die theoretischen Überlegungen aus dem zweiten und dritten Kapitel herangezogen und unter Zunahme praktischer Erwägungen sowie der Erfahrungen aus dem Einsatz interaktiver Visualisierungen einer Synthese unterzogen. Die aus diesem Prozess entstandenen Designprinzipien werden zunächst unkommentiert aufgeführt, um sie im Nachgang näher zu erläutern. Die Prinzipien sind bewusst allgemein gehalten, damit sie bei der Gestaltung verschiedener Lernumgebungen flexibel angewendet werden können, denn die Gestaltung der Lernumgebungen kann aufgrund unterschiedlicher Softwarelösungen, Einbettung in die Lehrveranstaltung oder Stile der Entwicklerinnen und Entwickler voneinander abweichen.

Insgesamt können so zwölf Designprinzipien formuliert werden. Zum besseren Verweisen wurde die Auflistung mit einer Nummerierung versehen. Diese ist aber nur bedingt als Priorisierung zu verstehen. Die Designprinzipien lauten:

i)   Visualisierungen richtig anleiten
ii)   Arbeitsprozess entschleunigen
iii)   So viel wie nötig, so wenig wie möglich
iv)   Grenzen der Anschauung aufzeigen
v)   Balance aus Werkzeug-, Anschauungs- und Fachsprache finden
vi)   Richtiges Maß an Interaktivität finden
vii)   Formale und anschauliche Aspekte vernetzen
viii)   Alles auf einen Blick präsentieren
ix)   Differenzierungen einbauen
x)   Richtiges Maß an Offenheit finden
xi)   Vernetzungen mit anderen Sätzen und Definitionen anregen
xii)   Nur geeignete Begriffe visualisieren

Eine Lernumgebung darf nicht allein aus einer interaktiven dynamischen Visualisierung bestehen, sondern es muss darüber hinaus auch das Arbeiten mit dieser angeleitet werden (siehe i)). Dies kann bei Präsenzlehre durch eine Lehrperson verbal erfolgen. Bei einer Lernumgebung, die digital zum Selbststudium zur Verfügung gestellt wird, bietet sich dafür ein einleitender Text an. Zwar wird die Lernumgebung durch die Hinzunahme einer Anleitung unübersichtlicher, was die Motivation der Lernenden herabsetzt und zu einer Erhöhung der kognitiven Belastung führt. Eine Einführung in die Bedienung der interaktiven Elemente ist aber nötig, damit die Lernenden wissen, welche Funktionen überhaupt zur Verfügung stehen. Dabei sollte geklärt werden, welche Einstellungen in der Lernumgebung mit welchen mathematischen Handlungen korrespondieren. Das Schieben an einem Schieberegler kann beispielsweise für das Einsetzen eines anderen konkreten Wertes an Stelle einer bestimmten Variablen stehen. Man sollte allerdings versuchen, die Bedienung der Lernumgebung so intuitiv wie möglich zu gestalten, damit die Erklärung nicht ausufern muss (siehe iii)).

Der anleitende Text sollte auch auf die verwendeten Repräsentationsformen eingehen und diese erklären. Auch hier gilt es, die Entsprechung zwischen den anschaulichen Elementen und den formalen Gegenständen der Mathematik zu thematisieren (siehe vii)), da man nicht davon ausgehen kann, dass die Übersetzung ohne Wissen über die Darstellungssysteme erfolgen kann. Die Übersetzung ist wichtig, da die Studierenden mithilfe der Visualisierungen auch über die formale Seite der Mathematik etwas lernen sollen. Nur so kann die gelernte Anschauung beim formalen Arbeiten als Heuristik fungieren. Zur Vernetzung der anschaulichen und formalen Seite kann die Angabe der formalen Definition der visuell dargestellten Beispiele dienen.

Dass Studierende mit den anschaulichen Formen erfolgreich umgehen können, ohne zu wissen, was dies mit der formalen Mathematik zu tun hat, sollte auf jeden Fall vermieden werden. Patrick W. Thompson (1996, S. 276) berichtet, dass Schülerinnen und Schüler manchmal anschauliche Darstellungen und Arbeitsweisen übernehmen und sogar erfolgreich damit Aufgaben lösen können, ohne dass sie wissen, wie die Methode algebraisch gerechtfertigt ist. So konnte Thompson beispielsweise beobachten, wie Lernende eines amerikanischen *senior-mathematics-major*-Kurses Ungleichungen mit zwei Unbekannten ohne zugehöriges Verständnis grafisch lösten und auch kein Problem darin sahen, dass sie ihre Methode nicht verstanden.

Bei der Erklärung der anschaulichen Repräsentation können auch bereits die Grenzen der Anschauung oder auch digitale Artefakte wie Rundungsfehler thematisiert werden (siehe iv)). Dies ist nötig, um die Lernenden zu einer kritischen

Auseinandersetzung mit der Anschauung zu befähigen. Es ist aber ebenso möglich, diese Aspekte nicht in einem belehrenden Modus zu vermitteln, sondern die Lernenden dazu anzuregen, selbst über diese Probleme zu reflektieren.

Auch wenn eine Anleitung bei einem rein digitalen Lehrangebot unabdingbar ist, sollte der Umfang so gestaltet sein, dass alle Elemente der Lernumgebung auf einen Blick oder zumindest durch minimale Scroll-Aktivitäten sichtbar sind (siehe **viii**)). Die Anleitung sollte daher in unmittelbarer Nähe zur eigentlichen Visualisierung eingefügt werden, damit es nicht zu einem *Split-Attention*-Effekt kommt. Nach Möglichkeit sollten neben der Anleitung und der Visualisierung keine weiteren Medien mehr benötigt werden. Dies kann dadurch unterstützt werden, dass nötige Definitionen oder Sätze aus der Vorlesung in der Anleitung zitiert werden, damit die Lernenden bei der Arbeit mit der Lernumgebung nicht zwischen Visualisierung und Vorlesungsmitschrift hin und herwechseln müssen. Eine weitere Möglichkeit, einen *Split-Attention*-Effekt zu verhindern, ist die Vermeidung von Erklärungen, wenn alle dargestellten Objekte bereits treffende Beschriftungen innerhalb der Visualisierungen besitzen.

Werden den Studierenden im Laufe des Semesters nach und nach Visualisierungen zur Verfügung gestellt, so sollte die Bedienung und die verwendeten Repräsentationsmodi bei allen Lernumgebungen ähnlich umgesetzt werden. So kann die Anleitung zu den Visualisierungen nach und nach reduziert werden. Dabei wird allerdings unterstellt, dass sich die Lernenden kontinuierlich mit den Visualisierungen auseinandersetzen.

Die Anleitung der Lernumgebung sollte neben Erklärungen auch Aufgaben und Reflexionsanstöße beinhalten. Dadurch kann der Lernprozess entschleunigt werden (siehe **ii**)) und die Lernenden werden auf wichtige Aspekte hingewiesen, die durch zielloses Probieren übersehen werden könnten. Auch hier können durch geeignete Fragestellungen die Grenzen der Anschauung (siehe **iv**)) thematisiert werden. Weist eine Veranschaulichung wegen der Unzulänglichkeiten der Anschauung Eigenschaften auf, die nicht im Einklang mit der formalen Mathematik stehen, so kann diese Schwäche der Anschauung als Chance genutzt werden, diesen Fehler in einer Reflexionsanregung zu thematisieren. Fragen der Art: „Wieso lässt sich dieses Phänomen in der Visualisierung nicht korrekt darstellen?" können dazu dienen, dass Fehlvorstellungen vermieden werden und stattdessen ein tieferes Verständnis von der Beziehung zwischen Formalismus und Anschauung erzeugt wird.

Bei der Gestaltung der Anleitung müssen sprachliche Aspekte berücksichtigt werden. Schacht (2015, S. 28) weist daraufhin, dass beim Lernen mit digitalen Medien eine neue Sprachebene, nämlich die „Werkzeugsprache" hinzutritt. Im Falle der Visualisierungen kommt auch eine „Anschauungssprache", die metaphorische Ausdrücke und geometrische Sprechweisen enthält, hinzu. Auf den ersten Blick scheint es zwar unangemessen zu sein, die einzelnen Sprachebenen zu vermischen, doch würde man die Aufgaben ausschließlich fachsprachlich formulieren, setzte man bereits voraus, dass die Studierenden die formale und anschauliche Ebene gut vernetzt haben. Eine bewusste und ausgeglichene Mischung der Sprachebenen ist der richtige Mittelweg (siehe v)). Statt der Formulierung „Stellen Sie den Schieberegler für Epsilon auf einen beliebigen Wert ein" kann durch die Formulierung „Geben Sie mithilfe des Schiebreglers einen beliebigen Wert für Epsilon vor" eine Mischung aus Werkzeugsprache und Fachsprache erfolgen, die die Lernenden dazu anregt, die fachlichen Prozesse beim Bedienen der Visualisierung mitzudenken.

Durch die Anschauung lassen sich auch anspruchsvolle mathematische Sachverhalte verhältnismäßig einfach klären. Die Stetigkeit kann bei „gutartigen" Funktionen direkt am gezeichneten Graphen abgelesen werden, wobei ein logischer Nachweis selbst bei einfachen Beispielen oft auf eine anspruchsvolle Abschätzung hinausläuft. Damit die Beschäftigung mit den Visualisierungen auch einen Mehrwert bietet und die geforderte Entschleunigung des Arbeitsprozesses eingehalten wird (siehe ii)), sollte der Schwierigkeitsgrad der Aufgaben daher nicht zu niedrig sein. In einem Lehrsetting ohne direkte Betreuung ist es aber unmöglich, das richtige Anforderungsniveau für alle Lernenden zu finden, sodass Maßnahmen der Differenzierung (Leuders & Prediger, 2012) ergriffen werden sollten (siehe ix)). Die Differenzierung kann über die Aufgabenteile hinweg im Rahmen einer gestuften Anforderung geschehen. So bietet es sich an, mit einfachen Bedienaufgaben zu starten und mit Argumentationsaufgaben zu enden. Auch kann eine Selbstdifferenzierung innerhalb eines Aufgabenteils dadurch stattfinden, dass das Niveau der Argumentation nicht vorgegeben wird. So kann ein Beweis empirisch, anschaulich-generisch oder formal erfolgen (ebd., S. 21–24).

Auch der Grad an Offenheit ist eine Eigenschaft von Aufgaben, über die man sich Gedanken machen sollte (Leuders, 2001, S. 111–120). Auf der einen Seite sollten Lernumgebungen nicht zu geschlossen sein, da man aus konstruktivistischer Perspektive nicht davon ausgehen kann, dass Lernen genau in den intendierten und antizipierten Pfaden verläuft. Auf der anderen Seite können sehr offene Aufgaben beim Selbststudium dazu führen, dass Lernende „an der Aufgabe vorbei" arbeiten.[13] Außerdem wurden die Aufgaben mit dem Zweck eingesetzt,

---

[13] Dies konnte beispielsweise bei einer Pilotstudie zur Evaluation der dynamischen Visualisierungen beobachtet werden. Da die Aufgabenstellung teilweise zu offen formuliert war, verstanden die Probandinnen und Probanden diese nicht immer.

Lernende vor einer ziellosen Aktivität zu bewahren. Daher sollten die Aufgabenstellungen zumindest eine grobe Orientierung bieten. Es kommt also auf das richtige Maß an Offenheit an (siehe **x**)).

Es sind bereits einige Möglichkeiten genannt worden, welche Art von Aufgaben zu den Visualisierungen gestellt werden kann. Neben Bedienaufgaben, Aufgaben zum Aufzeigen der Grenzen der Anschauung und Argumentationsaufgeben bieten sich auch Aufgaben an, die die Vernetzung der visualisierten Definition oder des visualisierten Satzes mit anderen Sätzen und Definitionen anregen (siehe **xi**)). Da in der Vorlesung oft die Zeit fehlt, um solche Vernetzungen explizit zu thematisieren,[14] kann dies durch das Lehrformat der interaktiven dynamischen Visualisierungen kompensiert werden.

Nachdem Einiges zu dem einleitenden Text und zugehörigen Aufgaben gesagt wurde, kann man sich fragen, wie die eigentliche Visualisierung als Kernelement der Lernumgebung gestaltet werden sollte. Dabei ist es schwierig konkrete Hinweise zu geben, da die Gestaltung vom jeweiligen Inhalt abhängt. Eine wichtige Komponente, die es zu beachten gilt, ist der richtige Grad an Interaktivität (siehe **vi**)). Dass Interaktivität grundsätzlich lernförderlich und motivierend ist, ergibt sich aus der Theorie. Speziell für die Mathematik ist Interaktivität gut, um einen großen Fundus an Beispielen repräsentieren und so sogar unendliche Prozesse andeuten zu können. Zuviel Interaktivität kann aber kognitiv überfordern, weshalb auf jegliche überflüssige Interaktivität verzichtet werden sollte. Doch sollte die Komplexität der Visualisierung auch nicht künstlich geringgehalten werden. Wenn der zu visualisierende Gegenstand ein komplexer ist, darf sich das auch in der Visualisierung widerspiegeln, da eine stark vereinfachende Veranschaulichung den Sachverhalt dann nicht mehr adäquat repräsentieren würde.

Denkt man etwa an einen Begriff wie den der Stetigkeit, dann ist die Definition aufgrund der Verschachtelung zweier Quantoren recht kompliziert. Entsprechend ist es auch angemessen, wenn in der Visualisierung mehrere Parameter wie Epsilon, Delta und die zu betrachtende Stelle x_0 variiert werden können. Zwar könnte man darüber nachdenken, die Visualisierung so zu programmieren, dass ein passender Delta-Wert zu einem eingestellten Epsilon-Wert automatisch gefunden wird, um die kognitive Belastung zu reduzieren. Doch hat die oder der Lernende dann nicht mehr die Möglichkeit, zu überprüfen, dass alle kleineren Delta-Werte auch die Ungleichung in der Stetigkeitsdefinition erfüllen und sie oder er kann

---

[14] In Forster (2016) wird beispielsweise die Gemeinsamkeit von gleichmäßiger Konvergenz und gleichmäßiger Stetigkeit nicht thematisiert. Auch wenn die Vernetzung der beiden Begriffe für den Theorieaufbau nicht relevant ist, kann sie doch mnemotechnische Vorteile haben.

auch nicht absichtlich falsche Konstellationen betrachten. Der Grad an Interaktivität muss also im Einzelfall, auch unter Berücksichtigung fachlicher Aspekte, abgewogen werden.

Was zum Grad an Interaktivität gesagt wurde, kann auch auf die Anzahl der Elemente innerhalb der Visualisierung übertragen werden. Auch einfache Visualisierungen enthalten bereits viele Elemente wie Schieberegler, Schaltflächen, Textboxen, ein Koordinatensystem, Punkte, Linien und Beschriftungen. Auch hier sollte die Visualisierung der Komplexität des Lerngegenstandes gerecht werden und jegliche unnötige Komponente sollten entfernt werden. Das Designprinzip lässt sich daher gut mit dem Motto „so viel wie nötig, so wenig wie möglich" beschreiben (siehe **iii**)).

Als Letztes wird noch auf die Frage eingegangen, zu welchen Themen Visualisierungen erstellt werden sollten. Aus Gründen der Strenge bleibt die wichtigste Lehrform in der Hochschule die formale deduktive Darstellung der Theorie im Rahmen der Vorlesung. Die Visualisierungen sollen lediglich dazu dienen, diese formale Art des Mathematiktreibens durch anschauliche Aspekte zu ergänzen. Damit die Studierenden diese Priorisierung nachvollziehen können, sollten lediglich Schwerpunkte der Theorie exemplarisch visualisiert werden (siehe **xii**)). Neben der inhaltlichen Relevanz sollten die Sätze und Definitionen, die visualisiert werden, das Potenzial besitzen, *dynamisch* repräsentiert werden zu können und es gibt auch Thematiken, die sich im Allgemeinen algebraisch besser verstehen lassen als visuell. Gerade bei relativ einfachen Lerngegenständen kann eine Visualisierung dazu führen, dass Studierende die anschauliche Herangehensweise als unnötig empfinden und daher auch bei den folgenden Visualisierungen weniger motiviert sind. So lässt sich die Dreiecksungleichung zwar visuell veranschaulichen, doch wirkt eine Lernumgebung zu diesem Inhalt unnötig kompliziert, während die simple Berechnung einiger Beispiele für das Verständnis in der Regel ausreicht.

Abschließend wird der Versuch unternommen, die einzelnen Gestaltungsprinzipien für einen besseren Überblick zu clustern. Eine Möglichkeit dies zu tun, besteht darin, einzelne Bestandteile der Lernumgebung auszumachen, zu denen die Gestaltungsprinzipien passen. So betreffen einige Prinzipien den diagrammatischen-interaktiven Teil der Lernumgebung, also die Visualisierung im engeren Sinn. Andere Prinzipien gehen auf die gestellten Aufgaben oder auf die vorangestellten Erläuterungen ein. Dabei gibt es aber auch Gestaltungsprinzipien, die sich mehreren Bereichen zuordnen lassen. Auch gibt es zwei Prinzipien, die allgemeine Aussagen über die Gestaltung der Lernumgebung machen und sich daher nicht einem Bestandteil der Lernumgebung zuordnen lassen, sondern als allgemeine Hinweise gesondert clustert werden sollten. Das Ergebnis dieses Gruppierungsversuchs ist in der Abbildung 3.7 zu sehen.

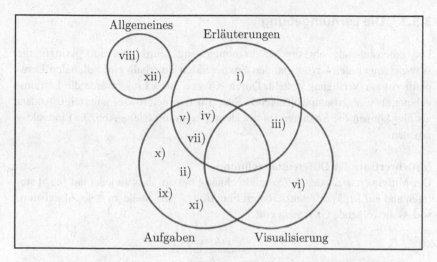

Abbildung 3.7 Gestaltungsprinzipien nach Bestandteilen der Lernumgebung geclustert

3.5 Ein Beispiel: Mittelwertsatz der Differentialrechnung

Um eine mögliche Gestaltung auf Grundlage der vorgestellten Designprinzipien zu demonstrieren, wird nun eine der vom Autor dieser Arbeit entwickelten Visualisierung vorgestellt. Es handelt sich dabei um eine Veranschaulichung zum Mittelwertsatzes der Differentialrechnung (siehe auch Wilzek, 2019). Die Visualisierung wurde ausgewählt, da sie besonders exemplarisch für die anderen Lernumgebungen steht, weil in ihr fast alle Designprinzipien umgesetzt werden konnten.

Im Folgenden werden der Aufbau der Visualisierung und die dabei beachteten Designprinzipien erläutert. Dabei wird sich zeigen, dass es bei einem einzelnen Lerngegenstand nicht immer sinnvoll ist, alle Designprinzipien umzusetzen. Es handelt sich bei den Prinzipien also nicht um für das Lernen absolut notwendige Gesetze, sondern vielmehr um einen Leitfaden zur Orientierung. Zum

Abschluss wird auf die Frage eingegangen, welche Lernziele mit den interaktiven dynamischen Visualisierungen verfolgt werden können.

3.5.1 Die Lernumgebung

Die untenstehende abgedruckte Lernumgebung wurde bis auf geringfügige Abweichungen des Layouts so den Studierenden innerhalb einer digitalen Lernplattform zur Verfügung gestellt. Durch Klicken eines Links wurde die Lernumgebung als eine zusammenhängende Seite im Internetbrowser angezeigt. Anders als hier können die Studierenden mit dem Diagramm (siehe Abb. 3.8) interaktiv arbeiten.

Mittelwertsatz der Differentialrechnung

Der Mittelwertsatzes der Differentialrechnung besagt, dass zu jeder auf $[a, b]$ stetigen und auf $[a, b]$ differenzierbaren Funktion f eine Stelle $x_0 \in {}]a, b[$ existiert, sodass die folgende Gleichung gilt:

$$f'(x_0) = \frac{f(b) - f(a)}{b - a}.$$

Geometrisch kann man das so deuten, dass eine Stelle x_0 existiert, an der die Tangentensteigung gleich der Steigung der Sekante durch $(a, f(a))$ und $(b, f(b))$ ist.

In der Visualisierung ist die Funktion $f : \mathbb{R} \to \mathbb{R}$ mit $f(x) = x^3 + 2x^2 + 2$ gegeben, wobei durch Ziehen der blauen Punkte das Intervall $[a, b]$, auf das die Funktion eingeschränkt wird, verändert werden kann (a sollte aber links von b bleiben). Die Sekante und die Tangente (bzw. Tangenten) mit den zugehörigen Stellen x_0 und x_1 passen sich dabei dem betrachteten Intervall $[a, b]$ dynamisch an.

Reflexionsanregungen und Arbeitsaufträge:

- Verändern Sie das Intervall $[a, b]$ einige Male, bis Sie die Gültigkeit des Satzes geometrisch nachvollzogen haben.
- Kann man mithilfe der Visualisierung auch den Satz von Rolle darstellen?
- Warum wird bei dieser Funktion die Tangentensteigung manchmal an einer, manchmal an zwei, nie aber an drei oder mehr Stellen angenommen?
- Erklären Sie die folgende alternative Formulierung des Mittelwertsatzes: Die mittlere Steigung der Funktion im Intervall $[a, b]$ wird in einem inneren Punkt

auch angenommen. (Hinweis: in dieser Formulierung erkennt man, woher der Satz seinen Namen hat.)

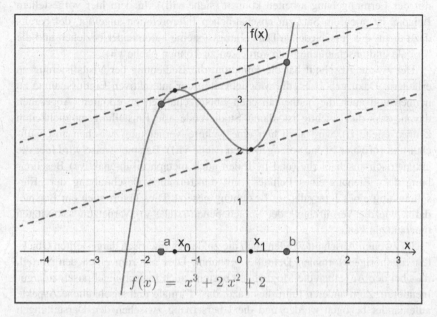

Abbildung 3.8 Interaktive dynamische Visualisierung zum Mittelwertsatz der Differentialrechnung

3.5.2 Erläuterungen zum Aufbau der Lernumgebung und Bewertung der Designprinzipien

Vor der eigentlichen interaktiven dynamischen Visualisierung steht ein zusammenhängender Text, der dazu dient, das Lernen mit der Visualisierung anzuleiten (siehe **i**)). Dieser Text ist nach dem Prinzip „so viel wie nötig, so wenig wie möglich" (siehe **iii**)) konzipiert und befindet sich direkt über der Visualisierung im selben Fenster des Internetbrowsers, damit die oder der Lernende nicht zwischen verschiedenen Materialien hin und her wechseln muss (siehe **viii**)).

Der Text gliedert sich in drei Abschnitte. Im ersten dieser Abschnitte wird die Aussage des Satzes oder der Definition, um die es in der Lernumgebung geht, aus dem Skript der Lehrveranstaltung zitiert. Auch dies dient dazu, dass alle wichtigen Informationen gebündelt repräsentiert werden und Lernende ausschließlich mit der Lernumgebung arbeiten können (siehe **viii**)). In dem hier vorgestellten Beispiel ist noch ein Satz zur anschaulichen Interpretation angefügt, der bereits dazu dient, die verschiedenen Darstellungssysteme aufeinander beziehen und die formale und anschauliche Seite vernetzen zu können (siehe **vii**)).

Der zweite Abschnitt hat die Funktion, die Bedienung der Visualisierung zu erläutern. Dazu gehört es, die Möglichkeiten der interaktiven Einflussnahme zu nennen und auch die mathematischen Entsprechungen zu erklären. Abgesehen davon, dass dies wichtig ist, damit Studierende alle Einstellungsmöglichkeiten kennen (siehe **i**)), wird auch hier eine weitere Vernetzung zwischen anschaulicher und formaler Ebene vorangetrieben (siehe **vii**)). Beispielsweise wird hier die geometrisch-anschauliche (und in Teilen auch metaphorisch-enaktive) Beschreibung des „Ziehens eines Punktes" mit der formalen Beschreibung der „Einschränkung eines Intervalls" in Beziehung gesetzt. Dies liefert auch ein Beispiel dafür, wie die Vermischung der Sprachebenen (siehe **v**)) Vernetzungsaktivitäten unterstützen kann.

Im zweiten Abschnitt werden auch die zu den geometrisch dargestellten Objekten zugehörigen formalen Definition genannt. Dies hat zum einen den Vorteil, dass bei den Aufgaben die Möglichkeit besteht, auch logisch-algebraisch zu argumentieren. Zum anderen führt dies dazu, dass formale und anschauliche Aspekte aufeinander bezogen werden und die Übersetzung zwischen den Darstellungen besser gelingt.

Der letzte Abschnitt des Textes enthält Aufgaben und Denkanstöße und ist daher mit der Bezeichnung „Reflexionsanregungen und Arbeitsaufträge" betitelt. Durch diesen Abschnitt sollen die Lernenden auf die wesentlichen Aspekte gelenkt und ihr Lernprozess dadurch entschleunigt werden (siehe **ii**)).

Der erste Arbeitsauftrag dient als „Türöffner", da es lediglich um die Bedienung der interaktiven Visualisierung geht. Hiermit soll sichergestellt werden, dass die Lernenden das Kernelement der Visualisierung erfassen. Die Aufgabe ist damit eher geschlossen formuliert, was man auch an der Verwendung des Imperativs gegenüber der Frageform in den folgenden Aufgaben sieht (siehe **x**)).

Die zweite Aufgabe ist auch daher etwas offener formuliert als die Erste, weil nicht vorweggenommen wird, ob es möglich ist, den Satz von Rolle auch mit dieser Visualisierung darzustellen. Auch wird keine Begründung der Antwort eingefordert. Dies scheint aber ohnehin nur dann relevant zu sein, wenn eine Begründung bewertet werden soll, da eine Antwort, die nicht auf bloßem

Raten basiert, eine Begründung zumindest im Denken der Lernenden voraussetzt. Des Weiteren ist die zweite Aufgabe ein Beispiel dafür, wie die Vernetzung zu verwandten Sätzen angeregt werden kann (siehe **xi**)).

Im dritten Arbeitsauftrag kommt das Prinzip der Differenzierung in zweierlei Hinsicht zum Tragen (siehe **ix**)). Zum einen handelt es sich hierbei um eine Argumentationsaufgabe, die grundsätzlich als anspruchsvoller als der erste Arbeitsauftrag angesehen werden kann. Somit steigt der Schwierigkeitsgrad von Aufgabe zu Aufgabe. Zum anderen wird hier nicht vorgegeben, welches Niveau die Argumentation aufweisen soll. Daher findet bei dieser Aufgabe auch eine Selbstdifferenzierung statt. Studierende können die Behauptung durch Betrachten einiger charakteristischer Fälle begründen. Sie können aber auch den Krümmungsverlauf des dargestellten Graphen als Argumentationsbasis heranziehen. Da die algebraische Funktionsvorschrift bekannt ist, ist schließlich auch eine algebraische Begründung möglich, die wohl als die Anspruchsvollste anzusehen ist, sofern man rechnerisch bestimmen möchte, für welche Wahl von a und b es eine oder zwei Stellen gibt.

Der letzte Arbeitsauftrag geht auf die Namensherkunft des Satzes ein, stellt damit einen Beitrag zur persönlichen Sinnstiftung dar und kann auch eine mnemotechnische Stütze sein. Diese Aspekte wurden nicht als eigene Designprinzipien vorgestellt, da angenommen wird, dass die interaktive dynamische Visualisierung für sich schon sinnstiftend und gedächtnisunterstützend wirkt. Außerdem gibt es nur wenige Beispiele, wo über die eigentliche Veranschaulichung hinaus, eine Möglichkeit der weiteren Unterstützung dieser beiden Aspekte möglich ist.

Unter diesem dreigeteilten Textblock befindet sich die interaktive dynamische Visualisierung. In diesem Beispiel wurde versucht, die Anzahl der dargestellten Objekte zu reduzieren (siehe **iii**)), um eine gute Übersichtlichkeit zu ermöglichen. Auch die Einstellungsmöglichkeiten des Nutzers sind nach diesem Prinzip geringgehalten, sodass auch der Grad an Interaktivität relativ niedrig ist (siehe **vi**)). Dazu muss aber auch gesagt werden, dass der hier visualisierte Satz wenige veränderbare Größen enthält. Bei anderen Lerngegenständen kann es daher angemessen sein, den Grad an Interaktivität höher zu gestalten. Beim Mittelwertsatz der Differentialrechnung ließe sich noch die Möglichkeit, die betrachtete Funktion zu verändern, einarbeiten.[15]

---

[15] Eine völlig freie Eingabe des Beispiels erhöht aber den Programmieraufwand, da die Visualisierung die Stellen x_0, x_1 usw. berechnen muss, ohne dass die Anzahl aller Stellen klar ist. Alternativ könnte man auch weitere vorgefertigte Beispiele einbeziehen, zwischen denen die Lernenden wechseln können. Möglicherweise könnte hier auch ein Gegenbeispiel interessant sein, aber wie kann mit der Visualisierung dargestellt werden, dass es keine Stelle x_0 gibt? Es

Von den zwölf Designprinzipien wurde bisher auf zwei nicht eingegangen. So stellt sich die Frage, ob die hier vorgestellte Visualisierungen auch einen geeigneten Satz veranschaulicht (siehe **xii**)). Zwar scheint der Mittelwertsatz der Differentialrechnung zunächst kein dynamisches Element aufzuweisen, doch lassen sich manche Begriffe durch geeignete Maßnahmen, wie hier die Idee, die Einschränkung des Intervalls zu verändern, zeigt, dynamisieren (Danckwerts & Vogel, 2003). Auch ist der Mittelwertsatz der Differentialrechnung ein zentraler Satz der Theorie, da er in vielen Beweisen gebraucht wird (Forster, 2016). Trotz seiner anschaulich betrachtet einfachen Aussage, kann der Mittelwertsatz für Lernende Schwierigkeiten mit sich bringen, da es womöglich für die Studierenden der erste Satz über eine nichtkonstruktive Existenz ist. Somit lohnt es sich, bei diesem Lerngegenstand eine Hilfestellung anzubieten.

Das einzige Designprinzip, welches in der vorgestellten Lernumgebung überhaupt keine Berücksichtigung findet, betrifft das Aufzeigen der Grenzen der Anschauung (siehe **iv**)). Bei dem veranschaulichten Satz scheinen Fehlvorstellungen aufgrund des Versagens der Anschauung eher unwahrscheinlich, da Prozesse der Unendlichkeit nicht im Fokus der Betrachtung stehen. Grenzen der Anschauung können nur da angesprochen werden, wo sie deutlich erkennbar sind.

3.5.3 Einordnung der Lernumgebung in die Taxonomie von Ainsworth

Da jetzt ein konkretes Beispiel für die interaktiven dynamischen Visualisierungen zur Verfügung steht, lässt sich die noch ausstehende Einordnung in die Taxonomie für die verschiedenen Funktionen von MERs von Ainsworth durchführen. Anschließend wird diskutiert, welche der im zweiten Kapitel erarbeiteten Funktionen der Anschauung bei den interaktiven dynamischen Visualisierungen eine Rolle spielen können. Das in Abschnitt 3.5.1 vorgestellte Beispiel soll dabei exemplarisch für die Konzeption der interaktiven dynamischen Visualisierungen im Allgemeinen stehen.

Ainsworth sagt, dass die meisten MERs mehrere Ziele gleichzeitig verfolgen. Auch bei der hier vorgestellten Visualisierung lassen sich mehrere Intentionen feststellen. So ist es möglich, zu allen drei Oberkategorien der Taxonomie verfolgte Ziele anzubringen. Auch wenn die Lernumgebungen mit interaktiven

---

wäre ein anderer Mechanismus nötig, sodass eine solche Lernumgebung wieder komplizierter und damit kognitiv belastender sein würde.

dynamischen Visualisierungen in sich bereits mehrere Darstellungen zusammenbringen, wirken diese vor allem dann als MER, wenn die zugehörige formale Präsentation des visualisierten Stoffes dazugezählt wird.

Dadurch, dass neben der formalen Darstellung auch eine anschauliche angeboten wird, wird das Ziel der „Ergänzung" verfolgt. Zwar kann von einer Aufteilung der Informationen auf verschiedene Repräsentationsformen nicht die Rede sein, da die formale Darstellung der Theorie bereits alle relevanten Informationen enthalten sollte, doch werden verschiedene Blickwinkel und Herangehensweisen offenbart, was den verschiedenen Lerntypen und unterschiedlichen heuristischen Strategien zugutekommt. Die Visualisierung verfolgt also das Ziel, durch Elaboration des Vorlesungsstoffes visuelle Lerntypen zu unterstützen und für alle Lernende heuristische Mittel zur Verfügung zu stellen.

Auch die einenge Funktion von MERs wird gebraucht. Ob dies aber lediglich ein Mittel zum Zweck ist oder als eigentliches Lernziel fungiert, hängt davon ab, wie man zur Frage steht, ob Anschauung ein Bildungsziel des Hochschulstudiums sein sollte. Geplottete Funktionsgraphen enthalten nicht alle nötigen Informationen, sodass erst durch die Angabe eines Funktionsterms diese uneindeutige Darstellung auf die intendierte Form eingeengt wird. Im vorgestellten Beispiel kann man beispielsweise nur anhand des dargestellten Graphen nicht erkennen, auf welchem Definitionsbereich die Funktion definiert ist und ob es sich tatsächlich um eine ganzrationale Funktion dritten Grades oder um eine ähnlich aussehende Funktion handelt.

Durch die verbalen Erläuterungen wird bei einigen Visualisierungen versucht, unvertraute Repräsentationen auf die intendierten Interpretationen einzuengen. Im vorgestellten Beispiel scheint dies nicht nötig zu sein, da das verwendete Darstellungssystem bereits aus dem Schulunterricht bekannt sein sollte. Nomogramme, wie sie zum Beispiel in Abbildung 2.1 dargestellt sind, werden aber in der Regel nicht in der Schule behandelt und müssen durch weitere Repräsentationen erklärt werden. Ainsworth denkt vermutlich weniger an einen Text, der die Darstellung auf einer Metaebene erklärt, sondern an eine alternative Darstellung derselben Funktionen. Bei der letzten Variante würde aber die Übersichtlichkeit der Lernumgebung leiden und damit die kognitive Belastung steigen.

Das letzte Ziel nach Ainsworths Taxonomie ist die Förderung eines tiefen Verständnisses. Doch kann nicht die Rede davon sein, dass die Visualisierungen dazu dienen, die Abstraktion zu fördern. Stattdessen geht es eher darum, den hohen Abstraktionsgrad der formalen Mathematik durch konkrete Betrachtungen herabzusetzen. Es kann auch nicht von einer Verallgemeinerung des Wissens gesprochen werden, da die formale Theorie bereits den höchsten Allgemeinheitsgrad aufweist. Doch kann das Repertoire an bekannten Beispielen erweitert werden, indem in der Visualisierung bisher nicht betrachtete Beispiele verwendet werden. Dieser Lernzuwachs ist aber nicht direkt auf die Verwendung verschiedener Darstellungssysteme zurückzuführen. Der letzte Aspekt, den Ainsworth unter der Förderung eines tiefen Verständnisses nennt, ist dafür besonders relevant. Die Vernetzung der Darstellungssysteme ist eines der Designprinzipien und damit selbstredend auch ein Ziel der Lernumgebung.

Von den sechs Funktionen der Anschauung, die im zweiten Kapitel dieser Arbeit entwickelt wurden, bedient die interaktive dynamische Visualisierung vor allem die Funktion der Verstehens- und Lernhilfe sowie die der Bedeutungsvermittlung und Sinnstiftung. Die Verstehens- und Lernhilfe macht sich dadurch bemerkbar, dass visuelle Lerntypen einen passenden Zugang zum Vorlesungsstoff erhalten und dass durch die interaktive dynamische Visualisierung das Bilden eines mentalen Modells angeregt und so das Gedächtnis unterstützt wird. Ein Schwerpunkt der Visualisierung liegt außerdem auf der Vernetzung der anschaulichen und der formalen Ebene, sodass die semantischen Aspekte der Anschauung auf die formalen Gegenstände übertragen werden können, was letztere mit Bedeutungen anreichert und zu einer Sinnstiftung führt.

Auf indirektem Wege können aber letztlich alle Funktionen der Anschauung mithilfe der Visualisierung angesprochen werden. Beispielsweise können Ideen für anschauliche Beweise angeregt werden, die wiederum zu heuristischen Zwecken benutzt werden können. Auch werden in der Lernumgebung anschauliche Kommunikationsformen implizit verwendet und können daher von den Studierenden übernommen werden. Schließlich können ontologische Fragen angestoßen werden. Ist durch die Visualisierung ein geeignetes Modell für eine erdachte Struktur gefunden worden? Oder trifft die anschauliche Darstellung den Kern des mathematischen Begriffs treffender und die formale Definition dient nur der besseren logischen Handhabe?

Abschließend lässt sich sagen, dass mit den hier vorgestellten Visualisierungen eine große Reihe von Lernzielen verfolgt werden kann. Dennoch sollten auch andere Ideen der Umsetzung von Anschauung in der Hochschullehre durchdacht und erprobt werden. So können anschauliche Elemente auch in der Vorlesung selbst, in den Übungsgruppen und in den Hausaufgaben eingebunden werden.

Neben der mehrfachen informellen Evaluation der interaktiven dynamischen Visualisierungen wurde auch eine Interviewstudie durchgeführt, bei der untersucht wurde, welche anschaulichen Elemente in den Beweisprozessen von Studierenden, deren Lernprozesse durch interaktive dynamische Visualisierungen unterstützt wurden, vorkommen. Neben der Identifikation solcher Elemente wurde auch deren Potenzial für die Beweisführung bewertet.

Anschauliche Elemente in Beweisprozessen von Studierenden

4

In diesem Kapitel wird eine empirische Forschung beschrieben, die im Rahmen des Dissertationsvorhabens neben den bereits dargestellten theoretischen Auseinandersetzungen stattgefunden hat. Durch einen theoretischen und empirischen Blick wird eine facettenreiche Diskussion bezüglich der Rolle der Anschauung ermöglicht. Anders als in anderen mathematikdidaktischen Arbeiten nimmt diese Untersuchung einen geringeren Teil der gesamten Arbeit ein, was der Tatsache geschuldet ist, dass neben den noch folgenden empirischen Forschungsfragen auch theoretische Forschungsfragen zu beantworten waren.

Aus theoretischer Sicht kann Anschauung auf eine Weise in die Hochschullehre integriert werden, die nicht mit den wissenschaftlichen Standards des Faches im Konflikt steht. Mit der Konzeption interaktiver dynamischer Visualisierungen wurde auch bereits eine Möglichkeit vorgestellt, wie eine Einbindung von anschaulichen Lernanteilen möglich ist. Doch führt diese Maßnahme auch in der Praxis zu wünschenswerten Effekten oder kommt es zu Problemen, da sich Studierende nicht kritisch genug mit anschaulichen Methoden auseinandersetzen? Ist die intendierte Einführung in die mathematische Kultur durch nicht-strenge Methoden gefährdet? Diese Fragen wurden durch eine empirische Erhebung angegangen.

Dazu erhielten Studierende der Analysis Zugang zu Visualisierungen zu ausgewählten Themen der Analysis. Ein Teil der Probandinnen und Probanden konnte auch mit einer Visualisierung zum Begriff der gleichmäßigen Stetigkeit arbeiten. In einer späteren Interviewstudie wurde dann der Umgang mit Anschauung der

Elektronisches Zusatzmaterial Die elektronische Version dieses Kapitels enthält Zusatzmaterial, das berechtigten Benutzern zur Verfügung steht https://doi.org/10.1007/978-3-658-35361-2_4.

W. Wilzek, *Zum Potenzial von Anschauung in der mathematischen Hochschullehre*, Essener Beiträge zur Mathematikdidaktik, https://doi.org/10.1007/978-3-658-35361-2_4

Probandinnen und Probanden bei Aufgaben zum Themenbereich der gleichmäßigen Stetigkeit beobachtet, die die Studierenden während der Interviews bearbeiteten. Der Begriff der gleichmäßigen Stetigkeit soll dabei exemplarisch auch für andere Begriffe stehen. Er wurde ausgewählt, da er in der Regel mittig im Curriculum der Analysis 1 steht und so Studierende bereits in der Hochschulmathematik „angekommen" sind, aber auch noch keinem Vorbereitungsstress für die Klausur ausgesetzt sind. Der Begriff der (punktweisen) Stetigkeit wurde nicht als zentraler Begriff der Erhebung ausgewählt, da es bereits Untersuchungen zu diesem Thema gibt (vgl. Arend, 2017) und Studierende möglicherweise durch schulische Vorerfahrungen stärker vorbelastet sind als bei der gleichmäßigen Stetigkeit. Außerdem muss der Begriff der gleichmäßigen Stetigkeit auch in Abgrenzung zu anderen Begriffen beherrscht werden. Der Begriff der gleichmäßigen Stetigkeit ist somit reichhaltiger. Nachteilig ist, dass es sich um ein verhältnismäßig schwieriges Thema handelt. Dennoch sollen gerade authentische Problemlöseprozesse beobachtet werden, damit heuristische Aspekte der Anschauung überhaupt erst zum Tragen kommen können.

Bevor die empirische Umsetzung des Forschungsvorhabens geschildert wird, findet zunächst eine stoffdidaktische Analyse statt. Diese dient als Grundlage zur Konstruktion der Instrumente und zur Auswertung der Daten. Weitere theoretische Bausteine sind nicht nötig, da die theoretischen Ausführungen der vorangegangenen Kapitel zur Verfügung stehen. Nachdem das Erhebungsdesign nach der stoffdidaktischen Analyse in klassischer Weise vorgestellt wird, folgt eine Darstellung der Ergebnisse. Anschließend werden diese verdichtet und es schließt sich eine abschließende Diskussion an.

4.1   Stoffdidaktische Analyse

Da die durchgeführte Erhebung im Themenbereich der Stetigkeit angesiedelt ist und sich auf die gleichmäßige Stetigkeit konzentriert, sind über die bisherigen theoretischen Ausführungen hinaus auch fachliche Hintergründe zu diesen beiden mathematischen Begriffen unter anderem für die Konstruktion des Erhebungsinstruments notwendig. In einer stoffdidaktischen Analyse werden daher zunächst die historische Entwicklung und die grundlegenden Eigenschaften der Begriffe vorgestellt sowie die Einbettung in die Theorie erläutert. Nach dieser fachlichen Klärung werden dann auch stärker didaktisch orientierte Aspekte wie Vorstellungen, Prototypen und Fehlvorstellungen zu dem Themenbereich der Stetigkeit vorgestellt. Da hier keine umfangreiche stoffdidaktische Analyse des Themenkomplexes Stetigkeit erfolgen kann, konzentrieren sich die Ausführung auf die

Aspekte, die für die Konstruktion der Erhebungsinstrumente und für die Analyse der Interviews relevant sind.

4.1.1 Der Begriff der (gleichmäßigen) Stetigkeit

Es wurde bereits darauf aufmerksam gemacht, dass die übliche deduktive Darstellung von Mathematik nicht dem historischen Prozess der Theoriegenese entsprechen muss. Daher ist es lohnend, die geschichtliche Entwicklung der Begrifflichkeiten nachzuvollziehen. Zum Beispiel geht der Ansatz der epistemologischen Hindernisse davon aus, dass die Schwierigkeiten, die bei der Entwicklung der Theorie auftraten, auch potenzielle Hürden für individuelle Lernbiografien sein können (Radford, 1997). Eine ausführliche Beschreibung der historischen Genese der Stetigkeit ist bei Arend (2017, S. 12–30) zu finden, von der hier nur einige Eckpunkte vorgestellt werden können.

4.1.1.1 Historischer Aufriss

Bereits im 17. Jahrhundert, das als Entstehungszeit der Analysis gilt, wurden erste Überlegungen zu Phänomenen, die mit dem heutigen Begriff der Stetigkeit zusammenhängen, angestellt. Da in diesem Zeitraum nur ein Vorläufer des modernen Funktionsbegriffs zur Verfügung stand, hatten auch die Überlegungen zur Stetigkeit einen vorläufigen Charakter. Leibniz beschäftigte sich mit der Stetigkeit auf eine metaphysische Weise, indem er auf Gedanken der griechischen Philosophie aufbaute. Stetigkeit wurde bei ihm im Zusammenhang mit dem Begriff der Kontinuität diskutiert. Dabei ging es um die Frage, ob eine physikalische „Größe" Sprünge machen kann.[1] Leibniz formulierte auch eine mathematische Fassung der Stetigkeit, die aber zunächst kaum beachtet wurde (Arend, 2017, S. 12–30).

Im Zuge der Entwicklung des Funktionsbegriffs wird auch die Frage nach der Stetigkeitseigenschaft diskutiert. Leonard Euler, der eine Definition von Funktion verwendete, bei der die Funktion mit einem analytischen Ausdruck in Verbindung gebracht wird, charakterisierte Funktionen als stetig, wenn sie nicht abschnittsweise definiert sind. Dementsprechend sind nach dieser Definition alle abschnittsweise definierten Funktionen unstetig, auch wenn links- und rechtsseitiger Grenzwert übereinstimmen. Durch die neu auftretenden Funktionstypen, die als Lösungen von Differentialgleichungen gewonnen wurden, kam im 18. Jahrhundert das Bedürfnis auf, Funktionen zu klassifizieren. Der französische Mathematiker Louis

---

[1] Diese historische Vorstufe der Stetigkeit ist nach wie vor als nicht-strenge anschauliche Vorstellung verbreitet (siehe Abschnitt 4.1.2).

F. A. Arbogast unterschied dafür zwischen abschnittsweise definierten Funktionen mit und ohne übereinstimmenden Grenzwerten an den Rändern der Abschnitte, wobei er letztere als *„discontinuous"* bezeichnete. Eine weitere Annäherung an den modernen Stetigkeitsbegriff wurde durch Lagrange im Jahre 1797 erreicht, der durch Formulierungen wie „kleiner als jede gegebene Größe" bereits den Epsilon-Delta-Mechanismus des modernen Stetigkeitsbegriffs vorwegnahm (ebd., S. 16–20).

Auf die im 19. Jahrhundert beginnende Strengewelle in der Mathematik wurde bereits im zweiten Kapitel dieser Arbeit ausführlich eingegangen. Cauchy (und auch Bolzano, der aber kaum beachtet wurde,) reformierte die Konzepte der Analysis, um Strenge in der Analysis herzustellen. Dabei wurde die Idee des Grenzwertes zum zentralen Fundament der Analysis, wobei jeder Grenzwert wiederrum als eine Aussage über Ungleichungen ausgedrückt werden konnte. Während bei Cauchy Ungleichungen nur in Beweisen verwendet wurden[2] und die neuen Definitionen von Grenzwert und Stetigkeit durch verbale Umschreibungen erfolgten, gebrauchte Weierstraß als Erster Ungleichungen auch in den Definitionen. So kommt Weierstraß' Definition bereits sehr nahe an die moderne Stetigkeitsdefinition heran (ebd. S. 20–29). In einer Version von 1874 definiert Weierstraß, was eine stetige Funktion sei, mit folgenden Worten:

Wir nennen dabei eine Grösse y eine stetige Function von x, wenn man nach Annahme einer Grösse ε die Existenz von δ beweisen kann, sodass zu jedem Wert zwischen $x_0 - \delta \ldots x_0 + \delta$ der zugehörige Wert von y zwischen $y_0 - \varepsilon \ldots y_0 + \varepsilon$ liegt (zitiert nach Hairer & Wanner, 2011, S. 221).

Nachdem ein grober Verlauf der Entwicklung des Stetigkeitsbegriffs skizziert wurde, stellt sich nun die Frage, zu welchem Zeitpunkt der Begriff der gleichmäßigen Stetigkeit aufgekommen ist und welche Überlegungen zu seiner Entstehung geführt haben. Cauchy unterscheidet in seinen Lehrwerken noch nicht zwischen einer „gewöhnlichen"[3] und einer gleichmäßigen Stetigkeit (Hairer & Wanner, 2011, S. 211). Die einzige Art von Stetigkeit die Cauchy definiert, ist so beschrieben, dass man sich darüber streiten kann, ob die aus heutiger Sicht

---

[2] Im Beweis des Zwischenwertsatzes verwendet Cauchy aber bereits die heutige Epsilon-Delta-Beweistechnik. Auf ihn geht auch die Verwendung des griechischen Buchstaben ε zurück, der vermutlich für das französische Wort *erreur* (Fehler) steht. Man kann also Cauchy als Erfinder der Epsilontik betrachten (Arend, 2017, S. 22–23).

[3] Um die beiden Begriffe „Stetigkeit" und „gleichmäßige Stetigkeit", die in einem gewissen Sinne beide Spielarten einer übergeordneten Stetigkeitsidee sind, besser unterscheiden zu können, wird in dieser Arbeit manchmal von „gewöhnlicher Stetigkeit" statt einfach nur von „Stetigkeit" gesprochen. Gemeint ist damit die punktweise Stetigkeit.

gewöhnliche oder gleichmäßige Stetigkeit definiert wird (Arend, 2017, S. 24). Vermutlich war sich Cauchy der Relevanz der Unterscheidung nicht bewusst, denn, wie schon an anderer Stelle beschrieben wurde, hatte Cauchys Theoriegebäude auch eine Schwäche bei der Übertragung von Stetigkeit in Funktionsfolgen, sodass erst im Nachhinein eine Unterscheidung zwischen punktweiser und gleichmäßiger Konvergenz getroffen wurde (siehe Abschnitt 2.2.3).

Im Rahmen der Vorlesungen, die Dirichlet 1854 und Weierstraß 1861 hielten, entwickelte sich die Unterscheidung zwischen einer gewöhnlichen und einer gleichmäßigen Stetigkeit. Erst im Jahre 1870, wurde die neue Stetigkeitsvariante in einer Veröffentlichung von Heinrich Eduard Heine offiziell publiziert. Heine bewies zwei Jahre später den bekannten Satz, dass stetige Funktionen auf kompakten Intervallen gleichmäßig stetig sind (Hairer & Wanner, 2011, S. 235–237).

4.1.1.2 Vergleich zwischen Stetigkeit und gleichmäßiger Stetigkeit

Im empirischen Teil dieser Arbeit geht es vor allem um den Begriff der gleichmäßigen Stetigkeit. Um diesen aber vollständig durchdringen zu können, ist es entscheidend, diesen von der gewöhnlichen Stetigkeit abgrenzen zu können. Deswegen wird im Rahmen der stoffdidaktischen Analyse nun ein Vergleich der beiden Stetigkeitsarten vorgenommen. Dazu müssen aber zunächst die gängigen Definitionen zu den beiden Begriffen zusammengetragen werden.

Die folgenden Definitionen stammen zum größten Teil aus Lehrwerken, werden aber auch durch Definitionen aus dem Autor bekannte Vorlesungsskripten ergänzt. Es ist nämlich davon auszugehen, dass aufgrund der Öffentlichkeit eines Lehrwerks die Theorie in einem formaleren Gewand präsentiert wird und damit die Realität der Lehre nur bedingt erfasst werden kann.

Eine heute übliche Fassung der Stetigkeitsdefinition von Weierstraß steht in Hairer und Wanner (2011, S. 221):

Sei A eine Untermenge von $\mathbb{R}$ und $x_0 \in A$. Die Funktion $f : A \to \mathbb{R}$ ist stetig bei x_0, wenn zu jedem $\varepsilon > 0$ ein $\delta > 0$ existiert, so dass für alle $x \in A$ mit $|x - x_0| < \delta$ gilt $|f(x) - f(x_0)| < \varepsilon$, oder in Symbolen:

$$\forall \varepsilon > 0 \ \exists \delta > 0 \ \forall x \in A : |x - x_0| < \delta \Rightarrow |f(x) - f(x_0)| < \varepsilon.$$

Die Funktion $f(x)$ heißt stetig, falls sie bei allen $x_0 \in A$ stetig ist.[4]

---

[4] Zur logischen Klarheit wurde in der symbolischen Fassung der Stetigkeitsdefinition ein Implikationspfeil ergänzt.

In dieser Definition sind bereits zwei Definitionsvarianten erkennbar. Einmal kann nach der Nennung der gegebenen Objekte die eigentliche Stetigkeitsbedingung auf eine Zeile in rein symbolischer Form konzentriert werden oder die logischen Zeichen werden durch verbale Beschreibungen umschrieben. Im zweiten Fall ist es auch möglich, die Reihenfolge der Delta- und der Epsilon-Ungleichung zu vertauschen. Dies kann beispielsweise in verschiedenen Vorlesungsskripten der Universität Duisburg-Essen, weniger aber in publizierten Lehrwerken beobachten werden.[5] Die folgende Definition stammt aus einer an der Universität Duisburg-Essen gehaltenen Vorlesung:

Sei $f : \mathbb{R} \to \mathbb{R}$ eine Funktion. f heißt stetig in x_0, genau dann, wenn folgendes gilt: Zu jedem $\varepsilon > 0$ existiert ein $\delta > 0$, sodass $|f(x) - f(x_0)| < \varepsilon$ gilt für alle $x \in \mathbb{R}$ mit $|x - x_0| < \delta$.

Wenn bereits Grenzwerte von Funktionen definiert worden sind, ist es auch möglich die Definition der Stetigkeit auf die Definition von Funktionsgrenzwerten zurückzuführen. So geht beispielsweise Forster (2016, S. 110) vor:

Sei $f : D \to \mathbb{R}$ eine Funktion und $a \in D$. Die Funktion f heißt *stetig* im Punkt a, falls $\lim_{x \to a} f(x) = f(a)$. f heißt stetig in D, falls f in jedem Punkt von D stetig ist.[6]

Stetigkeit kann auch über ein Folgenkriterium eingeführt werden. In der Regel wird diese sogenannte Folgenstetigkeit aber nicht als definierende Eigenschaft verwendet, sondern nachdem Stetigkeit bereits anders definiert worden ist als beweisbares Kriterium zum Nachweis der Stetigkeit angeführt. So etwa in Hildebrandt (2006, S. 145):

Eine Funktion $f : M \to \mathbb{R}^d$ ist genau dann in $x_0 \in M$ stetig, wenn $f(x_p) \to f(x_0)$ für jede Folge von Elementen $x_p \in M$ mit $x_p \to x_0$ gilt.

In diesem Lehrwerk wird anders als in den meisten Lehrwerken zur Analysis 1 der Fall von mehrdimensionalen Funktionen direkt mitberücksichtigt. Um diesen Satz mit den anderen Definitionen vergleichen zu können, kann $d = 1$ gesetzt werden.

Fünf weitere Möglichkeiten, Stetigkeit zu definieren, werden in Greefrath, Oldenburg, Siller, Ulm und Weigand (2016, S. 141) genannt, von denen hier nur drei zitiert werden:

---

[5] In Forster (2016, S. 119) lässt sich eine ähnliche Formulierung finden. Allerdings nicht als Definition der Stetigkeit, sondern als äquivalentes Kriterium für Stetigkeit, welches als Satz bewiesen wird.

[6] In diesem Werk wird vorher erklärt, dass die Menge D eine Teilmenge von $\mathbb{R}$ ist. Auf solche Details, die für die formale Korrektheit der Definitionen relevant sind, wird in den folgenden Fällen nicht weiter eingegangen.

Vertauschbarkeit von Funktionsanwendung und Grenzwertbildung: Eine Funktion f ist stetig in x_0, wenn gilt: $\lim\limits_{x \to x_0} f(x) = f\left(\lim\limits_{x \to x_0} x\right)$.

[...]

Umgebungsstetigkeit in Umgebungsformulierung: Eine Funktion f ist stetig in x_0, wenn es zu jeder offenen Umgebung V von $f(x_0)$ eine offene Umgebung U von x_0 gibt, sodass $f(U) \subset V$.

Approximierbarkeit durch eine Konstante: Eine Funktion f ist stetig in x_0, wenn sie durch eine konstante Funktion g mit $g(x) = a, a \in \mathbb{R}$, gut in dem Sinne approximiert werden kann, dass der Fehler $R(x) := |g(x) - f(x)|$ im Grenzwert verschwindet: $\lim\limits_{x \to x_0} R(x) = 0 = R(x_0)$.

Während die erste dieser drei Definitionen sehr nahe an der Definition von Stetigkeit über Grenzwerte ist, stellen die anderen beiden Definitionen (zumindest äußerlich) eigenständige Ansätze dar. Die Formulierung mithilfe von Umgebungen hat den Vorteil, dass sie auf metrische Räume verallgemeinert werden kann, da lediglich die Metrik in der Umgebungsdefinition ausgetauscht werden muss. Daher wird diese Definitionsvariante in einigen dem Autor bekannten Vorlesungen erst in der Analysis 2 als Verallgemeinerung der „elementaren" Stetigkeitsdefinition behandelt. Auch die Approximierbarkeitsdefinition scheint als erste Definition häufig vermieden zu werden und wird stattdessen rückwirkend thematisiert, wenn Studierende bereits mit dem Konzept der lokalen Linearisierung oder Taylorapproximation vertraut sind.

Zu den erstgenannten Definitionsvarianten der Stetigkeit gibt es analoge Definitionen für die gleichmäßige Stetigkeit. Eine reine symbolische Fassung ist bei Hairer und Wanner (2011, S. 236) zu finden:

Eine Funktion $f : A \to \mathbb{R}$ heißt gleichmäßig stetig auf A, falls

$$\forall \varepsilon > 0 \; \exists \delta > 0 \; \forall x_0 \in A \; \forall x \in A : |x - x_0| < \delta \Rightarrow |f(x) - f(x_0)| < \varepsilon$$

erfüllt ist.[7]

Diese Definition kann wie im Falle der gewöhnlichen Stetigkeit auch in ausgeschriebener Form erfolgen. Dabei gibt es auch wieder die Möglichkeit die Reihenfolge der Delta- und der Epsilon-Ungleichung zu tauschen. So verfährt Forster (2016, S. 120):

Eine Funktion $f : D \to \mathbb{R}$ heißt in D gleichmäßig stetig, wenn gilt: Zu jedem $\varepsilon > 0$ existiert ein $\delta > 0$, so dass $\left|f(x) - f(x')\right| < \varepsilon$ für alle $x, x' \in D$ mit $\left|x - x'\right| < \delta$.

---

[7] Zur logischen Klarheit wurde ein Implikationspfeil ergänzt.

Die gleichmäßige Stetigkeit bietet keinen so großen „Definitionsreichtum"
wie die gewöhnliche Stetigkeit. Zwar lässt sich auch hier ein Folgenkriterium
formulieren. Dem Autor dieser Arbeit ist aber kein Lehrwerk oder Vorlesungsskript bekannt, in dem dieses genannt wird. Lediglich in einem Mathematikforum
(Matroids Matheplanet, 2020) wurde das folgende Kriterium angedeutet und auch
Beweisskizzen angeboten:

Eine Funktion $f : M \to \mathbb{R}$ ist genau dann auf M gleichmäßig stetig, wenn
$f(x_n) - f(y_n) \to 0$ für jedes Folgenpaar von Elementen $x_n, y_n \in M$ mit $x_n - y_n \to$
0 gilt.

Um die gewöhnliche und die gleichmäßige Stetigkeit auf einer logischen Basis
vergleichen zu können, bietet sich die symbolische Quantorenschreibweise an.
Allerdings ist es nicht direkt möglich „Stetigkeit in einem Punkt" mit „gleichmäßiger Stetigkeit auf einer Menge" zu vergleichen. Da eine Funktion auf einer Menge
per Definition genau dann stetig ist, wenn sie in jedem Punkt dieser Menge stetig
ist, kann man die Quantorenschreibweise aus Hairer und Wanner (2011, S. 221)
entsprechend erweitern

Sei A eine Untermenge von $\mathbb{R}$. Die Funktion $f : A \to \mathbb{R}$ ist stetig auf A, wenn

$$\forall x_0 \in A \; \forall \varepsilon > 0 \; \exists \delta > 0 \; \forall x \in A : |x - x_0| < \delta \Rightarrow |f(x) - f(x_0)| < \varepsilon$$

gilt.
Stellt man diese nun der bereits zitierten Quantorenschreibweise von Hairer und
Wanner (2011, S. 236) zur gleichmäßigen Stetigkeit gegenüber, so stellt man fest,
dass lediglich eine **Vertauschung der Quantoren** stattgefunden hat. Eine Möglichkeit den Unterschied zwischen gewöhnlicher und gleichmäßiger Stetigkeit zu
charakterisieren, besteht also darin auf die Reihenfolge der Quantoren hinzuweisen.

Die Vertauschung der Quantoren führt zu einer anderen Aussage der Stetigkeitsbedingung. Da diese von links nach rechts gelesen wird, kann man im Falle
der gewöhnlichen Stetigkeit erkennen, dass die Existenz des Deltas erst nach der
Auswahl verschiedener Stellen x_0 und verschiedener Werte für Epsilon gefordert
wird. Damit kann der Wert für Delta auf diese beide vorher gesetzten Variablen
„reagieren". Delta ist bei der gewöhnlichen Stetigkeit also im Allgemeinen von
der Wahl von Epsilon und der Stelle x_0 abhängig. Im Falle der gleichmäßigen
Stetigkeit hängt Delta nur von Epsilon ab. Man kann den Unterschied der beiden Stetigkeitsvarianten also auch mit dem **Abhängigkeitsverhalten von Delta**
erklären. Auf diese Charakterisierung weist zum Beispiel Forster (2016, S. 120)
hin.

Während die gewöhnliche Stetigkeit auf einer Menge in jedem Punkte einzeln nachgewiesen werden kann und damit als lokale Eigenschaft bezeichnet wird, ist es nicht möglich, die gleichmäßige Stetigkeit in einem einzelnen Punkt zu definieren. Würde man in der Quantorenschreibweise den „für-alle-x_0"-Quantor entfernen, erhielte man wieder die gewöhnliche Stetigkeit und keine punktweise gleichmäßige Stetigkeit. Damit ist die gleichmäßige Stetigkeit eine globale Eigenschaft. Eine dritte Möglichkeit den Unterschied der beiden Begriffe zu charakterisieren, besteht also darin, auf die **Lokalität oder Globalität** der Definition Bezug zu nehmen. In Hildebrandt (2006, S. 145) wird auf die Lokalität der gewöhnlichen Stetigkeit hingewiesen und dies mit der Tatsache spezifiziert, dass man eine Funktion, die an einer Stelle x_0 stetig ist, außerhalb einer beliebig kleinen Umgebung um x_0 völlig frei verändern kann, ohne dass die Stetigkeit an dieser Stelle verloren geht.

Um den Unterschied zwischen der Lokalität und Globalität deutlich hervorzuheben, kann in der Definition der gleichmäßigen Stetigkeit auch statt der Bezeichnung x und x_0, die eine Fixierung von x_0 wie bei der gewöhnlichen Stetigkeit suggeriert, auch die Bezeichnung x und y gewählt werden. So lässt sich zwar die Reihenfolge der Quantoren zwischen der gewöhnlichen und der gleichmäßigen Stetigkeit schlechter vergleichen, aber die Benennung drückt den gleichberechtigten Charakter der beiden Variablen aus. In einem Vorlesungsskript an der Universität Duisburg-Essen wurde diese Variante verwendet, von der hier nur der Teil mit der Quantorenschreibweise zitiert wird:

$$\forall \varepsilon > 0 \; \exists \delta > 0 \; \forall x, y \in M \text{ mit } \|x - y\| < \delta \text{ gilt } \|f(x) - f(y)\| < \varepsilon.$$

4.1.1.3 Einbettung in die deduktive Theorie

Neben der Gegenüberstellung der beiden Stetigkeitsdefinitionen macht auch die Einbettung in die deduktive Theorie einen wichtigen Aspekt des Begriffsverständnisses aus. Allerdings ist der Begriff der Stetigkeit so zentral, dass hier nicht alle Anwendungen aufgezählt werden können. Im Fokus stehen daher Sätze über die gleichmäßige Stetigkeit und solche, die den Zusammenhang zu anderen Begriffen klären.

Jede gleichmäßig stetige Funktion ist auch stetig, was sich inhaltlich sofort aus dem Abhängigkeitsverhalten von Delta ableiten lässt, denn wenn bei der gleichmäßigen Stetigkeit Delta nur von der Wahl von Epsilon abhängen darf, ist die zusätzliche Abhängigkeit von der Stelle x_0 nur eine Schwächung der Bedingung. Andersherum gibt es aber Funktionen, die zwar stetig aber nicht gleichmäßig stetig sind. Ein Beispiel ist die stetige Funktion $f(x) = \frac{1}{x}$, wenn als Definitionsbereich das Intervall $]0, 1]$ vorliegt. Hier kann Delta nicht unabhängig von der Stelle

x_0 gewählt werden, da ein umso kleineres Delta gewählt werden muss, je näher die Stelle x_0 an Null liegt (Forster, 2016, S. 120–121). In diesem Sinne ist die gleichmäßige Stetigkeit ein stärkerer Begriff als die Stetigkeit.

Heine konnte aber im Jahr 1872 eine Bedingung finden, unter der stetige Funktionen auch gleichmäßig stetig sein müssen. Der so genannte Satz von Heine besagt, dass stetige Funktionen auf abgeschlossenen und beschränkten Intervallen gleichmäßig stetig sind (Hairer & Wanner, 2011, S. 237).

Ein noch stärkerer Begriff als der der gleichmäßigen Stetigkeit ist die Lipschitz-Stetigkeit. Forster (2016, S. 123) definiert diesen Begriff wie folgt:

Eine auf einer Teilmenge $D \subset \mathbb{R}$ definierte Funktion $f : D \to \mathbb{R}$ heißt Lipschitz-stetig mit Lipschitz-Konstante $L \in \mathbb{R}_+$ falls $\left| f(x) - f(x') \right| \leq L \left| x - x' \right|$ für alle $x, x' \in D$.

Aus der Lipschitz-Stetigkeit folgt die gleichmäßige Stetigkeit wie man leicht beweisen kann, indem man $\delta = \frac{\varepsilon}{L}$ wählt. Auch hier gilt die Rückrichtung im Allgemeinen nicht, sodass es sich tatsächlich um zwei verschiedene Stetigkeitsbegriffe handelt. Betrachtet man die Funktion $f(x) = \sqrt{x}$ mit Definitionsbereich $[0, 1]$ ist nach dem Satz von Heine klar, dass diese Funktion gleichmäßig stetig sein muss. Allerdings ist die Funktion nicht Lipschitz-stetig (Forster, 2016, S. 123). Um das einzusehen, formt man die Lipschitz-Bedingung um, indem man durch $\left| x - x' \right|$ dividiert[8], $x' = 0$ setzt und zeigt, dass der Ausdruck

$$\frac{\left| f(x) - f(x') \right|}{|x - x'|} = \frac{\left| \sqrt{x} - \sqrt{0} \right|}{|x - 0|} = \frac{\sqrt{x}}{x} = \frac{1}{\sqrt{x}}$$

für $x \to 0$ beliebig groß wird. Daher kann keine Konstante L gefunden werden.

Meist wird der Begriff der gleichmäßigen Stetigkeit noch vor der Behandlung der Differential- oder Integralrechnung eingeführt. Zu diesem Zeitpunkt stehen noch keine relevanten Anwendungen dieses Begriffes zur Verfügung. Hairer und Wanner (2011, S. 231) sehen die Relevanz der gleichmäßigen Stetigkeit darin, dass sie die Integrierbarkeit von stetigen Funktionen gewährleistet. So ist das oben bereits angeführte Beispiel der Funktion $f(x) = \frac{1}{x}$ auf dem Intervall $]0, 1]$ nicht Riemann-integrierbar, da das uneigentliche Integral nicht existiert. Diese Problematik wird in vielen Lehrwerken aber zunächst umgangen, da die Frage nach Riemann-Integrierbarkeit erst nur auf kompakten Intervallen gestellt wird (so z. B.

---

[8] Der Fall $x = x'$ ist für das Vorliegen der Lipschitz-Stetigkeit nicht relevant, da die Ungleichung $0 \leq L \cdot 0$ bei jeder Funktion wahr ist.

in Forster, 2016). Dann fällt wegen des Satzes von Heine die gewöhnliche Stetigkeit mit der gleichmäßigen Stetigkeit zusammen und alle stetigen Funktionen sind bereits Riemann-integrierbar.

Zum Abschluss wird nun ein Satz über gleichmäßig stetige Funktionen genannt, der hilfreich sein kann, um Funktionen auf gleichmäßige Stetigkeit zu überprüfen. Der Beweis dieses Satzes wurde in mehreren Analysis-Vorlesungen an der Universität Duisburg-Essen als Übungsaufgabe gestellt. Die Aussage, die es zu beweisen galt, war in einem Fall so formuliert:

Sei $f :]0, 1[\to \mathbb{R}$ gleichmäßig stetig. Zeigen Sie, dass für jede Cauchyfolge $(x_n) \subset]0, 1[$ die Folge $(f(x_n))$ eine Cauchyfolge in $\mathbb{R}$ ist. Zeigen Sie durch ein Gegenbeispiel, dass diese Aussage nicht mehr gilt, wenn lediglich die Stetigkeit von f vorausgesetzt wird.

Man kann diesen Satz verwenden, um nachzuweisen, dass eine Funktion nicht gleichmäßig stetig ist, indem man eine Cauchy-Folge in die Funktion einsetzt und zeigt, dass die so erzeugte Folge, nicht mehr konvergent ist. Denn angenommen die Funktion wäre gleichmäßig stetig, dann müsste nach dem oben zitierten Satz beim Einsetzen in die Funktion wieder eine Cauchy-Folge entstehen. Ist die entstandene Folge aber keine Cauchy-Folge kommt es zum Widerspruch. Also ist die Annahme, dass die Funktion gleichmäßig stetig ist, falsch. Im Beispiel $f(x) = \frac{1}{x}$ kann man etwa die Cauchy-Folge $(x_n)_n$ mit $x_n = \frac{1}{n}$ einsetzen und erhält so eine divergente Folge, da $f\left(\frac{1}{n}\right) = \frac{1}{\frac{1}{n}} = n$. Das Widerlegen der gleichmäßigen Stetigkeit kann so in vielen Fällen deutlich leichter erfolgen.

Auf weitere hilfreiche Sätze wie die Tatsache, dass die Addition und Verkettung von gleichmäßig stetigen Funktionen wieder gleichmäßig stetig sind, kann hier nicht mehr eingegangen werden. Eine Übersicht der wichtigsten Sätze und Zusammenhänge ist in Abbildung 4.1 dargestellt.

4.1.2 Vorstellungen zum Begriffsfeld der Stetigkeit

Da es in der folgenden empirischen Untersuchung um Anschauung geht, sind nicht nur die formalen Aspekte des Begriffes der gleichmäßigen Stetigkeit relevant, sondern auch die informellen Betrachtungsweisen. Darunter zählen unter anderem alle „individuellen Gedanken, ‚Bilder', Meinungen oder Verständnisse über mathematische Inhalte oder bestimmte mathematisierbare Situationen" (Büchter, Hußmann, Leuders & Prediger, 2005, S. 2). Büchter et al. (2005) nennen solche informellen Aspekte Vorstellungen. Besonders relevant für diese Arbeit sind die Vorstellungen, die einen ikonischen oder visuell-metaphorischen Anteil haben und damit

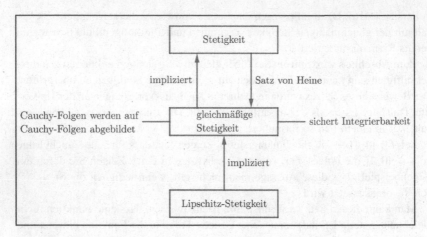

Abbildung 4.1 Einbettung des Begriffs der gleichmäßigen Stetigkeit in die deduktive Theorie

anschaulich sind. Durch die Kenntnis solcher Vorstellungen kann die Identifikation und Rekonstruktion anschaulicher Gedankengänge in transkribierten Interviews erleichtert werden.

Die Tatsache, dass Vorstellungen wegen ihrer informellen Natur keinen Ersatz für formale Definitionen darstellen, wurde bereits ausführlich im zweiten Kapitel thematisiert. Dort wurde auch herausgearbeitet, dass informelle Betrachtungsweisen für heuristische und didaktische Zwecke ein fester Bestandteil der wissenschaftlichen Mathematik sind.

Da im Themenbereich der Stetigkeit auch Grenzwerte eine Rolle spielen, sind Vorstellungen zu Grenzwerten ebenso interessant, wie solche zur Stetigkeit. An dieser Stelle soll aber lediglich an die in Abschnitt 2.2.6 bereits beschriebenen Metaphern erinnert werden, die in einer Studie zum Umgang mit Grenzwerten identifiziert werden konnten. Die fünf Metaphern lauten: Zerfall, Annäherung, Nähe, Unendlichkeit als Zahl und physikalische Grenzen (Oehrtman, 2009).

4.1.2.1 Vorstellungen zur gewöhnlichen Stetigkeit
Speziell für den Stetigkeitsbegriff trägt Arend in ihrer Dissertation fünf Vorstellungen zusammen:

1. die Funktion kann in einem Zug, d.h. ohne abzusetzen, durchgezeichnet werden
2. der Graph der Funktion ist fadenförmig

3. nähert sich x dem Wert x_0 unbegrenzt, so nähert sich $f(x)$ beliebig dem Wert $f(x_0)$
4. die Funktion ändert sich in der Nähe von x_0 „kontrollierbar"
5. „Funktionsveränderungen können beliebig klein gehalten werden, wenn nur die Argumentänderungen genügend klein sind" (Arend, 2017, S. 31)[9]

Die erste dieser Vorstellungen wird im Folgenden **Durchzeichnen-Vorstellung** genannt. Die Beschreibung von Arend ist selbsterklärend. Auch Greefrath et al. (2016, S. 141) gehen auf die Vorstellung des Durchzeichnens unter dem Stichwort „Darstellbarkeit" ein und weisen dieser Vorstellung die Bezeichnung Grundvorstellung zu. Auf die Fragen, was Grundvorstellungen sind und was eine Vorstellung für Eigenschaften haben muss, um zu einer Grundvorstellung erhoben zu werden, soll hier nicht eingegangen werden. Es wird aber davon ausgegangen, dass Grundvorstellungen insbesondere auch Vorstellungen im Sinne von Büchter et al. sind.

Bei der zweiten Vorstellung aus Arends Liste ist nicht klar, welche Eigenschaften eines Fadens für die metaphorische Übertragung herangezogen werden sollen. Ist es die Tatsache, dass der Faden „an einem Stück" ist, so ist die Beschreibung ähnlich der Durchzeichnen-Vorstellung. Dahinter könnte sich aber auch die Idee verbergen, dass der Graph „keine Sprünge machen" darf, wobei auch diese Vorstellung in der Handlung des Durchzeichnens enthalten sein kann. Im Folgenden wird dennoch die **Keine-Sprünge-Vorstellung** als eigene Vorstellung aufgenommen, da die Handlung des Durchzeichnens auch bei „sprungfreien" Graphen nicht möglich sein kann, wenn der Graph beispielsweise eine unendliche Länge hat (Greefrath et al., 2016, S. 141). Allerdings steht in der Durchzeichnen-Vorstellung womöglich nur die Problematik des Absetzens im Fokus. Für die Trennung der beiden Vorstellungen spricht außerdem, dass die Keine-Sprünge-Vorstellung eine „Betrachtung von außen" möglich macht, während die Betrachterin oder der Betrachter bei der Vorstellung des Zeichnens selbst involviert ist. Aus einer psychologischen Sicht macht es also Sinn, die beiden Vorstellungen zu trennen. Greefrath et al. (2016, S. 141) unterscheiden die beiden (Grund-)Vorstellungen ebenfalls und betiteln die zweite als „Sprungfreiheit". Beide Vorstellungen basieren auf dem visuellen Eindruck eines vorgestellten oder betrachteten Funktionsgraphen und können somit als anschaulich charakterisiert werden.

Die dritte Vorstellung ist nah an der Definition der Stetigkeit über Grenzwerte und soll im Folgenden **Annäherungsvorstellung** heißen. Ingolf Schäfer (2011)

---

[9] Arend übernimmt diese Vorstellungen von Hans Humenberger. Leider ist der bei der Zitation angegebene Internetlink nicht mehr verfügbar. Die fünfte Vorstellung ist ein direktes Zitat von Humenberger.

leitet diese (Grund-)Vorstellung aus dem Folgenkriterium der Stetigkeit ab und spricht von der „Approximierbarkeit an einem Punkt". Der Annäherungsvorgang kann visuell am Funktionsgraphen imaginiert oder durch dynamische Visualisierungen extern repräsentiert werden. Dann handelt es sich auch bei dieser Vorstellung um eine anschauliche Vorstellung. Es ist aber auch möglich, dass Werte mit einer immer kleineren Differenz zu x_0 berechnet werden. Dann liegt eine numerische Vorstellung vor, die zunächst keinen anschaulichen Zugang erlaubt.

In der vierten Vorstellung ist von einer kontrollierbaren Änderung die Rede. Wenn man diese vage Formulierung hinreichend präzisiert, kann dies zu einer gültigen formalen Definition der Stetigkeit führen. Hier soll aber eine mögliche Elaboration erfolgen, die auf die anschauliche **Wackelvorstellung** hinausläuft. Wenn man die vierte Vorstellung so interpretiert, fällt sie mit der fünften Vorstellung zusammen. Gemäß der Wackelvorstellung ist eine Funktion dann stetig, wenn der Funktionswert $f(x)$ „wenig wackelt", wenn man an der zugehörigen Stelle x auch nur „wenig wackelt". Dies ist eine vorgestellte Handlung, deren Ergebnis mental durch die Anschauung beurteilt wird. Bei Schäfer (2011) wird diese (Grund-)Vorstellung aus dem Epsilon-Delta-Kriterium abgeleitet und trägt den Namen „Kontrollierte Stabilität unter Wackeln an einem Punkt. Bei Greefrath et al. (2016, S. 141) ist mit der (Grund-)Vorstellung „Vorhersagbarkeit" eine ähnliche Idee gemeint.

Arend gibt in ihrer Dissertation neben den oben zitierten fünf Vorstellungen zur Stetigkeit auch mögliche informelle Zugänge zum Stetigkeitsbegriff an, aus denen sich wiederum neue Vorstellungen gewinnen lassen. So beschreibt sie folgenden Kontext, der auf der Maschinenvorstellung für Funktionen beruht. Eine Maschine stellt nach Eingabe eines Wertes für x ein Werkstück $f(x)$ her. Nun möchte jemand mehrere $f(x_0)$ herstellen und versucht daher mehrere x_0 in die Maschine einzugeben. Seine Eingabemöglichkeit ist aber nicht genau und er gibt hin und wieder auch Werte nur in der Nähe von x_0 ein. Die Maschine ist genau dann „stetig", wenn zu *jeder* vorgegebenen Fehlertoleranz ε der Werkstücke, eine hinreichende Eingabetoleranz δ angegeben werden kann, sodass alle mit Eingabewerten innerhalb der Delta-Toleranz hergestellten Werkstücke die Fehlertoleranz nicht verletzen (Arend, 2017, S. 35). Im Folgenden soll diese Vorstellung **Fehlertoleranzvorstellung** genannt werden. Die Vorstellung macht keine Aussage darüber, wie die Stetigkeitsbedingung überprüft wird. Naheliegend wäre eine rechnerische Auseinandersetzung. Nur wenn man die Ermittlung der Toleranzen mit einem grafischen Verfahren durchführt, kann von einer anschaulichen Vorstellung die Rede sein, wobei die Metapher der Maschine durchaus einen anschaulichen Gehalt für den Begriff der Funktion, nicht aber direkt für den der Stetigkeit mit sich bringt.

Ein weiterer informeller Zugang verbirgt sich hinter folgendem fiktiven Streitgespräch. Person A zweifelt an der Stetigkeit der vorliegenden Funktion und nennt einen Wert für Epsilon, zu dem Person B einen Wert für Delta angeben soll, sodass die Stetigkeitsbedingung $\forall x \in A : |x - x_0| < \delta \Rightarrow |f(x) - f(x_0)| < \varepsilon$ erfüllt ist. Ist die Funktion tatsächlich stetig, ist es Person B möglich, so ein Delta zu nennen. Da aber *für alle* Epsilon jeweils mindestens ein Delta existieren muss, kann Person A nun den Schwierigkeitsgrad erhöhen, indem diese einen kleineren Wert für Epsilon nennt und wieder nach einem zugehörigen Delta-Wert fragt. Person B kann bei einer stetigen Funktion geeignet antworten. Findet Person A irgendwann einen Wert für Epsilon, zudem es kein geeignetes Delta gibt, so hat sie gewonnen und die Funktion ist nicht stetig. Ist es Person A *prinzipiell* unmöglich, so ein Epsilon anzugeben, dann ist die Funktion stetig (Arend, 2017, S. 35). Diese Vorstellung soll im Folgenden als **Dialogvorstellung** bezeichnet werden. Zwar verbirgt sich in dieser Vorstellung eine Metapher, bei der ein Frage-Antwort-Mechanismus eines Gespräches auf die logische Struktur übertragen werden soll, doch handelt es sich dabei nicht um eine visuelle Metapher, sodass die Dialogvorstellung gemäß der Arbeitsdefinition dieser Arbeit nicht als anschaulich eingestuft werden kann. Aufbauend auf der Dialogvorstellung können aber auch anschauliche Handlungen aufbauen wie im Folgenden gezeigt wird, denn in der Dialogvorstellung wird nicht geklärt, wie Person B die geeigneten Werte für Delta findet.

Als letzten informellen Zugang zur Stetigkeit nennt Arend ein grafisches Kriterium (ebd., S. 35–36). Dieses lässt sich besonders gut mithilfe von interaktiven dynamischen Visualisierungen vermitteln (siehe Abb. 4.2). Wie in der Dialogvorstellung wird auch hier immer wieder ein neuer Wert für Epsilon vorgegeben und ein geeigneter Wert für Delta gesucht, bis man keinen Wert für Delta finden kann oder davon überzeugt ist, dass grundsätzlich für jedes Epsilon ein geeignetes Delta gefunden werden kann. Das wiederholte Testen ist durch interaktive Software schnell und einfach leistbar. Zwar könnte die Software den zugehörigen Wert für Delta berechnen, doch interessiert hier nur eine anschauliche Methode.

Dabei werden im kartesischen Koordinatensystem alle Punkte markiert, bei denen die x-Koordinate einen Abstand von weniger als Delta zu x_0 aufweist. Der so erzeugte vertikale Rechteckstreifen um x_0 mit Breite 2δ markiert die Punkte des Graphen, bei denen die „Eingabetoleranz" (siehe Toleranzvorstellung) eingehalten wird. Jetzt gilt es zu prüfen, ob auch die Fehlertoleranz bei dieser Auswahl eingehalten wird. Dafür werden all die Punkte markiert, bei denen die y-Koordinate einen Abstand von weniger als Epsilon zum Funktionswert $f(x_0)$ aufweist. Der bereits markierte Teil des Graphen darf nicht aus dem so entstandenen horizontalen Rechteckstreifen (Epsilon-Schlauch) ausbrechen. Gemäß der Dialogvorstellung müssen also immer kleinere Epsilon-Schläuche vorgegeben und der Delta-Bereich jeweils so angepasst werden, dass der auf diesen Delta-Bereich eingeschränkte Funktionsgraph innerhalb des Epsilon-Schlauches liegt. Wegen der beiden sich schneidenden Rechteckstreifen soll diese Vorstellung im Folgenden **Rechteckstreifenvorstellung** heißen. Es handelt sich um eine anschauliche Vorstellung, da ein diagrammatisches Darstellungssystem vorliegt.

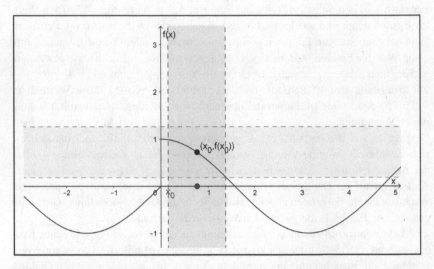

Abbildung 4.2 Rechteckstreifenvorstellung zur Stetigkeit

4.1.2.2 Übertragungsversuche auf die gleichmäßige Stetigkeit

Zum Begriff der gleichmäßigen Stetigkeit lassen sich keine Vorstellungen in der didaktischen Literatur finden. Die in Abschnitt 4.1.1 abgeleiteten Charakterisierungsmerkmale für gleichmäßige Stetigkeit eignen sich nicht als eigenständige Vorstellungen, da sie nur im Zusammenhang mit dem Begriff der gewöhnlichen Stetigkeit ihre Aussagekraft erhalten. Es handelt sich zwar auch bei diesen Charakterisierungen um Vorstellungen, die mit in das Begriffsverständnis einfließen. Sie haben aber allein noch so wenig Inhalt, dass nicht mal von einem informellen Verständnis gesprochen werden kann. Im Folgenden soll daher versucht werden, die Vorstellungen zur gewöhnlichen Stetigkeit auf die gleichmäßige Stetigkeit zu übertragen.

Die Durchzeichnen-Vorstellung und die keine-Sprünge-Vorstellung lassen sich nicht auf die gleichmäßige Stetigkeit übertragen, denn alle Funktionsgraphen, die man zeichnen oder betrachten kann, müssen auf kompakte Intervalle eingeschränkt werden. Damit würde nach dem Kriterium aus der jeweiligen Vorstellung jede stetige Funktion auch gleichmäßig stetig sein, was selbst für eine informelle Vorstellung zu ungenau ist. Außerdem ist es nicht naheliegend, welche weiteren Eigenschaften von der Handlung des Durchzeichnens oder der Gestalt des Graphen gefordert werden müssen, um ein Kriterium für gleichmäßige Stetigkeit zu erhalten.

Auch bei der Annäherungs- und der Wackelvorstellung gibt es Probleme bei der Übertragbarkeit, da diese Vorstellungen eine Fixierung auf eine bestimmte Stelle beinhalten und damit nur für die punktweise Stetigkeit geeignet sind. Auch wenn es möglich sein kann, die Vorstellungen geeignet zu adaptieren, so liegt so eine Adaption nicht auf der Hand.

Bei der Fehlertoleranzvorstellung gibt es ebenfalls das Problem der Fokussierung auf eine Stelle x_0. Der Kontext könnte aber wie folgt angepasst werden: Jemand möchte nun alle Werkstücke herstellen, die die Maschine zu fertigen vermag. Deswegen setzt er nacheinander alle möglichen Eingaben für x in die Maschine ein, wobei er auch diesmal hin und wieder ungenaue Eingaben macht. Zu einer vorgegebenen Fehlertoleranz muss auch jetzt eine Eingabetoleranz gefunden werden. Allerdings muss diese Eingabetoleranz, dann für alle Werkstücke (genauer: für die zugehörigen Eingaben) gleichermaßen gelten, sodass hier das Unabhängigkeitsverhalten von Delta angepasst wurde. Grundsätzlich lässt sich die Fehlertoleranzvorstellung also übertragen. Sie wirkt zumindest in der Maschinenmetaphorik aber recht künstlich.

Die Dialogvorstellung ist auf die gleichmäßige Stetigkeit übertragbar, denn hier ist im Dialog nur der „für alle Epsilon existiert ein Delta"-Mechanismus nachgebildet. Die anderen Bestandteile der Definition können variiert werden. Person A gibt dann auch hier Werte für Epsilon vor und Person B antwortet mit passenden Werten für Delta. Hier muss das Delta allerdings so beschaffen sein, dass die Bedingung $\forall x, y \in A : |x - y| < \delta \Rightarrow |f(x) - f(y)| < \varepsilon$ erfüllt sein muss.

Auch die Rechteckstreifenvorstellung ist übertragbar, wobei auch hier das Problem des Zeichnens von Funktionsgraphen nur auf kompakten Intervallen vorliegt. Indem man sich Grenzwertprozesse über die endlichen Realisierungen hinaus vorstellt, ist eine Charakterisierung aber möglich. Wie bei der gewöhnlichen Stetigkeit gibt man sich auch hier immer kleiner werdende Epsilon-Schläuche vor. Dazu sucht man aber jeweils ein globales Delta, das heißt, dass man eine Rechteckbreite für den Deltabereich testweise vorgibt und die Position des Deltabereiches variiert. Nur wenn der gesamte Definitionsbereich mit dem Rechteckstreifen für Delta „abgefahren wurde" und der Graph bei keiner Einstellung aus dem Epsilon-Schlauch ausgebrochen ist, ist die Bedingung für das vorgegebene Epsilon erfüllt.

Nun kann es aber sein, dass der Funktionsgraph am Rand des Definitionsbereiches den Ausschnitt des dargestellten Koordinatensystems verlässt. In solchen Fällen muss mithilfe der Vorstellungskraft ein Gedankenexperiment mit der Fragestellung „wie würde es weitergehen?" erfolgen.

Bevor noch auf eine anschauliche Interpretation der Lipschitz-Stetigkeit eingegangen wird, werden zunächst die bisherigen Ergebnisse in Tabelle 4.1 zusammengefasst:

Tabelle 4.1 Vorstellungen zur (gleichmäßigen) Stetigkeit

Vorstellung	Anschaulicher Charakter?	Übertragung auf gleichmäßige Stetigkeit möglich?
Durchzeichnen-Vorstellung	Ja	Nein
Keine-Sprünge-Vorstellung	Ja	Nein
Annäherungsvorstellung	Je nachdem	Nein
Wackelvorstellung	Ja	Nein
Fehlertoleranzvorstellung	Nein	Ja, aber recht künstlich
Dialogvorstellung	Nein	Ja
Rechteckstreifenvorstellung	Ja	Ja

4.1.2.3 Eine Vorstellung zur Lipschitz-Stetigkeit

Aus der Definition der Lipschitz-Stetigkeit (siehe Abschnitt 4.1.1) lässt sich eine anschauliche Vorstellung gewinnen, indem man durch den Ausdruck $|x - x'|$ teilt. Dann heißt es nämlich: Eine auf einer Teilmenge $D \subset \mathbb{R}$ definierte Funktion $f : D \to \mathbb{R}$ heißt Lipschitz-stetig mit Lipschitz-Konstante $L \in \mathbb{R}_+$ falls

$$\frac{|f(x) - f(x')|}{|x - x'|} \leq L$$

für alle $x, x' \in D$ mit $x \neq x'$. Der Fall $x = x'$ kann dabei vernachlässigt werden, da die ursprüngliche Ungleichung dann bei jeder Funktion gilt.

In dieser Formulierung entspricht der Term links vom Ungleichheitszeichen dem Differenzenquotienten. Der Differenzenquotient lässt sich wiederum inhaltlich als mittlere Änderungsrate oder grafisch als Steigung der Sekante zwischen $(x, f(x))$ und $(x', f(x'))$ deuten (Büchter & Henn, 2010, S. 196).

Eine Lipschitz-stetige Funktion ist also eine Funktion, deren mittlere Steigung in allen möglichen Abschnitten beschränkt ist. In einem gewissen Sinne dürfen solche Funktionen also nicht beliebig steil werden. Am Beispiel der Wurzelfunktion, deren Lipschitz-Stetigkeit in Abschnitt 4.1.1 bereits widerlegt wurde, kann diese Vorstellung erprobt werden. Tatsächlich kann am Funktionsgraphen erahnt werden, dass beliebig steile Sekanten möglich sind (siehe Abb. 4.3).

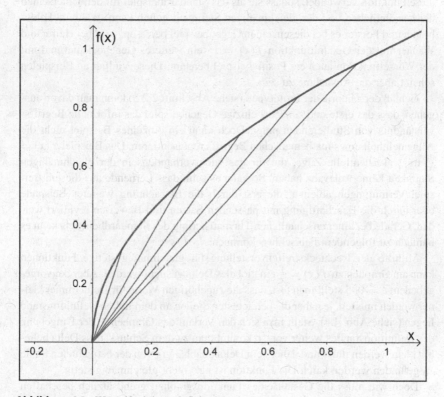

Abbildung 4.3 Wurzelfunktion mit Sekanten

4.1.3 Prototypische Beispiele für die gleichmäßige Stetigkeit

In den meisten Lehrwerken zur Analysis 1 werden (vermutlich aus Zeitgründen) nur wenige Beispiele zur Thematik der gleichmäßigen Stetigkeit diskutiert. Dabei werden selten Funktionen benannt, die die Eigenschaft der gleichmäßigen Stetigkeit besitzen, sondern es wird meist nur ein Gegenbeispiel, das zwar gewöhnlich stetig, aber nicht gleichmäßig stetig ist, angeführt. In allen der bisher herangezogenen Lehrwerken wird dazu die Funktion $f(x) = \frac{1}{x}$ auf dem Intervall $]0, 1]$ definiert (Hairer & Wanner, 2011, S. 236; Hilbebrandt, 2006, S. 168 und Forster, 2016, S. 121). Auch in dem Autor bekannten Vorlesungsskripten wird meistens diese Funktion verwendet, sodass sie als das Standardbeispiel für den Unterschied der gewöhnlichen und der gleichmäßigen Stetigkeit gelten kann. Während Hildebrandt und Forster es bei diesem einen Gegenbeispiel belassen, wird bei Hairer und Wanner mit der Quadratfunktion $f(x) = x^2$ ein weiteres Gegenbeispiel und mit der Wurzelfunktion auch ein Positivbeispiel benannt. Diese Vielfalt an Beispielen scheint aber die Ausnahme zu sein.

Gemäß der Theorie der Prototypen (siehe Abschnitt 2.2.5) kann man davon ausgehen, dass das erste und zunächst einzige Gegenbeispiel das informelle Begriffsverständnis von Studierenden prägt. Doch kann ein einzelnes Beispiel nicht die Allgemeinheit eines mathematischen Begriffs repräsentieren. Das Beispiel $f(x) = \frac{1}{x}$ trägt akzidentielle Züge, die für das Nichtvorhandensein der gleichmäßigen Stetigkeit keine Relevanz haben. So kann es sein, dass Lernende aus diesem Beispiel Vermutungen ableiten, die erst durch die Betrachtung weiterer Beispiele oder durch die Beschäftigung mit passenden Sätzen und Beweisen revidiert werden. Gerade bei einer anschaulichen Thematisierung des Standardbeispiels kann es nämlich zu folgendem Fehlschluss kommen.

Mithilfe der Rechteckstreifenvorstellung für gleichmäßig stetige Funktionen kann am Graphen zu $f(x) = \frac{1}{x}$ ein globales Delta gesucht werden. Aber bei vorgegebenem $\varepsilon = 0,5$ stellt man fest, dass die zugehörigen Werte für Delta immer kleiner werden müssen, je näher die betrachteten Stellen an dem linken Definitionsrand liegen (siehe Abb. 4.4). Stellt man sich den Verlauf des Graphen in der Umgebung des Definitionsrandes weiter vor, so kommt man zu dem Schluss, dass Delta beliebig klein werden muss und daher kein Delta unabhängig von der betrachteten Stelle x_0 gefunden werden kann. Die Funktion ist also nicht gleichmäßig stetig.

Doch wie muss die Gestalt eines Funktionsgraphen grundsätzlich beschaffen sein, damit kein globales Delta existieren kann? Das Beispiel legt die Vermutung nahe, dass es gerade solche Funktionen sind, die am Definitionsrand gegen (minus oder plus) Unendlich streben. Mit anderen Worten lautet die aus diesem Beispiel abgeleitete Vermutung, dass unbeschränkte stetige Funktionen nicht gleichmäßig stetig sind. Es ist denkbar, dass auch die Rückrichtung mitangenommen wird. Demnach wären beschränkte stetige Funktionen schon gleichmäßig stetig. Insgesamt sind dann die beschränkten und stetigen Funktionen genau die gleichmäßig stetigen Funktionen.

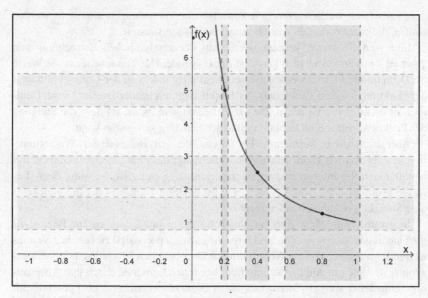

Abbildung 4.4 Widerlegung der gleichmäßigen Stetigkeit von $f(x) = \frac{1}{x}$

Dass die Funktion hier unbeschränkt ist, ist aber nicht der direkte Grund für das Nichtvorhandensein der gleichmäßigen Stetigkeit. Die folgenden Beispiele und Gegenbeispiele demonstrieren, dass beide oben abgeleiteten Implikationen falsch sind (siehe Tab. 4.2).

Tabelle 4.2 Prototypische Beispiele für gewöhnliche und gleichmäßige Stetigkeit

	beschränkt	unbeschränkt
Nur stetig	$\sin(x^2), \cos(\frac{1}{x}), \ldots$	Höhere Polynome, gebrochen-rationale Funktionen mit Polstellen, Exponentialfunktion, ...
Gleichmäßig stetig	Konstante Funktionen, Sinus, Cosinus, ...	Lineare Funktionen, Wurzelfunktion, ...

An dieser Stelle können nicht alle Beweise geführt werden. Mithilfe der Rechteckstreifenvorstellung lassen sich aber bereits gute Argumente für die behaupteten Eigenschaften finden. Dennoch zeigt das oben diskutierte Beispiel erneut, dass durch anschauliche Betrachtungen zunächst nur Vermutungen angestellt werden sollten, die einer formalen Absicherung standhalten müssen.

Eine weiterführende Vermutung, die aus der anschaulichen Betrachtung von $f(x) = \frac{1}{x}$ gewonnen werden kann, ist die Folgende: Die Tatsache, dass die Werte für Delta immer kleiner werden müssen, liegt nicht direkt an der Unbeschränktheit der Funktion, sondern daran, dass der Funktionsgraph immer „steiler" wird. Demnach ist es nicht die Funktion, die unbeschränkt sein muss, sondern die Steigung der Funktion, damit eine Funktion nicht gleichmäßig stetig sein kann.

Aber auch diese Vermutung ist falsch, wie am Beispiel der Wurzelfunktion gezeigt werden kann. Nur die Rückrichtung, dass eine stetige Funktion mit beschränkten Sekantensteigungen auch gleichmäßig stetig ist, ist wahr, denn dies ist die geometrische Formulierung der Lipschitz-Stetigkeit, aus der die gleichmäßige Stetigkeit bekanntermaßen folgt.

Insgesamt zeigt sich, dass anschauliche Betrachtungsweisen im Bezug zur gleichmäßigen Stetigkeit aufgrund ihrer Singularität potenziell zu falschen Vermutungen führen können. Das Wissen um solche möglichen Missverständnisse kann genutzt werden, um Anlässe zu schaffen, bei denen Lernende durch ihre Anschauung fehlgeleitet werden. Interessant ist es dann zu beobachten, ob Lernende mit ihrer Anschauung kritisch umgehen und ob sie ihre Vermutungen durch formale Argumente absichern wollen.

4.2   Konzeption und Durchführung der Untersuchung

Nachdem die fachlichen und didaktischen Hintergründe geklärt wurden, wird nun das Design der empirischen Erhebung vorgestellt und die dem zugrundeliegenden Entscheidungen begründet. Dabei orientiert sich die Darstellung an der üblichen Strukturierung von empirischen Forschungsarbeiten.

4.2.1   Forschungsfragen

Da sich das Erhebungsdesign nach dem Erkenntnisinteresse und den Forschungsfragen richtet, werden diese nun als erstes erläutert. Das Erkenntnisinteresse besteht darin, herauszufinden, wie Studierende, die mit den im dritten Kapitel vorgestellten interaktiven dynamischen Visualisierungen gelernt haben, mit dem Verhältnis aus Anschauung und Formalismus umgehen und zu bewerten, ob dieser Umgang förderlich oder hinderlich für die Beweisführung ist. Dabei geht es

zunächst darum, zu beobachten, welche anschaulichen Ideen beim Mathematiktreiben solcher Studierender Verwendung finden. Im nächsten Schritt soll aber
auch bewertet werden, ob die Probandinnen und Probanden angemessen (im Sinne
von Abschnitt 2.3) mit diesen anschaulichen Ideen umgehen. Etwas vereinfachend
ausgedrückt geht es also insgesamt darum, zu erforschen, ob die Visualisierungen positive oder negative Effekte auf den Umgang mit Anschauung haben. Da
das realisierte Erhebungsdesign aber keine sicheren Rückschlüsse darauf zulässt,
ob die beobachteten anschaulichen Elemente wegen der Beschäftigung mit den
Visualisierungen oder durch andere Einflüsse zustande gekommen sind, müssen
die Forschungsfragen entsprechen vorsichtig formuliert werden.

Das Forschungsinteresse lässt sich durch die folgenden zwei Forschungsfragen
präzisieren:

- Welche anschaulichen Elemente lassen sich in Beweisprozessen von Studierenden, die einen Zugang zu interaktiven dynamischen Visualisierungen hatten,
  identifizieren?
- Welches Potenzial für die Beweisführung lässt sich den aufgetretenen anschaulichen Elementen jeweils zuschreiben?

Der Begriff „Beweisprozesse" in der ersten Forschungsfrage soll hier in einem
weiten Sinne verstanden werden. Das bedeutet, dass auch heuristische Prozesse,
das Rekonstruieren von Definitionen und weitere Tätigkeiten miteingeschlossen
werden, die einer Formulierung eines Beweises in der Regel vorausgehen.

Aufgrund der Tatsache, dass es in der hochschuldidaktischen Forschung zum
Thema Anschauung kaum Vorarbeiten gibt, lässt sich für die erste dieser beiden
Forschungsfragen keine eindeutige Hypothese aufstellen, denn zum einen ist es
naheliegend anzunehmen, dass anschauliche Elemente in der Lernsituation dazu
führen, dass auch Studierende bei der eigenen Beschäftigung mit Mathematik zu
anschaulichen Mitteln greifen. Vermutlich verwenden Studierende dann genau solche Elemente, die in der Lehre ebenfalls verwendet wurden. Auf der anderen
Seite ist es auch denkbar, dass die Dozentin oder der Dozent in der Vorlesung
die formale Methode so mit Nachdruck präsentiert, dass ein darüberhinausgehen-
der zusätzlicher anschaulicher Lerninput keine Auswirkungen zeigt. Die durch die
Vorlesung etablierten Normen sind dann gewichtiger und Studierende schrecken
so vor jeglicher Verwendung von Anschauung zurück, auch wenn in der Vorlesung
nur manche Funktionen der Anschauung zurückgewiesen wurden.

Auch für die zweite Forschungsfrage können verschiedene Vermutungen plausibel aufgestellt werden, sodass sich auch hier keine eindeutige Hypothese aufstellen lässt. Wenn Studierende sich einem Beweis anschaulich nähern, gibt es einmal

die Möglichkeit, dass ein Bewusstsein dafür vorhanden ist, dass zunächst auf einer heuristischen Ebene gearbeitet wird. Es ist aber auch möglich, dass Studierende einen anschaulichen Beweis bereits für sicher halten und eine formale Überprüfung für nicht wichtig erachten. Wegen der Singularität und anderen Unzulänglichkeiten der Anschauung können anschauliche Betrachtungen zu falschen Vermutungen führen. Auch hier gibt es verschiedene Möglichkeiten, wie Studierende mit solchen Fehleinschätzungen umgehen. Werden diese unreflektiert sofort als wahre Tatsachen angenommen, die nur beim Auftreten eines kognitiven Konflikts als falsch erkannt werden, oder wird sofort eine kritische Haltung gegenüber anschaulichen Betrachtungen eingenommen und werden diese wirklich nur als Heurismen verstanden?

4.2.2   Wahl des Forschungsparadigmas und des Untersuchungsdesigns

4.2.2.1 Wahl des Forschungsparadigmas

Dem Erhebungsdesign liegt das qualitative Forschungsparadigma zugrunde. Diese Wahl wurde getroffen, da der bisherige Forschungsstand zum Thema Anschauung bzw. Visualisierung zumindest im Bereich der Hochschullehre als sehr gering eingestuft werden kann. Schuldidaktische Arbeiten zu diesen Themen lassen sich aufgrund des anderen Umgangs mit Strenge im schulischen Kontext nicht ohne Weiteres übertragen.

Qualitative Forschungsmethoden sind offen genug gestaltet, um Erkenntnisse in einem bisher wenig erforschten Bereich zu ermöglichen. Während in der quantitativen Forschung deduktive Methoden angewendet werden, um bestehende Hypothesen auf ihre Gültigkeit zu testen, geht es bei der qualitativen Forschung um die Induktion von Regelmäßigkeiten aus der Beobachtung von Einzelfällen (Reinders & Ditton, 2011, S. 47–48). Der Versuch, erste Hypothesen auf Grundlage von Alltagserfahrungen und theoretischen Vorüberlegungen aufzustellen (siehe Abschnitt 4.2.1), zeigte bereits, dass sich widersprechende Hypothesen plausibel aufgestellt werden konnten und es ist möglich, dass weitere Möglichkeiten übersehen wurden. So sieht man, dass der bisherige Erkenntnisstand nicht ausreicht, um hypothesenprüfend vorzugehen. Daher ist das qualitative Forschungsparadigma hier die geeignete Wahl.

Für die Wahl des Forschungsparadigmas lassen sich weitere Gründe anführen. So wird in der qualitativen Forschung von einer subjektiv konstruierten Wirklichkeit ausgegangen. Diese Auffassung bringt es mit sich, dass dem Einzelfall

ein größerer Stellenwert zugesprochen wird (ebd., S. 46–47). Bei dem hier vorliegenden Forschungsvorhaben wird diese Sichtweise vertreten, da man davon
ausgehen kann, dass jede Studentin und jeder Student auf Grundlage ihrer oder
seiner persönlichen Erfahrung eine individuelle Position zum Verhältnis zwischen
Anschauung und Formalismus einnimmt und es so auch zu vielfältigen Anwendungen der Anschauung in Beweisprozessen kommen kann. Diese Positionen und
daraus resultierenden Anwendungen lassen sich nur durch tiefgehende interpretative Analysen in wenigen Fallbeispielen rekonstruieren. Nur das qualitative Forschungsparadigma stellt dazu passende Auswertungsmethoden bereit.

4.2.2.2 Wahl der Untersuchungsdesigns

Vom Forschungsinteresse ausgehend scheint ein experimentales Versuchsdesign
geeignet zu sein, da so eine Experimental- und eine Kontrollgruppe miteinander
verglichen werden können. Auch wenn die Forschungsmethode des Experiments
eher dem quantitativen Forschungsparadigma zuzuordnen ist (Gniewosz, 2011,
S. 77), lässt sich die Idee eines Zweigruppendesigns mit gezielter Einflussnahme
in einer der Gruppen und einer Kontrollgruppe auf qualitative Forschung übertragen, wenn die Auswirkungen der Einflussnahme mit interpretativen Methoden
erhoben werden. Dieses Vorgehen entspricht dem so genannten qualitativen Experiment, welches in der klassischen deutschen Psychologie eine verbreitete Methode
war und von namenhaften Forschern wie Bühler, Köhler, Wertheimer und Piaget angewendet wurde. Diese Forschungsmethode findet seit der Mitte des letzten
Jahrhunderts kaum noch Verwendung (Kleining, 1995), sodass sie in modernen
Methodenbüchern selten aufgeführt wird.

Im Forschungsprozess dieser Arbeit wurde ein entsprechendes Design angesetzt. In der Experimentalgruppe bestand die Einflussnahme darin, dass die Studierenden mit einer Lernumgebung zur gleichmäßigen Stetigkeit, die eine interaktive
dynamische Visualisierung enthielt, lernen konnten. In der Kontrollgruppe fand
keine weitere Lerneinheit zu diesem Thema statt.[10] Alle Probandinnen und Probanden sollten zu einem späteren Zeitpunkt im Rahmen von aufgabenbasierten
Interviews bezüglich ihres Umgangs mit Anschauung untersucht werden. Da die
Thematik der gleichmäßigen Stetigkeit auch im Rahmen der Vorlesung und des

---

[10] An dieser Stelle könnte man einwenden, dass der Vergleich der beiden Gruppen unfair sei,
da in der Versuchsgruppe mehr Lernzeit zur Verfügung stand. Allerdings geht es bei der Erhebung nicht um die Messung der Lernleistung, sondern um den Umgang mit Anschauung im
Allgemeinen. Dass Studierende aufgrund mehr oder weniger Lernzeit einen anderen Umgang
mit Anschauung pflegen, ist keine plausible Annahme. Außerdem stellt sich die Frage, wie
ein vergleichbares nicht-anschauliches Lernangebot gestaltet werden könnte.

regulären Übungsbetriebs behandelt wurde, konnten auch Studierende der Kontrollgruppe die Aufgaben prinzipiell lösen. Es wurde davon ausgegangen, dass der reguläre Lehrbetrieb weniger Raum für Anschauung lässt und keine interaktivdynamischen Erfahrungen zum Begriff der gleichmäßigen Stetigkeit ermöglicht.

In den ersten Auswertungen der Daten zeigte sich allerdings, dass die anschauliche Thematisierung der gleichmäßigen Stetigkeit nicht der ausschlaggebende Punkt für den Umgang mit Anschauung zu sein scheint, sondern dass es bereits darauf ankommt, ob zum Begriff der gewöhnlichen Stetigkeit anschauliche Vorstellungen vorliegen. Allen Probandinnen und Probanden, egal ob diese der Experimental- oder der Kontrollgruppe zugeordnet wurden, erhielten aber zu ausgewählten Sätzen und Definitionen Zugang zu interaktiven dynamischen Visualisierungen. Darunter war auch eine Veranschaulichung zur gewöhnlichen Stetigkeit, die auf der Rechteckstreifenvorstellung basiert. Der Grund hierfür liegt in der Tatsache, dass der Autor dieser Arbeit im Rahmen einer Projektstelle Visualisierungen als Hilfe in der Studieneingangsphase entwickelte und diese prinzipiell allen Studierenden zur Verfügung stehen sollten, um keine Chancenungleichheit unter den Lernenden künstlich herzustellen.

Im Rahmen qualitativer Forschung ist es üblich, erste Teilergebnisse bereits auszuwerten, um daraufhin die Fragestellungen anzupassen (Reinders & Ditton, 2011, S. 49–50). Entsprechend der Ergebnisse der ersten Auswertungen wurde hier die Fragestellung so angepasst, dass das ursprüngliche Zweigruppendesign aufgegeben worden ist. In der ersten empirischen Forschungsfrage ist daher von Studierenden die Rede, „die einen Zugang zu interaktiven dynamischen Visualisierungen hatten". Damit sind die Probandinnen und Probanden der Experimental- und der Kontrollgruppe angesprochen, da alle Studierenden einen Zugang zu Visualisierungen hatten. Ein Vergleich mit Studierenden ohne einen Zugang wurde nicht mehr verfolgt. Auch wenn die Studierenden der ursprünglichen Kontrollgruppe mit einer Visualisierung weniger lernen konnten, spielt dieser Unterschied im Rahmen der nun verfolgten Fragestellung keine große Rolle, da keine Vergleiche zwischen den Gruppen im Vordergrund stehen.

4.2.3 Verwendete Instrumente

Für die empirische Untersuchung wurden zwei Instrumente entwickelt. Das erste dieser Instrumente ist die Lernumgebung mit interaktiver dynamischer Visualisierung, die den Stimulus in der Experimentalgruppe darstellte. Bei dem zweiten Instrument handelt es sich um einen Interviewleitfaden, in welchem auch die in den Interviews bearbeiteten Aufgaben enthalten sind. Die beiden Instrumente werden nun vorgestellt. Auf die zeitliche Abfolge der einzelnen Erhebungsschritte, bei denen die Instrumente Verwendung fanden, wird später eingegangen (siehe Abschnitt 4.2.5).

4.2.3.1 Lernumgebung zum Begriff der gleichmäßigen Stetigkeit

Unter welchen Rahmenbedingungen mit der Lernumgebung in der Experimentalgruppe gearbeitet wurde wird in Abschnitt 4.2.5 ausführlich beschrieben. An dieser Stelle genügt es zu wissen, dass die Probandinnen und Probanden in der Experimentalgruppe in stiller Einzelarbeit einige Aufgaben bearbeiten sollten, die ihnen in Form eines Arbeitsblattes ausgeteilt wurden. Zur Bearbeitung der Aufgaben stand den Studierenden auch kariertes Papier und ein Computer, auf dem eine zugehörige interaktive dynamische Visualisierung verwendet werden konnte, zur Verfügung.

Die zur Lernumgebung zugehörige Visualisierung ist in Abbildung 4.5 zu sehen. Sie wurde gemäß der im dritten Kapitel vorgestellten Gestaltungsprinzipien entwickelt und beruht auf der Rechteckstreifenvorstellung zur (gleichmäßigen) Stetigkeit. Die interaktiven Elemente bestehen darin, dass durch Klicken und Ziehen sowohl die Stelle x als auch der Punkt $(x, f(x))$ verschoben werden können (das jeweils andere Objekt wird dynamisch mitverschoben). Außerdem konnte die Ansicht durch Klicken der Schaltfläche „Zoom In" mehrfach vergrößert werden. Ist bereits gezoomt worden, wird auch eine Schaltfläche mit der Bezeichnung „Zoom Out" angezeigt, mit der die Ansicht wieder verkleinert werden kann. Mit den beiden Schiebereglern für ε und δ lassen sich schließlich die beiden Rechteckstreifen vergrößern und verkleinern. Der Aufbau und die Bedienung der Visualisierung sind analog zur Visualisierung zur gewöhnlichen Stetigkeit gestaltet, die den Studierenden bereits aus dem regulären Lehrbetrieb bekannt ist. So sollten keine Probleme bei der Handhabung und Interpretation vorliegen.

Das in der Visualisierung betrachtete Beispiel ist die Funktion f mit $f(x) = -\frac{x}{x-3} + 2$, welche auf der Definitionsmenge $D_f = \mathbb{R} \backslash \{3\}$ stetig, aber nicht gleichmäßig stetig ist. So kann an diesem Beispiel der Unterschied der beiden Stetigkeitsbegriffe anschaulich erfahren werden. Wie in Abschnitt 4.1.3 beschrieben wurde, ist es möglich, dass durch dieses Beispiel ein Prototyp angelegt wird, der zu falschen Annahmen führen kann. Für die Forschungsfragen ist diese Schwierigkeit aber erwünscht, da das Hervorrufen solcher Konflikte es ermöglicht, zu erkennen, wie kritisch Studierende mit der Anschauung umgehen.

Die in Papierform ausgegebenen Aufgaben beinhalten auch eine kurze Anleitung, was ebenfalls den Gestaltungsprinzipien des dritten Kapitels entspricht. Anders als in den Gestaltungsprinzipien wurden die Anleitung und die Aufgaben

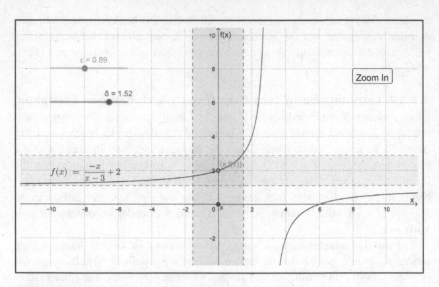

Abbildung 4.5 Visualisierung der Lernumgebung

nicht auf demselben Display wie die Visualisierung angezeigt, sondern als zusätzliches Material ausgehändigt. Dies liegt daran, dass bei der Planung der Erhebung noch nicht klar war, wie die Lernumgebung technisch realisiert werden kann. Im Folgenden werden die einzelnen Bestandteile der Anleitung vorgestellt. Das gesamte Arbeitsblatt kann im elektronischen Zusatzmaterial in der ursprünglichen Formatierung betrachtet werden.

Nach einer Überschrift und einer Code-Abfrage zum Matchen der eingesammelten Notizen in der Intervention mit dem Transkript des Interviews derselben Person lautet der erste Satz des Arbeitsblattes:

> In der Visualisierung können Sie den Unterschied zwischen Stetigkeit und gleichmäßiger Stetigkeit anschaulich erfahren. Zur Erinnerung sind unten die beiden Definitionen aus dem Skript abgedruckt:

Danach sind die beiden Definitionen als direktes Zitat (realisiert durch einen Screenshot) aus dem Skript abgebildet, welches den Studierenden im Rahmen der Vorlesung ausgehändigt wurde. Da die Probandinnen und Probanden an zwei Standorten rekrutiert wurden, wurden zwei Versionen erstellt. In der Version zum Standort „Bonn" waren die folgenden beiden Definitionen abgebildet:

Definition 5.1. Seien $X = \mathbb{R}, \mathbb{C}$ und $Y = \mathbb{R}, \mathbb{C}, A \subset X, B \subset Y$ und $f : A \to B$ eine Funktion.

(i) Die Funktion f heißt stetig in $x \in A$, wenn zu jedem $\varepsilon \in \mathbb{R}^+$ ein $\delta = \delta_{f,x} \in \mathbb{R}^+$ existiert, sodass

$$y \in A, |y - x| < \delta \Rightarrow |f(y) - f(x)| < \varepsilon.$$

Äquivalent

$$y \in A \cap B_\delta(x) \Rightarrow f(y) \in B_\varepsilon(f(x)).$$

(ii) Die Funktion f heißt stetig in A, wenn f stetig in x ist $\forall x \in A$.

Definition 5.6. Seien $X = \mathbb{R}, \mathbb{C}$ und $Y = \mathbb{R}, \mathbb{C}, A \subset X, f : A \to Y$. Die Funktion f ist gleichmäßig stetig, wenn $\forall \varepsilon \in \mathbb{R}^+ \exists \delta_f \in \mathbb{R}^+$ sodass

$$\forall x, y \in A \text{ mit } |x - y| < \delta \text{ gilt } |f(x) - f(y)| < \varepsilon$$

Auf die Wahl der Definitionsvarianten wurde kein Einfluss genommen, da es wichtiger ist, dass die Studierenden mit der vertrauten Definition arbeiten können. Die Wiederholung der Definitionen soll sicherstellen, dass die Studierenden auch ohne das Skript oder ihre Mitschrift aus der Vorlesung zur Hand zu nehmen, das zum Bearbeiten der Aufgaben nötigste Wissen präsent haben.

Nach den Definitionen setzt sich die Erläuterung fort. Dabei wurde versucht, die Ausführungen auf ein Minimum zu beschränken. Da die Studierenden Zugang zu einer analog aufgebauten Stetigkeitsvisualisierung hatten, sollte eine stark reduzierte Beschreibung der Bedienung ausreichen. Damit die Probandinnen und Probanden die noch folgenden Aufgaben bearbeiten können, benötigen sie eine Charakterisierung des Unterschieds zwischen gewöhnlicher und gleichmäßiger Stetigkeit, die der Anschauung zugänglich ist. Von den in Abschnitt 4.1.1 beschriebenen Charakterisierungen eignen sich besonders die Unterscheidung des Abhängigkeitsverhaltens von Delta und die Lokalität bzw. Globalität der beiden Begriffe. Der folgende Text ist in beiden Versionen des Arbeitsblattes identisch.

Gleichmäßige Stetigkeit lässt sich unterschiedlich charakterisieren. Eine Möglichkeit dies zu tun, ist die Folgende: Das zu Epsilon zugehörige Delta hängt nur von Epsilon ab, nicht von einer fixierten Stelle x. In diesem Sinne handelt es sich bei Stetigkeit um eine lokale, bei gleichmäßiger Stetigkeit um eine globale Eigenschaft.

In der Visualisierung ist die Funktion $f : \mathbb{R}\backslash\{3\} \to \mathbb{R}$, mit $f(x) = -\frac{x}{x-3} + 2$ gegeben. In dem GeoGebra-Applet können Sie Epsilon, Delta und die fixierte Stelle x variieren.

Die sich anschließenden Aufgaben waren in einer ersten Version der Lernumgebung offener gestellt. Jedoch zeigte sich in der Pilotierung[11], dass manche Probandinnen und Probanden „an der Aufgabe vorbei" arbeiteten. Daher wurden, abweichend von den Gestaltungsprinzipien, konkrete Werte in den Aufgabenstellungen angegeben. Anders als in einer natürlichen Lernsituation sollten nach Möglichkeit keine Fragen der Probandinnen und Probanden beantwortet werden, damit die Versuchsbedingungen aller Versuchsteilnehmerinnen und Versuchsteilnehmer vergleichbar sind. Es wurden vier Aufgaben gestellt:

Bearbeiten Sie die folgenden Aufgaben und machen Sie dabei stichwortartige Notizen zu Ihren Erkenntnissen:

1. Vergewissern Sie sich mithilfe der Visualisierung, dass die Funktion auf ihrem Definitionsbereich stetig ist. Lässt sich f in 3 stetig fortsetzen?
2. Geben Sie nun $\varepsilon = 1$ vor und betrachten Sie die Stelle $x = 0$. Suchen Sie jetzt ein passendes δ, sodass $|f(x) - f(y)| < \varepsilon$ erfüllt ist. Variieren Sie dann die Stelle x, ohne ε zu verändern. Wie müssen Sie δ anpassen, wenn Sie x immer näher an die Definitionslücke bewegen?
3. Bei gleichmäßiger Stetigkeit ist δ nicht mehr von der betrachteten Stelle x abhängig. Können Sie ein δ in Abhängigkeit von jedem festen ε finden, sodass δ für jede betrachtete Stelle genügend klein ist? Ist die Funktion auf ihrem Definitionsbereich gleichmäßig stetig?
4. Dass stetige Funktionen auf kompakten Intervallen gleichmäßig stetig sind, ist ein Satz, der in der Vorlesung bewiesen wurde (Satz 5.7). Stellen Sie sich vor, die hier gegebene Funktion f würde nun auf das kompakte Intervall $[-6, 2]$ eingeschränkt. Wie können Sie mithilfe der Visualisierung zu jedem ε ein δ finden, welches für das gesamte Intervall passend ist?

---

[11] Eine Pilotstudie zur Erprobung der Instrumente wurde ein Jahr vor der Hauptuntersuchung nur am Standort Essen durchgeführt. Bis auf die sich aus der Pilotierung ergebenen minimalen Änderungen an den verwendeten Instrumenten und die Mischung aus Doppel- und Einzelinterviews wurde die Pilotstudie wie die ursprünglich geplante Hauptuntersuchung durchgeführt. Das heißt, dass ein Experimental- und Kontrollgruppendesign angesetzt wurde, um Unterschiede zwischen den beiden Gruppen festzustellen. Dass bereits bei der Pilotierung keine klaren Unterschiede zwischen den Gruppen erkennbar waren, sollte durch Anpassen der Instrumente (insbesondere durch ein besseres Verhalten des Interviewers) und eine Vergrößerung der Stichprobe in der Hauptuntersuchung überwunden werden.

Durch die erste Aufgabe soll gesichert werden, dass die Studierenden die gewöhnliche Stetigkeit der gegebenen Funktion nicht übersehen. Die Aufgabe ist absichtlich so formuliert, dass das Vorliegen der Stetigkeit vorweggenommen wird. In der Pilotierung zeigte sich nämlich, dass einige Probandinnen und Probanden die Funktion für unstetig hielten, da sie mit der „sprunghaften" Definitionslücke nicht umgehen konnten und diese als Unstetigkeitsstelle auffassten. Um diese Fehlvorstellung zu entkräften, wurde außerdem die Zusatzfrage zur stetigen Fortsetzbarkeit hinzugefügt. So können die Probandinnen und Probanden verstehen, dass der sichtbare Sprung des Funktionsgraphen tatsächlich zu einer gewissen Art der Unstetigkeit führt, sodass mögliche kognitive Konflikte nicht zustande kommen können. Diese Anpassungen waren nötig, da sich Fehler in der ersten Aufgabe auf den Lerneffekt der gesamten Lernumgebung auswirken würden. So schlossen Studierende in der Pilotierung, dass die Funktion nicht gleichmäßig stetig ist, da Stetigkeit eine notwendige Voraussetzung dafür ist, ohne grafisch zu arbeiten.

Bei der zweiten und dritten Aufgabe werden die Lernenden stark geführt. So sollen nach Möglichkeit alle Versuchsteilnehmerinnen und Versuchsteilnehmer zu dem Schluss kommen, dass die Funktion nicht gleichmäßig stetig ist, da Delta bei der zweiten Frage immer kleiner gewählt werden muss. In der dritten Frage soll daraus der Schluss abgeleitet werden, dass es kein globales Delta geben kann und daher auch die Funktion nicht gleichmäßig stetig ist. Neben der Erkenntnis in diesem Einzelfall sollen die Probandinnen und Probanden so auch eine allgemeine Methode kennenlernen, mit der die gleichmäßige Stetigkeit anschaulich festgestellt bzw. charakterisiert werden kann.

Die letzte Aufgabe dient dazu, dass sich die Studierenden mit dem Begriff der gleichmäßigen Stetigkeit vertiefend auseinandersetzen. Es findet auch eine Wiederholung des Satzes von Heine statt und die Lernenden haben die Möglichkeit, auch anschauliche Gründe für das Vorliegen der gleichmäßigen Stetigkeit bzw. für die Gültigkeit des Satzes von Heine zu finden. Nur bei offenen Intervallgrenzen kann ein „immer kleiner" beim Delta zustande kommen. In der Version zum Standort „Bonn" konnte auf dem Satz von Heine direkt verwiesen werden, da im zugehörigen Skript alle Sätze durchnummeriert worden waren. In der Version zum Standort „Essen" konnte kein direkter Verweis erfolgen, da der Satz im dort verwendeten Skript weder einen Namen noch eine Nummer erhalten hat. Dies ist aber nicht weiter von Bedeutung, da die Aussage des Satzes in der Aufgabenstellung wiederholt wurde.

Die Aufgaben der Lernumgebung dienen (wie im dritten Kapitel herausgearbeitet wurde) dazu, dass die Studierenden sich mit der Lernumgebung in geeigneter Weise auseinandersetzen können. Für die Auswertung der Studie haben die Antworten der Probandinnen und Probanden nur eine untergeordnete Rolle, da so lediglich geprüft werden soll, ob sich die Studierenden in geeigneter Weise mit der Lernumgebung auseinandergesetzt haben. Die Aufgaben, die während der Interviews von den Versuchspersonen bearbeitet werden, stehen in keinem direkten Zusammenhang zu den Aufgaben der Lernumgebung. Sie werden im Folgenden zusammen mit dem Interview-Leitfaden vorgestellt.

4.2.3.2 Interview-Leitfaden mit Aufgaben

Die geführten Interviews weisen einen mittleren Grad an Strukturierung auf, da weder die Befragten frei über ein Thema sprechen sollten, noch war es vorgesehen, dass ein Interviewleitfaden wie in einer schriftlichen Befragung starr abgearbeitet werden sollte (vgl. Diekmann, 2016, S. 437). Ein freies Erzählen der Probandinnen und Probanden wäre wenig erhellend, da Studierende sich ihren Umgang mit Anschauung womöglich selbst nicht bewusst sind. Ein zu geschlossenes Interview hätte wiederum den Nachteil, dass der Interviewer nicht auf interessante Aspekte eingehen und nachfragen kann. Gerade bei einem noch wenig erforschten Untersuchungsgegenstand ist eine gewisse Offenheit der Erhebungsmethode wichtig, da nicht alle eintretenden Fälle antizipiert werden können. Aus diesem Grund wurde das qualitative Forschungsparadigma gewählt, bei dem Offenheit und Exploration eines der Grundsätze ist (Gläser-Zikuda, 2011, S. 109–111). Das genaue Nachfrageverhalten des Interviewers wird im Folgenden und ergänzend in Abschnitt 4.2.5 beschrieben.

Der Interviewleitfaden, der im elektronischen Zusatzmaterial beigefügt ist, wird entlang der Phasen, nach denen er aufgebaut ist, vorgestellt. Leitfadenbasierte Interviews sind in der Regel durch die vier Phasen Einstiegsphase, Aufwärmphase, Hauptphase und Ausstiegsphase gegliedert (Reinders, 2011, S. 90–92). Auch die im Rahmen dieser Arbeit geführten Interviews waren so aufgebaut.

In der **Einstiegsphase** werden die Interviewten begrüßt und es werden organisatorische Aufgaben wie das Einholen der Datenschutzerklärung erledigt. Wichtig für den Interviewleitfaden sind die Informationen, die dem Interviewten vor dem eigentlichen inhaltlichen Gespräch zum Ablauf des Interviews gegeben werden. Im Leitfaden wurden drei Aspekte beschrieben, auf die hingewiesen werden soll. Die Formulierungen sollten dabei nicht wörtlich wie abgedruckt, sondern frei formuliert vorgetragen wurden.

Ich kann euch nur bei Dingen helfen, die außerhalb meines Erkenntnisinteresses liegen. Nach dem Interview können wir aber über alles sprechen.

Stellt euren Gedankenweg möglichst von Beginn an dar, mit allen Assoziationen und kurzzeitigen Irrtümern. Ihr werdet nicht benotet und es ist normal im Findungsprozess einer Argumentation viel Falsches zu denken. Ich werde häufig nachfragen und das kann nerven, liegt aber nicht an euch und ist nicht böse gemeint.

Geht mit eurer Argumentation so weit und so tief, bis ihr euch selbst sicher seid, ob eine Behauptung stimmt oder nicht. Versucht nicht, eine Aufgabe für mich oder für den Dozenten zu bearbeiten.

Der erste Aspekt soll dem Unmut vorbeugen, dass Probandinnen oder Probanden beim Interview eine Frage haben oder in einer Aufgabe nicht weiterwissen und dennoch vom Interviewer keine Hilfestellung erhalten. Möglicherweise erinnert die Interviewsituation an eine Lernsituation mit Tutor, bei der es üblich ist Hinweise von diesem zu erhalten. Um das Interview aber nicht zu beeinflussen, darf der Interviewer erst nach dem Interview über Fehler und Lösungen sprechen.

Im zweiten Aspekt wird zum sogenannten „lauten Denken" (vgl. Sandmann, 2014) ermuntert. Die Probandinnen und Probanden sollen möglichst alle ihre Gedanken laut äußern, damit nicht nur die Ergebnisse, sondern auch die Gedankengänge, die zu den Ergebnissen führen, durch den Forscher beobachtet werden können. Auch wenn diese Methode die Probleme hat, dass Gedanken nicht unverfälscht und vollständig verbalisiert werden können und dass das laute Aussprechen auch die Gedankengänge beeinflussen kann, handelt es sich um die einzige Möglichkeit, kognitive Prozesse in Problemlösesituationen beobachtbar werden zu lassen (ebd., S. 188).[12]

Bei der Pilotierung konnte festgestellt werden, dass manche Probandinnen und Probanden ihre Gedanken erst äußern wollten, wenn sie sich sicher sind. Auch diese Angst soll abgebaut werden, um möglichst viel über die Gedanken erfahren zu können. Bei besonders stillen Versuchsteilnehmerinnen und Versuchsteilnehmern muss der Interviewer mehrfach Fragen der Art „Was denkst du gerade?", „Wieso denkst du das?" und so weiter, stellen, um dennoch viel über die Gedankengänge zu erfahren. Da das eine unangenehme Befragungssituation ist, wurde auch diese Tatsache angesprochen.

Der letzte Aspekt, der in der Einstiegsphase angesprochen wird, ist besonders relevant. Es ist denkbar, dass bei den Studierenden verschiedene Ansprüche an Strenge koexistieren. So kann es sein, dass eine Studentin oder ein Student nach einer gefundenen anschaulichen Begründung keine Zweifel mehr an der Wahrheit einer Vermutung hat und dennoch einen formalen Beweis sucht, da dieser im Rahmen der Hochschullehre eingefordert wird. Es kann daher sein, dass die Probandinnen und Probanden aufgrund einer „sozialen Erwünschtheit" (Diekmann,

---

[12] Abgesehen von bildgebenden Verfahren der Neurowissenschaft, die aber zu einer anderen Qualität von Ergebnissen führt.

2016, S. 447–451) nicht ihre eigene Position vertreten, sondern versuchen, die Normen der wissenschaftlichen Community bestmöglich zu erfüllen. Da es in der wissenschaftlichen Mathematik oft üblich ist die (anschauliche) Genese im Nachhinein zu vertuschen, können Studierende das hier auch versuchen. Der Begriff „anschaulich" wurde absichtlich vermieden, um keine Beeinflussung zu riskieren. Ob der Appell allein ausreicht, diesen Effekt zu vermeiden, ist zumindest fraglich.

Mit der **Aufwärmphase** beginnt das eigentliche Interview, da erste Fragen gestellt und beantwortet werden. Um aber zunächst gedanklich in das Thema einzuführen und die Nervosität abzubauen, sollen hier noch keine anspruchsvollen Aufgaben bearbeitet werden. Stattdessen werden allgemeine Fragen zum Begriffsverständnis der Stetigkeit und gleichmäßigen Stetigkeit gestellt. Abgesehen davon, dass die Inhalte so langsam gedanklich präsent gemacht werden und dadurch die Aufgabenbearbeitung im nächsten Teil erleichtert wird, können hier auch bereits erste relevante Beobachtungen gemacht werden. Die beiden Fragen der Einstiegsphase und mögliche Reaktionen des Interviewers auf Antworten sind wie folgt im Leitfaden festgehalten.

> Zu Beginn möchte ich dich fragen, was du persönlich unter Stetigkeit verstehst.
>
> Vorstellungen, Definition, visuelles Bild? (nicht erzwingen!), punktweise Stetigkeit vs. Stetigkeit in einem Intervall
>
> Neben dem Begriff der gewöhnlichen Stetigkeit gibt es auch den der gleichmäßigen Stetigkeit. Erkläre mir bitte den Unterschied.
>
> Inhaltlicher/anschaulicher Unterschied, Unterschied in der Definition: globales Delta, Reihenfolge der Quantoren, …
>
> Beispiele, Gegenbeispiele? → Warum? Welcher ist der stärkere Begriff? → Warum?

Durch die erste Frage im Leitfaden soll herausgefunden werden, welche Vorstellungen die Probandin oder der Proband zur gewöhnlichen Stetigkeit mitbringt und ob sie oder er eine richtige Definition aufschreiben kann. Diese Vorstellungen können auch die Grundlage für anschauliche Elemente in der späteren Aufgabenbearbeitung bieten. Dabei ist wichtig, dass die Fragen so gestellt werden, dass keine anschauliche Vorstellung vom Interviewer in das Interview hineingetragen wird. Dennoch kann der Interviewer durch Nachfragen versuchen, mehr Informationen als die zuerst gegebene Antwort zu erhalten. Die eingerückten Schlagwörter dienen dazu, mögliche Aspekte für solche Nachfragen bereitzustellen.

Die zweite Frage des Leitfadens richtet nun das Interesse auf den Begriff der gleichmäßigen Stetigkeit. Für den weiteren Verlauf des Interviews ist es wichtig zu wissen, ob die Probandin oder der Proband eine gültige Definition des Begriffes reproduzieren kann und ob der Unterschied zwischen beiden Stetigkeitsarten verstanden wurde. Auch hier ist es weiterhin interessant, welche anschaulichen Charakterisierungen präsent sind und welche Beispiele prototypisch angelegt sind.

Die **Hauptphase** macht den größten zeitlichen Anteil des Interviews aus, da hier drei Aufgaben zur gleichmäßigen Stetigkeit bearbeitet werden sollen. Neben den drei Aufgabenstellungen, die den Probandinnen und Probanden auch auf einem Blatt Papier ausgeteilt wurden, beinhaltet der Leitfaden Hinweise und Nachfragen, die der Interviewer geben bzw. stellen kann. Diese können dazu dienen, die Bearbeitung der Aufgaben am Laufen zu halten und nicht genannte Aspekte einzufordern, sodass mehr Informationen durch das Interview gesammelt werden können. Wichtig bei den Hilfestellungen ist, dass sie rein strategischer Art sind, damit der Interviewer keine inhaltliche Beeinflussung vornimmt. Da der Interviewer spontan abwägen muss, inwiefern er helfen sollte, kann es in der Durchführung auch zu nicht ganz idealen Lösungen diesbezüglich kommen.

Die **erste Aufgabe** des Leitfadens spricht die in Abschnitt 4.1.3 abgeleitete falsche Vermutung an, dass die Beschränktheit stetiger Funktionen in einem direkten Zusammenhang zur gleichmäßigen Stetigkeit steht. Ob die Aussage wahr ist oder falsch wird offengehalten, sodass diagnostiziert werden kann, ob eine falsche Vermutung bei den Probandinnen und Probanden vorliegt oder nicht.

Aufgabe: Sei $f : D \subseteq \mathbb{R} \to \mathbb{R}$ eine stetige Funktion. Nehmen Sie Stellung zu der folgenden Behauptung: f ist gleichmäßig stetig $\Leftrightarrow$ f ist beschränkt. Begründen Sie auch ihre Einschätzung.

Beachte die Äquivalenz und dass f immer eine stetige Funktion ist.

Was kann man tun, um eine Vermutung zu generieren?

Wie zeigt man, dass etwas stimmt, wie zeigt man, dass etwas nicht stimmt?

Warum ist dein Beispiel gleichmäßig stetig oder nicht gleichmäßig stetig?

Argumentiere so, dass **du dir selbst** sicher bist (nicht dein Übungsgruppenleiter)

Wie in Abschnitt 4.1.3 bereits erläutert, sind beide Implikationen der Behauptung falsch. Dort wurden auch Beispiele angegeben, mit denen eine Widerlegung stattfinden kann. Dennoch liegt ein Gegenbeispiel wie $f(x) = \sin(\frac{1}{x})$ nicht auf der Hand. Interessant ist, nicht nur zu sehen, ob eine falsche Vermutung vorliegt, sondern wie dann im weiteren Verlauf damit umgegangen wird. Wird der Fehler durch einen kritischen Umgang der Anschauung korrigiert oder wird so lange ein formaler Beweis versucht, bis die oder der Interviewte aufgibt?

Mögliche Interventionen des Interviewers sind wie zuvor eingerückt unter der Aufgabe zu finden. Auch hier handelt es sich um inhaltliche Anregungen und nicht um Formulierungshilfen. Die ersten drei Hinweise sind strategische Hilfen, die der Interviewer geben kann, aber nicht geben muss. Hier wurden vor allem Schwierigkeiten der Studierenden, die aus der Pilotstudie bekannt waren, berücksichtigt. So passierte es häufig, dass Interviewte nur eine Implikation betrachteten oder die Voraussetzung übersahen, dass die gewöhnliche Stetigkeit der Funktion gegeben ist. Die vierte Intervention dient dazu, Begründungen einzufordern, wenn Probandinnen oder Probanden ihre (Gegen-)Beispiele nur nennen. Die letzte Intervention zielt noch einmal auf den angesetzten Maßstab der Strenge an, auf den schon in der Einstiegsphase eingegangen wurde. In der Situation des Interviews ist es unrealistisch alle Aufgaben so zu bearbeiten, wie es in den wöchentlich abzugebenden Übungsaufgaben der Fall ist. Auch aus pragmatischen Gründen muss eine Lösungsskizze, die bereits subjektive Überzeugungskraft hat, genügen.

Für die Vergleichbarkeit verschiedener Interviews stellt sich noch ein weiteres Problem. Findet eine Versuchsperson ein Gegenbeispiel für eine der beiden Implikationen ist die Aufgabe strenggenommen bereits abgeschlossen. In diesem Fall fordert der Interviewer über die Aufgabe hinausgehend, eine Einschätzung zu der anderen Implikation ein.

Bei der **zweiten Aufgabe** wird der Zusammenhang zwischen Beschränktheit und gleichmäßiger Stetigkeit wieder aufgegriffen. Hier liegen allerdings spezielle Voraussetzungen vor, sodass die Aussage zu einem wahren Satz wird. Tatsächlich handelt es sich um die Voraussetzungen wie sie im Beispiel der Lernumgebung zur gleichmäßigen Stetigkeit vorlagen. Es ist daher denkbar, dass Studierende aus der Experimentalgruppe bei dieser Aufgabe anders vorgehen als die Studierenden der Kontrollgruppe. Ein direkter Vergleich ist aber nach den endgültigen Forschungsfragen nicht mehr vorgesehen.

Aufgabe: Sei $f : \mathbb{R}\backslash\{0\} \to \mathbb{R}$ eine stetige Funktion mit der Eigenschaft

$$\lim_{x \to 0} f(x) = \infty$$

Beweisen Sie, dass f dann nicht gleichmäßig stetig ist.

Versuche zunächst aus der Aufgabenstellung schlau zu werden.

Siehe auch Aufgabe 1

Bei dieser Aufgabe wurde vorgegeben, dass die Aussage eine wahre Aussage ist, da es bei dieser Aufgabe darum geht, zu beobachten, wie Studierende einen

Beweis finden bzw. führen. Es ist möglich, dass Studierende zunächst versuchen, aus den Voraussetzungen neue Aussagen formal abzuleiten und bekannte Sätze mit ähnlichen Voraussetzungen anzuwenden, bis die Schlüsselidee eines Beweises so durch „formales Herumprobieren" gefunden wird. Die Schlüsselidee kann aber auch dadurch gefunden werden, dass die in den Voraussetzungen gegebene Situation zunächst anschaulich erfasst wird. Vielleicht wird zunächst ein anschaulicher Beweis formuliert und dieser dann formalisiert oder Studierende belassen es bei einem anschaulichen Beweis und halten diesen bereits für sicher genug.

Wenn man versucht, die Aufgabe mit der Epsilon-Delta-Technik zu beweisen, ist die Beweisführung überraschend aufwendig, sodass anschauliche Zugänge reizvoller erscheinen können. Mithilfe des Satzes, dass Cauchy-Folgen von gleichmäßig stetigen Funktionen auf Cauchy-Folgen abgebildet werden (siehe Abschnitt 4.1.1), kann aber ein „eingekapselter" formaler Beweis erfolgen, der einfach zu führen ist, da nicht auf die Ebene von Quantoren und Ungleichungen zurückgegangen werden muss. Sei $(x_n)_n$ eine Cauchy-Folge, die gegen Null konvergiert, etwa $x_n = \frac{1}{n}$. Angenommen, dass f gleichmäßig stetig sei, dann wäre auch $(f(x_n))_n$ eine Cauchy-Folge. Aber wegen der gewöhnlichen Stetigkeit von f gilt $\lim_{n \to 0} f(x_n) = f\left(\lim_{n \to 0} x_n\right) \cdot = \infty$. Damit ist $(f(x_n))_n$ aber keine Cauchy-Folge, was einen Widerspruch bedeutet und die Aussage der Aufgabe beweist. Um den Beweis so zu führen, muss der dabei angewendete Satz über Cauchy-Folgen aber bekannt sein.

Einige der möglichen Hilfestellungen der ersten Aufgabe können auch hier angewendet werden. Darüber hinaus wurde als möglicher „Türöffner" ein weiterer strategischer Hinweis aufgenommen.

Damit alle in Abschnitt 4.1.3 antizipierten Schwierigkeiten in dem Interview berücksichtigt werden, wurde in der **dritten Aufgabe** ein Zusammenhang zwischen gleichmäßiger Stetigkeit und Lipschitz-Stetigkeit zur Diskussion gestellt.

Aufgabe: Sei $f : \mathbb{R} \to \mathbb{R}$ eine Funktion. Entscheiden Sie, ob die folgenden Aussagen äquivalent sind und begründen Sie Ihre Entscheidung.

(a) Es existiert eine Konstante $k > 0$, sodass die Abschätzung

$$\frac{|f(x) - f(y)|}{|x - y|} \leq k$$

für alle $x, y \in \mathbb{R}$ mit $x \neq y$ gilt.

(b) f ist gleichmäßig stetig.

> Beachte auch hier die Äquivalenz.
>
> Siehe auch Aufgabe 1
>
> Gegebenenfalls Wurzel vorgeben und auch vorgeben, dass sie gleichmäßig stetig ist.

Bei dieser Aufgabe wurde wieder offengelassen, welche Implikationen stimmen, um herauszufinden, ob anschauliche Betrachtungen zu falschen Vermutungen geführt haben. Da es sein kann, dass Studierende den Zusammenhang zur Lipschitz-Stetigkeit bereits kennen, wurde versucht, die Bedingung der Lipschitz-Stetigkeit durch Umformulierung zu verschleiern. Zum einen wurde die übliche Bezeichnung „L" für die Konstante durch „k" ausgetauscht. Zum anderen wurde durch den Ausdruck $|x - y|$ geteilt. Dies macht auch eine anschauliche Interpretation der Bedingung wahrscheinlicher, wie schon in Abschnitt 4.1.1 beschrieben wurde.

Während bei der zweiten Aufgabe ein formaler Zugriff eher schwierig zu sein scheint, kann bei dieser Aufgabe ein rein formales Vorgehen für die Implikation (a) $\Rightarrow$ (b) schnell zum Ziel führen. Um die gleichmäßige Stetigkeit nachzuweisen, muss häufig eine Formel dafür, wie Delta in Abhängigkeit von Epsilon gewählt werden muss, gefunden werden. Wie der Zusammenhang genau beschaffen ist, hängt von der gegebenen Funktion ab. Da über die Funktion f hier aber nicht viel bekannt ist, kommt als Formel nur ein einfacher Ausdruck mit der Konstanten k und Epsilon in Betracht. Durch Ausprobieren, „Rückwärtsabschätzen" und/oder Betrachten der Lipschitz-Stetigkeits-Bedingung kommt man schnell zu der gewünschten Formel $\delta = \frac{\varepsilon}{k}$. Dass dies eine geeignete Wahl für Delta ist, lässt sich leicht überprüfen.

Die Implikation (b) $\Rightarrow$ (a) gilt nicht, was mit dem Gegenbeispiel der Wurzelfunktion nachgewiesen werden kann. Neben dem Erkennen, dass die Implikation nicht gilt, kann bei diesem Aufgabenteil auch beobachtet werden, wie Studierende das Vorliegen der gleichmäßigen Stetigkeit eines Gegenbeispiels begründen. Auch hier sind anschauliche und formale Vorgehensweisen denkbar. Für den Fall, dass bei der letzten Aufgabe wenig brauchbare Informationen zu Stande gekommen sind, kann der Interviewer das Beispiel der Wurzelfunktion in das Interview hineingeben. Da es die letzte Intervention im Hauptteil des Interviews ist, werden keine folgenden Aufgabenbearbeitungen dadurch beeinflusst.

In der **Ausstiegsphase** des Interviews soll ein gedanklicher Ausstieg ermöglicht werden. Um dies zu gewährleisten, werden nach den kognitiv anspruchsvollen Aufgaben der Hauptphase, nur noch leicht zu beantwortende Fragen gestellt. Dabei können weitere für das Forschungsinteresse bedeutsame Aspekte erfragt werden. Nun können auch Fragen gestellt werden, die vorher die Bearbeitung der Aufgaben beeinflusst hätten. So wurde hier noch nach dem präferierten Lernstil gefragt. Am Standort Essen wurde zusätzlich gefragt, ob mit den zusätzlichen Visualisierungen gelernt wurde, die zur freiwilligen Beschäftigung bereitgestellt wurden (siehe Abschnitt 4.2.5). Ob die Studierenden dieses Angebot genutzt haben oder nicht, könnte einen großen Einfluss auf die Interviews haben. Für den Standort Bonn wird davon ausgegangen, dass alle Studierenden sich mit den Visualisierungen beschäftigt haben.[13]

> Welchen Lernstil präferierst du? Denkst du eher anschaulich oder formal über Mathematik nach?

> Nur für Essen: Hast du mit den freiwilligen Lernangebot der Visualisierungen gearbeitet?

Nachdem das Aufnahmegerät ausgestellt ist, werden noch weitere Informationen über die Probanden wie Studiengang und die Semesterzahl erfragt, da diese Informationen bei der Auswertung der Daten eine Rolle spielen könnten.

Schließlich wurden dann offene Fragen geklärt und Fehler berichtigt, die im Interview aufgekommen sind. So hatte das Interview auch einen positiven Einfluss auf den Lernprozess der Studierenden, wie es ihnen bei der Rekrutierung versprochen wurde. Außerdem wäre es unpädagogisch, die Probandinnen und Probanden mit einem fehlerhaften Verständnis zu entlassen. Falls gewünscht, konnte in dieser Phase auch über das Forschungsinteresse und die Erhebungsmethode gesprochen werden.

Selbstverständlich wurden die Probandinnen und Probandin zum Schluss verabschiedet und ihnen für die freiwillige Teilnahme an der Studie gedankt. Die Studierenden wurden mit der Bitte entlassen, mit anderen Studierenden erst nach Beendigung der Studie über den Ablauf und die Inhalte des Interviews zu sprechen.

4.2.4 Rekrutierung und Zusammensetzung der Stichprobe

Für die Studie wurden Probandinnen und Probanden an der Universität Duisburg-Essen und der Rheinischen Friedrich-Wilhelms-Universität Bonn rekrutiert, da an diesen beiden Standorten Visualisierungen des Autors dieser Arbeit in der Lehre

---

[13] Ausgenommen die Visualisierung zur gleichmäßigen Stetigkeit, die nur Studierenden der Experimentalgruppe zugänglich war.

eingesetzt wurden. Die Erhebungseinheit besteht aus allen Studierenden, die die Analysis 1 im Wintersemester 2018/2019 an einer der beiden Universitäten besucht haben. An beiden Standorten besteht der Hauptteil der Studierenden aus Lehramtsstudierenden für die gymnasiale Oberstufe (bzw. Berufskolleg), die die Analysis 1 nach Studienplan im dritten Semester hören und Studierenden der Fachmathematik, die die Analysis 1 nach Studienplan im ersten Semester hören. Andere Studiengänge wie Wirtschafts- oder Technomathematik sind zahlenmäßig weniger vertreten. Neben Studierenden in Regelstudienzeit besuchen auch Wiederholer die Lehrveranstaltung. Die Rekrutierung an zwei Standorten hat den Vorteil, dass die Stichprobengröße erhöht und zumindest in Ansätzen von einer Standortunabhängigkeit der Befunde gesprochen werden kann.

Die Rekrutierung in Essen erfolgte durch den Autor dieser Arbeit selbst, indem dieser im Rahmen des regulären Übungsbetriebs die einzelnen Übungsgruppen aufsuchte. Dort erläuterte er jeweils den Ablauf der Studie, wies auf die Datenschutzbestimmungen hin und nannte die folgenden Gründe für die freiwillige Teilnahme an der Studie:

- Zusätzliche Übungsmöglichkeit zum Themenbereich der Stetigkeit,
- Freies Sprechen über Mathematik wie in mündlichen Prüfungen üben,
- Einblick in mathematikdidaktische Forschungsmethoden.

Darüber hinaus wurde darauf hingewiesen, dass durch die Teilnahme an hochschuldidaktischen Studien die Lehre an der Hochschule verbessert werden kann, was im Sinne der Studierenden sein sollte. Auf eine monetäre Vergütung wurde verzichtet, um nur Probandinnen und Probanden mit aufrichtiger Teilnahme zu rekrutieren.[14] Die Probandinnen und Probanden wurden in Essen erst nach der Rekrutierung zufällig auf die Experimental- und Kontrollgruppe aufgeteilt.

Am Standort Bonn musste die Rekrutierung aus logistischen Gründen durch eine andere Person erfolgen. Der wissenschaftliche Mitarbeiter, der für die Organisation des Übungsbetriebs zuständig war, übernahm diese Aufgabe, indem er Studierende direkt oder über die Übungsgruppenleiterinnen und Übungsgruppenleiter ansprach. Der Autor dieser Arbeit stellte ihm dafür ein Anschreiben zur Verfügung, welches im elektronischen Zusatzmaterial dieser Arbeit beigefügt ist. Anders als in Essen wurden zwei Übungsgruppen zur Teilnahme an der Intervention der Experimentalgruppe verpflichtet, indem die Intervention einfach statt der regulären Übungsgruppe durchgeführt wurde. Dies geschah unabhängig davon, ob Studierende aus diesen Übungsgruppen freiwillig an einem Interview teilnehmen

---

[14] Als Dankeschön wurde den Studierenden aber ein Stück Kuchen angeboten.

wollten, sondern die Teilnahme wurde als Teil der regulären Lehre aufgefasst. Die eigentliche Rekrutierung fand nur für die Interviews statt, wobei verstärkt in den beiden Übungsgruppen, in denen die Intervention stattfand, nach Probandinnen und Probanden gesucht wurde, um eine ausgewogene Stichprobe zu erhalten.

Da am Standort Essen die Bereitschaft, an der Studie teilzunehmen, außerordentlich gering ausfiel, konnten dort nur vier und insgesamt 11 Probandinnen und Probanden rekrutiert werden. Bis auf einen Probanden der Kontrollgruppe in Essen befanden sich alle Probanden in Regelstudienzeit. In Tabelle 4.3 lässt sich die genaue Zusammensetzung der Stichprobe ablesen.

Tabelle 4.3 Zusammensetzung der Stichprobe

	Bonn	Essen
Experimentalgruppe	2 × Fachmathematik 1 × Lehramt	1 × Fachmathematik 1 × Lehramt
Kontrollgruppe	4 × Fachmathematik	1 × Fachmathematik 1 × Lehramt

Die geringe Stichprobengröße stellt zwar in der quantitativen Forschung wegen der angestrebten Signifikanz der Ergebnisse ein größeres Problem als in der qualitativen Forschung dar. Dennoch erhöht eine größere Stichprobe die Wahrscheinlichkeit, dass die Stichprobe auch „besondere" Einzelfälle enthält.

Ähnlich verhält es sich mit der Repräsentativität der Stichprobe. Auch diese Eigenschaft ist bei qualitativer Forschung keine Voraussetzung, um überhaupt von seriöser Forschung sprechen zu können. Trotzdem könnte durch das Fehlen von bestimmten Typen von Studierenden die Qualität der abgeleiteten Theorie herabgesetzt werden. Tatsächlich ist sogar davon auszugehen, dass die Stichprobe bezüglich des Merkmals der Leistungsbereitschaft bzw. der Leistungsstärke stark nach oben verzerrt ist, da man annehmen kann, dass gerade solche Studierende freiwillig an Studien, bei denen es um eine Aufgabenbearbeitung geht, teilnehmen. Durch diese Annahme ließe sich auch die kleine Stichprobengröße erklären. Der gerade beschriebene Stichprobenfehler, der durch Verweigerung der Teilnahme einzelner entsteht, ist in der Literatur unter dem Namen *Non-Response*-Fehler zu finden (Diekmann, 2016, S. 374). Eine Einschränkung der vorliegenden Studie besteht also darin, dass es keinen empirischen Grund gibt, anzunehmen, die Forschungsergebnisse gelten wirklich für alle Studierenden.

4.2.5 Vorgehensweise und Rahmenbedingungen bei der Erhebung der Daten

Im Folgenden werden die Vorgehensweise und die Rahmenbedingungen der Erhebung beschrieben. Doch bevor die Beschreibung ins Detail geht, wird zur besseren Einordnung zuerst der grobe Aufbau der Erhebung vorgestellt.

Wie bereits geschildert wurde, ist für die Erhebung ursprünglich ein Experimentaldesign mit einer Experimental- und einer Kontrollgruppe angesetzt worden. Da die Probandinnen und Probanden an zwei Standorten rekrutiert wurden, fanden auch die Intervention für die Experimentalgruppe und die Interviews aus logistischen Gründen an den beiden Standorten getrennt statt. Der zeitliche Ablauf der Erhebung ist in Abbildung 4.6 dargestellt. Im Folgenden werden die einzelnen Stationen dieses Ablaufs in chronologischer Reihenfolge beschrieben.

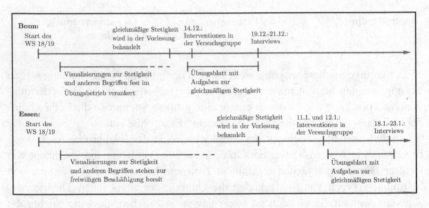

Abbildung 4.6 Zeitlicher Ablauf der Erhebung

4.2.5.1 Standortspezifische Unterschiede zwischen den Lehrveranstaltungen

Die durchgeführte Studie ist nicht unabhängig von der Lehrveranstaltung Analysis 1, die die Studierenden besucht haben, zu betrachten. Daher müssen auch die Besonderheiten der beiden Vorlesungen mit zugehörigem Übungsbetrieb in den Blick genommen werden. Zwar kann hier nicht der gesamte Vorlesungsgang analysiert und beschrieben werden. Dennoch sollen vor allem die Unterschiede der an den beiden Standorten abgehaltenen Lehrveranstaltungen beschrieben werden.

Die folgenden Beschreibungen basieren auf den Vorlesungsskripten der beiden Vorlesungen.

Sowohl in Bonn als auch in Essen wurde zweimal die Woche eine Vorlesung von 90 Minuten gelesen. In Essen gab es eine zusätzliche „Ergänzungsvorlesung", die aber nicht von Studierenden des Lehramts besucht werden musste. Während in Essen pro Woche eine 90-minütige Übungsgruppe stattfand, in der die wöchentlichen Hausaufgaben besprochen wurden, gab es in Bonn zweimal pro Woche eine 90-minütige Übung. In einer wurden ebenfalls die wöchentlichen Übungsaufgaben besprochen, in der anderen wurden Fragen geklärt und über die Inhalte der Vorlesung im Allgemeinen gesprochen. In Essen gab es neben Vorlesung und kleinen Übungsgruppen alle 14 Tage eine sogenannte Globalübung, in der weiter Beispiele zum Vorlesungsstoff der gesamten Hörerschaft der Analysis 1 in einem Hörsaal präsentiert wurden. Außerhalb der Lehrveranstaltung gibt es an beiden Standorten einen betreuten Lernraum, in dem Tutoren Fragen der Studierenden beantworten und diese beim Lösen der Übungsaufgaben unterstützen können. Am Standort Bonn heißt diese Einrichtung „Help Desk", in Essen wird in der Regel die Kurzform „LUDI" für das sogenannte Lern- und Diskussionszentrum verwendet.

Eine Besonderheit der beiden Lehrveranstaltungen in Essen und Bonn im Vergleich zu anderen Universitäten bestand darin, dass vom Autor dieser Arbeit gestalte interaktive dynamische Visualisierungen in der Lehre eingesetzt wurden. In Bonn wurden diese in die wöchentlichen Übungszettel integriert, sodass Studierende Aufgaben mit den Visualisierungen bearbeiten mussten. Unter anderem wurde eine Veranschaulichung zur gewöhnlichen Stetigkeit so an alle Studierende herangetragen. In Essen wurden die Visualisierungen unverbindlich als freiwillige Beschäftigung über den regulären Vorlesungs- und Übungsbetrieb hinaus eingesetzt. Dennoch wurde dieses Unterstützungsangebot im Rahmen der Vorlesung den Studierenden vorgestellt und der Zugang zu den Visualisierungen geschah über dieselben Kanäle, über die auch die Übungsaufgaben und andere organisatorische Informationen bereitgestellt wurden. Auch hier standen den Studierenden mehrere Lernumgebungen zur Verfügung, darunter eine Visualisierung zur gewöhnlichen Stetigkeit. An keinem der beiden Standorte war aber eine Visualisierung zur gleichmäßigen Stetigkeit verfügbar.

Der Vorlesungsgang in Bonn und in Essen ist bis auf kleinere Unterschiede vergleichbar. Begonnen wurde mit mathematischen Grundlagen wie der naiven Mengenlehre und der vollständigen Induktion, die reellen Zahlen wurden axiomatisch eingeführt und es wurden Beträge sowie Ungleichungen thematisiert. Während in Bonn dann komplexe Zahlen, Folgen, Reihen und Stetigkeit in dieser Reihenfolge und ausschließlich eindimensional behandelt wurden, wurden in Essen zunächst Folgen, Reihen und dann erst die komplexen Zahlen zusammen mit dem

-dimensionalen euklidischen Raum thematisiert. Nach der Einführung des Mehr-dimensionalen wurden Definitionen in Essen auch für den mehrdimensionalen Fall rückwirkend ergänzt und im folgenden Stetigkeitskapitel wurden Definitio-nen direkt ein- und mehrdimensional getätigt. Dennoch wurden in den Essener Übungsaufgaben fast ausschließlich Beweise für den eindimensionalen Fall oder für allgemeine Zusammenhänge, bei denen die Dimensionalität keine Rolle spielt, eingefordert.

In Bonn wurde die gleichmäßige Stetigkeit mittig im Stetigkeitskapitel in der Vorlesung am 10.12.2018, also unmittelbar vor der Intervention der Experimen-talgruppe eingeführt. Bei der gewöhnlichen Stetigkeit wurde zuerst eine Epsilon-Delta-Definition, teilweise sprachlich ausformuliert und in der Variante „Delta vor Epsilon", eingeführt. Eine äquivalente topologische Definition über Umgebungen folgte sofort.

Definition 5.1. Seien $X = \mathbb{R}, \mathbb{C}$ und $Y = \mathbb{R}, \mathbb{C}, A \subset X, B \subset Y$ und $f : A \to B$ eine Funktion.
(i) Die Funktion f heißt stetig in $x \in A$, wenn zu jedem $\varepsilon \in \mathbb{R}^+$ ein $\delta = \delta_{\varepsilon,x} \in \mathbb{R}^+$ existiert, sodass

$$y \in A, |y - x| < \delta \Rightarrow |f(y) - f(x)| < \varepsilon.$$

Äquivalent

$$y \in A \cap B_\delta(x) \Rightarrow f(y) \in B_\varepsilon(f(x))$$

(ii) Die Funktion f heißt stetig in A, wenn f stetig in x ist $\forall x \in A$.
Dass auch die Folgenstetigkeit eine alternative Definition für die Stetigkeit ist, wurde als Satz bewiesen. Für die Definition der gleichmäßigen Stetigkeit wurde eine ähnliche Formulierung wie für die erste Definition der Stetigkeit gewählt.

Definition 5.6. Seien $X = \mathbb{R}, \mathbb{C}$ und $Y = \mathbb{R}, \mathbb{C}, A \subset X, f : A \to Y$. Die Funktion f ist gleichmäßig stetig, wenn $\forall \varepsilon \in \mathbb{R}^+ \exists \delta_\varepsilon \in \mathbb{R}^+$ sodass

$$\forall x, y \in A \text{ mit } |x - y| < \delta \text{ gilt } |f(x) - f(y)| < \varepsilon.$$

In einer Bemerkung wurde anschließend der Unterschied zwischen gleichmäßiger und gewöhnlicher Stetigkeit über das Abhängigkeitsverhalten von Delta und über die Reihenfolge der Quantoren erklärt. Als Übungsaufgabe sollte man sich klar machen, dass jede gleichmäßig stetige Funktion auch gewöhnlich stetig ist und am Beispiel der Quadratfunktion wurde gezeigt, dass andersherum nicht jede stetige

Funktion schon gleichmäßig stetig ist. Auch der Satz von Heine wurde noch in derselben Vorlesung bewiesen als die gleichmäßige Stetigkeit eingeführt wurde, sodass dieses Wissen in der Intervention zur Verfügung stand. Nicht zur Verfügung stand die Definition der Lipschitz-Stetigkeit, da diese (auf Wunsch des Autors dieser Arbeit) erst im neuen Jahr in der Vorlesung diskutiert wurde.

In Essen wurde die gleichmäßige Stetigkeit erst kurz vor Weihnachten in der Vorlesung definiert. Dies hatte den Vorteil, dass es zu keinen logistischen Problemen bei der Erhebung an zwei Standorten kam. Wie in Bonn wurde auch hier eine Epsilon-Delta-Definition für die gewöhnliche Stetigkeit verwendet. Unterschiede bestanden darin, dass hier eine etwas stärker sprachlich ausformulierte Version gewählt wurde, bei der „Epsilon vor Delta" stand und die punktweise Betrachtung wurde mit der Verwendung der Variablen hervorgehoben.

Sei $f : \mathbb{R} \to \mathbb{R}$ eine Funktion. f heißt stetig in x_0, genau dann, wenn folgendes gilt: Zu jedem $\varepsilon > 0$ existiert ein $\delta > 0$, sodass $|f(x) - f(x_0)| < \varepsilon$ gilt für alle $x \in \mathbb{R}$ mit $|x - x_0| < \delta$.

Auch in Essen wurde geklärt, was man unter Stetigkeit auf einer Menge bzw. der gesamten Funktion meint und die Folgenstetigkeit wurde als Kriterium zum Nachweis der Stetigkeit im Anschluss bewiesen. Nach der eindimensionalen Definition folgte unmittelbar eine mehrdimensionale Variante. Die gleichmäßige Stetigkeit wurde hingegen etwas später nur für den mehrdimensionalen Fall definiert. Weitere Abweichungen bestanden darin, dass wie in Bonn statt nun auch verwendet wurde und dass, ebenfalls wie in Bonn, eine „Delta vor Epsilon"-Variante vorlag.

Eine Funktion $f : M \to \mathbb{R}^m$, $M \subset \mathbb{R}^n$, heißt gleichmäßig stetig auf M, genau dann wenn zu jedem $\varepsilon > 0$ ein $\delta > 0$ existiert, sodass für alle $x, y \in M$ mit $\|x - y\| < \delta$ gilt $\|f(x) - f(y)\| < \varepsilon$.

Es folgte eine dreigeteilte Bemerkung, in der die gleichmäßige Stetigkeit auch durch die reduzierte Quantorenschreibweise formuliert wurde, ohne diese aber direkt mit der Quantorenschreibweise der gewöhnlichen Stetigkeit auf einer Menge zu vergleichen. Dafür wurde aber auf den Unterschied eingegangen, dass im Gegensatz zur gewöhnlichen Stetigkeit Delta nicht mehr von den Stellen x, y abhängen muss und es wird ohne Beweis festgestellt, dass aus gleichmäßiger Stetigkeit die gewöhnliche Stetigkeit folgt. Im direkten Anschluss an diese Bemerkung wurde der Satz von Heine bewiesen und als Beispiel dafür, dass aus gewöhnlicher Stetigkeit im Allgemeinen nicht die gleichmäßige Stetigkeit folgt, die Funktion f mit $f(x) = \frac{1}{n}$ auf dem Intervall $(0, 1]$ diskutiert. Da die Lipschitz-Stetigkeit einige Seiten später im Vorlesungsskript zu finden ist, kann nicht geklärt werden, ob diese den Studierenden zum Zeitpunkt der Interviews bekannt war oder nicht.

4.2.5.2 Durchführung der Intervention

Die Durchführung der Intervention in den Experimentalgruppen fand jeweils zeitnah, nachdem die Definition der gleichmäßigen Stetigkeit in der Vorlesung eingeführt wurde, aber noch bevor der Übungszettel mit Aufgaben zur gleichmäßigen Stetigkeit bearbeitet wurde, statt. So konnten die Studierenden in der Experimentalgruppe den neugelernten Begriff zeitnah mit anschaulichen Betrachtungen elaborieren und das Wissen aus Vorlesung und Lernumgebung dann bei der Bearbeitung der Hausaufgaben anwenden.

Während in Bonn die gleichmäßige Stetigkeit in der Vorlesung am Montag, dem 10.12.2018, und die Intervention am Freitag, dem 14.10.2018, stattfand, wurde die gleichmäßige Stetigkeit in Essen in der letzten Vorlesung vor Weihnachten behandelt. Daher musste die Intervention direkt nach den Weihnachtsferien, am 11. und 12.1.2019 durchgeführt werden. In beiden Fällen stand aber noch genügend Zeit zur Bearbeitung des Übungszettels zur Verfügung.

In Bonn wurden für die Intervention zwei Übungsgruppen aus dem normalen Lehrbetrieb ausgewählt. Alle Studierenden aus diesen Übungsgruppen nahmen an der Intervention teil, unabhängig davon, ob sie auch an der Studie teilnahmen. Die beiden ausgewählten Übungsgruppen fanden regulär freitags von 12:15 Uhr bis 13:45 Uhr statt. Am Tag der Intervention wurde die Übung so gekürzt, dass die eigentliche Übung wie gewohnt, nur innerhalb von 45 Minuten stattfand, die restlichen 45 Minuten fanden in einem PC-Raum der Universität statt, in der die Lernumgebung zur gleichmäßigen Stetigkeit bearbeitet werden sollte. Eine der beiden Übungsgruppen nahm zuerst an der Intervention teil und wechselte danach für die restliche Übung in einen anderen Raum, damit die zweite Übungsgruppe, die zuvor den regulären Übungsstoff behandelte, eintreten konnte.

Die Anzahl der Computerarbeitsplätze in dem PC-Raum war ausreichend, sodass jede Studentin und jeder Student an einem eigenen Computer arbeiten konnte. Die Visualisierung musste zunächst über das hochschuleigene E-Learning-System geöffnet werden, womit die Studierenden aber vertraut waren, da so auch die Visualisierungen des Übungsbetriebs zugänglich waren. Auf den Tischen, auf denen die Monitore, Tastaturen und Computermäuse lagen, war noch genügend Platz zum Schreiben. Bereits bevor die Studierenden eintraten, wurden auf die einzelnen Arbeitsplätze die Anleitungen zur Lernumgebung (siehe Abschnitt 4.2.3) und kariertes Papier für Notizen ausgeteilt. Alle beschriebenen Zettel der Probandinnen und Probanden, die der Teilnahme an der Studie zugestimmt hatten, wurde am Ende eingesammelt.

Der Autor dieser Arbeit war im PC-Raum anwesend. Er begrüßte die Studierenden und erklärte den Zweck der Intervention, ohne sein genaues Erkenntnisinteresse zu offenbaren. Inhaltliche Fragen beantwortete er nach Möglichkeit weder während noch nach der Intervention, um eine Beeinflussung zu verhindern. Lediglich technische Fragen zur Bedienung der Visualisierungen sollten beantwortet werden.[15]

Die Studierenden arbeiteten mit der Lernumgebung überwiegend konzentriert und in Einzelarbeit. Nur punktuell kam es dazu, dass Studierende, die bereits fertig mit der Bearbeitung waren, anderen Studierenden, die inhaltliche Schwierigkeiten hatten, halfen. Es wurde aber ausschließlich Studierenden geholfen, die nicht an der Studie teilnahmen. Mindestens einer der Helfenden nahm aber an der Studie teil.[16]

Da am **Standort Essen** nur zwei Studierende für die Experimentalgruppe rekrutiert wurden, fand keine gemeinsame Intervention statt, sondern die Probandinnen und Probanden wurden einzeln zu ihren Wunschterminen in einen Büroraum eingeladen. Die erste Intervention fand am 10.1.2019, die zweite am 11.1.2019 statt und beide dauerten zwischen 30 und 45 Minuten.

Im Büroraum war außer der Versuchsperson nur der Autor dieser Arbeit anwesend. Dieser verhielt sich wie in der Intervention in Bonn zurückhaltend, was das Beantworten von Fragen bezüglich des Forschungsinteresses und inhaltlicher Aspekte anging. Auf einem Tisch befand sich ein Laptop mit angeschlossener Computermaus, auf dem die Visualisierung bereits geöffnet war. Außerdem waren die Anleitung zur Lernumgebung und kariertes Papier für Notizen auf demselben Tisch ausgebreitet. Auch hier wurden alle beschriebenen Zettel am Ende der Intervention eingesammelt.

4.2.5.3 Übungsaufgaben zur gleichmäßigen Stetigkeit
Nachdem die Interventionen stattgefunden hatten, stand den Studierenden noch einige Zeit zur Bearbeitung der regulären Übungsaufgaben zur Verfügung, bevor sie interviewt wurden. Die weitere Beschäftigung mit dem Begriff der gleichmäßigen Stetigkeit ist relevant, da das Wissen aus der Vorlesung und der Lernumgebung erst verarbeitet und geübt werden muss. Erst dann ist zu erwarten, dass anschauliche Ansätze in der Aufgabenbearbeitung sichtbar werden. Außerdem setzen die

---

[15] Da der Begriff der stetigen Fortsetzbarkeit in der Vorlesung nicht verwendet wurde, gab es einige Nachfragen hierzu, die der Autor beantworten musste. Man kann diese Sprechweise aber schnell und einfach erklären, ohne viele formale oder anschauliche Aspekte benennen zu müssen.

[16] Diese Beobachtung stützt die These, dass die Probandinnen und Probanden der Stichprobe leistungsmotivierter und leistungsstärker als der Durchschnitt sind.

in den Interviews gestellten Aufgaben aufgrund ihres Schwierigkeitsgrades bereits eine gewisse Souveränität mit den Inhalten voraus.

Das **in Bonn** verwendete Übungsblatt mit Aufgaben zur gleichmäßigen Stetigkeit musste bis zum 19.12.2018 abgegeben werden. Die ersten Interviews fanden an demselben Tag statt, sodass man davon ausgehen kann, dass alle Probandinnen und Probanden sich bereits ausführlich mit den Übungsaufgaben auseinandergesetzt hatten.

Die gestellten Aufgaben sind für die Studie relevant, da hier weiter Beispiele und Gegenbeispiele für gleichmäßige Stetigkeit eingeführt werden könnten. Auch muss sichergestellt werden, dass keine der Aufgaben aus den Interviews in ähnlicher Weise schon gestellt wurde.

Der Bonner Übungszettel bestand aus fünf Aufgaben. In der ersten sollte bei einer modifizierten Dirichletschen Sprungfunktion alle Stellen bestimmt werden, an denen diese gewöhnlich stetig ist. Da es hier noch nicht um gleichmäßige Stetigkeit geht, ist die Aufgabe nicht so relevant wie Aufgabe zwei und drei. In der vierten Aufgabe wurden Stetigkeitsmodule und in der fünften Aufgabe der Zwischenwertsatz behandelt, sodass auch diese Aufgaben weniger Relevanz für die Interviews haben.

Bei der zweiten Aufgabe sollten drei Funktionen auf ihre gleichmäßige Stetigkeit hin untersucht werden. Es sind die Funktionen $f : \mathbb{R} \to \mathbb{R}$, $f(x) = \frac{1}{1+x^2}$, $g : (0, \infty) \to \mathbb{R}$, $g(x) = \frac{1}{x}$ und $h : [0, 2018] \to \mathbb{R}$, $h(x) = \frac{x^{2018}-1}{x+2018}$. Es handelt sich ausschließlich um gebrochenrationale Funktionen wie in der Lernumgebung, sodass keine weiteren Funktionstypen durch die Übungsaufgaben herangetragen werden. Da f gleichmäßig stetig und beschränkt ist, liegt hier ein Beispiel für die in der ersten Aufgabe des Interviews antizipierten Fehlvorstellung vor. Doch wenn die Aufgabe überwiegend formal gelöst wird, muss die Beschränktheit der Funktion nicht unbedingt „ins Auge fallen". Die Funktion g verhält sich absolut analog zum in der Lernumgebung betrachteten Beispiel und bei der Funktion h sind keine tiefergehenden Überlegungen notwendig, da direkt mit dem Satz von Heine auf die gleichmäßige Stetigkeit geschlossen werden kann. Auch dies passt bereits zu den Erfahrungen, die Studierende in der Lernumgebung machen konnten.

Die dritte Aufgabe behandelt keine konkreten Beispiele, sondern hier sollen allgemeine Tatsachen über gleichmäßig stetige Funktionen beweisen werden. Die Aufgabe ist in mehrere Teilaufgaben gegliedert, wobei nur zwei dieser Teilaufgaben für die Studie besonders relevant sind. Als erstes soll gezeigt werden, dass gleichmäßig stetige Funktionen Cauchy-Folgen auf Cauchy-Folgen abbilden. Es wurde bereits darauf eingegangen, dass dieser Satz zum Nachweis von Gegenbeispielen relevant ist und daher auch in den Interviews angewendet werden kann.

Bei der letzten Teilaufgabe geht es um die Aussage, dass die Verkettung gleichmäßig stetiger Funktionen wieder gleichmäßig stetig ist. Diese Aufgabe kann zur schnellen Konstruktion von Beispielen für die Aufgaben des Interviews relevant sein. Es werden aber bei beiden Teilaufgaben keine Aufgaben des Interviews vorweggenommen.

Auch **in Essen** stand den Studierenden genügend Zeit zur Bearbeitung der Hausaufgaben vor den Interviews zur Verfügung. Abgabefrist für den Übungszettel zur gleichmäßigen Stetigkeit war der 21.1.2019, wobei das erste Interview schon am Freitag, den 18.1.2019, geführt wurde. Dieser Proband sagte aber zu, dass er seine Übungszettel für gewöhnlich schon vor dem Wochenende im Wesentlichen fertig bearbeitet hat und wollte sich für das Übungsblatt zur gleichmäßigen Stetigkeit besonders bemühen, diese selbstgesetzte Frist einzuhalten. Die anderen Interviews fanden erst ab den 21.1. statt.

Auf dem Essener Übungsblatt befanden sich vier Aufgaben, wobei die ersten beiden zur gewöhnlichen Stetigkeit und daher für die Studie weniger relevant waren. Bei der dritten Aufgabe mussten, wie in Bonn, verschiedene Funktionen auf ihre gleichmäßige Stetigkeit hin untersucht werden. Die Funktionen waren: $f : [-1, \infty] \to \mathbb{R}, f(x) = \sqrt{1 + x}, g : (0, 1) \to \mathbb{R}, g(x) = \frac{1}{x}, h : \mathbb{R} \to \mathbb{R}, h(x) = x^2$ und $i : [0, 1] \to \mathbb{R}, i(x) = x^2$.

Bereits die verschobene Wurzelfunktion f ist für die Aufgaben des Interviews in zweierlei Hinsicht bedeutsam. Zum einen handelt es sich um eine unbeschränkte Funktion, die dennoch gleichmäßig stetig ist. Zum anderen stellt diese Funktion ein Beispiel einer nicht Lipschitz-stetigen, aber gleichmäßig stetigen Funktion dar. Je nachdem wie Studierende die Aufgabe lösen, fallen ihnen womöglich keine der beiden Eigenschaften auf.

Die Funktionen g und h enthalten keine Eigenschaften, die für die Widerlegung der antizipierten Fehlvorstellungen genutzt werden können. Möglicherweise aufgrund eines Fehlers wurde der Beweis zur Widerlegung der gleichmäßigen Stetigkeit von bereits im Skript zur Vorlesung geführt. Es ist aber auch möglich, dass der Dozent den Beweis in der Vorlesung nicht geführt hat und das Skript erst im Nachhinein den Studierenden zur Verfügung gestellt hat. Die Funktion entspricht der Funktion bis auf die Definitionsmenge, die hier auf ein kompaktes Intervall eingeschränkt wurde. Wie bei der letzten Funktion des Bonner Übungsblattes kann also auch hier der Satz von Heine angewendet werden.

Die letzte Aufgabe des Übungsblattes bestand aus zwei Teilaufgaben. Während der zweite Teil, wie in Bonn, auf die Verkettung gleichmäßig stetiger Funktionen eingeht, was für die Aufgaben in den Interviews als unproblematisch zu werten ist, ist der erste Aufgabenteil kritischer zu sehen, da hier der Begriff der Beschränktheit direkt angesprochen wird. Die Aufgabe lautet:

Sei $D \subset \mathbb{R}^n$ beschränkt und $f : D \to \mathbb{R}$ gleichmäßig stetig. Zeigen Sie, dass f beschränkt ist.

Der Satz hat aber nicht direkt etwas mit der ersten Aufgabe des Interviews zu tun, da hier die gleichmäßige Stetigkeit nur im Zusammenhang der Voraussetzung einer beschränkten <u>Definitionsmenge</u> vorkommt.[17] Somit handelt es sich zwar nicht um eine Vorausnahme der ersten Interviewaufgabe, es kann aber dennoch dazu kommen, dass Probandinnen und Probanden die Aufgabe, ohne die Voraussetzungen im Detail zu erinnern, heranziehen. Möglicherweise kommt es zu Situationen, in denen der Interviewer eingreifen muss, damit keine Argumentationsstränge einzig auf einer falschen Erinnerung fußen.

Insgesamt kann man sagen, dass die eingesetzten Übungsaufgaben an beiden Standorten inhaltlich gut zu den Interviews passen, da die relevanten Begriffe geübt werden und keine Aufgaben aus den Interviews in direkter Weise vorweggenommen wurden. Die einzige kritische Aufgabe ist die Aufgabe, bei der es um gleichmäßig stetige Funktionen auf beschränkten Mengen geht, da es hier zu problematischen Assoziationen kommen kann.

Einige der betrachteten Beispiele könnten zwar Auswirkungen auf die heuristische Herangehensweise der Probandinnen und Probanden haben, aber die Beziehungen, die hergestellt werden müssen, sind nicht ganz offensichtlich und es lässt sich ohnehin nicht kontrollieren, welche Aufgaben und Beispiele den Studierenden durch ihre Freiarbeit, das Lernen in den Übungsgruppen und weiteres Lernmaterial (Internet, Lehrbücher) bekannt sind.

4.2.5.4 Durchführung der Interviews

Die Interviews wurden in Essen und Bonn unter möglichst gleichen Rahmenbedingungen geführt. Den Probandinnen und Probanden wurden im Vorfeld mitgeteilt, dass die Interviews zwischen 45 und 60 Minuten dauern würden. Fanden mehrere Interviews hintereinander statt, wurden die Studierenden in 70-minütigen Abständen eingeladen, damit der Interviewer auch Pausen hat, um den Raum wiederherzurichten und sich mental auf das nächste Interview vorzubereiten. Die Tatsächliche Länge der Interviews variierte zwischen 20 und 50 Minuten.

Sowohl in Bonn als auch in Essen wurden die Probandinnen und Probanden in einen Büroraum eingeladen. In diesem war neben der Versuchsperson nur der Interviewer anwesend. Auf einem Tisch befand sich ein Gerät zum Mitschneiden

---

[17] Wenn man davon ausgeht, dass Aufgaben nie unnötige Voraussetzungen enthalten, könnte man daraus schließen, dass aus gleichmäßiger Stetigkeit allein im Allgemeinen keine Beschränktheit folgen kann. Dies ist aber keine strenge mathematische Argumentation, da Annahmen über die Didaktik bzw. die fachlichen Fähigkeiten der Aufgabensteller getroffen werden müssen.

des Tons, Blankopapier für Notizen, verschiedene Stifte und ein Auszug aus dem Vorlesungsskript des jeweiligen Standorts. Neben dem Tisch war eine Kamera mit einem Stativ aufgebaut, die so auf den Tisch ausgerichtet war, dass gefilmt wurde, was die Probandin oder der Proband aufschreibt und mit den Händen zeigt. Um nicht unnötig sensible Daten zu erheben, wurden keine Gesichter gefilmt.

Die Versuchsperson saß an einer Seite des Tisches und der Interviewer an einer benachbarten Seite, damit dieser eine gute Sicht auf das Aufgeschriebene hatte. Es wurde aber versucht, nicht in den persönlichen Raum der Probandin oder des Probanden einzudringen. Auf einem benachbarten Tisch lagen weitere Dokumente bereit, die der Interviewer jederzeit zur Hand nehmen und an die Versuchsperson weitergeben konnte. Diese Unterlagen waren die Einverständnis- und Datenschutzerklärung, die auf einzelne Blätter ausgedruckten Aufgaben und der Interviewleitfaden. Letzterer wurde nicht an die Versuchsperson ausgehändigt.

In Bonn wurden die sieben Interviews innerhalb dreier Tage geführt. Am Mittwoch, dem 19.12. und Donnerstag, dem 20.12.2018, wurden jeweils drei Interviews in einem Block geführt. Am Freitag, dem 21.12.2018, wurde das letzte Interview des Bonner Standortes geführt. In Essen fanden alle vier Interviews an unterschiedlichen Tagen statt, nämlich am 18., 21., 22. und 23.1.2019.

Die Interviews wurden in einer semi-strukturierten Weise entlang des Leitfadens (siehe Abschnitt 4.2.3) geführt. Dabei wurde die Reihenfolge des Leitfadens eingehalten, der Interviewer formulierte seine Fragen und Hinweise aber frei. Insgesamt wurde ein möglichst passives Verhalten des Interviewers angestrebt. Dieser forderte aber zum Explizieren auf, fragte bei Unklarheiten nach und stellte zumindest die Richtigkeit von Definitionen und Sätzen sicher, die als Argumentationsgrundlage herangezogen wurden. Auf Fehler, die die Aufgaben betreffen, ging der Interviewer erst nach dem Interview ein. Auch bei richtig gelösten Aufgaben wurde dies den Probandinnen und Probanden nicht mitgeteilt. Stattdessen versuchte der Interviewer, bei allen Äußerungen, die er unabhängig von der Richtigkeit inhaltlich verstehen konnte, Zustimmung zu signalisieren.

Auch wenn eine Gefahr der Beeinflussung bestand, mussten manchmal Hilfen gegeben werden, damit die Aufgabenbearbeitungen nicht zu früh abbrechen. Dabei versuchte der Interviewer, ausschließlich strategische Hinweise zu geben, um keine formalen oder anschaulichen Zugänge nahezulegen. Eine Auswahl strategischer Hilfen und möglicher Nachfragen sind im Leitfaden enthalten. Situationsabhängig mussten aber auch andere Hilfen gegeben und Nachfragen gestellt werden. Der Interviewer versucht aber auch viel Zeit zu geben, bevor er intervenierte. Erst wenn in absehbarer Zeit keine neuen Äußerungen der Versuchsperson zu erwarten waren, ging der Interviewer zur nächsten Aufgabe weiter.

Die Zettel mit den Aufgabenstellungen gab der Interviewer immer erst dann an die Versuchsperson weiter, als die entsprechende Aufgabe Gegenstand des Interviews war. So sollte die Reihenfolge gewahrt und die oder der Interviewte nicht mit einer Vielzahl von Zetteln überfordert werden.

Am Ende des Interviews wurden alle von der Versuchsperson beschriebenen Zettel eingesammelt. Darüber hinaus wurden weitere erfragte Merkmale wie der Studiengang und das Fachsemester notiert. Diese Daten waren teilweise schon durch den Rekrutierungsvorgang erhoben worden. Die Probandinnen der Experimentalgruppe mussten zusätzlich noch den auf dieselbe Weise generierten Code auf die Unterlagen schreiben, den sie auch in der Intervention aufgeschrieben hatten. So konnten später die Notizen bei der Lernumgebung mit den Daten des Interviews gematcht werden. Durch die beiden Aufnahmegeräte wurde außerdem eine Audiodatei und eine Videodatei, die ebenfalls eine Tonspur enthält, erzeugt. Durch das zweite Aufnahmegerät sollte den Problemen, dass einzelne Wörter auf einer Aufnahme schwer zu verstehen sind und dass ein Gerät ausfällt, vorgebeugt werden.

4.2.6 Analyseverfahren

In der Studie wurden unterschiedliche Daten erhoben. Der Analyseschwerpunkt liegt aber auf den Ton- und Videomitschnitt in den geführten Interviews. Weitere Daten wie die erfassten Personenmerkmale oder die eingesammelten Notizen in der Lernumgebung dienen lediglich dazu, bei Bedarf herangezogen zu werden, falls sich Fragen bei der Auswertung der Interviews ergeben, die durch die Hinzunahme weiter Informationen geklärt werden können. Beispielsweise kann es einen Unterschied machen, ob sich die oder der Interviewte im ersten Semester des Fachstudiengangs oder im dritten Lehramtssemester befindet, da dies eine unterschiedliche Vertrautheit mit der neuen Fachkultur der Hochschule vermuten lässt.

Da zur Anonymisierung Probandencodes zur Unterscheidung der einzelnen Testpersonen erstellt wurden, konnten die erhobenen Merkmale der jeweiligen interviewten Person im zugehörigen Code repräsentiert werden. So lässt sich in späteren Zitaten anhand des Probandencodes feststellen, welche Merkmale zum Probanden gehören. Der Probandencode setzt sich wie folgt zusammen:

- Das erste Zeichen ist ein „K" oder „E", je nachdem ob sich die Testperson in der **K**ontroll- oder in der **E**xperimentalgruppe befindet.

- Das zweite Zeichen ist ein „B" oder ein „E", je nachdem ob die Testperson am Standort **B**onn oder am Standort **E**ssen rekrutiert wurde.
- Das dritte Zeichen ist eine „1", „2" oder „3", je nachdem im wievielten Semester sich die Testperson befindet. Höhere Semester wurden nicht genannt.
- Das vierte Zeichen ist ein „F" oder „L", je nachdem ob die Testperson im **f**achmathematischen Studiengang oder in einem **L**ehramtsstudiengang eingeschrieben ist. Andere Studiengänge wurden nicht genannt.
- Die letzten beiden Zeichen sind eine fortlaufende Nummer, um die Eindeutigkeit der Codes zu gewährleisten.

Beispiel: Die Testperson mit dem Code KE3L10 befindet sich in der Kontrollgruppe und wurde am Standort Essen rekrutiert. Sie befindet sich im dritten Semester des Lehramtsstudiengangs. Statt des gesamten Codes kann auch verkürzend von Proband 10 gesprochen werden, wobei in dieser Bezeichnung nicht auf das Geschlecht der Person geschlossen werden kann.

Eine informelle Auswertung der Notizen aus der Lernumgebung deutet darauf hin, dass alle Probandinnen und Probanden die Visualisierung verstanden und im Kern die richtigen Ergebnisse erzielt haben. Nur um dies methodisch abzusichern, wurden die Notizen eingesammelt. Man kann also davon ausgehen, dass, wenn Studierende auch mit anderen Visualisierungen gearbeitet haben, sie dies in einer Weise getan haben, die eine Auswirkung auf die mathematische Praxis der Studierenden zulässt.

4.2.6.1 Transkriptionsverfahren
Damit die erhobenen Rohdaten einer Analyse zugänglich werden, müssen diese erst in Form von Verschriftlichungen (sogenannten Transkriptionen) aufbereitet werden. Michaela Gläser-Zikuda (2011) geht auf verschiedene Formen der Transkription ein, wobei für die Bedürfnisse der hier vorliegenden Studie eine Mischung dieser Verfahren angewendet wurde, sodass eine Einordnung wenig sinnvoll erscheint. Es soll aber nicht verschwiegen werden, dass bei den methodischen Entscheidungen das Wissen um die Reinformen „wörtliche Transkription", „kommentierte Transkription" und das „zusammenfassende Protokoll" (ebd., S. 111–112) eine Orientierung gegeben hat.

Die folgende Auflistung gibt die wichtigsten Grundzüge bei der Erstellung der Transkripte wieder:

- Das verschriftlichte gesprochene Wort der Testpersonen und des Interviewers macht den Hauptteil der Transkripte aus. Darüber hinaus wurden auch Zeichnungen, aufgeschriebene Wörter und Symbole sowie Gesten in den Transkripten festgehalten. Der so entstandene Text, der durch Abbildungen und Kommentaren in Klammern gelegentlich unterbrochen wird, ist durch eine Tabellenschreibweise in Zeilen segmentiert worden, wobei eine neue Zeile beginnt, wenn eine sprechende Person die andere ablöst oder wenn ein besonders markanter inhaltlicher Bruch vorliegt. Wenn der Interviewer spricht, ist dies am Anfang der Zeile durch „I:", bei der Probandin oder dem Probanden entsprechend mit „P:", gekennzeichnet. Bei besonders langen Zeilen wurden, falls es bei der Analyse hilfreich war, eine Unterteilung der Zeile durch Buchstaben vorgenommen. So wurde Zeile 70 bei Proband 1, in die Abschnitte 70a, 70b und 70c unterteilt.

- Auf eine Notation, die Aussprache, Stimmhebungen oder ähnliche Aspekte, zum Beispiel mittels des internationalen phonetischen Alphabets wiedergibt, wurde bis auf wenige Ausnahmen verzichtet. Das liegt daran, dass nur die Inhalte der Aussagen im Fokus des Erkenntnisinteresses liegen. Ausnahmen sind das Setzen von Fragezeichen, um eine Stimmhebung anzuzeigen, wie in der 53. Zeile des Interviews mit Proband 2: „So wie gerade eben auch?", da sich der Inhalt der Aussage deutlich ändert, je nachdem ob die Stimme gehoben oder gesenkt wird. Es wurde auch versucht, mehrdeutige Laute auf eine bestimmte Interpretation einzuengen. So kann man an dem Ausdruck „mmh" nicht erkennen, ob dies ein breitgezogener Laut ist, der beim Nachdenken häufig geäußert wird, oder ob die Sprachmelodie auf eine bejahende Funktion hindeutet. Die entsprechende Interpretation wurde in Klammern direkt hinter dem Laut vermerkt. Ein Beispiel dafür befindet sich in der 50. Zeile des Interviews mit Proband 6: „I: Jetzt klar geworden so? P: Mmh (bejahend)". Auch hier würde ein Ausdruck der Überlegung einen anderen Inhalt bedeuten.

- Der Grad der Glättung wurde geringgehalten. Zwar wurden umgangssprachliche Formulierungen wie „stehn" statt „stehen" gelegentlich bereinigt, da dies das Anfertigen der Transkripte beschleunigt und solche sprachlichen Besonderheiten keine inhaltliche Relevanz haben sollten. Es wurden aber Laute wie „ähh", „ähm" und „mmh" mittranskribiert. Wortwiederholungen, Wortabbrüche und andere grammatikalische Fehler wurden nicht geglättet, da sich aus solchen Ausdrucksweisen möglicherweise inhaltliche Schlüsse ableiten lassen. Oftmals ist es auch gar nicht möglich, unvollständige Sätze zu komplettieren, wenn nicht klar ist, was die Person sagen wollte. Ein Beispiel für eine schwierig zu glättende Aussage ist bei Proband 11 in Zeile 16 anzutreffen: „Es gibt ja zwei, es gibt ja, dass dieser, dieser Punkt, punktweise, äh, Stetigkeit. Aber ist gibt ja auch die, wie heißt das, die, die...". Auch wenn die Transkripte, wie an dieser Zeile zu erkennen ist, kaum geglättet wurden, kann im Ergebniskapitel dieser Arbeit zur besseren Lesbarkeit eine nachträgliche Glättung erfolgen, wenn es an der entsprechenden Stelle unproblematisch erscheint. So könnte die eben zitierte Passage auch als „Es gibt ja zwei Arten von Stetigkeit, die punktweise Stetigkeit und eine andere. Wie heißt die nochmal?" wiedergegeben werden. So eine Glättung wäre aber bei diesem Beispiel wegen des hohen Grades an Interpretation eher unangebracht und stellt daher ein fiktives Beispiel dar.

- Da in den Interviews auch das Bild mitgeschnitten wurde, müssen neben dem gesprochenen Text auch visuelle Informationen in den Transkripten berücksichtigt werden. Die Gestik und Mimik hat für die untersuchte Forschungsfrage kaum Bedeutung, sodass nur solche Gesten transkribiert wurden, die für die inhaltliche Deutung relevant sind. Besonders wichtig sind zeigende Gesten bei gleichzeitiger Verwendung von deiktischen Wörtern (hinweisende Wörter wie „hier"), da sonst nicht klar ist, worauf sich diese beziehen. Die Gesten wurden an der Stelle in Klammern beschrieben, an der sie zeitlich stattgefunden haben. Ein Beispiel hierfür befindet sich bei Proband 1 in Zeile 16: „P: Das ist Stetigkeit und wenn man das umtauscht (deutet auf den linken Teil des Aufgeschriebenen), dann ist das ja gleichmäßige Stetigkeit, glaube ich". Ein Problem besteht darin, dass auf der Kameraaufnahme häufig nur ungefähr erkannt werden kann, worauf gezeigt wird. Im Transkript wird dann, wie im Beispiel oben, entweder nur eine grobe Beschreibung getätigt oder die Geste wird bei relativ eindeutigen Fällen durch den Kontext rekonstruiert.

- Alles was die Probandinnen und Probanden während des Interviews aufschreiben und zeichnen wird ebenfalls in den Transkripten aufgenommen. Ähnlich wie die Beschreibung der Gesten wird an der Stelle, an der die Zeichnung oder das Aufschreiben einer Formel begonnen wird, ein entsprechender Kommentar in runden Klammern eingefügt. Ist die Zeichnung oder das Aufgeschriebene bzw. ein Zwischenstand davon fertiggestellt, wird an dieser Stelle ein Abbild im Transkript eingefügt. Die Zeichnungen und Formeln sind nicht nachgezeichnet, sondern nachbearbeitete Scans der Originale. Da Zeichnungen häufig sukzessive erstellt werden, ist dies auch in den Abbildungen in den Transkripten wie im folgenden Beispiel von Proband 7 Zeile 42 nachgeahmt.

„Also wir müssen jetzt einfach nur die Negation von der Definition der gleichmäßigen Stetigkeit zeigen. Gleichmäßige Stetigkeit war ja (fängt an aufzuschreiben), für alle x und y finden wir, nee. Äh, für alle Epsilon größer null finden wir ein Delta größer null, mmh, halt so.

$$\forall \varepsilon > 0 \; \exists \delta > 0 \; \forall x,y : \; |x-y| \Rightarrow |f(x)-f(y)| < \varepsilon$$

(7,5s) Ok und jetzt wollen wir (4,5s). Ok, Problem ist, (ergänzt das Aufgeschriebene) die müssen natürlich jetzt auch aus dem Definitionsbereich sein (4s).

$$\forall \varepsilon > 0 \; \exists \delta > 0 \; \forall x,y : \; |x-y| \Rightarrow |f(x)-f(y)| < \varepsilon$$

- Satzzeichen wurden grob nach grammatikalischen Regeln, aber auch um einzelne Gedanken abzutrennen und nach kurzen Pausen gesetzt. Da beim freien Sprechen häufig keine vollständigen Sätze gesprochen werden, ist es schwierig zu entscheiden, wann ein Komma und wann ein Punkt gesetzt werden soll. Manchmal wurde ein Punkt nur gesetzt, um den Satz nicht zu lang werden zu lassen. Auf die Unterscheidung der beiden Satzzeichen sollte also bei der Auswertung der Transkripte nicht allzu viel Wert gelegt werden. Fragezeichen wurden aufgrund der Satzstellung, aber auch bei Hebung der Stimme gesetzt und können daher für die Auswertung durchaus relevant sein.
- Pausen wurden ab einer Länge von etwa 2,5 Sekunden ausgezählt, auf halbe Sekunden gerundet und in runde Klammern notiert, wo sie auftraten. So kann man in der 50. Zeile im Interview mit Proband 2 „P: Ok, ähm, (9 s). Mmh (28 s). Mmh (40 s) Mmh, ich soll ja über alles denken, was mir durch den Kopf, äh. Über alles reden, was mir durch den Kopf geht" feststellen, dass dieser deutlich länger als eine Minute nachgedacht hat.
- Fällt eine Person der anderen ins Wort oder ist aufgrund der Satzmelodie zu erahnen, dass der Satz hätte weitergeführt werden können, so wird dieser vorzeitige Abbruch durch drei Punkte angedeutet. So wird beispielsweise der Interviewer in den Zeilen 21–23 von Proband 1 unterbrochen: „I: Also auch jetzt bei gewöhnlicher Stetigkeit sagt man manchmal Stetigkeit in einem Punkt... P: Genau. I: ...oder Stetigkeit auf einem Intervall. Ist dir dieser Unterschied klar?"
- Einzelne Worte konnten aus akustischen Gründen auf der Aufnahme nicht verstanden werden. Wenn das Wort akustisch verstanden wurde, aber inhaltlich nicht passt, wurde hinter dem fraglichen Wort ein Fragezeichen in Klammern eingefügt. Wurde das Wort akustisch nicht richtig verstanden, wurde ein vermutetes Wort mit Fragezeichen in eine Klammer geschrieben. Manchmal wurde

auch bei nur einzelnen verstanden Silben eine Ergänzung, die inhaltlich passt, angeboten. In allen Fällen deutet aber ein Fragezeichen in den Klammern auf eine potenzielle Unsicherheit hin. Für den ersten Fall passt ein Beispiel von Proband 1 aus Zeile 54: „So ähm. Und wenn sie gleichmäßig stetig ist, schaltet (?) das ja auch das (19 s)." Für den zweiten Fall passt ein Auszug aus dem Transkript von Proband 3 aus Zeile 49: „Also (fängt an zu schreiben), aus b folgt nicht a, ist ja schon auf der (vorherigen?) Blatt, quasi". Zum letzten Fall passt schließlich ein Beispiel von Proband 3 aus Zeile 51: „Das geht ja auch oder, ähm, f, ist besch(ränkt?), e von x". Wenn kein Vorschlag gemacht werden konnte, wurde einfach das Wort „unverständlich" in runde Klammern gesetzt.

Die nach diesen Regeln erstellten Transkripte sind im elektronischen Zusatzmaterial dieser Arbeit beigefügt.

4.2.6.2 Auswertungsmethode

Um die **erste** der beiden **empirischen Forschungsfragen** zu beantworten, bietet sich ein Vorgehen an, dass sich an der empirisch begründeten Idealtypenbildung (Gerhardt, 1995) orientiert. Die empirisch begründete *Ideal*typenbildung ist eine Spezialform der empirisch begründeten Typenbildung (Lamnek & Krell, 2016), welche auch unter der Bezeichnung typologische Analyse (Mayring, 2016) in der Literatur zu finden ist. Philipp Mayring stellt die typologische Analyse als eine rein deskriptive Methode dar, was zur hier vorliegenden Forschungsfrage passt, da das Verhalten der Studierenden lediglich beschrieben und nicht erklärt werden soll. Ziel der typologischen Analyse ist es, typische Bestandteile aus dem Material herauszufiltern, um durch die so gewonnenen Typen das gesamte Material detailliert und dennoch überschaubar beschreiben zu können (ebd.). Neben der reinen Deskription sehen Siegfried Lamnek und Claudia Krell (2016, S. 218) auch einen heuristischen Wert der Methode, da durch die komprimierte Repräsentation des Untersuchungsgegenstandes auch die Hypothesenbildung unterstützt wird.

Für die allgemeine Konzeption der empirisch begründeten Typenbildung kommen verschiedene Typenbegriffe in Frage. Neben der hier gewählten Idealtypenbildung können unter anderem Real-, Proto- oder Durchschnittstypen gebildet werden, wobei sich diese Typen nicht gegenseitig ausschließen müssen. Das Gemeinsame aller Typenbegriffe ist, dass sich diese als „Kombination von Merkmalen" (ebd., S. 218) auffassen lassen. Bei der Idealtypenbildung werden dazu einige Merkmale überbetont und andere vernachlässigt, sodass ein idealer Typus entsteht, der so in der Realität nicht beobachtet wurde. Demgegenüber steht der Realtypus, da hier nur tatsächliche beobachtete Merkmale herangezogen werden. Gibt es keine große Differenz zwischen einem Idealtypus und einem beobachteten Fall, so kann dieser Idealtypus auch durch einen realen Prototyp veranschaulicht werden. Auch Durchschnittstypen sind Realtypen. Das Besondere ist hier, dass nur die beobachteten Merkmale für den Typus aufgenommen werden, die in (fast) allen Fällen vorkommen (ebd. S. 218–219).

Ist die Typenbildung abgeschlossen, so liegt eine Typologie bestehend aus mehreren Typen vor. Diese ist das Endprodukt eines Gruppierungsprozesses. Die Qualität der Typologie lässt sich an der internen Homogenität und der externen Heterogenität feststellen. Zum einen sollen innerhalb eines Typus alle zugehörigen Einzelfälle unter gewissen Aspekten ähnlich zueinander sein, da nur so gerechtfertigt werden kann, dass diese einem gemeinsamen Typus angehören. Zum anderen soll es zwischen den Typen möglichst große Unterschiede geben, damit die Trennschärfe der Typologie gegeben ist (Lamnek & Krell, 2016, S. 219).

Lamnek und Krell weisen auch darauf hin, dass sich die Typen nicht allein durch die Methode aus dem Material ergeben, sondern dass die Fragestellung und das theoretische Hintergrundwissen die Typenbildung beeinflussen. Auf der einen Seite ist es nötig, das Material nur unter gewissen theoretischen Aspekten zu beleuchten, da man sonst wegen der Fülle des qualitativen Datenmaterials überfordert ist. Auf der anderen Seite soll aber darauf geachtet werden, dass die theoretische Brille offen genug gehalten wird, damit die Erwartungen des Forschers die Wahrnehmung nicht zu sehr verzerren (ebd., S. 221–224).

In der Auswertung der hier erhobenen Daten bieten sich keine Realtypen an, da die Beweisprozesse der Studierenden aufgrund der fachlichen Schwierigkeit und der Spontaneität in der Erhebungssituation von Umbrüchen, Abbrüchen und implizit bleibenden Gedanken durchsetzt sind. Fast allen real beobachteten Fällen mangelt es daher an Klarheit, die durch eine Idealisierung hergestellt werden soll. Die Auswertungsmethode der empirisch begründeten Idealtypenbildung wurde bereits mehrfach in der Mathematikdidaktik angewendet, wie Angelika Bikner-Ahsbahs (2003) berichtet. Bikner-Ahsbahs geht auch sehr ausführlich auf die theoretischen Ursprünge dieser Methode ein, die im Folgenden kurz beschrieben werden.

Die empirisch begründete Idealtypenbildung geht auf den Soziologen Max Weber (1864–1920) zurück, der diese Methode selbst nur bei historischen Analysen vornahm, die Anwendung auf empirisch gewonnene Daten aber bereits ansprach (Bikner-Ahsbahs, 2003, S. 215). Ziel der Idealtypenbildung ist es, „trennscharfe begriffliche Beschreibungen für gesellschaftliche Prozesse" (ebd., S. 211) zu erzeugen. Erst durch die Idealisierung ist es möglich, die geforderte Trennschärfe zu erreichen. Jedoch entfernt man sich durch eine solche idealisierte

Beschreibung von der Realität. Idealtypen sind daher als Grenzbegriffe zu verstehen, die die Wirklichkeit nur approximativ beschreiben. Passend zu den Ausführungen Lamneks und Krells versteht Weber die Idealtypen nicht als Theoriebestandteile, in dem Sinne, dass diese bereits Hypothesen darstellen. Stattdessen stellen sie lediglich eine Methodik dar, die heuristisch die Hypothesenbildung vorantreibt (ebd., S. 211–212).

Am Beispiel des Begriffs Stadtwirtschaft demonstriert Weber, wie ein Idealtypus gebildet wird und grenzt dieses Vorgehen von der Bildung eines Durchschnittstypus ab.

> Tut man dies, so bildet man den Begriff der ‚Stadtwirtschaft' nicht etwa als einen Durchschnitt der in sämtlichen beobachteten Städten tatsächlich bestehenden Wirtschaftsprinzipien, sondern ebenfalls als einen I d e a l t y p u s. Er wird gewonnen durch einseitige S t e i g e r u n g e i n e s oder e i n i g e r Gesichtspunkte und durch Zusammenschluß einer Fülle von diffus und diskret, hier mehr, dort weniger, stellenweise gar nicht, vorhandenen E i n z e l erscheinungen, die sich jenen einseitig herausgehobenen Gesichtspunkten fügen, zu einem in sich einheitlichen G e d a n k e n bilde (Weber, 1922, S. 191).[18]

Uta Gerhardt (1995, S. 438) hat in Anlehnung an Webers Methode ein vierschrittiges Verfahren entwickelt, mit dem eine empirisch begründete Idealtypenbildung durchgeführt werden kann.

- **Fallkonstruktion und Fallkontrastierung:** Dieser Schritt zerfällt in zwei Teilschritte. Zunächst müssen die einzelnen Fälle rekonstruiert werden. Anschließend werden die so rekonstruierten Fälle „nach dem Prinzip maximaler und minimaler Kontrastierung zueinander in Beziehung gestellt" (ebd.).
- **Ermittlung reiner Fälle:** Nun findet auf die oben im Zitat Webers beschriebene Weise die Idealisierung statt, sodass aus den bereits konstruierten realen Fällen reine Fälle entstehen (ebd.). Von den zu einem Idealtypus gehörigen realen Fällen wird dann derjenige ausgewählt, der diesen am besten repräsentiert. So erhält jeder Idealtypus auch einen zugehörigen realen Prototyp (Bikner-Ahsbahs, 2003, S. 215).

---

[18] An dieser Stelle wird bereits deutlich, dass die Erscheinungen, die typisiert werden sollen, sehr verschiedenartig sein können. Da man in der didaktischen Literatur häufig von Lern**typen** spricht, scheint sich daraus das Missverständnis zu ergeben, Typenbildung dient immer zur Klassifikation von Personen, die gewisse Eigenschaften oder Dispositionen teilen. In dem Zitat geht es aber nicht um die Typisierung von Personen, sondern von Prinzipien. Somit ist es auch in der didaktischen Forschung möglich, zu Prozessen, Aufgaben, Einstellungen, usw. Idealtypen zu bilden.

- **Einzelfallverstehen:** Nachdem die Idealtypen konstruiert worden sind, werden nun die realen Einzelfälle mit dem reinen Fall verglichen. Dabei soll herausgestellt werden, welche Attribute der realen Fälle besonders typisch und welche eher zufällig sind (Gerhardt, 1995, S. 438).
- **Strukturverstehen:** Abschließend geht es darum, die gesellschaftlichen Strukturen zu identifizieren, die die Einzelfälle bedingen. Somit wird eine höhere Ebene der Erklärung erreicht, die über das Einzelfallverstehen hinausgeht. Gegebenenfalls kann dabei die Typologie überarbeitet werden und komplexere Idealtypen können erzeugt werden (ebd.).

Nach den ersten beiden Schritten des Verfahrens ist die Bildung der Typologie (bis auf die im vierten Schritt angesprochene Revision) bereits abgeschlossen. Die Schritte drei und vier gehen über den rein deskriptiven Anspruch hinaus und wollen auch Erklärungen für die beschriebenen Sachverhalte liefern. Dies übersteigt die Zielsetzung der hier vorliegenden ersten Forschungsfrage des empirischen Teils, sodass im Rahmen des Forschungsvorhabens eine gekürzte Version des Verfahrens verfolgt wird. Die Anpassung der Auswertungsmethoden an den konkreten Untersuchungsgegenstand ist in der qualitativen Forschung nicht nur möglich, sondern wird sogar gefordert (Mayring, 2016, S. 65).

Das in Anlehnung an Gerhardt verkürzte und inhaltlich spezifizierte Auswertungsverfahren, welches in der hier vorliegenden Untersuchung angewendet wurde, lässt sich ebenfalls in Schritten beschreiben:

- **Identifikation der Einzelfälle:** In einem ersten Materialdurchgang werden in den Transkripten alle Episoden herausgefiltert, bei denen ein Gebrauch der Anschauung vermutet werden kann.[19] Unter einer Episode wird dabei ein inhaltlich engumrissener Interviewausschnitt verstanden, der im Minimalfall einen Halbsatz oder eine einzelne Zeichnung, im Maximalfall aber auch eine ganze Aufgabenbearbeitung im Interview ausmachen kann. Diese Episoden sind die reinen Fälle, die es später zu idealisieren gilt. Es handelt sich meist, aber nicht ausschließlich, um (Teil-)Prozesse beim Beweisen. Dabei wird nicht ausgeschlossen, dass sich die Fundstellen einzelner rekonstruierter Fälle auch überschneiden können, da es möglich ist, dass verschiedene anschauliche Elemente im selben Schritt eines Beweises vorhanden sind. Die Hintergrundtheorie

---

[19] In dieser Arbeit wird Anschauung und Formalismus als Kontinuum aufgefasst. Für die Auswertung ist aber eine Dichotomisierung notwendig. Das heißt, dass nur solche Episoden ausgewählt wurden, die als hinreichend anschaulich gewertet wurden. Dabei ist es nicht möglich, klare Kriterien dafür anzugeben.

bei diesem ersten Auswertungsschritt wird durch die in Abschnitt 2.1 erarbeitete Arbeitsdefinition der Anschauung bereitgestellt. Aber auch die stoffdidaktische Analyse (siehe Abschnitt 4.1) beeinflusst die Sichtweise des Forschenden. Die so gewonnenen realen Fälle werden tabellarisch aufgelistet und mit einer groben inhaltlichen Zusammenfassung sowie den Fundstellen notiert.

- **Gruppierung der Fälle:** Die gewonnenen realen Fälle werden nun durch die vorliegenden Kurzbeschreibungen und durch punktuelle tiefergehende Analysen der Transkripte aufgrund der Gemeinsamkeiten und Unterschiede geclustert. Die so gewonnenen Gruppen enthalten bereits eine vorläufige Bezeichnung, die auf die Gemeinsamkeiten hinweist. Auch werden die Gemeinsamkeiten und Unterschiede bereits festgehalten, um die anschließende Idealisierung vorzubereiten. Dabei kann Abschnitt 2.2 eine Orientierung geben, da die theoretisch erarbeiteten Funktionen der Anschauung möglicherweise auch empirisch anzutreffen sind. Doch sollte der Blick sich nicht zu sehr auf diese anschaulichen Elemente beschränken, um auch nicht vorher antizipierte Gebrauchsarten der Anschauung zu identifizieren. Auch in diesem Auswertungsschritt spielen die Ausführungen in der stoffdidaktischen Analyse weiterhin eine Rolle.
- **Bildung der Idealtypen:** Die Bildung der Idealtypen erfolgt in drei Teilschritten.

a) Die einzelnen Gruppierungen werden jetzt, wie bei Weber vorgeschlagen, durch Zuspitzung auf das Wesentliche und Vernachlässigung zufälliger Details idealisiert. Dabei kann auch das von Weber vorgeschlagene „Fortdenken" helfen. Dabei werden in einem Gedankenexperiment versuchsweise einzelne Aspekte weggedacht, um zu untersuchen, ob sich dadurch eine relevante Änderung ergibt (Gerhardt, 1995, S. 437). Am Ende dieses Auswertungsschrittes steht eine abstrakte Beschreibung der Idealtypen. Bei einigen Idealtypen lassen sich innerhalb des Typus weitere Gruppen finden und idealisieren, sodass eine Bildung von Untertypen möglich ist. Durch die Beschreibung der Untertypen wird auch der Obertypus differenzierter und detaillierter beschrieben.

b) Um die so gewonnenen abstrakten Idealtypen besser fassen und beschreiben zu können, wird unter allen zugehörigen Fällen eines Typus jeweils der reale Fall ausgewählt, der dem Idealtypus am nächsten kommt. Dieser reale Fall steht dann prototypisch für den Idealtypus. Um die Darstellung aber nicht ausufern zu lassen, werden nur die Obertypen mit Angabe eines Prototyps versehen.

c) Zum Schluss wird der jeweils ausgewählte Prototyp im Detail beschrieben, sodass zu jedem Idealtypus eine allgemeine Beschreibung und eine
exemplarische Beschreibung vorliegt.

Durch das oben beschriebene Verfahren kann die erste Forschungsfrage bereits
umfänglich beantwortet werden. Es bietet sich aber eine weitere Analyse an, denn
wie Bikner-Ahsbahs berichtet, kann durch die Betrachtung der empirischen Verteilung der einzelnen Fälle auf verschiedene Gruppen die von Weber geforderte
Hypothesenbildung vorangetrieben werden (Bikner-Ahsbahs, 2003 S. 215–216).
So kann das ursprüngliche Experimental- und Kontrollgruppendesign genutzt werden, um Unterschiede in den Gruppen zu offenbaren. Auch ándere Probandenmerkmale können herangezogen werden, um Gruppen zu bilden und diese dann
miteinander zu vergleichen.

Da es sich bei der **zweiten empirischen Forschungsfrage** um eine normative
Frage handelt, kann hierfür kein standardisiertes Auswertungsverfahren angegeben werden, wohl aber eine theoretische Basis. Die Bewertung der vorkommenden anschaulichen Elemente geschieht vor dem Hintergrund der in Abschnitt 2.3
geführten Diskussion. Um die Überlegungen empirisch zu stützen, wird mit illus-
trierenden Beispielen aus den Transkripten gearbeitet.

Neben dem Zitieren und Paraphrasieren der identifizierten Einzelfälle kann es
bei einigen der zu bewertenden Fälle interessant sein, zu sehen, ob an anderer
Stelle dieselbe oder eine ähnliche mathematische Handlung auch auf rein formale
Weise vollzogen wurde. Die Bewertung eines ungünstigen anschaulichen Prozesses kann dann beispielsweise dadurch relativiert werden, dass beobachtet wurde,
wie eine formale Herangehensweise zu ähnlichen oder anderen Schwierigkeiten
führt.

Da eine Einschätzung jedes einzelnen identifizierten Falls den Rahmen dieser
Forschung sprengen würde, soll die Bewertung auf Ebene der Idealtypen stattfinden. Nur wenn zu einem Idealtypus verschiedene Untertypen gehören, bei denen
die Bewertung gegensätzlich ausfällt, wird auf diese einzeln eingegangen.

4.3   Ergebnisse

Nun werden die Auswertungsergebnisse des Forschungsvorhabens beschrieben.
Dabei orientieren sich Teile der Gliederung an den Schritten des zuvor beschriebenen Analyseverfahrens. Zunächst werden aber die Überlegungen angedeutet,
die dazu geführt haben, dass die ursprüngliche Forschungsfrage, die von einem

Kontroll- und Experimentalgruppendesign ausging, durch andere Fragen ersetzt wurde.

Dann wird die erste Forschungsfrage des empirischen Teils beantwortet, wobei die Zwischenergebnisse des dreischrittigen Auswertungsverfahrens auch in drei gleichnamigen Unterkapiteln (Identifikation der Einzelfälle, Gruppierung der Fälle und Bildung der Idealtypen) transparent gemacht werden. Es schließt sich ein Unterkapitel an, in dem mit der gewonnenen Typologie weitere heuristische Untersuchungen angestellt werden, die zu weitergehenden Hypothesen führen.

Im letzten Unterkapitel wird schließlich die zweite Forschungsfrage des empirischen Teils beantwortet. Hier werden die Idealtypen in derselben Reihenfolge bewertet, wie sie zuvor gebildet wurden.

4.3.1 Zum Kontroll- und Experimentalgruppendesign

Bevor die Ergebnisse der Auswertung zu den endgültig aufgestellten Forschungsfragen vorgestellt werden, wird in diesem Abschnitt zunächst auf die fallengelassene ursprüngliche Forschungsfrage eingegangen. Dazu wird an einem ersten Analyseansatz illustriert, weshalb die Beantwortung der ursprünglichen Forschungsfrage mit dem vorliegenden empirisch gewonnenen Material nicht möglich ist.

Für das realisierte Experimentaldesign mit einer Gruppe, die eine anschauliche Lernumgebung zum Begriff der gleichmäßigen Stetigkeit erhielt und einer Kontrollgruppe, bei der das nicht der Fall ist, wurde zunächst die folgende Forschungsfrage aufgestellt: Wie wirken sich Lernumgebungen mit interaktiven dynamischen Visualisierungen auf das Verhältnis von Anschauung und Formalismus in Beweisprozessen aus?

Durch die Analyse der Unterschiede zwischen den beiden Gruppen sollte auf die Auswirkungen der Lernumgebung geschlossen werden.

Um einen Eindruck zu bekommen, was eine entsprechende Analyse ergeben haben könnte, soll ein Vergleich der Anzahl an Zeichnungen, die die Probandinnen und Probanden erstellt haben, dienen. Den Gebrauch der Anschauung in den Interviews durch diese Analyse zu quantifizieren, ist ein äußerst grobes Vorgehen und dient hier nur zur plausibilisierenden Veranschaulichung.

Die Auszählung der Zeichnungen ist in Tabelle 4.4 dargestellt. Wenn eine Zeichnung schrittweise erstellt oder später ergänzt wurde, ist dies nicht mehrfach gezählt worden. Auch wurden nur Zeichnungen mit erkennbar ikonischem Charakter gezählt. Insbesondere werden aufgeschriebene symbolische Formeln so nicht als Zeichnung verstanden.

Tabelle 4.4 Vergleich der Anzahl an Zeichnungen zwischen der Kontroll- und Experimentalgruppe

	Kontrollgruppe						Experimentalgruppe				
Proband	1	2	3	7	10	11	4	5	6	8	9
Anzahl Zeichnungen	10	4	8	6	0	3	6	5	2	1	2

Es ergibt sich ein gemischtes Bild. In der Kontrollgruppe kommen die beiden Extreme *10 Zeichnungen* und *keine Zeichnung* vor, während in der Experimentalgruppe weniger Streuung vorliegt. Vergleicht man die durchschnittliche Anzahl an Zeichnungen, so ist der Wert mit etwa $5, 17$ in der Kontrollgruppe etwas höher als in der Experimentalgruppe, wo die durchschnittliche Anzahl an Zeichnungen pro Interview bei $3, 2$ liegt. Es ist aber unplausibel anzunehmen, dass das Lernen mit einer interaktiven dynamischen Visualisierung dazu führt, dass weniger Anschauung in Beweisprozessen angewendet wird.[20]

Deutlichere Unterschiede werden sichtbar, wenn statt der Kontroll- und der Experimentalgruppe die beiden Standorte miteinander verglichen werden (siehe Tab. 4.5).

Tabelle 4.5 Vergleich der Anzahl an Zeichnungen zwischen dem Standort Bonn und Essen

	Bonn							Essen			
Proband	1	2	3	4	5	6	7	8	9	10	11
Anzahl Zeichnungen	10	4	8	6	5	2	6	1	2	0	3

Hier fällt auf, dass in den in Essen geführten Interviews sehr wenige Zeichnungen angefertigt wurden. Die durchschnittliche Anzahl beträgt in Essen gerade einmal $1, 5$, während es in Bonn mit etwa $5, 86$ fast viermal so viele sind. Es scheint, als wäre der Standort eine deutlichere Einflussgröße auf den Gebrauch der Anschauung als die Beschäftigung mit der Lernumgebung. Das lässt sich auch durch die teilweise nicht kontrollierbaren Störvariablen begründen:

- Dadurch, dass auch in den Kontrollgruppen ein Zugang zu anderen Visualisierungen wie die zur gewöhnlichen Stetigkeit bestand, könnte die zusätzliche

---

[20] Man könnte aber annehmen, dass geübte Probanden auch ohne Zeichnungen anschaulich arbeiten können.

Beschäftigung mit der Visualisierung zur gleichmäßigen Stetigkeit nicht mehr ausschlaggebend sein.

- Anders als in Bonn waren die Visualisierungen, die für alle Studierenden zugänglich waren, in Essen nicht verbindlich in die Lehre eingebunden. Dies könnte erklären, dass Studierende in Essen weniger anschaulich gelernt haben und so auch in den Interviews weniger anschaulich arbeiten.

- Am Standort Bonn gab es zwei Übungsgruppen pro Woche, sodass neben dem Besprechen der Übungsaufgaben auch die Möglichkeit bestand, allgemeine Thematiken und Fragen anzusprechen. Möglicherweise wurde diese zusätzliche Übungszeit für anschauliche Betrachtungen genutzt. Es gibt einige Episoden aus den Interviews, die darauf hindeuten. So geht Proband 7 in Zeile 17 darauf ein, wie der Tutor eine anschauliche Erklärung der gleichmäßigen Stetigkeit gegeben hat:

> Unser Tutor meinte, man könnte sich das einfach so vorstellen. Wenn man eine Funktion hat, ist sie genau dann stetig, wenn man die auf dem gesamten Definitionsbereich zeichnen kann. Und gleichmäßig stetig, wenn man an einer Stelle so eine Box zeichnen kann und die dann verschiebt, dass sie nicht oben und unten rausgeht, sondern nur rechts und links. Dann müsste man die einfach bei der größten Steigung zeichnen und dann könnte man die ja überall verschieben.

Insgesamt muss daher konstatiert werden, dass die Rahmenbedingungen des Forschungsvorhabens dazu führen, dass keine Aussagen über die Wirkung der Beschäftigung mit der Lernumgebung getroffen werden können. Daher musste die ursprüngliche Forschungsfrage fallengelassen werden. Auf die Frage nach dem Einfluss des Studienstandorts auf den Gebrauch der Anschauung wird in Abschnitt 4.3.5 noch einmal mit einer detaillierteren Auswertung eingegangen.

4.3.2 Identifikation der Einzelfälle

Die beim ersten Materialdurchgang identifizierten Einzelfälle können hier nur als bloße Auflistung präsentiert werden. Wegen der Fülle an Einzelfällen ist es nicht möglich, zu schildern, wie es zu den Kurzbeschreibungen aller Fälle gekommen ist. Diejenigen Fälle, die später bei der Bildung der Idealtypen als Prototypen ausgewählt werden, werden an dieser Stelle ausführlicher beschrieben, sodass zumindest exemplarisch einige Interpretationen nachgelagert transparent werden.

Neben der Beschreibung der direkt beobachtbaren anschaulichen Handlungen mussten für die Identifikation der Einzelfälle auch interpretative Rekonstruktionen stattfinden. Zwar kann ein hoher Grad an Interpretation auch in den Bereich der

Spekulation führen, doch sind für das Forschungsinteresse neben der anschaulichen Handlung auf der Oberfläche auch die Funktion dieses anschaulichen Elements für den Beweisprozess und die Bewertungen der Probandinnen und Probanden relevant. So bietet die Erkenntnis „Studierende, die einen Zugang zu interaktiven dynamischen Visualisierungen hatten, fertigen Zeichnungen an" für die Diskussion um Anschauung in der Hochschullehre weniger Potenzial als die Erkenntnis „Studierende, die einen Zugang zu interaktiven dynamischen Visualisierungen hatten, fertigen heuristische Zeichnungen an, um formale Beweisideen zu generieren".

Die unten abgebildete Tabelle der identifizierten Einzelfälle umfasst nicht alle Episoden der Transkripte, bei denen Hinweise auf anschauliche Elemente vorliegen. Aus den folgenden Gründen wurden einige Episoden nicht als Einzelfälle in die Tabelle aufgenommen.

- Es wird zwar Vokabular verwendet, welches auf anschauliche Ideen hindeutet. Es könnte sich dabei aber lediglich um verselbstständigte Sprechweisen handeln, bei denen nicht zwingend der tatsächliche Gebrauch der Anschauung vorliegt. Beispielsweise scheint Proband 4 in Zeile 7 die Stetigkeitsdefinition auf formal-symbolischen Wege zu rekonstruieren: „Eine Funktion f ist stetig in x-Null, wenn für ein beliebig gewähltes Epsilon es immer ein Delta abhängig von Epsilon und x gibt, sodass, ähm, also. Na gut, hätte ich noch hinschreiben sollen, in x-Null aus A, sodass für alle anderen X-e, die man aus A wählen kann, ähm, die halt dann einen Abstand von Delta von x haben. Also, ähm, x minus x-Null kleiner Delta. Sodass dann, wenn diese, wenn die nur so weit höchstens entfernt sind, also in dieser Umgebung sind, sodass dann auch für die gilt, äh, dass Differenz der Funktionswerte (3s) dann kleiner als dieses Epsilon ist, was am Anfang halt so beliebig war". Zwar verwendet der Proband hier Begriffe wie „Abstand" und „Umgebung", sodass es sein könnte, dass eine anschauliche Ebene mitgedacht wird. Es ist aber genauso möglich, dass die Begriffe als reine Sprechweisen von anderen Personen übernommen wurden und lediglich mit arithmetischen Vorstellungen verbunden werden. Zu dem Begriff der Umgebung liegt im Vorlesungsskript eine formale Definition vor, sodass der Gebrauch des Wortes hier nur auf diese Definition abzielen könnte. Auf die Frage des Interviewers „Du redest zum Beispiel vom Abstand und so oder ist das jetzt nur, weil da Betrag steht?" antwortet Proband 4 in Zeile 11: „Ja, ehrlich gesagt wegen des Betrages und weil wir das in der Vorlesung halt noch so topologisch hatten". Selbst wenn die Rekonstruktion gewisse anschauliche Anteile haben sollte, scheinen diese nicht vordergründig zu sein.

- Die Funktion des anschaulichen Elements für den Beweisprozess lässt sich nur mit einem äußerst hohen Grad an Spekulation rekonstruieren. So wird zum Beispiel bei Proband 3 in Zeile 49 nicht ganz klar, warum er das bereits diskutierte und gezeichnete Beispiel der Identität noch einmal zeichnet, als es darum ging, ein Gegenbeispiel für die Behauptung „jede gleichmäßig stetige Funktion ist beschränkt" anzugeben. Die Zeichnung könnte einen rein kommunikativen Zweck haben (dagegen spricht, dass sich das Beispiel verbal einfacher beschreiben lässt) oder aber sie soll einen Beweis dafür darstellen, dass diese Funktion tatsächlich unbeschränkt ist, wobei dies in keiner Weise vom Probanden so ausgesprochen wird. Die Tatsache, dass nach der bloßen Angabe des Beispiels durch die Zeichnung nicht weiter darauf eingegangen oder damit gearbeitet wird, macht es schwierig, den Zweck dieser anschaulichen Handlung zu rekonstruieren. Ein Übergehen dieses Falls ist deswegen aber auch zu verschmerzen, da vor allem solche anschaulichen Elemente von Interesse sind, die den Beweisprozess weitertragen.
- Die Anwendung der Anschauung ist so banal, dass die Rekonstruktion des Falles keinen Mehrwert für das Forschungsinteresse hat. So begründet beispielsweise Proband 1 in Zeile 34, dass aus der gleichmäßigen Stetigkeit die gewöhnliche Stetigkeit folgt: „Tja, halt weil, wenn ich sowieso immer einen Kasten finden kann, der, also mein Epsilon-Delta-Kasten finden kann (deutet auf die beiden gezeichneten Funktionsgraphen), der für die gesamte Funktion funktioniert, dann ist die gesamte Funktion natürlich auch stetig und äh, ja. Dann bin ich auch schon fertig." Aufgrund der Einfachheit des Beweises scheint eine formal-symbolischer Beweis nicht angemessen zu sein, sodass eine semantische Begründung ausreicht. Entscheidender Punkt ist, dass die Aussage „an jeder Stelle kann zu einem vorgegebenen festen Epsilon **dasselbe** Delta gefunden werden" logisch gesehen stärker ist als „an jeder Stelle kann zu einem vorgegebenen festen Epsilon **ein** Delta gefunden werden". Ob man von „Delta" oder von der „Kastenbreite" spricht, scheint keine Rolle für die Richtigkeit der Argumentation zu spielen und keinen heuristischen Wert zu haben. Wenn die Anschauung hier überhaupt eine Funktion übernimmt, dann ist diese als banal einzustufen (und unter Umständen auch nur spekulativ zu rekonstruieren). Durch Ausschluss solcher Fälle wird verhindert, dass die Typologie unübersichtlich wird.

Die Beschreibungen in der nun folgenden Tabelle (siehe Tab. 4.6) wurden so gestaltet, dass sie auch losgelöst von der konkreten Aufgabenstellung verstanden werden können. Die Zeilenangabe bezieht sich auf den Teil des Transkriptes, in dem das anschauliche Element vorliegt. Dennoch ist es zum Verständnis der Funktion dieses Elements gelegentlich notwendig gewesen, auch den Kontext vor und nach der zitierten Stelle zu beschreiben. Manchmal wurde durch Zitate auf solche Stellen verwiesen, aber auch die anschaulichen Beschreibungen der Probandinnen und Probanden wurden oft durch Zitate wiedergegeben, um keine Verfälschung der anschaulichen Gedanken bei der Paraphrasierung zu riskieren. Des Weiteren wurde Proband mit einem „P", Interviewer mit einem „I", die gewöhnliche Stetigkeit mit „gew. Stetigkeit", die gleichmäßige Stetigkeit mit „glm. Stetigkeit" und die Lipschitz-Stetigkeit mit „L-Stetigkeit" abgekürzt.

Damit ist der erste Schritt des Auswertungsverfahrens abgeschlossen und es schließt sich die Gruppierung der nun vorliegenden Einzelfälle an.

4.3.3   Gruppierung der Fälle

Wie in Abschnitt 4.2.6 beschrieben, gilt es, die zuvor identifizierten Einzelfälle in einem nächsten Schritt zu gruppieren, wobei sich die Frage stellt, nach welchen Kriterien geclustert und von welchen Aspekten abstrahiert werden soll. Damit die in dieser Forschung abgeleiteten Ergebnisse auf andere Inhaltsbereiche übertragbar sind, spielen aufgabenspezifische und mathematisch-inhaltliche Merkmale bei der Gruppierung keine Rolle. Stattdessen wird versucht, die Funktion der anschaulichen Elemente für den Beweisprozess als Aspekt zur Gruppierung heranzuziehen. Da sich die Funktion nicht immer eindeutig rekonstruieren lässt, wurden bereits bei der Identifizierung der Einzelfälle einzelne Episoden nicht in der Auflistung der Einzelfälle berücksichtigt, sodass die so entstandene Gruppierung zwar nicht unbedingt vollständig ist, aber auch keine allzu vagen Gruppen enthält.

Ein Problem beim Gruppierungsvorgang besteht darin, dass bei den gewonnenen Gruppierungen Überschneidungen vorliegen. So kann bei einem durch Anschauung gefundenen Gegenbeispiel zugleich vom anschaulichen Finden einer Beweisidee gesprochen werden, wenn im Findungsprozess bereits anschaulich die entscheidende Eigenschaft des Beispiels begründet wurde. Gerade weil bei einer Beschreibung, die sich an der Wirklichkeit orientiert, in der Regel keine besonders hohe Trennschärfe vorliegt, wurde die Methode der Idealtypenbildung ausgewählt, da so die gewünschte Trennschärfe hergestellt werden kann. Es wird also im späteren Idealisierungsprozess davon ausgegangen, es könnten beide Funktionsweisen der Anschauung unabhängig voneinander beschrieben und beobachtet werden.

Es stellt sich aber die Frage, wie beim Gruppierungsvorgang, der noch vor der Idealisierung stattfindet, mit der Tatsache umgegangen wird, dass in einem Einzelfall verschiedene Funktionen für den Beweisprozess identifiziert werden können.

Tabelle 4.6 Identifizierte Einzelfälle mit Kurzbeschreibung

Proband	Zeile	Beschreibung
KB1F01	6	Auf die Frage, was P. persönlich unter Stetigkeit versteht, nennt dieser als erstes die Durchzeichnen-Vorstellung und bezeichnet diese als intuitiv.
KB1F01	6	Auf die Frage, was P. persönlich unter Stetigkeit versteht, nennt dieser als zweites eine „bisschen genauere" Vorstellungen, die mit der Metapher der Nähe für Grenzwerte arbeitet.
KB1F01	20	Beim Aufschreiben der formalen Definition der glm. Stetigkeit deutet P. an, dass der Unterschied zur gew. Stetigkeit darin besteht, dass etwas (vermutlich die Wahl von Delta) für alle Stellen x gelten soll. Diese Idee der Globalität wird auch andeutungsweise mithilfe der Rechteckstreifenvorstellung auf einen „Epsilon-Delta-Kasten" übertragen.
KB1F01	30	Auf Nachfrage des I. erklärt P. die angedeutete anschauliche Abgrenzung der glm. Stetigkeit von der gew. Stetigkeit mithilfe der Rechteckstreifenvorstellung (siehe Z. 20). Dabei wird ein Positivbeispiel und ein Negativbeispiel anhand von gezeichneten Funktionsgraphen, denen kein Funktionsterm zugeordnet wird, diskutiert. Im positiven Fall lässt sich der „Epsilon-Delta-Kasten" entlang des Graphen verschieben, ohne dass die Maße des Kastens angepasst werden müssen. Beim Negativbeispiel (es könnte sich um einen Parabelast handeln) muss der Kasten angepasst werden.
KB1F01	36	Wegen eines Missverständnisses beim Verstehen der Aufgabenstellung sucht P. nach einem Gegenbeispiel für die Behauptung *aus Beschränktheit einer Funktion folgt deren glm. Stetigkeit*. Statt einen Funktionsterm anzugeben, wird das Gegenbeispiel gezeichnet. Vermutlich handelt es sich um eine Art Heaviside-Funktion (abschnittsweise konstant). Da die symbolische Repräsentation einer solchen Funktion wegen der Fallunterscheidung umständlich ist und es nicht auf die genauen Werte ankommt, könnte die Anschauung in diesem Falle die Kommunikation unterstützen. Ob die Anschauung auch beim Finden des Beispiels eine Rolle gespielt hat, lässt sich nicht sagen.

(Fortsetzung)

Tabelle 4.6 (Fortsetzung)

Proband	Zeile	Beschreibung
KB1F01	42	Nachdem ein Missverständnis beim Verstehen der Aufgabenstellung ausgeräumt ist, wird als erster Zugang zur Aufgabe eine Exponentialfunktion gezeichnet. Die Exponentialfunktion könnte als prototypisches Positivbeispiel im Sinne einer Kontraposition sein (*nicht beschränkte Funktionen sind glm. stetig*). Mithilfe der Rechteckstreifenvorstellung wird ein Zusammenhang mit dem Wachstumsverhalten und Finden eines Kastens, „wo das immer reinpasst" hergestellt, der zur Satzvermutung[21] *glm. stetige Funktionen sind beschränkt* führt. Der Zusammenhang wird nicht schrittweise entfaltet, sondern scheint holistisch aus der Anschauung entnommen worden zu sein.
KB1F01	44	Nachdem eine formale Heuristik (Ähnlichkeit zum Satz von Heine) zu der Satzvermutung *beschränkte stetige Funktionen sind glm. stetig* geführt hat, wird mit der Rechteckstreifenvorstellung versucht, eine Beweisidee zu generieren. Aus der Beschränktheit wird die Existenz eines Maximums und Minimums gefolgert. Das Maximum und das Minimum stellen wiederum sicher, dass die Suche nach einem geeigneten „Kasten" funktioniert, indem die Größe des Kastens den Abstand von Maximum und Minimum aufweist. Obwohl ein formales Aufschreiben der Beweisidee nicht möglich ist (Z. 54), hält P. an der Satzvermutung fest und drückt seine Sicherheit mit der Formulierung „auf jeden Fall" (Z. 56) aus.
KB1F01	70a	Ein Teil der Definition der L-Stetigkeit wird als erstes mit der „Steigung zwischen x und y" gleichgesetzt und eine generische[22]Zeichnung für den Fall einer positiven und negativen Steigung angefertigt. Auch hier wird wieder die Exponentialfunktion als Positivbeispiel im Sinne einer Kontraposition herangezogen und ihr Graph „oder irgendwie so etwas in der Richtung" gezeichnet. Aus der Eigenschaft dieses Prototyps „immer steiler" zu werden wird die Satzvermutung „L-Stetigkeit und glm. Stetigkeit sind äquivalent" abgeleitet.

(Fortsetzung)

21 Eine Satzvermutung ist eine Vermutung darüber, was ein gültiger Satz sein könnte. Bei den Aufgaben aus den Interviews handelt es sich aber immer um Einschätzungen, ob eine vorgegebene Behauptung wahr oder falsch ist.

22 Immer wenn von generischen Zeichnungen die Rede ist, hat der Proband eine Zeichnung angefertigt, bei der es den Anschein hat, als denke dieser nicht an eine konkrete Funktion, sondern der (oftmals bewusst eigentümlich angedeutete) Verlauf des Funktionsgraphen soll alle Fälle des Geltungsbereiches repräsentieren.

Tabelle 4.6 (Fortsetzung)

Proband	Zeile	Beschreibung
KB1F01	70b	Nachdem die Satzvermutung *L-Stetigkeit und glm. Stetigkeit sind äquivalent* am Beispiel der Exponentialfunktion abgeleitet wurde, wird nun eine Serie von generischen Beispielen mit beschränkter Steigung gezeichnet. Ausgehend von einem einfachen Beispiel werden immer eigentümlichere Verläufe angedeutet und so schließlich eine Funktion gefunden, die nicht beschränkt ist und somit der Vermutung aus der vorangehenden Aufgabe widerspricht (P. scheint dies aber nicht aufzufallen). Mithilfe der Rechteckstreifenvorstellung wird im letzten Fall andeutungsweise begründet, wieso „sogar" diese Funktion glm. stetig ist. Durch die Serie von Beispielen soll vermutlich der Begriffsumfang der L-Stetigkeit ausgelotet werden, um so zu ermitteln, ob es auch verborgene Fälle gibt, die nicht die glm. Stetigkeit implizieren.
KB1F01	70c	Durch Anwenden der Rechteckstreifenvorstellung wird für die bereits aufgestellte Satzvermutung *glm. Stetigkeit impliziert L-Stetigkeit* eine Beweisidee generiert. Dadurch, dass die Funktion „in so einem gewissen Kasten ist", ist die Steigung der Funktion durch die Höhe des Kastens beschränkt, was der Definition von L-Stetigkeit entspricht. Da die Höhe des Kastens gleich Epsilon ist, muss also k wie Epsilon gewählt werden.
KB1F02	3	Auf die Frage nach der persönlichen Bedeutung der Stetigkeit nennt P. als erstes die Durchzeichnen-Vorstellung, bezeichnet diese als intuitiv und deutet an, dass diese Vorstellung nur bei manchen Funktionen angewendet werden kann.
KB1F02	3	Auf die Frage nach der persönlichen Bedeutung der Stetigkeit nennt P. als zweites die Keine-Sprünge-Vorstellung.
KB1F02	17–21	Nachdem der Unterschied zwischen gew. und glm. Stetigkeit über das unterschiedliche Abhängigkeitsverhalten (P. verwechselt dabei Epsilon und Stelle x) von Delta erklärt wird, bietet P. eine Vorstellung für die glm. Stetigkeit an. Bei der Bewegung durch den Definitionsbereich in eine „bestimmte Richtung", dürfen sich die Funktionswerte nur in einem „gewisse[n] Maß verändern". Dies könnte auf einen Zusammenhang zum Steigungsverhalten hinweisen. Etwas später (Z. 21) wird dazu noch die Idee eines maximalen Falls angedeutet.

(Fortsetzung)

Tabelle 4.6 (Fortsetzung)

Proband	Zeile	Beschreibung
KB1F02	54a	P. erklärt den Unterschied zwischen glm. und gew. Stetigkeit mit der Rechteckstreifenvorstellung anhand der gezeichneten Graphen der Wurzelfunktion und der Parabel. Dabei zeichnet er verschiedene „Kästchen" ein und untersucht, „wie schmal […] die Kästchen bei gleicher Höhe" werden (Ursprünglich fand bei P. eine Vertauschung von Epsilon und Delta statt, er vermutet, dass die Vertauschung eine äquivalente Charakterisierung ist). Anhand der beiden Beispiele wird auch erklärt, dass „obwohl, ja, intuitiv diese glm. Stetigkeit irgendwas mit der Beschränktheit der Ableitung zu tun haben scheint", diese „nicht äquivalent dazu" ist.
KB1F02	54b	Die Vermutung, dass sich glm. Stetigkeit über die Rechteckstreifenvorstellung auch so charakterisieren lässt, dass bei „gleichem Delta" sich die „Höhe der Kästchen" beschränken lässt (siehe Z. 54a) liefert sowohl die Satzvermutung *stetige beschränkte Funktionen sind glm. stetig* als auch eine Beweisidee (alternatives Kriterium, muss bewiesen werden). Ein formaler Beweis wird zwar angestrebt, aber wegen mangelnder Einfälle nicht versucht.
KB1F02	64	In Form einer plötzlichen Eingebung, der P. nicht näher auf den Grund gehen kann (siehe Z. 65–70), wird das Gegenbeispiel $f(x) = \sin(x^2)$ für die Behauptung *stetige beschränkte Funktionen sind glm. stetig* gezeichnet. Dass diese Funktion nicht glm. stetig ist, wird wie folgt begründet. Da die Funktion „immer schmaler wird", gibt es zu jedem vermeintlich gefundenen globalen Delta einen „Abstand von Maximum und Minimum, der kleiner ist als dieses Delta". Erste Ideen für eine Formalisierung, wie das Setzten von Epsilon auf Eins, werden angesprochen, aber noch kein formaler Beweis niedergeschrieben. P. scheint nun bezüglich der Satzvermutung sehr sicher zu sein und ein Bedürfnis der Formalisierung ist nicht erkennbar, obwohl sich der Gedankengang gut formalisieren ließe.

(Fortsetzung)

Tabelle 4.6 (Fortsetzung)

Proband	Zeile	Beschreibung
KB1F02	74	Nachdem die Aufgabenstellung gelesen wurde, wird als erstes eine generische Skizze, in der die Situation der vorliegenden Voraussetzungen dargestellt wird, angefertigt. Danach wird schrittweise ein recht vielversprechender formaler Beweis angedeutet, wobei nicht explizit auf die Skizze eingegangen wird. Es könnte aber sein, dass die anschaulichen Ideen im Hintergrund den formalen Schritten die Richtung gewiesen haben.
KB1F02	86	P. möchte dem I. von einer Funktion aus einer Übungsaufgabe berichten und tut dies mithilfe einer Zeichnung, da er sich nicht an die genaue Definition erinnern kann oder es kommt ihm nicht auf Details an. Möglicherweise ist die Kommunikation über die Zeichnung auch wegen der schnelleren Anfertigung gewählt worden.
KB1F03	9	Auf die Frage nach der persönlichen Bedeutung der Stetigkeit nennt P. die Durchzeichnen-Vorstellung und bezeichnet diese als auf den „Alltag" beschränkt. Die formale Definition wird hingegen als „ganz normale Definition" bezeichnet, wobei aus der Beschreibung nicht ganz klar wird, ob es sich tatsächlich um die formale Definition in der Umgebungsvariante handelt oder ob eine Rechteckstreifenvorstellung beschrieben wird.
KB1F03	31–35	Erklärt den Unterschied zwischen der gew. und glm. Stetigkeit mithilfe der gezeichneten Funktionsgraphen der Identität und der Quadratfunktion. Die gew. Stetigkeit der Quadratfunktion wird über die Durchzeichenvorstellung geklärt. Dass die Identität glm. stetig ist und die Quadratfunktion nicht, wird jeweils mit der Rechteckstreifenvorstellung und der Abhängigkeit des Deltas von der betrachteten Stelle erklärt.
KB1F03	41	Auf die Frage des I., woher ein vorher beschriebenes Bauchgefühl stammt, fertigt P. eine generische Skizze an, um die vorher nicht explizierten Gedankengänge zu vermitteln.

(Fortsetzung)

Tabelle 4.6 (Fortsetzung)

Proband	Zeile	Beschreibung
KB1F03	47	P. findet für die Behauptung *beschränkte stetige Funktionen sind glm. stetig* das vermeintliche Gegenbeispiel der Sinusfunktion. Die Vermutung, die Sinusfunktion könnte glm. stetig sein, wird durch die abschnittsweise visuelle Ähnlichkeit zur Parabel begründet. Dabei wird auch die Abnahme der Steigung angesprochen. Es wird folgende Heuristik formuliert: „Wenn eine Funktion an unterschiedlichen Stellen unterschiedliche Steigung hat, ist die Chance für mich relativ niedrig, dass sie glm. stetig ist".
KB1F03	55a	Nachdem die Aufgabenstellung gelesen wurde, wird als erstes eine generische Skizze, in der die Situation der vorliegenden Voraussetzungen dargestellt wird, angefertigt. Danach wird ein formaler Beweis angefangen, wobei dieser sehr bald für eine andere Idee abgebrochen wird. Einige Wörter deuten darauf hin, dass die Anschauung bei diesem formalen Ansatz im Hintergrund weiter eine Rolle spielt („ganz nah an null dran gehe", „eine Lücke").
KB1F03	55b	Vermutlich liest P. aus einer bereits angefertigten Skizze den folgenden Schluss ab. *Die Steigung einer stetigen Funktion wird „immer stärker", je näher man sich einer Polstelle nähert.* Da P. an anderer Stelle bereits die Vermutung geäußert hat, dass unterschiedliche Steigungen gegen glm. Stetigkeit sprechen könnte, sieht er darin womöglich eine Beweisidee. Die Bearbeitung bricht allerdings an dieser Stelle ab.
KB1F03	61	P. interpretiert L-Stetigkeit als Steigung und findet ein vermeintliches Gegenbeispiel, indem er die Gerade „quasi spiegel[t]", um so eine negative Steigung zu erhalten. P. fällt sofort auf, dass in der L-Stetigkeitsbedingung Beträge stehen und damit das Gegenbeispiel nicht geeignet ist.
KB1F03	65–73	P. führt eine lange Erkundung an einem generischen Funktionsgraphen durch. Dabei wird der Funktionsgraph schrittweise ergänzt und abgeändert. Ein Zusammenhang zur L-Stetigkeit wird über die Beschränktheit der Sekantensteigung hergestellt. Aufgrund ihres merkwürdigen Aussehens wird die Funktion aber als nicht glm. stetig eingestuft, sodass sie als vermeintliches Gegenbeispiel für die Behauptung *L-Stetigkeit impliziert glm. Stetigkeit* fungiert.

(Fortsetzung)

Tabelle 4.6 (Fortsetzung)

Proband	Zeile	Beschreibung
KB1F03	75	In einer bereits angefertigten Skizze eines generischen Funktionsgraphen zu einer L-stetigen Funktion wird ein Steigungsdreieck andeutungsweise eingezeichnet. Daraus wird die Satzvermutung abgeleitet, dass aus glm. Stetigkeit L-Stetigkeit folgt. Und es wird auch die Beweisidee abgeleitet, dass k wie Delta gewählt werden muss. Diese Idee wird noch lange formal verfolgt (siehe Z. 79–85).
KB1F03	77	Nachdem P. bereits ein generisches Gegenbeispiel zur Behauptung *L-Stetigkeit impliziert glm. Stetigkeit* diskutiert hat, gibt er jetzt als konkretes Gegenbeispiel eine Art Heaviside-Funktion über die Zeichnung des Funktionsgraphen an. Da diese Funktion „eine Lücke" aufweist, wird diese als nicht stetig eingestuft und daraus vermutlich geschlossen, dass diese nicht glm. stetig ist (dieser Schritt wird aber nicht ausgesprochen). Durch Betrachten einzelner Punkte des Funktionsgraphen wird begründet, dass die Abschätzung aus der Definition der L-Stetigkeit gilt. Diese falsche Einschätzung bestätigt die falsche Satzvermutung erneut. P. ist sich seines Schlusses relativ sicher: „aus a folgt definitiv nicht b". Ein Bedürfnis der formalen Absicherung ist nicht erkennbar.
EB1F04	5	Auf die Frage, was P. persönlich unter Stetigkeit versteht, nennt dieser als „visuell[es]" Verständnis die Keine-Sprünge- und die Durchzeichnen-Vorstellung.
EB1F04	13	Nachdem der Unterschied zwischen gew. und glm. Stetigkeit formal über das Abhängigkeitsverhalten von Delta erklärt wird, beschreibt P., wie die Wahl des Deltas mit dem Steigungsverhalten der Funktion zusammenhängt. Funktionen, die „nachher mehr steig[en]", sind „irgendwann problematisch". Als Beispiel einer nicht glm. stetigen Funktion wird $f(x) = \frac{1}{x}$ genannt, da diese für „x gegen null immer mehr steigen würde".
EB1F04	30	Das Gegenbeispiel $f(x) = x$ für die Behauptung *glm. stetige Funktionen sind beschränkt* wurde zwar formal abgehandelt, auf die Frage des L., wie P. auf diese Funktion gekommen ist, sagt dieser aber, dass die konstante Steigung dabei eine Rolle gespielt hat.

(Fortsetzung)

Tabelle 4.6 (Fortsetzung)

Proband	Zeile	Beschreibung
EB1F04	32	P. stellt implizit die 'heuristische Regel auf, dass Funktionen, „die eine kleinere Steigung als die Identität haben" glm. stetig sind. Als Beispiel für diese Regel nennt er die Wurzelfunktion.
EB1F04	54–60	Das bereits bekannte Beispiel $f(x) = \sin\left(\frac{1}{x}\right)$ wird als Gegenbeispiel für die Behauptung *stetige beschränkte Funktionen sind glm. stetig* gezeichnet und mit dem „immer größer" werdenden „Betrag der Steigung" begründet, wieso die Funktion nicht glm. stetig ist. Auf die Frage, ob diese Argumentation P. persönlich ausreicht, antwortet dieser in Zeile 60: „Nein, mir würde das auf keinen Fall reichen."
EB1F04	68	P. nähert sich der Aufgabe „erst einmal intuitiv", indem er die Situation der Aufgabenstellung in einer generischen Skizze festhält. Daraus wird der Schluss abgeleitet, dass an einer Polstelle einer stetigen Funktion, die Steigung „immer stärker wird". Aus der unbeschränkten Steigung wird wiederum das Nichtvorhandensein der glm. Stetigkeit gefolgert.
EB1F04	72–84	Nach einer anschaulichen Exploration beginn P. einen formalen Beweis, indem die Definition der glm. Stetigkeit durch Quantoren-Umkehr verneint wird. Parallel dazu wird weiter mit der generischen Skizze gearbeitet, sodass der Eindruck entsteht, die anschaulichen Gedanken weisen den formalen Schritten den Weg. Am Ende steht ein vielversprechender formaler Beweis, der den Probanden (vermutlich wegen mangelnder Details) „gar nicht" (Z. 86) zufriedenstellt.
EB1F04	94–98	Als erste Näherung an die Aufgabe formt P. die Definition der L-Stetigkeit um und fertigt eine generische Skizze eines Funktionsgraphen an, um sich „das irgendwie vorzustellen". Dann wird mit der Skizze weitergearbeitet, eine Sekante eingezeichnet und die Bedingung der L-Stetigkeit als „beliebiger Differenzenquotient kleiner gleich k" interpretiert. Die richtige Satzvermutung (*L-Stetigkeit impliziert glm. Stetigkeit*) und eine sehr konkrete Beweisidee (Wähle Delta kleiner als Epsilon durch k) wird zunächst ohne weitere Ausführungen ausgesprochen.

(Fortsetzung)

Tabelle 4.6 (Fortsetzung)

Proband	Zeile	Beschreibung
EB1F04	100 und 112–114	P. erläutert auf Nachfrage, wie er auf die Wahl von Delta für den Beweis, dass aus L-Stetigkeit glm. Stetigkeit folgt, gekommen ist. Dazu macht er eine Zeichnung eines generischen Funktionsgraphen und einem „Rechteck". An der Stelle, wo die Funktion den „maximale[n] Differenzenquotient" aufweist, kann ein Rechteck für die glm. Stetigkeit gefunden werden, da die Konstante k angibt in welchem Verhältnis Epsilon und Delta bzw. die Höhe und Breite des Rechtecks stehen. Diesen Gedanken sichert P. später an einer zweiten Skizze ab, bei der diesmal ein Dreieck gezeichnet wird (vermutlich denkt er diesmal stärker von der L-Stetigkeit ausgehend an ein Steigungsdreieck). Hier schreibt er die nötigen Bezugsgrößen Epsilon, Delta, k und 1 an die entsprechenden Seiten des Dreiecks und leitet die Gleichung $\varepsilon = k\delta$ ab. Daraus wird die Wahl von Delta a.s $\delta < \frac{\varepsilon}{k}$ geschlossen und in einer formalen Abschätzung nachgerechnet, dass mit dieser Wahl tatsächlich ein gültiger Beweis geführt werden kann. Anders als in den meisten Fällen ist P. diesmal mit seiner Argumentation zufrieden.
EB3L05	5	Nach der Aufforderung, das persönliche Verständnis von Stetigkeit zu erklären, nennt P. die Durchzeichnen-Vorstellung und geht darauf ein, dass diese Vorstellung bei Funktionen, die mit einer Fallunterscheidung definiert sind oder Definitionslücken aufweisen, in vielen Fällen problematisch ist. Die formale Definition wird daher als „rigorose[s] Kriterium" bezeichnet.
EB3L05	7	Nachdem die formale Definition der gew. Stetigkeit aufgeschrieben wurde, wird eine Zeichnung zur Rechteckstreifenvorstellung angefertigt und damit das „Grundprinzip der Stetigkeit" erklärt.
EB3L05	7–9	Beim Aufschreiben der formalen Definition vertauscht P. an einer Stelle (nicht in konsequenter Weise) Epsilon und Delta, sodass die Definition nicht korrekt ist. Er ist sofort irritiert, überlegt kurz und korrigiert die Definition. Auf die (durchaus suggestive) Frage des I., ob die bildliche Vorstellung bei der Korrektur des Fehlers geholfen habe, antworte: P.: „Das ist mir vor allem durch die bildliche Visualisierung, ähm, aufgefallen".

(Fortsetzung)

Tabelle 4.6 (Fortsetzung)

Proband	Zeile	Beschreibung
EB3L05	21	Nachdem der Unterschied zwischen gew. und glm. Stetigkeit formal über das Abhängigkeitsverhalten von Delta erklärt wird, erklärt P., wie die Wahl des Deltas mit dem Steigungsverhalten der Funktion zusammenhängt. Um das globale Delta zu finden, muss man die Stelle mit der „maximalen Steigung ermitteln". Anhand einer Zeichnung wird erklärt, warum das so gefundene Delta auch an allen anderen Stellen der Funktion geeignet ist. Am Schluss wird der Trugschluss abgeleitet: „Eine Funktion ist [...] nur dann glm. stetig, wenn die Ableitung nicht den Wert unendlich annimmt".
EB3L05	59–61	Ein generisches Positiv-Beispiel wird gezeichnet und daraus die Satzvermutung *beschränkte stetige Funktionen sind glm. stetig* abgeleitet. Begründet wird die Satzvermutung dadurch, dass bei beschränkten stetigen Funktionen „die Steigung [...] nicht unendlich werden kann". Es wird angestrebt, diese „Idee" zu formalisieren, aber der Versuch wird wegen mangelnder Einfälle schnell eingestellt.
EB3L05	67–71	Die Situation der Aufgabenstellung wird zunächst anschaulich erfasst und eine generische Zeichnung erstellt. Es werden verschiedene andere mögliche Verläufe der Funktion angedeutet, um klarzustellen, auf welche Eigenschaften es nicht ankommt.
EB3L05	73–75	Nach der Exploration an einer generischen Zeichnung wird der Schluss abgeleitet, dass an einer Polstelle einer stetigen Funktion, „die Ableitung auch gegen unendlich geh[t]". Da die Steigung auch schon an deren Stellen mit dem Verhältnis aus Epsilon und Delta gleichgesetzt wird, ist davon auszugehen, dass die Wahl von Delta bei unbeschränkter Ableitung als problematisch angesehen wird. P. hat das Bedürfnis, die oben genannte Folgerung auch formal zu beweisen, weiß aber nicht wie und probiert es auch nicht im weiteren Verlauf.
EB3L05	(63) und 84–86	Wie bereits an mehreren Stellen zuvor stellt P. wieder eine deutliche Beziehung zwischen der Steigung und der glm. Stetigkeit her. Diese Beziehung wurde vermutlich bereits vor dem Interview anhand von Beispielbetrachtungen entwickelt (siehe Z. 63).[23] An dieser Stelle schließt er daraus fälschlicherweise, dass L-Stetigkeit und glm. Stetigkeit äquivalent sind (siehe auch Z. 90, Z. 92 und Z. 100). Es fällt ihm aber schwer einen formalen Beweis zu formulieren (siehe Z. 95–96).

(Fortsetzung)

[23] Bei der Angabe der Zeile ist die Zeile 63 eingeklammert, da dort nur für die Interpretation der eigentlichen Episode nötige Hintergrundinformationen zu finden sind.

Tabelle 4.6 (Fortsetzung)

Proband	Zeile	Beschreibung
EB3L05	94	P. gibt eine anschauliche Begründung, warum unstetige Funktionen nicht L-stetig sein können und bedient sich dabei, der Keine-Sprünge-Vorstellung. Dadurch, dass man zwei Punkte „nah bei diesem Sprung wählen" kann, wird das „Verhältnis davon unendlich". Ein Formalisierungsbedürfnis ist nicht erkennbar. Dies kann aber auch daran liegen, dass P. den Ansatz nicht mehr weiterverfolgt, da er richtig bemerkt, dass es in der Aufgabe um glm. Stetigkeit und nicht um gew. Stetigkeit geht.
EB1F06	6	Auf die Frage, was er zum Begriff der Stetigkeit sagen könne, nennt P. die Durchzeichnen-Vorstellung. Diese Vorstellung wird als „umgangssprachlich" klassifiziert und eher als Heuristik verstanden, da eine durchgezeichnete Funktion lediglich „wahrscheinlich stetig" ist.
EB1F06	18–24	Nachdem I. P. darauf aufmerksam macht, dass in der formal aufgeschriebenen Definition der Stetigkeit ein Fehler vorliegt, versucht dieser, „durch Nachdenken" die Definition zu korrigieren. Dies gelingt dann auch. Auf Nachfrage, wie P. die Korrektur vornehmen konnte, antwortet dieser: „Ich habe es mir bildlich vorgestellt. [...] mit deinem Applet".
EB1F06	93	Vermutlich aufgrund von mangelnder Fantasie oder weil das Repertoire an Beispielfunktionen zu klein ist, kommt P. zu dem Schluss, dass beschränkte stetige Funktionen auch „keinen plötzlichen Anstieg der Steigung" haben können. „Und das würde ja direkt bedeuten, dass es glm. stetig ist". Somit führt die anfängliche Annahme zu einer falschen Satzvermutung.
EB1F06	98	Nach dem Lesen der Aufgabenstellung wird die sich aus den Voraussetzungen ergebene Situation in einer generischen Zeichnung festgehalten. Im weiteren Verlauf zeigt sich, dass die Behauptung der Aufgabenstellung als plausibel argenommen wird, aber P. ist sich „nicht sicher über welche Art und Weise" (Z. 114) ein Beweis geführt werden kann.
KB1F07	3	Auf die Frage nach der persönlichen Bedeutung der Stetigkeit nennt P. die Durchzeichnen-Vorstellung und weist darauf hin, dass bei Funktionen wie $f(x) = \frac{1}{x}$ diese Vorstellung an ihre Grenzen stößt.

(Fortsetzung)

Tabelle 4.6 (Fortsetzung)

Proband	Zeile	Beschreibung
KB1F07	17	P. charakterisiert die glm. Stetigkeit über die Rechteckstreifenvorstellung. Dieser Vorstellung nach ist eine Funktion glm. stetig, „wenn man an einer Stelle so eine Box zeichnen kann und die dann verschiebt". Wenn man die Box „bei der größten Steigung zeichnet", darf die Funktion auch an anderen Stellen „nicht oben und unten" aus der Box „rausgeh[en]". Dazu fertigt P. auch eine Zeichnung mit einem Funktionsgraphen und einer Box an.
KB1F07	19	P. beweist mithilfe einer Zeichnung, dass die Funktion $f(x) = x$ glm. stetig ist. Neben dem Funktionsgraphen wird eine „Box" eingezeichnet. „Wenn man die verschiebt", bricht der Funktionsgraph an keiner Stelle oben oder unten aus der Box aus, weil die Funktion „überall gleich" ist. P. scheint sich sicher, dass dies ein gültiges Gegenbeispiel für die Behauptung der Aufgabenstellung ist und sucht nicht mehr nach einer Formalisierung des Beweises.
KB1F07	25-27a	P. zeichnet die Wurzelfunktion, um an diesem Beispiel zu untersuchen, welche „Fälle [...] maximal auftreten" können. Obwohl P. richtig erkennt, dass diese Funktion unbeschränkt ist, kann P. dennoch aus diesem Beispiel ableiten, dass auch bei beschränkten Funktionen, die „Steigung unendlich werden kann". „Zur Not" muss die Funktion auf ein Intervall eingeschränkt werden. P. erkennt weiter richtig, dass die Wurzelfunktion glm. stetig ist. Zusammen mit einer früheren Äußerung in Zeile 19 („b nach a würde ich sagen, dass das folgt"), scheint sich insgesamt daraus die Satzvermutung *stetige beschränkte Funktionen sind glm. stetig* zu ergeben.
KB1F07	33	Das Gegenbeispiel $f(x) = x$ für die Behauptung *glm. stetige Funktionen sind beschränkt* hat P. mit anschaulichen Mitteln gefunden. Um eine glm. stetige Funktionen zu erhalten, hat P. eine Funktion gesucht, die „im zentralen Feld so die maximale Steigung" hat und „nach außen hin keine größere Steigung" aufweist. P. sieht die Notwendigkeit, die Eigenschaften des Beispiels anschaulich zu begründen (siehe Z. 19).

(Fortsetzung)

Tabelle 4.6 (Fortsetzung)

Proband	Zeile	Beschreibung
KB1F07	35–37	Um der eigenen Vermutung nachzugehen, dass beschränkte Steigung und glm. Stetigkeit äquivalent sind, hat P. bereits vor dem Interview die Wurzelfunktion betrachtet. Dieses Beispiel hat er gefunden, indem er „die Umkehrfunktion von einer Funktion genommen" hat, „die die Steigung null hat". Mithilfe der Rechteckstreifenvorstellung konnte er anschaulich beweisen, dass diese Funktion glm. stetig ist, sodass die Vermutung widerlegt worden war.
KB1F07	42	Nach dem Lesen der Aufgabenstellung fertigt P. zunächst eine generische Skizze an, die die Situation der Aufgabenstellung repräsentiert. Der Verlauf wird als „vergleichbar zu eins durch x" beschrieben. Nach dieser Feststellung wird ein formaler Beweis analog zu einem Beweis, der in der Übung vorgerechnet wurde, probiert.
KB1F07	50a	P. interpretiert die Definition der L-Stetigkeit als Differenzenquotient und erkennt so, dass die bereits diskutierte Wurzelfunktion ein Gegenbeispiel für die Behauptung *glm. Stetigkeit impliziert L-Stetigkeit* ist, da „die Steigung […] gegen Unendlich konvergiert".
KB1F07	50b–52a	Die Idee, dass die L-Stetigkeit mit der Steigung zusammenhängt, wird jetzt mithilfe einer Zeichnung elaboriert. P. zeichnet eine „Gerade mit Steigung k" mit einer Box darum und argumentiert, dass die L-stetige Funktion an jeder Stelle eine kleinere Steigung als diese Gerade aufweist. Dieses Argument wird mit einer gezeichneten „Box, die genau das Steigungsdreick von k" hat, an der Geraden veranschaulicht. Eine zweite Box etwa gleicher Größe wird mit einer krummen und weniger steilen Kurve daneben gezeichnet. Die Kurve verlässt weder den oberen noch den unteren Bereich der Box. Mit dem Steigungsdreick k kann also eine Box gefunden werden, die am Graph der L-stetigen Funktion „immer lang geschoben werden kann, sodass das funktioniert". Daher ist die Funktion auch glm. stetig. Die anschauliche Betrachtung liefert also sowohl eine richtige Satzvermutung als auch einen anschaulichen Beweis, wobei dieser ab Zeile 52b formal abgesichert wird.

(Fortsetzung)

Tabelle 4.6 (Fortsetzung)

Proband	Zeile	Beschreibung
KB1F07	52a	Anhand einer Skizze, die die Unstetigkeit über die Keine-Sprünge-Vorstellung repräsentiert, wird untersucht, ob es Funktionen gibt, die unstetig, aber L-stetig sind. Durch geschickte Wahl zweier Punkte kann aber „die Steigung irgendwie unendlich" werden, sodass Stetigkeit als notwenige Bedingung für L-Stetigkeit erkannt wird.
EE1F08	5	Auf die Frage, was P. persönlich unter Stetigkeit versteht, nennt dieser als erstes die Durchzeichnen-Vorstellung und charakterisiert diese als problematisch, da diese nicht bei „diskrete[n] Punkten" funktioniert. Diese Vorstellung wird als Ursprung der formalen Definition beschrieben.
EE1F08	5	Auf die Frage, was P. persönlich unter Stetigkeit versteht, nennt dieser als zweites die Rechteckstreifenvorstellung und setzt diese in Bezug zur Umgebungsvariante der formalen Stetigkeitsdefinition.
EE1F08	13	P. versucht den Unterschied zwischen der gew. und der glm. Stetigkeit über die Lokalität und Globalität der Begriffe zu erklären. Dabei bedient er sich auch der Rechteckstreifenvorstellung, wobei er (möglicherweise, da er durch I. unterbrochen wird,) diese Vorstellung nur auf die gew. Stetigkeit anzuwenden scheint.
EE1F08	43a	„Für den Einstieg" fertigt P. nach dem Lesen der Aufgabenstellung als erstes eine generische Zeichnung an. Daran erklärt er anschaulich den Grund des zu beweisenden Satzes. Wegen einer vorliegenden Polstelle wird die „Steigung immer stärker", sodass auch „sehr nah beieinander" gewählte Stellen „ganz stark verschiedene" Funktionswerte haben können.
EE3L09	4	Auf die Frage, was P. persönlich unter Stetigkeit versteht, nennt dieser die Durchzeichnen-Vorstellung.

(Fortsetzung)

Tabelle 4.6 (Fortsetzung)

Proband	Zeile	Beschreibung
EE3L09	71	Zuerst hat P. Probleme, ein Gegenbeispiel allein durch logische Schlüsse zu finden. Nach einem strategischen Hinweis des I. (Z. 60: „Wie kommt man denn auf ein Gegenbeispiel?") findet P. dann $f(x) = x$ als Gegenbeispiel für die Behauptung *glm. stetige Funktionen sind beschränkt*. P. hat sich verschiedene glm. stetige Funktionen „greifbar vorgestellt". Bei $f(x) = x$, was eine Abwandlung einer in der Übung bereits behandelten Funktion darstellt, hat sich P. „grafisch vor[ge]stellt", wie diese Funktion „hoch hinaus geh[t]". Ein formaler Nachweis der glm. Stetigkeit des Beispiels findet in Zeile 69 statt.
EE3L09	87–91 und 104–106	P. nähert sich der Behauptung *beschränkte stetige Funktionen sind glm. stetig* zunächst mit formalen Mitteln. Dann fertigt er eine generische Zeichnung an, in der die gew. und die glm. Stetigkeit über die Rechteckstreifenvorstellung verglichen werden. Um die glm. Stetigkeit zu folgern, müssen statt „unterschiedlich große[r] Kästchen" „gleichgroße Kästchen" gefunden werden. Da aber gerade dort, wo die Funktion „extrem stark steigt", „sich nicht so ein Kästchen für alle Stellen finden" lässt, sind Polstellen kritische Stellen. Später argumentiert P., dass durch die Beschränktheit keine Polstellen möglich sind. So kommt es zu der Vermutung, dass die untersuchte Behauptung wahr ist. Ein Beweis wird nicht geführt, da I. die Aufgabenbearbeitung aus Zeitgründen abbrechen muss.
KE3L10	50	Nach dem Lesen der Aufgabenstellung und einer längeren Schweigepause betrachtet P. $f(x) = \frac{1}{x}$ als ein Beispiel, was zu den Voraussetzungen des zu beweisenden Satzes passt. An diesem Beispiel wird erklärt, dass die glm. Stetigkeit deshalb nicht vorliegt, weil „es halt immer weiter ansteigt". „Selbst wenn sich die x-Werte nur ein bisschen ändern, wird [...] f von x trotzdem viel, viel größer". P. äußert sich, dass man das „natürlich nicht so aufschreiben" kann und scheint diese Überlegungen im Folgenden bei der formalen Beweissuche nicht zu berücksichtigen.
KE2F11	6	Auf die Frage, was P. persönlich unter Stetigkeit versteht, nennt dieser eine Mischung aus der Durchzeichnen- und der Keine-Sprünge-Vorstellung.

(Fortsetzung)

Tabelle 4.6 (Fortsetzung)

Proband	Zeile	Beschreibung
KE2F11	8	Wenn P. die formale Definition der Stetigkeit beschreibt, verwendet er Wörter, die darauf hinweisen, dass die Rechteckstreifenvorstellung dabei mitgedacht wird. Statt für alle Epsilon, muss die Bedingung für „jeden [...] Epsilon-Schlauch" gelten und das zugehörige Delta befindet sich „auf der x-Achse".
KE2F11	84	P. möchte eine Signum-Funktion als Beispiel für die Behauptung *beschränkte stetige Funktionen sind glm. stetig* betrachten. Zuerst versucht er, die Funktion beim Namen zu nennen. Er spricht von „Treppenfunktion" und verwirft diese Bezeichnung sofort wieder. In einem zweiten Versuch, die Funktion zu beschreiben, fertigt er eine Skizze an.
KE2F11	112	Da P. bisher die glm. Stetigkeit einer Funktion nicht selbst nachgewiesen hat, versucht er sich ein formales Verfahren an einer Zeichnung herzuleiten, um die glm. Stetigkeit der Funktion $f(x) = x^3$ nachzuweisen. Neben dem Funktionsgraphen und zwei Achsen, zeichnet er dazu einen Epsilon- und einen Deltabereich ein. I. unterbricht ihn, da dieses Vorgehen sehr langwierig zu sein scheint.
KE2F11	130–134	P. versucht die Aussage der L-Stetigkeit am Beispiel $f(x) = x^3$ mit einer Zeichnung zu klären. Dabei zeichnet er neben dem Funktionsgraphen und den Achsen auch Hilfslinien ein, die zu einem Steigungsdreieck gehören könnten. Eine Sekante wird aber nicht eingezeichnet. P. bricht kurz darauf die Aufgabenbearbeitung ab: „das ist [...] für mich noch schleierhaft".

Für die Auswertungspraxis ist es am einfachsten, wenn Mehrfachzuordnungen eines Falls zu mehreren Gruppen vermieden werden. Eine Mehrfachzuordnung ist nicht nötig, da es bei der Bildung der Idealtypen nicht darauf ankommt, einem Typus so viele Realfälle wie möglich zuzuordnen. Wie häufig ein Idealtypus näherungsweise empirisch zu beobachten ist, ist eine interessante weiterführende Frage, die im Rahmen dieser Forschung aber nur eine untergeordnete Rolle spielt. Um Mehrfachzuordnungen zu vermeiden, wurde bei einem mehrdeutigen Einzelfall diejenige Zuordnung zu einer Gruppe vorgenommen, die aus theoretischer Sicht am gewinnbringendsten ist. So kann es zum Beispiel sein, dass in einer Episode Anschauung in zwei Funktionen vorliegt, zu einer dieser beiden Funktionen aber bereits viele Einzelfälle gefunden wurden und zur anderen Funktion nur sehr wenige. Dann wurde dieser Einzelfall der Gruppe mit der zweiten Funktion zugeordnet. Auch wenn ein mehrdeutiger Einzelfall für eine der Funktionen besonders prototypisch zu sein scheint, wurde dieser nur der entsprechenden Gruppe zugeordnet.

Insgesamt ließen sich die folgenden zwölf Gruppen bilden: **Vorstellungen, Anschauung zur ersten Exploration, Anschauung als Kontrollinstanz, Anschauung zur Kommunikation, durch Anschauung aufgestellte heuristische Regel, Finden eines Gegenbeispiels durch Anschauung, Falsche Annahme wegen Übersehen eines relevanten Falles, Auslotung des Geltungsbereichs durch anschauliche Betrachtung einer Serie von Beispielen, anschauliche Untersuchung des schlimmsten Falls, anschaulicher Beweis als Heuristik, anschaulicher Beweis ohne erkennbares Formalisierungsbedürfnis und anschaulich generierte ungünstige Beweisidee.**

Bei der Auflistung dieser Gruppen deutet sich bereits an, dass mehrere heuristische Anwendungen der Anschauung rekonstruiert werden konnten. Andere der theoretisch abgeleiteten Funktionen von Anschauung werden hingegen nicht sichtbar. Das muss nicht heißen, dass Anschauung von Studierenden nicht auch anders eingesetzt wird, sondern kann daran liegen, dass sich manche Funktion mit dem hier vorliegenden Forschungsdesign besonders gut beobachten lassen. Von den in Abschnitt 2.2 erarbeiteten Funktionen der Anschauung ist zum Beispiel die der Bedeutungsvermittlung und Sinnstiftung bei der Bearbeitung von Aufgaben nicht an der Oberfläche zu erkennen. Auch die ontologischen Grundpositionen der Probandinnen und Probanden werden beim Aufgabenbearbeiten nicht offenbart. Um diese Funktionen der Anschauung beobachten zu können, hätte man gezielt danach fragen müssen. Man kann zwar versuchen, diese Funktionen mit hoch interpretativen Mutmaßungen aus dem Material zu extrahieren, doch scheint die Qualität der Ergebnisse dadurch zu stark gefährdet zu sein.

Bei der Gruppe „Vorstellungen" wurde von einer Bezeichnung, die auf den Zweck dieser anschaulichen Elemente eingeht, abgesehen. Da die Probandinnen und Probanden ihre Vorstellungen zur Stetigkeit und zur gleichmäßigen Stetigkeit fast ausschließlich in der Aufwärmphase der Interviews (also losgelöst von einem Beweisprozess) äußern, kann nicht von einer Funktion in einem Beweisprozess die Rede sein. Die Vorstellungen bieten vielmehr die Grundlage dafür, dass anschauliche Elemente in den verschiedensten Funktionen überhaupt vorkommen können. Obwohl die Gruppe der Vorstellungen anschauliche Elemente umfasst, die nicht direkt in Beweisprozesse eingebunden sind, ist diese Gruppe aus dem oben genannten Grunde trotzdem relevant und wird als weitere Gruppe, die später zu einem Idealtypus weiterentwickelt wird, aufgenommen.

Abschließend werden die einzelnen gebildeten Gruppen in einer Tabelle zusammen mit den jeweils zugeordneten Einzelfällen präsentiert (siehe Tab. 4.7). Obwohl die Bezeichnungen der Gruppen zunächst vorläufig waren und bei der Bildung der Idealtypen angepasst wurden, werden aus Gründen der besseren Lesbarkeit hier direkt die endgültigen Bezeichnungen verwendet. Eine detaillierte Beschreibung der Gruppen findet nicht statt, da eine zu große Redundanz zur Beschreibung der sich daraus ergebenden Idealtypen vorläge.

4.3.4   Bildung der Idealtypen

Die aus der in Abschnitt 4.3.3 angegebenen Gruppierung gebildeten Idealtypen werden nun der Reihe nach beschrieben. Dabei werden die in Abschnitt 4.2.6 beschriebenen drei Teilschritte bei der Idealtypenbildung in der Darstellung nicht einzeln, sondern direkt das Endergebnis der Idealtypenbildung präsentiert. Damit später auf die Idealtypen einfacher verwiesen werden kann, erhält jeder Typus neben der eigentlichen Bezeichnung auch eine Kurzbezeichnung. Manche Idealtypen lassen sich weiter in Untertypen aufteilen, was sich bei der Gruppierung der Fälle zuerst nicht zeigte und erst durch die tiefergehenden Analysen deutlich wurde. Die einzelnen Untertypen helfen dabei, die Gesamtheit der zu dem Obertypus gehörigen Fälle besser beschreiben zu können. Um die Typologie nicht ausufern zulassen und aufgrund mangelnder geeigneter Prototypen im Material, wurde darauf verzichtet, alle Untertypen als eigene Idealtypen zu führen.

4.3.4.1 Vorstellungen

Der erste Idealtypus wird mit dem Wort **Vorstellungen** (Vorst) bezeichnet. Studierende, die einen Zugang zu interaktiven dynamischen Visualisierungen hatten, verfügen über verschiedene anschauliche Vorstellungen zu den Begriffen Stetigkeit

Tabelle 4.7 Gruppierung der Fälle

Bezeichnung der Gruppe	Zugeordnete Einzelfälle
Vorstellungen	P1 Z. 6, P1 Z. 6, P1 Z. 20, P1 Z. 30, P2 Z. 3, P2 Z. 3, P2 Z. 17–21, P2 Z. 54a, P3 Z. 9, P3 Z. 31–35, P4 Z. 5, P4 Z. 13, P5 Z. 5, P5 Z. 7, P5 Z. 21, P6 Z. 6, P7 Z. 3, P7 Z. 17, P8 Z. 5, P8 Z. 5, P8 Z. 13, P9 Z. 4, P11 Z. 6, P11 Z. 8
Anschauung zur ersten Exploration	P1 Z. 42, P1 Z. 70a, P2 Z. 74, P3 Z. 55a, P3 Z. 65–73, P4 Z. 68, P4 Z. 94–98, P5 Z. 67–71, P6 Z. 98, P7 Z. 42, P8 Z. 43a, P9 Z. 87–91 und 104–106, P10 Z. 50, P11 Z. 130–134
Anschauung als Kontrollinstanz	(P4 Z. 72–84)[24], P5 Z. 7–9, P6 Z. 18–24
Anschauung zur Kommunikation	P2 Z. 86, P3 Z. 41, P11 Z. 84
Durch Anschauung aufgestellte heuristische Regel	P3 Z. 47, P4 Z. 32
Finden eines Gegenbeispiels durch Anschauung	P1 Z. 36, P3 Z. 61, P3 Z. 77, P4 Z. 30, P7 Z. 33, P7 Z. 35–37, P7 Z. 50a, P9 Z. 71
Falsche Annahme wegen Übersehen eines relevanten Falles	P5 Z. 59–61, P5 Z. (63)[25] und 84–86, P6 Z. 93
Auslotung des Geltungsbereichs durch anschauliche Betrachtung einer Serie von Beispielen	P1 Z. 70b
Anschauliche Untersuchung des schlimmsten Falls	P7 Z. 25–27a
Anschaulicher Beweis als Heuristik	P4 Z. 54–60, P4 Z. 100 und 112–114, P7 Z. 50b–52a, P11 Z. 112
Anschaulicher Beweis ohne erkennbares Formalisierungsbedürfnis	P2 Z. 64, P5 Z. 94, P7 Z. 52a, P7 Z. 19
Anschaulich generierte ungünstige Beweisidee	P1 Z. 44, P1 Z. 70c, P2 Z. 54b, P3 Z. 55b, P3 Z. 75, P5 Z. 73–75

und gleichmäßige Stetigkeit. Diese Vorstellungen bieten die Grundlage dafür, dass Anschauung in Beweisprozessen angewendet werden kann. Der Idealtypus der

---

[24] Bei diesem Fall lässt sich die Funktion der anschaulichen Handlung nur sehr vage rekonstruieren. Daher wird dieser Fall in Klammern aufgeführt.

[25] Die Zeile 63 ist eingeklammert, da dort nur für die Interpretation der eigentlichen Episode nötige Hintergrundinformationen zu finden sind.

Vorstellungen kann in die Untertypen **Vorstellungen ohne kritische Einschränkung** (VorstOKrit) und **Vorstellungen mit kritischer Einschränkung** (VorstKrit) aufgeteilt werden.

In der untersuchten Stichprobe konnte die Durchzeichnen-Vorstellung für die gewöhnliche Stetigkeit besonders häufig rekonstruiert werden, aber auch die Rechteckstreifenvorstellung und weniger oft die Keine-Sprünge-Vorstellung konnten im Material identifiziert werden. Andere aus der Theorie bekannte Vorstellungen wie die Wackelvorstellung konnten zumindest an der Oberfläche nicht beobachtet werden.

Häufig wird die Anwendbarkeit der genannten anschaulichen Vorstellungen von den Probandinnen und Probanden kritisch eingeschränkt. Dies äußern die Versuchspersonen auch, ohne dass der Interviewer speziell danach fragt. So sagt beispielsweise Proband KB1F07 in Zeile 3: „In der Schule lernt man das ja so, dass man einfach eine Linie zeichnen kann, ohne abzusetzen, auf dem Definitionsbereich. Man muss darauf achten, dass beispielsweise eins durch x eigentlich nicht einfach wie eine Linie gemalt werden kann. Aber die ist im ganzen Definitionsbereich stetig, weil die Definition halt gilt".

Zu der gleichmäßigen Stetigkeit kann in der untersuchten Stichprobe ausschließlich die Rechteckstreifenvorstellung rekonstruiert werden. Besonders nahe an den theoretischen Überlegungen in Abschnitt 4.1.2 beschreibt Proband KB1F07 in Zeile 17, wie mithilfe der Rechteckstreifenvorstellung für die Stetigkeit auch die gleichmäßige Stetigkeit beschrieben werden kann: „Eine Funktion ist genau dann stetig, wenn man die so zeichnen kann, auf dem gesamten Definitionsbereich. Und gleichmäßig stetig, wenn man an einer Stelle so eine Box zeichnen kann und die dann verschiebt, dass sie nicht oben und unten rausgeht, sondern nur rechts und links. Und dann müsste man die einfach bei der größten Steigung zeichnen und dann könnte man die ja überall verschieben". Dazu fertigt Proband 7 eine Zeichnung an (siehe Abb. 4.7).

Im ersten Satz seiner Erklärung bezieht sich Proband 7 vermutlich auf die Durchzeichnen-Vorstellung zur gewöhnlichen Stetigkeit, da er in diesem Moment den Funktionsgraphen in einem Zug durchzeichnet. Für eine vollumfassende Erklärung hätte Proband 7 noch darauf eingehen können, dass egal wie klein die „Box" in der vertikalen Ausdehnung ist, immer eine zugehörige Breite gefunden werden kann, sodass die „Box" überall hin verschoben werden kann.

An dem zuletzt vorgestellten Beispiel wird deutlich, dass es Probandinnen und Probanden gibt, bei denen nicht einfach nur verselbstständigte metaphorische Sprechweisen, sondern wirklich elaborierte Anschauungsmodelle zu den Begriffen vorliegen. In den folgenden Idealtypen wird sich zeigen, dass diese Vorstellungen auch tatsächlich in Beweisprozessen angewendet werden.

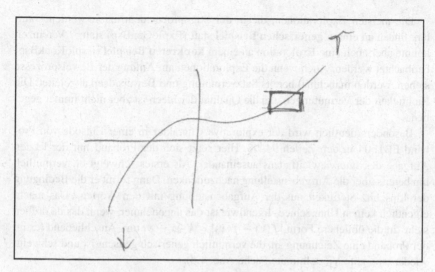

Abbildung 4.7 Zeichnung von Proband 7 zur Charakterisierung der gleichmäßigen Stetigkeit über die Rechteckstreifenvorstellung

4.3.4.2 Anschauung zur ersten Exploration

Meist zu Beginn einer Aufgabenbearbeitung greifen viele Probandinnen und Probanden aus der Stichprobe auf den Gebrauch der **Anschauung zur ersten Exploration** (Explo) zurück. Bevor zielgerichtete Heurismen zum Einsatz kommen, wird die durch die Aufgabenstellung gegebene Situation zunächst durch eine Zeichnung repräsentiert, um im nächsten Schritt mit dieser explorativ zu arbeiten. Den genauen Zweck dieser ersten anschaulichen Annäherung an die zu untersuchenden Vermutungen oder den zu beweisenden Satz lässt sich in der Stichprobe selten rekonstruieren. Denkbar ist, dass es den Probandinnen und Probanden ein Bedürfnis ist, zunächst die Situation semantisch zu verstehen und nach Möglichkeit auch den Grund für einen Zusammenhang zu erfassen, bevor ein technischer Beweis erfolgt (siehe Abschnitt 2.3.6). Genauso plausibel ist die Vermutung, durch den Repräsentationswechsel werden die gegebenen Voraussetzungen zu einem holistischen Eindruck eingekapselt, sodass das Arbeitsgedächtnis entlastet wird. Nicht zuletzt kann es sich auch um einen natürlichen Verlauf des Problemlöseprozesses handeln. So werden zunächst offene Methoden eingesetzt, die, sobald sich das Verständnis des Problems verbessert hat, durch planmäßigere Heurismen abgelöst werden. Allen diesen Möglichkeiten ist gemein, dass Anschauung als „Türöffner" für den Bearbeitungsprozess fungiert.

Die meisten Explorationen, die in der Stichprobe identifiziert werden konnten, finden an einem **generischen Beispiel** statt (ExploGenBsp) statt.[26] Vereinzelt konnte aber auch eine Exploration an einem **konkreten Beispiel** (ExploKonkBsp) beobachtet werden. Auch wenn die Explorationen am Anfang der Beweisprozesse stehen, werden manchmal bereits Satzvermutung und Beweisideen abgeleitet. Die Richtigkeit der Vermutungen und die Qualität der Ideen ist aber nicht immer gegeben.

Besonders deutlich wird der explorative Charakter in einer Episode von Proband EB1F04 in den Zeilen 94–98. Hier setzt sich der Proband mit der letzten Aufgabe des Interviewleitfadens auseinander. Als erstes schweigt er, vermutlich um bereits über die Aufgabenstellung nachzudenken. Dann formt er die Bedingung der Lipschitz-Stetigkeit aus der Aufgabenstellung mit den Worten „Das macht eigentlich keinen Unterschied. Irgendwie ist das angenehmer, wenn das da drüben steht" in die üblichere Form $|f(x) - f(y)| \leq k \cdot |x - y|$ um. Anschließend fertigt der Proband eine Zeichnung an, die vermutlich generisch gedacht ist und schweigt wieder eine gute Viertelminute (siehe Abb. 4.8).

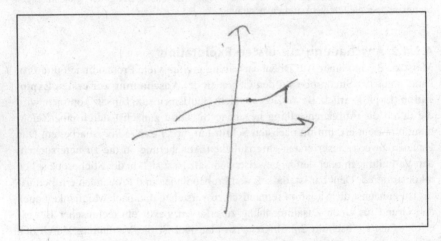

Abbildung 4.8 Zeichnung von Proband 4 zur Exploration der Lipschitz-Stetigkeit

---

[26] Immer wenn von generischen Zeichnungen die Rede ist, hat der Proband eine Zeichnung angefertigt, bei der es den Anschein hat, als denke dieser nicht an eine konkrete Funktion, sondern der (oftmals bewusst eigentümlich angedeutete) Verlauf des Funktionsgraphen soll alle Fälle des Geltungsbereiches repräsentieren.

Auf die Frage des Interviewers, ob er bereits eine der beiden logischen Implikation, die in der Aufgabenstellung behauptet werden, durchdenkt, antwortet der Proband: „Ich habe einfach nur versucht, mir das irgendwie vorzustellen." Aus dieser Aussage lässt sich schließen, dass der gewählte anschauliche Zugang noch nicht zielgerichtet ist.

Im weiteren Verlauf der Exploration wird in der Zeichnung eine Sekante durch die beiden bereits angedeuteten Punkte ergänzt und Folgendes festgestellt: „Das sollte der Betrag des Differenzenquotienten sein. Das heißt einfach, dass ein beliebiger Differenzenquotient kleiner gleich k ist". Die Exploration hat also dazu geführt, dass die gegebenen Voraussetzungen so interpretiert werden konnten, dass eine tiefere anschauliche Auseinandersetzung mit der Behauptung der Aufgabenstellung ermöglich wird. Am Ende dieser Episode hat Proband 4 bereits die richtige Vermutung, dass aus der Lipschitz-Stetigkeit die gleichmäßige Stetigkeit folgt und er äußert auch schon die zielführende Beweisidee „Delta kleiner als Epsilon durch k". Diese Ungleichung leitet er später im Transkript durch die Anschauung ein weiteres Mal, aber deutlich elaborierter, her (siehe Zeile 112).

4.3.4.3 Anschauung als Kontrollinstanz

In den Transkripten konnte auch rekonstruiert werden, wie Probandinnen und Probanden durch die Anschauung die formalen Schritte überwachen und diese bei Fehlern korrigieren. Der zu dieser Funktion zugehörige Idealtypus heißt **Anschauung als Kontrollinstanz** (Kontr). Zwar ließen sich insgesamt nur wenige Episoden in den Interviews identifizieren, bei denen Anschauung in dieser Funktion verwendet wird. Dies liegt aber vermutlich daran, dass die Kontrollfunktion der Anschauung in der Regel implizit zum Einsatz kommt und auch den Probandinnen und Probanden unter Umständen nicht bewusst sein muss.

Proband EB3L05 ist beispielsweise beim Aufschreiben einer falschen Definition irritiert und korrigiert diese dann (Zeile 7–9). Auf die Frage des Interviewers, ob die Anschauung ihm dabei geholfen habe, antwortet er zwar, dass dem so sei. Da die Frage durch den Interviewer aber suggestiv gestellt wurde, soll eine Episode von Proband EB1F06 als Prototyp zu diesem Idealtypus dienen. Zwar ist hier die Frage des Interviewers weniger suggestiv, dafür verwendet der Proband hier die Anschauung nur um den Fehler zu korrigieren, nicht um ihn auch zu finden. Es gibt im Material insgesamt nur zwei eindeutige Belege, dass durch die Anschauung als Kontrollinstanz **Fehler in Definitionen gefunden oder korrigiert** wurden.[27]

---

[27] Aus theoretischen Gründen, könnte hier ein Untertyp gebildet werden, was durch die Hervorhebung im Text angedeutet wird. Jedoch gibt es zu anderen denkbaren Untertypen nicht genügend empirische Evidenz, sodass auf eine Aufnahme des Untertyps in die Typologie verzichtet wird.

Fehler, die nicht bei Definitionen, sondern beispielsweise in formalen Beweisen auftraten und durch anschauliche Überlegungen entdeckt oder korrigiert wurden, konnten in dieser Stichprobe nicht gefunden werden.

Besonders schwierig lässt sich rekonstruieren, ob die Anschauung als Kontrollinstanz auch beim formalen Argumentieren im Hintergrund gewirkt hat, indem durch anschauliche Überlegungen, den formalen Schritten die Richtung gewiesen wurde. Es gibt eine Episode, wo der Eindruck entsteht, Anschauung wurde zu diesem Zweck eingesetzt. Diese lässt sich bei Proband EB1F04 in den Zeilen 72–84 finden. Die Interpretation erweist sich insgesamt aber als zu spekulativ, sodass beim Typus „Anschauung als Kontrollinstanz" keine Untertypen gebildet werden können. Der rekonstruierte Einzelfall ist daher in allen Tabellen nur in Klammern aufgeführt.

Es folgt die noch offene Beschreibung des Prototyps, der sich bei Proband EB1F06 in den Zeilen 18–24 finden lässt. Vorausgegangen war der Episode, dass Proband 6 beim Aufschreiben der formalen Stetigkeitsdefinition einen Fehler gemacht hat. Der Proband schrieb

$$\forall \varepsilon > 0 \; \exists \delta > 0 : |f(x) - f(x_0)| < \delta \Rightarrow |x - x_0| < \varepsilon.$$

Der Interviewer wies ihn darauf hin, dass in der Definition ein Fehler sei, verriet aber nicht, worin der Fehler besteht. Zuerst erwiderte Proband 6, dass das x und das x-Null vertauscht seien. Da der Interviewer ausschließen wollte, dass der Proband alle möglichen Fehlerquellen ratend durchgeht, fragte er daraufhin, ob es dem Probanden möglich wäre, selbst herauszufinden, wie die Definition richtig korrigiert werden muss. Ab hier beginnt dann die Episode, in der Anschauung zum Einsatz kommt.

Proband 6 antwortet: „Ich denke, ich könnte das auch durch Nachdenken korrigieren". Nach einer längeren Schweigepause erkennt er dann, dass Epsilon und Delta vertauscht sind und korrigiert die Definition zu

$$\forall \varepsilon > 0 \; \exists \delta > 0 : |f(x) - f(x_0)| < \varepsilon \Rightarrow |x - x_0| < \delta.$$

Nachdem der Interviewer fragt, wie er das herausgefunden habe, antwortet der Proband „ich habe es mir bildlich vorgestellt". Dann spezifiziert er die Aussage, indem er eine interaktive dynamische Visualisierung als den Ursprung seines Vorstellungsbildes benennt („mit deinem Applet"). Dann korrigiert er auch noch die Richtung des Implikationspfeils:

$$\forall \varepsilon > 0 \; \exists \delta > 0 : |f(x) - f(x_0)| < \varepsilon \Leftarrow |x - x_0| < \delta.$$

In dieser Episode wird nicht nur deutlich, dass Anschauung generell, sondern die Beschäftigung mit den interaktiven dynamischen Visualisierungen im speziellen, ein Mittel zur Kontrolle bereitstellen, dass insbesondere die Reproduktion von Definitionen unterstützt.

4.3.4.4 Anschauung zur Kommunikation

Beim Idealtypus der **Anschauung zur Kommunikation** (Komm) können nur wenige Einzelfälle rekonstruiert werden. Da das gesamte Interview eine kommunikative Situation darstellt, die durch die Aufforderung zum lauten Denken noch verstärkt wird, übernimmt jedes identifizierte anschauliche Element in gewisser Weise eine kommunikative Funktion. Im Folgenden geht es nicht um anschauliche Inhalte, die kommuniziert werden, sondern um prägnante Episoden aus den Transkripten, an denen deutlich wird, wie Anschauung die Kommunikation selbst verbessert.

Aufgrund der vorliegenden Aufgaben wurden in den Interviews immer wieder Beispielfunktionen von den Probandinnen und Probanden betrachtet. Meist wurden diese gezeichnet. Wenn dann aber mithilfe der Zeichnung eine Exploration, Argumentation oder Ähnliches durchgeführt wurde, ist diese Episode nicht dem Kommunikationstypus zuzuordnen, da nicht klar ist, ob der hauptsächliche Grund der Zeichnung in der Verbesserung der Kommunikation oder in der eigenen Auseinandersetzung mit der Zeichnung liegt. An einigen wenigen Stellen wird aber klar, dass die Zeichnung eine **einfachere und schnelle Möglichkeit ein Beispiel anzugeben** (KommBsp) ist.

Durch Zeichnungen lassen sich auch **subjektive Gedankengänge besser vermitteln** (KommSubGed). So spricht beispielsweise Proband KB1F03 davon, dass seinem „Bauchgefühl" nach, die Behauptung aus einer Aufgabenstellung wahr sei. Auf die Frage des Interviewers, ob er sein Bauchgefühl genauer beschreiben könne, antwortet dieser nicht nur mit Worten, sondern fertigt eine generische Zeichnung an, die ihm offenbar hilft, seine Gedanken besser zu vermitteln.

Als Prototyp soll aber eine Episode von Proband KE2F11 aus Zeile 84 dienen. Hier versucht der Proband, eine Funktion erst über die Bezeichnung der Funktionsklasse anzugeben. So spricht dieser zuerst von einer Treppenfunktion und verwirft diese Bezeichnung aber wieder mit den Worten: „ich weiß nicht mehr, wie die Funktion genau heißt". Scheinbar, weil er Schwierigkeiten hat, sich an den Namen der Funktion zu erinnern, weicht er auf eine Zeichnung der Funktion aus. Gezeichnet wird dann die Signum-Funktion (siehe Abb. 4.9).

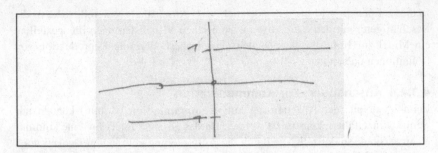

Abbildung 4.9 Proband 11 zeichnet einen Funktionsgraphen, da ihm der Name der Funktionsklasse nicht einfällt

Alternativ hätte Proband 11 auch eine Funktionsvorschrift angeben können. Es ist möglich, dass ihm dies wegen der nötigen Fallunterscheidung zu lästig gewesen wäre. Möglicherweise hätte er aber auch damit Schwierigkeit gehabt, da dieser Proband an vielen anderen Stellen des Interviews erkennbare Schwierigkeiten selbst bei rudimentären Begriffen 'und Verfahren hat.

4.3.4.5 Durch Anschauung aufgestellte heuristische Regel

In den Interviews lässt sich ein heuristischer Gebrauch der Anschauung in unterschiedlichen Arten beobachten. Eine beobachtete Variante lässt sich so beschreiben, dass Probandinnen und Probanden eine **durch Anschauung aufgestellte heuristische Regel** (HeurRegel) gebrauchen. Der Unterschied zu anderen anschaulichen Argumentationen und Heurismen besteht darin, dass hier der Eindruck entsteht, die Regel ist Teil des festen heuristischen Repertoires der Versuchsperson und kann auch über den gerade behandelten Sachverhalt hinaus Anwendung finden. Das Wort „Regel" soll auf diesen allgemeineren Anwendungsbereich hinweisen.

In der 47. Zeile des Transkriptes von Proband KB1F03 wird so eine Regel angewendet. Vorausgegangen war, dass der Proband bereits die Vermutung geäußert hat, dass die Sinusfunktion nicht gleichmäßig stetig sei, er diesbezüglich aber Unsicherheit verspüre. Nachdem der Interviewer fragt, ob er herausfinden könne, ob diese Funktion tatsächlich nicht gleichmäßig stetig ist, antwortet der Proband, dass ihm die technischen Mittel dazu fehlten. Er habe die Funktion aber mit der Parabel verglichen und dort ein ähnliches Steigungsverhalten festgestellt. Dann nennt er eine heuristische Regel, die über das aktuelle Beispiel hinaus eine Anwendung zu haben scheint: „Wenn eine Funktion an unterschiedlichen Stellen unterschiedliche Steigung hat, ist die Chance für mich relativ niedrig, dass sie gleichmäßig stetig ist". Dass es sich lediglich um eine Heuristik handelt, wird durch das Wort „Chance" deutlich zum Ausdruck gebracht.

4.3.4.6 Finden eines Gegenbeispiels durch Anschauung

Um Behauptungen zu prüfen und gegebenenfalls zu widerlegen, spielt das Finden von Beispielen eine große Rolle. Wenn noch nicht bekannt ist, ob eine Behauptung wahr ist oder nicht, ist beim Suchvorgang noch nicht klar, ob nach Positiv- oder nach Gegenbeispielen gesucht wird. Dennoch kann es einen Unterschied machen, ob bestätigende Beispiele oder widerlegende Beispiele gesucht werden, da im ersten Fall womöglich besonders einfache Beispiele und im zweiten Fall nach Beispielen mit speziellen über die Voraussetzungen hinausgehenden Eigenschaften gesucht wird. Das **Finden eines Gegenbeispiels** (GBsp) ist daher meist anspruchsvoller und kann **durch die Anschauung** unterstützt werden.

Die Probandinnen und Probanden der Stichprobe geben sehr häufig Beispiele über Zeichnungen an. Jedoch ist für den Idealtypus „Finden von Gegenbeispielen durch Anschauung" nicht entscheidend, wie das Beispiel präsentiert wird, sondern wie es gefunden wurde. Die Zeichnung des Beispiels könnte nämlich auch eine explorative oder kommunikative Funktion haben.

Leider lässt sich der Moment der Beispielfindung selbst nicht beobachten und selbst auf Nachfrage fällt es einigen Versuchspersonen schwer zu sagen, wie sie auf ein Beispiel gekommen sind. Der Findungsprozess als solcher scheint häufig unterbewusst vonstattenzugehen. So hat der Interviewer bei Proband KB1F02 in den Zeilen 65–70 nachgefragt, wie er auf das Beispiel $f(x) = \sin\left(\frac{1}{x}\right)$ gekommen sei und als Antwort erhalten: „Ist mir jetzt so eingefallen, irgendwie, keine Ahnung". Der Interviewer hakt mit der Frage „Einfach von allein?" nach, was der Proband wiederum bestätigt.

Für die Frage nach dem Umgang mit Strenge ist es interessant zu wissen, ob das anschauliche Finden der Gegenbeispiele von den Versuchspersonen als heuristischer Vorgang angesehen wird, bei dem die Eigenschaften der gefundenen Beispiele durch formale Begründungen abgesichert werden müssen oder ob die Eigenschaften der Gegenbeispiele bereits als sicher angenommen werden. In den Interviews lassen sich sowohl Episoden finden, in denen die Eigenschaften eines **anschaulich gefundenen Gegenbeispiels formal abgesichert wurden**

(GBspForm), als auch solche Episoden, wo **kein Bedürfnis nach formaler Absicherung erkennbar** ist (GBspKeinForm). Vom zweiten Untertyp sollen noch solche Fälle unterschieden werden, wo die Eigenschaften des Beispiels so **trivial**[28] sind, dass eine **formale Absicherung unnötig** (GBspTrivial) erscheint. Proband KB1F01 führt in Zeile 36 eine aus konstanten Teilfunktionen zusammengesetzte Funktion an, um eine beschränkte, aber nicht stetige Funktion zu nennen. Diese beiden Eigenschaften können bei dieser Funktion angesichts des zu erwartenden Lernstandes der Versuchspersonen als keiner Begründung bedürftig angesehen werden.

Als Prototyp zum Idealtypus *GBsp* dient eine Episode von Proband KB1F07, da hier besonders klar wird, dass das Beispiel tatsächlich durch anschauliche Überlegungen gefunden wurde. In den Zeilen 35–37 beschreibt der Proband, wie er bereits vor dem Interview auf die Vermutung gekommen ist, dass gleichmäßige Stetigkeit äquivalent dazu sein könnte, „dass die Funktion an keiner Stelle unendliche Steigung hat". Bereits vor dem Interview konnte Proband 7 diese Vermutung durch das Finden eines geeigneten Gegenbeispiels (nämlich der Wurzelfunktion) widerlegen. Auf die Frage des Interviewers, wie er dieses Beispiel gefunden habe, antwortet der Proband: „Ich habe einfach die Umkehrfunktion von einer Funktion genommen, die halt in irgendeinem Punkt Steigung null hat." Woher der Proband weiß, dass beim Bilden der Umkehrfunktion eine Funktion mit unendlicher Steigung entsteht, bleibt unklar. Es ist aber anzunehmen, dass dies anschaulich über eine Spiegelung des Funktionsgraphen an der Achsenhalbierenden passiert ist, da die Ableitung den Probandinnen und Probanden zum Zeitpunkt des Interviews nur aus der Schulzeit bekannt war. Um zu prüfen, ob das Beispiel gleichmäßig stetig ist, verwendet Proband 7 die Rechteckstreifenvorstellung. Auch wenn er relativ sicher zu sein scheint, sucht er nach Bestätigung für seine Erkenntnisse, was für ein Bedürfnis nach formaler Absicherung sprechen könnte (siehe Abb. 4.10).

4.3.4.7 Falsche Annahme wegen Übersehen eines relevanten Falles

Anders als beim Finden von Gegenbeispielen, wo ein einziges Beispiel genügt, ist das Ableiten von Vermutungen aus einem einzelnen Beispiel mit großer Unsicherheit behaftet. Das liegt daran, dass nicht klar ist, ob die beobachteten Eigenschaften nur zufällig aufgrund der Wahl des Beispiels oder notwendig aus den Voraussetzungen folgen. Handelt es sich bei dem untersuchten Beispiel um eine

---

[28] Dies ist natürlich Ermessenssache und stark vom Erfahrungsstand der Probandinnen und Probanden abhängig. Dennoch scheint eine Gleichbehandlung aller diskutierten Gegenbeispiele eine zu große Verzerrung der Ergebnisse zu bedeuten.

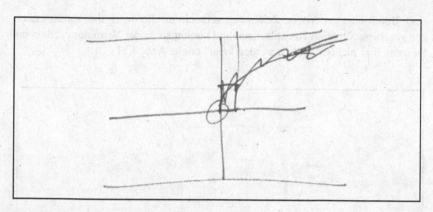

Abbildung 4.10 Proband 7 begründet mit der Rechteckstreifenvorstellung, warum die Wurzelfunktion gleichmäßig stetig ist

Funktion, so kann in der Anschauung versucht werden, die zweifelhafte Vermutung mithilfe eines variabel vorgestellten Funktionsgraphen zu widerlegen. Kann man sich grundsätzlich keine Konstellation vorstellen, in der die Vermutung widerlegt wird, so kommt der Vermutung bereits ein größerer Grad an Sicherheit zu als wäre nur ein einzelnes Beispiel betrachtet worden. Es ist dann lohnender, die Idee weiterzuverfolgen und gegebenenfalls auch formal abzusichern.

Dennoch handelt es sich auch hierbei lediglich um eine Heuristik und es ist möglich, dass die einzig möglichen Gegenbeispiele anschaulich nicht zugänglich sind, da diese beispielsweise nur über Grenzprozesse definierbar sind. Ob solche Gegenbeispiele gefunden werden, hängt auch mit der Erfahrung und dem persönlichen Repertoire an bekannten Funktionstypen zusammen. In den geführten Interviews gibt es Episoden, wo es den Anschein hat, die Versuchsperson hätte den entscheidenden Fall zur Widerlegung schlicht übersehen und hält daher an einer falschen Vermutung fest. Bei diesem Idealtypus treffen Probandinnen und Probanden eine **falsche Annahme, weil sie einen relevanten Fall übersehen haben** (ÜbersFall). Vermutlich wäre es der Versuchsperson möglich, sich einen Funktionsgraphen vorzustellen, der die aufgestellte Vermutung widerlegt. Der Probandin oder dem Probanden kommt ein passender Verlauf nur (in dem Moment) nicht in den Sinn.

So verhält es sich zum Beispiel bei Proband EB3L05, der in den Zeilen 59–61 darüber nachdenkt, ob stetige beschränkte Funktionen auch gleichmäßig stetig sind. Durch eine generische Zeichnung versucht er, die durch die Voraussetzungen gegebene Situation zu explorieren und kommt so zu der Vermutung, „dass die Steigung hier nicht unendlich werden kann" (siehe Abb. 4.11).

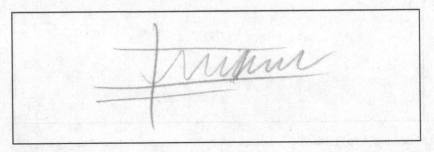

Abbildung 4.11 Proband 5 kommt anhand einer generischen Zeichnung zu dem Schluss, dass beschränkte Funktionen auch eine beschränkte Steigung haben

Proband 5 sagt auch, dass die „Ableitung der Funktion" nur dann unendlich werden kann, „wenn ich hier ein Loch habe". Vermutlich ist der einzige Verlauf eines Graphen mit immer weiter zunehmender Steigung, den er sich vorstellen kann, eine Funktion mit einer Polstelle. Es scheint also so zu sein, dass, obwohl die generische Zeichnung des Probanden bereits eine gewisse Ähnlichkeit zu passenden Gegenbeispielen wie $f(x) = \sin(\frac{1}{x})$ oder $f(x) = \sin(x^2)$ aufweist, Proband 5 einfach nicht den richtigen Einfall hat, sich einen immer schneller oszillierenden Graphen vorzustellen.

Die Annahme, dass aus Beschränktheit der Funktionswerte einer stetigen Funktion auch eine Beschränktheit der Steigung folgt, ist nicht nur für sich falsch. Sie führt auch wegen der starken Assoziation von gleichmäßiger Stetigkeit und beschränkter Steigung im Folgenden zu der falschen Satzvermutung, dass beschränkte stetige Funktionen gleichmäßig stetig wären.

4.3.4.8 Auslotung des Geltungsbereichs durch anschauliche Betrachtung einer Serie von Beispielen

Eine Möglichkeit mit der Singularität der Anschauung umzugehen, besteht darin, nicht ein einziges Beispiel, sondern eine ganze Reihe von Beispielen zu betrachten. Dabei kann versucht werden, nicht untereinander ähnliche Beispiele zu untersuchen, sondern bewusst die Eigenschaften der Beispiele so zu variieren, dass ein Überblick darüber entsteht, welche Möglichkeiten eintreten können. Ist eine Behauptung gegeben, die es zu untersuchen gilt, kann so versucht werden, den

Geltungsbereich dieser Vermutung **durch eine anschauliche Betrachtung einer Serie von Beispielen auszuloten** (BspSerie).

Proband KB1F01 verfährt in Zeile 70b gemäß diesem Idealtypus. Er untersucht die Behauptung *Lipschitz-stetige Funktionen sind genau die gleichmäßig stetigen Funktionen* und scheint eine Tendenz zur Wahrheit dieser Behauptung zu haben. Nachdem er die Lipschitz-Stetigkeit als „Steigung zwischen x und y" interpretiert hat und eine immer steilere Steigung als den Grund für das Nichtvorhandensein der gleichmäßigen Stetigkeit anhand der Exponentialfunktion abgeleitet hat, versucht Proband 1, die Grenzen des Geltungsbereiches durch eine Serie von Beispielen, die Lipschitz-stetig sind, auszureizen.

Dabei beginnt er mit einem elementaren generischen Beispiel, welches er aufzeichnet. Ein Verlauf wie bei der Exponentialfunktion ist nicht möglich, da es „ab einen gewissen Punkt [...] wieder abflachen" muss. So zeichnet er eine Funktion, die ein Ausschnitt aus der Sinus-Funktion sein könnte (siehe Abb. 4.12).

Abbildung 4.12 Proband 1 zeichnet zur Auslotung des Geltungsbereichs zunächst einen einfachen Funktionsgraphen

Als zweites entwickelt Proband 1 eine komplexere Zeichnung. Es ist möglich, dass hier versucht wird, einen möglichst unregelmäßigen Verlauf anzudeuten, um so auch Fälle zu repräsentieren, die leicht übersehen werden können (siehe Abb. 4.13).

Jetzt scheinen dem Probanden Zweifel aufzukommen, ob sich wirklich alle Lipschitz-stetigen Funktionen wie in der Behauptung verhalten: „Wobei, es könnte auch irgendwie in so Wellen heruntergehen". Daher zeichnet er nun einen Funktionsgraphen, bei dem gezielt die Grenzen bei Einhaltung der gegebenen Voraussetzungen ausgereizt werden (siehe Abb. 4.14).

Möglicherweise hatte Proband 1 zuvor angenommen, dass durch die beschränkte Steigung, auch die Funktionswerte beschränkt sein müssen. Falls dem so ist, ist ihm durch Betrachten des dritten Beispiels jetzt klar geworden, dass auch andere Funktionsverläufe möglich sind.

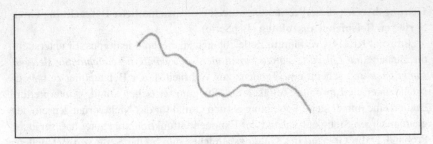

Abbildung 4.13 Proband 1 zeichnet zur Auslotung des Geltungsbereichs als zweites einen Funktionsgraphen mit unregelmäßigem Verlauf

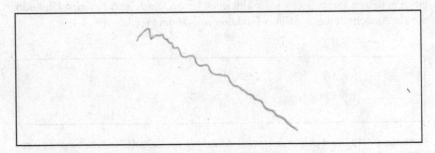

Abbildung 4.14 Proband 1 zeichnet zur Auslotung des Geltungsbereichs als Letztes einen Funktionsgraphen mit besonderen Eigenschaften

Mithilfe der Rechteckstreifenvorstellung kann er aber argumentieren, dass auch solche Funktionen gleichmäßig stetig sind. Durch die Auslotung des Geltungsbereiches der Behauptung konnte der Proband also feststellen, dass die Behauptung nicht nur an den einfachen und offensichtlichen, sondern auch bei eigentümlicheren Beispielen wahr ist. So wird die Richtigkeit der Vermutung durch die hier vorliegende heuristische Beispielbetrachtung weiter gestärkt. Dennoch ist die Betrachtung noch Teil des *context of discovery* und somit liegt weiterhin nur eine vorläufige Vermutung vor.

4.3.4.9 Anschauliche Untersuchung des schlimmsten Falls

Anstatt mehrere Beispiele zu betrachten, ist es auch möglich, direkt ein besonders kritisches Beispiel zu untersuchen. Durch anschauliche Überlegungen kann versucht werden, ein Beispiel zu finden, welches zu den Voraussetzungen der

Behauptung passt, aber Eigenschaften aufweist, die der behaupteten Schlussfolgerung zunächst entgegensprechen. Stellt sich aber auch eine solche **anschauliche Untersuchung des schlimmsten Falls** (SchlFall) als Bestätigung der Vermutung heraus, wird die Vermutung stärker gestützt, als wenn nur ein beliebiges Beispiel betrachtet worden wäre. Die Schwäche dieser Heuristik besteht aber darin, dass nicht sichergestellt werden kann, ob wirklich der schlimmste Fall betrachtet worden ist.

Proband KB1F07 geht in den Zeilen 25-27a entsprechend vor. Er hat bereits die Vermutung aufgestellt, dass die Behauptung *beschränkte stetige Funktionen sind gleichmäßig stetig* wahr ist. Nun zeichnet er einen Funktionsgraphen und zwei waagerechte Striche, die vermutlich die Beschränktheit andeuten sollen. Bei der gezeichneten Funktion handelt es sich um die Wurzelfunktion (siehe Abb. 4.15).

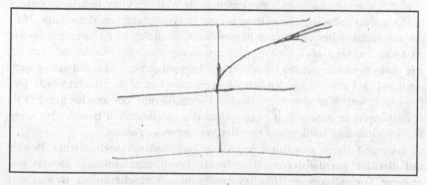

Abbildung 4.15 Proband 7 zeichnet die Wurzelfunktion als schlimmsten Fall

Obwohl der Proband weiß, dass die Wurzelfunktion eigentlich nicht zu den Voraussetzungen passt, da diese unbeschränkt ist, scheint sie aus seiner Sicht ein geeignetes Beispiel zu sein, da es ihm nur auf das Verhalten nahe der Null ankommt. Möglicherweise denkt er an eine abgewandelte Wurzelfunktion, die an einer bestimmten Stelle anders fortgesetzt wird.

Es scheint, als hätte Proband 7 dieses Beispiel nicht zufällig gewählt, denn er sagt, dass trotz unendlicher Steigung, die Funktion gleichmäßig stetig sei. „Und solche Fälle können ja maximal auftreten".

Die Aussage könnte darauf hindeuten, dass Proband 7 besondere Steigungsverläufe als kritisch für das Vorliegen der gleichmäßigen Stetigkeit sieht. Daher versucht er, den schlimmsten Fall zu betrachten, der bei den gegebenen Voraussetzungen vorliegen kann. Er schafft es, eine Funktion anzugeben, die „sogar" unendliche Steigung aufweist. Da dieser „maximal[e]" Fall, aber die Behauptung stützt, geht der Proband weiter von der Wahrheit dieser aus.

4.3.4.10 Anschaulicher Beweis als Heuristik

Auch anschauliche Beweise können eine Heuristik darstellen, wenn sie nicht für sich stehen, sondern sich ein formaler Beweis anschließt. Daher wird der im Folgenden beschriebene Idealtypus **anschaulicher Beweis als Heuristik** (HeurBew) genannt. Auch wenn sich kein absichernder Beweis rekonstruierten lässt, ist es möglich, den heuristischen Zweck des anschaulichen Beweises zu erkennen. In einem Fall war es so, dass der Proband den Wunsch einer Formalisierung deutlich ausspricht und nur aufgrund mangelnder Einfälle keinen formalen Beweis führen kann.

Ein anschaulicher Beweis kann auf zwei Arten heuristisch wirken. Zum einen wird durch die anschauliche Argumentation die Wahrheit einer Behauptung nahegelegt, sodass der anschauliche Beweis eine Satzvermutung generieren kann. Hilft der anschauliche Beweis darüber hinaus dabei, einen Schritt im formalen Beweis zu finden, so wird auch eine Beweisvermutung, also eine Vermutung darüber, wie etwas bewiesen werden kann, erzeugt. Im vorliegenden Material gab es auch einen Fall, bei dem ein anschaulicher Beweis zwar formal abgesichert wurde. Der formale Beweis war aber keine direkte Formalisierung der anschaulichen Vorüberlegungen. In diesem Fall wurde durch den anschaulichen Beweis also keine Beweisvermutung, sondern nur eine Satzvermutung gewonnen.

Insgesamt lassen sich damit drei Untertypen finden: **Anschaulicher Beweis mit direkter Formalisierung** (HeurBewDirForm), **anschaulicher Beweis mit anderer Formalisierung** (HeurBewAndForm) und **anschaulicher Beweis mit erkennbarem Formalisierungsbedürfnis** (HeurBewFormBed).

Als Prototyp soll hier eine Episode von Proband EB1F04 dienen, die in Zeile 100 beginnt und sich in den Zeilen 112–114 fortsetzt. In den Zeilen dazwischen wird lediglich erfragt, ob der Proband ein Formalisierungsbedürfnis verspürt. Da er später aber den formalen Beweis führt, ist diese Information für das Verständnis der Episode nicht relevant.

Bereits zuvor hatte Proband 4 für den Satz *Lipschitz-stetige Funktionen sind gleichmäßig stetig* die formale Beweisvermutung, dass Delta kleiner als gewählt werden muss, geäußert. Da nicht klar wurde, wie er auf diese Idee gekommen ist, fragt der Interviewer in Zeile 99, ob dies nachgeholt werden kann. Daraufhin erklärt der Proband, dass sich hinter der Bedingung der Lipschitz-Stetigkeit eine Beschränkung der Steigung verbirgt. Um die gleichmäßige Stetigkeit zu beweisen, muss ein „Rechteck" gefunden werden, sodass die Funktion „unterhalb der oberen beiden Seiten liegen" muss. Dazu macht der Proband die folgende Zeichnung (siehe Abb. 4.16).

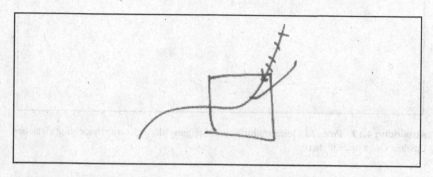

Abbildung 4.16 Proband 4 führt einen anschaulichen Beweis, um daraus eine formale Beweisidee abzuleiten

An der Stelle „wo die Funktion den größten Betrag der Steigung hat" kann anhand des Rechtecks die Wahl des Deltas bestimmt werden. Bei dem so ermittelten Delta handelt es sich um ein globales Delta, denn, „wenn die dann geringer steigt, dann wird sie insbesondere auch darin liegen".

Dann spezifiziert Proband 4, wie mithilfe des Rechtecks Delta bestimmt werden kann. Dazu sagt er: „Hier ist Epsilon und da ist Delta. Das heißt Delta müsste (2,5 s) Epsilon gleich k Delta" sein. Während der Proband dies spricht, zeichnet er ein Dreieck, welches vermutlich ein Steigungsdreieck mit Breite eins darstellt und schreibt die gegebenen und gesuchten Größen an die Seiten (siehe Abb. 4.17).

Mithilfe des Steigungsdreieck kann Proband 4 die als Steigung interpretierte Lipschitz-Stetigkeit mit der über die Rechteckstreifenvorstellung repräsentierten gleichmäßigen Stetigkeit in Beziehung setzen. So werden die Seiten einmal im Sinne der Lipschitz-Stetigkeit mit „1" und „k" und ein weiteres Mal im Sinne der gleichmäßigen Stetigkeit mit Epsilon und Delta beschriftet. Hieraus leitet der Proband, die auch für den formalen Beweis zielführende Beziehung her, welche er direkt im Kopf umformt: „Das heißt Delta müsste Epsilon durch k sein oder kleiner als das".

Unmittelbar im Anschluss schreibt Proband 4 einen formalen Beweis nieder (siehe Abb. 4.18).

k ε
1
δ
ε = kδ

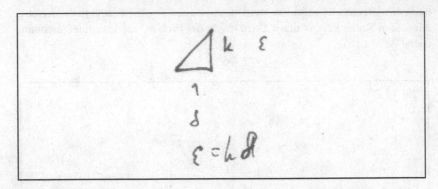

Abbildung 4.17 Proband 4 leitet mithilfe eines Steigungsdreiecks eine Beziehung zwischen Epsilon, Delta und „k" her

a ⇒ b geg.: |f(x) − f(y)| ≤ k|x−y|
Sei ε > 0 bel. Wähle δ < ε/k und seien x, y bel. mit |x−y| < δ
⇒ |f(x) − f(y)| ≤ k·|x−y| < k·ε/k = ε

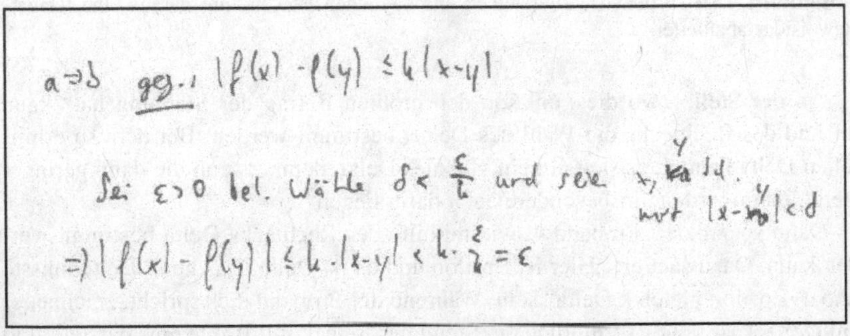

Abbildung 4.18 Proband 4 schreibt einen formalen Beweis auf, bei dem die Wahl von Delta zuvor mit anschaulichen Mitteln gefunden wurde

Wie in der Darstellung formaler Theorie üblich wird die Wahl von Delta am Anfang des Beweises präsentiert und dann nur begründet, dass diese Wahl geeignet ist. Wie es zur Wahl gekommen ist, wird in dem formalen Beweis nicht mehr erklärt. Aus dem vorangehenden Interview wird aber klar, dass eine anschauliche Heuristik ausschlaggebend war.

4.3.4.11 Anschaulicher Beweis ohne erkennbares Formalisierungsbedürfnis

Es wurden in der Stichprobe aber auch **anschauliche Beweis ohne Formalisierung oder ein Bedürfnis danach** (Bew) identifiziert. Werden anschauliche Beweise so eingesetzt, erfüllen sie keinen heuristischen Zweck, sondern sie werden erkenntnisbegründend eingesetzt. Ähnlich wie bei dem Idealtypus *GBsp* soll aber zwischen anschaulichen Beweisen, bei denen ein **formaler Beweis trivial** wäre (BewTrivial) und solchen wo der **formale Beweis** in Anbetracht des Lernstandes der Probandinnen und Probanden **nicht selbstverständlich** (BewKeinForm) ist, unterschieden werden.

Natürlich ist auch hier die Trennlinie zwischen trivialen und nicht trivialen Beweisen schwierig zu ziehen. Proband KB1F07 beweist in Zeile 19, dass die Funktion gleichmäßig stetig ist, mit einer Zeichnung und den Worten: „Auf jeden Fall könnte man hier einfach so eine Box zeichnen und wenn man die verschiebt, ist sie überall gleich und dementsprechend würde die nicht nach oben oder unten ausarten". Danach sagt er entschieden: „Ok, also gilt a nach b schon mal nicht" und geht direkt zur nächsten Aufgabe über (siehe Abb. 4.19).

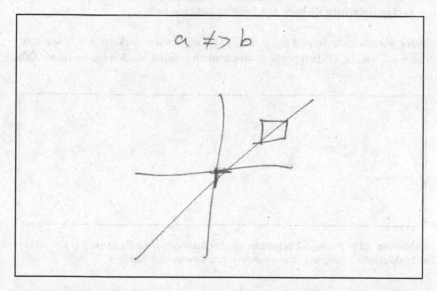

Abbildung 4.19 Proband 7 führt einen anschaulichen Beweis, der später nicht formalisiert wird

An anderen Stellen des Interviews mit Proband 7 wird aber klar, dass dieser durchaus anschauliche Argumente nicht als endgültige Beweise stehen lässt. So wird der in Zeile 50b geführte anschauliche Beweis zur dritten Aufgabe des Interviewleitfadens in Zeile 52b formal abgesichert. Dass Proband 7 beim Beispiel der Gerade darauf verzichtet, könnte daran liegen, dass der Fall als trivial eingestuft wird oder daran, dass die Tätigkeit des Widerlegens weniger als Beweisen verstanden wird, als eine Argumentation für die Wahrheit einer Aussage.

Proband KB1F02 führt aber bei einer Behauptung, die deutlich schwieriger zu beweisen wäre, nur einen anschaulichen Beweis. In Zeile 64 begründet er, warum die stetige und beschränkte Funktion $f(x) = \sin(x^2)$ nicht gleichmäßig stetig ist. Die Funktion wird andeutungsweise gezeichnet und festgestellt, dass diese „immer schmaler wird". Dann wird erklärt, warum es kein „minimales Delta" geben kann.

> Wenn ich das auf eins setze, dann kann ich ja immer ein Delta finden, das noch kleiner ist als dieses feste Delta, was ich meine gefunden zu haben, um die gleichmäßige Stetigkeit zu beweisen. Dann nehme ich einfach ein noch kleineres Delta-Strich. Es gibt ja irgendwann einen solchen Abstand von Maximum und Minimum, der kleiner ist als dieses Delta, das ich gefunden habe und dann nehme ich einfach diesen Abstand und sehe, dass plötzlich der Abstand der Funktionswerte größer ist als eins, nämlich zwei und dann habe ich keine gleichmäßige Stetigkeit mehr.

Dabei werden auch einige Punkte des Funktionsgraphen markiert, aus denen deutlich wird, wie die Gedankengänge anschaulich gestützt werden (siehe Abb. 4.20).

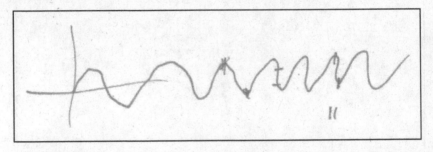

Abbildung 4.20 Proband 2 begründet anschaulich, warum die Funktion $f(x) = \sin(x^2)$ nicht gleichmäßig stetig ist, ohne einen formalen Beweis nachzuliefern

Für eine Formalisierung der Gedankengänge hätte mindestens eine Formel für zwei Stellen und in Abhängigkeit von Delta angegeben werden müssen, die garantiert, dass wirklich zu jedem Delta zwei geeignete Stellen mit kleinerem

Abstand als Delta gefunden werden können, deren Funktionswerte den Abstand Zwei haben. In weiteren Verlauf des Interviews lässt sich aber nicht der Wunsch nach einer solchen Formalisierung feststellen.

4.3.4.12 Anschaulich generierte ungünstige Beweisidee

Beim letzten Idealtypus, der gebildet werden konnte, wird durch die Anschauung eine ungünstige Beweisidee generiert, wobei häufig nicht klar ist, ob diese in Form eines anschaulichen oder eines formalen Beweises umgesetzt werden soll. Da es sich um eine **anschaulich generierte ungünstige Beweisidee** (UngIdee) handelt, ist die Konstruktion eines Beweises nämlich gar nicht möglich und damit auch nicht beobachtbar. Nur in einem Fall wird zumindest versucht, einen formalen Beweis zu führen. In den meisten Fällen bricht die Aufgabenbearbeitung aber aufgrund von Ratlosigkeit ab. Die oftmals falsche Satzvermutung wird trotz der Schwierigkeit einen Beweis zu führen selten wieder fallengelassen.

Eine Interpretationsschwierigkeit besteht darin, festzustellen, wann eine Beweisidee ungünstig ist. Gehört die Beweisvermutung zu einer **falschen Satzvermutung** (UngIdeeFalschSV), ist es gar nicht möglich mit dieser Beweisidee einen gültigen Beweis zu finden. Trotzdem könnte die Beweisidee heuristisch zielführend eingesetzt werden. Zum Beispiel kommt Proband KB1F03 in Zeile 75 auf die Idee, dass dadurch, dass k wie Delta gewählt wird, die falsche Satzvermutung *gleichmäßig stetige Funktionen sind Lipschitz-stetig* bewiesen werden kann. Zwar ist die Satzvermutung falsch, aber die Beweisidee könnte im Folgenden auch auf die andere Implikationsrichtung angewendet werden und stellt hier möglicherweise einen geeigneten Beweisansatz dar, der aber noch deutlich durch die Einbeziehung von Epsilon verbessert werden muss. Die Beweisidee von Proband 3 wurde dennoch als ungünstig interpretiert, da dieser Ansatz für die Rückrichtung der Vermutung nicht angewendet wurde.

Noch schwieriger ist es zu entscheiden, ob eine Beweisidee für eine **wahre Satzvermutung**[29] (UngIdeeWahreSV) ungünstig ist. Nur weil es auf den ersten Blick schwer vorzustellen ist, dass aus einer bestimmten Idee ein brauchbarer Beweis entstehen kann, kann nicht sicher ausgeschlossen werden, dass es doch eine (unter Umständen sehr umständliche) Möglichkeit dafür gibt. Um die Aussage aus der zweiten Aufgabe des Interviewleitfadens zu beweisen, liest Proband KB1F03 in Zeile 55b vermutlich aus einer Skizze den folgenden Schluss ab: *Die*

---

[29] Bei der zweiten Aufgabe des Interviewleitfadens ist die Wahrheit der Aussage vorgegeben. Dennoch könnte der behauptete Satz in Frage gestellt werden, sodass auch bei dieser Aufgabe von einer Satzvermutung gesprochen werden kann.

Steigung einer stetigen Funktion wird „immer stärker", je näher man sich einer Polstelle nähert. Diese Idee wird als ungünstig eingestuft, da die Differenzierbarkeit der Funktion nicht gegeben ist und ein Ansatz über Lipschitz-Stetigkeit vermutlich ebenso nicht zielführend ist, da aus dem Nichtvorhandensein der Lipschitz-Stetigkeit nicht auf das Nichtvorhandensein der gleichmäßigen Stetigkeit geschlossen werden kann. Ob sich aber irgendwie aus der Idee der zunehmenden Steigung doch ein geeigneter Beweis ableiten lässt, kann nicht komplett ausgeschlossen werden.

Als Prototyp wurde eine weniger uneindeutige Episode von Proband KB1F01 in Zeile 44 ausgewählt. Hier wird die falsche Satzvermutung *beschränkte stetige Funktionen sind gleichmäßig stetig* wegen der Ähnlichkeit zum Satz von Heine aufgestellt, was zunächst einer formalen Heuristik entspricht. Die zugehörige Beweisidee wird aber anschaulich mit der Rechteckstreifenvorstellung generiert. „Deswegen kann man da auf jeden Fall [...] einen Kasten finden, der einfach genau diesen Abstand zwischen dem Höchsten und dem Niedrigsten darstellt und dann habe ich gleichmäßige Stetigkeit."

Diese Beweisidee muss falsch sein, da die Satzvermutung falsch ist. Vermutlich meint der Proband, dass das Rechteck so gewählt werden muss, dass sowohl das Maximum als auch das Minimum der Funktion, die diese wegen der Beschränktheit annehmen muss, gerade den oberen und unteren Rand des Kastens berühren. Das zugehörige (globale) Delta wäre dann der Abstand der beiden Extremstellen.

Das Hauptproblem bei dieser Argumentation ist, dass auf diese Weise ein Delta nur für ein bestimmtes Epsilon (nämlich die Differenz von Maximum und Minimum) gefunden werden kann. Es muss aber auch für kleinere Epsilon jeweils ein globales Delta gefunden werden.

Später (Zeile 54) versucht der Proband einen formalen Beweis aufzuschreiben, was er bald wieder aufgibt. In Zeile 56 bekräftigt er noch einmal seine Beweisidee (allerdings zunächst für die Rückrichtung der Behauptung) und scheint sich seiner Sache sehr sicher zu sein: „Wenn f gleichmäßig stetig ist, kann ich auf jeden Fall einen Kasten wählen, der für die gesamte Funktion passt. [...] Weil die Funktionswerte zwischen den beiden Einschränkungen liegen müssen und dann wähle ich einfach das und dann liegt die gesamte Funktion in diesem Kasten. Und wenn f beschränkt ist, dann ist das genau andersherum". Bis zum Ende des Interviews ändert der Proband seine Einschätzung nicht. Alle gebildeten Idealtypen sind zusammenfassend in Tabelle 4.8 dargestellt.

Tabelle 4.8 Gebildete Idealtypen mit Untertypen und Kurzbezeichnungen

Idealtyp	Untertypen (falls vorhanden)
Vorstellungen (Vorst)	Ohne kritische Einschränkung (VorstOKrit) Mit kritischer Einschränkung (VorstKrit)
Anschauung zur ersten Exploration (Explo)	An einem generischen Beispiel (ExploGenBsp) An einem konkreten Beispiel (ExploKonkBsp)
Anschauung als Kontrollinstanz (Kontr)	Bei der Identifikation und Korrektur von Fehlern in Definitionen (Mögliche weitere Untertypen sind im Material nur implizit enthalten)
Anschauung zur Kommunikation (Komm)	Um Beispiele einfacher und schneller anzugeben (KommBsp) Um Subjektive Gedankengänge zu vermitteln (KommSubGed)
Durch Anschauung aufgestellte heuristische Regel (HeurRegel)	/
Finden eines Gegenbeispiels durch Anschauung (GBsp)	Mit einer formalen Absicherung der Eigenschaften (GBspForm) Ohne Bedürfnis nach formaler Absicherung der Eigenschaften (GBspKeinForm) Mit trivialen Eigenschaften (GBspTrivial)
Falsche Annahme wegen Übersehen eines relevanten Falles (ÜbersFall)	/
Auslotung des Geltungsbereichs durch anschauliche Betrachtung einer Serie von Beispielen (BspSerie)	/
Anschauliche Untersuchung des schlimmsten Falls (SchlFall)	/
Anschaulicher Beweis als Heuristik (HeurBew)	Mit direkter Formalisierung (HeurBewDirForm) Mit anderer Formalisierung (HeurBewAndForm) Mit erkennbarem Formalisierungsbedürfnis (HeurBewFormBed).

(Fortsetzung)

Tabelle 4.8 (Fortsetzung)

Idealtyp	Untertypen (falls vorhanden)
Anschaulicher Beweis ohne erkennbares Formalisierungsbedürfnis (Bew)	Formaler Beweis wäre trivial (BewTrivial) Formaler Beweis wäre nicht trivial (BewKeinForm)
Anschaulich generierte ungünstige Beweisidee (UngIdee)	Zu einer falschen Satzvermutung (UngIdeeFalschSV), Zu einer wahren Satzvermutung (UngIdeeWahreSV)

4.3.5   Empirische Verteilung der zu den Idealtypen zugehörigen Einzelfälle

Mit den gebildeten Idealtypen lässt sich die erste Forschungsfrage des empirischen Teils, welche anschaulichen Elemente sich in den Beweisprozessen von Studierenden, die einen Zugang zu interaktiven dynamischen Visualisierungen hatten, identifizieren lassen, bereits beantworten. Mit den nun vorliegenden Idealtypen sind aber weiterführende Analysen möglich, sodass auch ohne aufwändige weitere Datenaufbereitung nach interessanten Zusammenhängen und Auffälligkeiten gesucht werden kann.

Eine Möglichkeit einer heuristischen Betrachtung ist die Untersuchung der empirischen Verteilung der zu den Idealtypen gehörenden Einzelfälle auf verschiedene Gruppen in der Stichprobe. Es muss aber gesagt werden, dass dieser quantitative Ansatz nicht für interferenzstatistische Auswertungen geeignet ist. Das liegt vor allem daran, dass uneindeutige Einzelfälle aus der Analyse ausgeschlossen wurden und mehrfache Zuordnungen von Einzelfällen zu Idealtypen nicht vorgesehen waren. Auch sind die angestellten Interpretationen nicht in ihrer Reliabilität geprüft und die Stichprobe ist so klein, dass ohnehin keine signifikanten Zusammenhänge zu erwarten wären.

Die Betrachtung der empirischen Verteilung der Einzelfälle dient daher lediglich zur weiteren Hypothesenbildung. Es liegen bereits Erkenntnisse darüber vor, welche anschaulichen Handlungen grundsätzlich angestellt werden können. Jetzt können unter anderem Vermutungen darüber aufgestellt werden, ob es Probandenmerkmale gibt, die ausschlaggebend dafür sind, welche oder wie viele anschauliche Handlungen in Beweisprozessen vorkommen. Da sich nur die beiden Merkmale „Standort" und „Zuordnung zur Experimental- oder Kontrollgruppe" als relevant herausstellen, werden lediglich diese im Folgenden näher untersucht.

Die Verteilung lässt sich in tabellarischer Form gut nachvollziehen (siehe Tab. 4.9). Zur besseren Übersicht wurde dabei nur die Anzahl der zugehörigen Einzelfälle angegeben. Im elektronischen Zusatzmaterial befindet sich eine Tabelle, aus der durch Zeilenangaben hervorgeht, welche Einzelfälle zugeordnet wurden.

Tabelle 4.9 Verteilung der Einzelfälle auf die Gruppen der Stichprobe

	Bonn							Essen			
	KG[30]				EG			KG		EG	
Idealtypus	P1	P2	P3	P7	P4	P5	P6	P10	P11	P8	P9
VorstOKrit	2x	3x	1x	1x	2x	2x			2x	2x	1x
VorstKrit	2x	1x	1x	1x		1x	1x			1x	
ExploGenBsp		1x	2x	1x	2x	1x	1x			1x	1x
ExploKonkBsp	2x							1x	1x		
Kontr					(1x)	1x	1x				
KommBsp		1x							1x		
KommSubGed			1x								
HeurRegel			1x		1x						
GBspForm					1x						1x
GBspKeinForm			1x	2x							
GBspTrivial	1x		1x	1x							
ÜbersFall						2x	1x				
BspSerie	1x										
SchlFall					1x						
HeurBewDirForm					1x						
HeurBewAndForm			1x								
HeurBewFormBed					1x				1x		
BewTrivial					1x						
BewKeinForm		1x			1x		1x				
UngIdeeFalschSV	2x	1x	1x								
UngIdeeWahreSV		1x					1x				
Summe	10	8	10	10	8 (+1)	9	4	1	5	4	3

---

[30] Die Abkürzung KG steht für Kontrollgruppe, die Abkürzung EG für Experimentalgruppe. P1 steht für Proband 1 usw.

Die Tabelle gibt ein ähnliches Bild wie die in Abschnitt 4.3.1 untersuchte Anzahl der Zeichnungen wieder. Schaut man allein auf die Summe aller vorkommenden Einzelfälle, so gibt es keine deutlichen Unterschiede zwischen der Experimental- und der Kontrollgruppe. Stattdessen zeigt sich wie zuvor, dass in Bonn deutlich mehr anschauliche Elemente identifiziert werden konnten (im Schnitt etwa pro Interview) als in Essen (durchschnittlich pro Interview). Dafür lassen sich mehrere Gründe finden (siehe Abschnitt 4.3.1), sodass hier die Hypothese abgeleitet werden kann, dass der Gebrauch von Anschauung in den Beweisprozessen von Studierenden nicht von einer einzelnen Lernerfahrung abhängt, sondern davon, welcher Stellenwert der Anschauung insgesamt in der Lehre beigemessen wird. Selbst wenn zu einem speziellen Begriff keine direkten anschaulichen Lehrsettings stattgefunden haben, scheinen Studierende, die grundsätzlich auch anschaulich unterrichtet wurden, durch Nachfragen und eigene Überlegungen zu diesem Inhalt einen anschaulichen Zugang zu erhalten.

Mit Blick auf einzelne Idealtypen lassen sich weitere Beobachtungen anstellen. So liegen (bis auf das Interview mit Proband KE3L10) in allen Interviews anschauliche Vorstellungen zur gewöhnlichen und gleichmäßigen Stetigkeit vor. Allerdings wurde durch den Interviewer zwar nicht allzu suggestiv, aber doch sehr direkt nach der persönlichen Bedeutung von Stetigkeit gefragt. Bei den Essener Probandinnen und Probanden lagen zur gleichmäßigen Stetigkeit nur bei einem Proband Vorstellungen vor, was eine Erklärung dafür sein könnte, dass in diesen Interviews auch in den Beweisaufgaben weniger anschauliche Elemente vorlagen.[31] Nach Vorstellungen zur gleichmäßigen Stetigkeit wurde auch weniger direkt gefragt als zuvor zur gewöhnlichen Stetigkeit.

Ein weiteres zahlenmäßig oft aufgetretenes anschauliches Element wird durch den Idealtypus *Anschauung zur ersten Exploration (Explo)* beschrieben. Dieser Typus ließ sich in allen Interviews mindestens einmal feststellen. Die explorative Funktion der Anschauung scheint also besonders oft von Studierenden mit Zugang zu interaktiven dynamischen Visualisierungen genutzt zu werden, auch von solchen, die sonst wenige anschauliche Handlungen gebrauchen.

Für die Diskussion um Anschauung in der Hochschullehre ist es wünschenswert, Hypothesen bezüglich des Umgangs mit Anschauung in Hinblick auf Fragen der Strenge aufzustellen. Jedoch sind die Ergebnisse nicht deutlich genug, um entsprechende Vermutungen zu generieren. Das liegt zum einen daran, dass bei vielen

---

[31] In einer vorläufigen Typologie wurde der Idealtypus „Vorstellungen" in die Unter-typen „Vorstellungen zur gewöhnlichen Stetigkeit" und „Vorstellungen zur gleichmäßigen Stetigkeit" unterteilt. Um die Übertragung der Typologie auf andere Inhaltsbereiche zu ermöglichen, wurde diese später angepasst.

Interviews nicht genügend anschauliche Handlungen vorliegen, um zu entscheiden, ob die Probandin oder der Proband anschauliche Ideen formal abzusichern versucht. Zum anderen gibt es einige Studierende, die in einer Situation eine Formalisierung durchführen oder wünschen, in einer anderen darauf verzichten. Es ist auch so, dass nicht ausgeschlossen werden kann, dass einige der ausgebliebenen Formalisierungen auf die vorzeitigen Bearbeitungsabbrüche in der Interviewsituation zurückzuführen sind. Hervorzuheben sind nur zwei Interviews mit einer deutlichen Tendenz.

So hat Proband KB1F07 bei keinem der drei durch Anschauung gefundenen Gegenbeispiele mit formalen Methoden gezeigt, dass diese wirklich die behaupteten Eigenschaften besitzen. Eines davon kann allerdings als trivialer Fall eingestuft werden. Auch zwei anschauliche Beweise wurden nicht im Anschluss formalisiert. Bei einem kann der zugehörige Beweis wieder als trivial eingestuft werden. Nur ein anschaulicher Beweis wird von Proband 7 durch einen anschließenden formalen Beweis abgesichert. Insgesamt lässt sich also ein eher geringes Bedürfnis nach Formalisierung beobachten, wobei auch gesagt werden muss, dass es Stellen gibt, wo der Proband ausschließlich formal, ohne vorangehende anschauliche Heuristik, arbeitet.

Anders verhält es sich bei Proband EB1F04, da sich hier gar keine fehlenden Formalisierungen rekonstruieren lassen. Das einzige durch Anschauung gefundene Gegenbeispiel wird anschließend durch einen formalen Beweis der Eigenschaften bestätigt und von den beiden anschaulichen Beweisen wird einer auf direktem Wege formalisiert, bei dem anderen wird ein deutliches Bedürfnis nach einer Formalisierung ausgesprochen.

4.3.6 Bewertung des Potenzials der Idealtypen

Um die zweite Forschungsfrage des empirischen Teils zu beantworten, wird nun das Potenzial der gebildeten Idealtypen eingeschätzt. Die Beantwortung der Forschungsfrage wird nicht auf Ebene der Einzelfälle, sondern auf Ebene der Idealtypen vollzogen, da es den Rahmen sprengen würde, jeden Fall einzeln zu bewerten. Daher werden die folgenden Einschätzungen nur durch exemplarische Verweise gestützt.

4.3.6.1 Vorstellungen

Eine Bewertung des Idealtypus der *Vorstellungen* ist nicht möglich, da das bloße Vorhandensein einer Vorstellung weder als förderlich noch als hinderlich zu bewerten ist. Denn welches Potenzial eine vorhandene Vorstellung für das Führen von

Beweisen hat, hängt davon ab, wie diese Vorstellung in der weiteren Auseinandersetzung angewendet wird. Zunächst kann nur gesagt werden, dass die vielen rekonstruierten Vorstellungen bei den Studierenden der Stichprobe es ermöglichen, dass Anschauung in verschiedenen Funktionsweisen zum Einsatz kommt. Wie dieser Einsatz dann zu bewerten ist, wird in der Bewertung der folgenden Typen gesagt.

Auch die Qualität verschiedener Vorstellungen kann nicht miteinander verglichen werden. Zwar scheint die Durchzeichnen-Vorstellung auf den ersten Blick deutlich ungenauer als die Rechteckstreifen-Vorstellung zu sein. Jedoch kommt es auch hier auf den jeweils verfolgten Zweck an. Während bei anschaulichen Beweisen, die mithilfe der Rechteckstreifen-Vorstellung geführt wurden, eine größere Hoffnung auf Formalisierung besteht, kann die Durchzeichnen-Vorstellung aufgrund ihrer Einfachheit bei der Suche potenzieller (Gegen-)Beispiele schnellere Ergebnisse liefern.

4.3.6.2 Anschauung zur ersten Exploration

Wird als Einstieg in eine Aufgabenbearbeitung zunächst eine anschauliche Betrachtung der gegebenen Situation gewählt, ist daran zunächst nichts Problematisches festzustellen. Die empirische Verteilung der Einzelfälle zeigt, dass anschauliche Explorationen bei den Studierenden der Stichprobe verbreitet sind.

Mögliche positive Effekte einer solchen Exploration bestehen in der Unterstützung des Gedächtnisses, in der Anreicherung der Semantik und in dem Anstoßen erster heuristischer Überlegungen. Für Letztes gilt zu beachten, dass gerade die ersten heuristischen Ansätze recht offen sind und es auch zu vielen falschen Vermutungen kommen kann. Wichtig ist daher, dass Studierende in der Lage sind, von falschen Ideen und Annahmen wieder abzurücken.

So zieht Proband KB1F01 in Zeile 42 zur Exploration die Exponentialfunktion heran, übergeneralisiert dieses einzelne Beispiel und kommt so zu einer falschen Satzvermutung. Er weist dieser Vermutung einen hohen Grad an Sicherheit zu („auf jeden Fall denke ich, dass aus a b folgt"), versucht im Folgenden einen formalen Beweis zu formulieren und bleibt trotz erfolglosen Beweisversuch bei seiner Vermutung (siehe Zeile 55–56). Es stellt sich die Frage, wie lange der Proband diese Sackgasse weitergehen würde.

Wie eine anschauliche Näherung an die dritte Aufgabe des Interviewleitfadens zu einer außerordentlich günstigen weiteren Bearbeitung geführt hat, wurde bereits bei der Bildung des Idealtypus *Explo* beschrieben. Der zugehörige Prototyp ist bei Proband EB1F04 in den Zeilen 94–98 zu finden. Hier wurde durch eine Exploration an einer generischen Skizze die Lipschitz-Stetigkeit als Sekantensteigung begriffen, was zu einer richtigen Satz- und Beweisvermutung geführt hat. Später wurde aus diesen Vermutungen ein anschaulicher Beweis geführt, der zu einer gültigen Formalisierung geführt hat.

Es folgt ein weiteres Beispiel, an dem deutlich wird, dass eine anschauliche Exploration nicht zwingend zu einer zielführenden weiteren Aufgabenbearbeitung führen muss. Proband EB1F06 beginnt die Bearbeitung der zweiten Aufgabe des Interviewleitfaden in der 98. Zeile mit einer explorativen Zeichnung. Zwar bekommt er dadurch ein Gefühl, warum die Aussage wahr ist, aber die Zeichnung scheint ihm nicht dabei zu helfen „über welche Art und Weise" (Zeile 114) ein Beweis geführt werden kann. Dass die Exploration hier weniger hilfreich ist, kann von der Aufgabe abhängen, bei der eine Formalisierung anschaulicher Ansätze schwierig zu sein scheint.

Wenn *Anschauung zur ersten Exploration* bei einer kritischen Haltung und genügend Flexibilität zu befürworten ist, stellt sich dennoch die Frage, ob es auch mögliche formale „Türöffner" für Aufgabenbearbeitungen gibt oder ob Studierende ohne anschauliche Eröffnungsstrategie keinen Zugang zu den Aufgaben finden. Tatsächlich scheint es auch Beispiele zu geben, wo den Probandinnen und Probanden eine geeignete Heuristik fehlt, um überhaupt erst eine Satzvermutung aufstellen zu können.

Proband KE3L10 versucht in den Zeilen 36–44 ein Gegenbeispiel für die Behauptung der Aufgabenstellung zu finden. Er scheint aber keine Vermutung bezüglich der Wahrheit der Behauptung zu haben, sondern wählt diesen Ansatz, da es „bequemer" ist ein Gegenbeispiel als einen Beweis zu finden.[32]

Bei Proband EE1F08 bricht die Aufgabenbearbeitung in Zeile 59–61 bereits sehr früh ab. Zwar überlegt er lange (insgesamt fast zweieinhalb Minuten), was aus Schweigepausen im Transkript interpretiert werden kann. Trotzdem scheint dieser Proband keinen richtigen Zugriff auf die Behauptung der Aufgabe zu haben. Es lässt sich nicht sagen, was der Proband in seinen Schweigepausen durchdacht hat. Da er aber keine Zeichnungen angefertigt hat, ist eine anschauliche Exploration weniger wahrscheinlich. Möglicherweise hätte eine Zeichnung dann geholfen, erste Vermutungen zu generieren und so den Bearbeitungsprozess am Laufen zu halten.

In den Interviews ließen sich auch mehrere formale Explorationsansätze rekonstruieren. So wurde mehrfach versucht, bekannte Sätze wegen ihrer Ähnlichkeit zu den gegebenen Voraussetzungen heranzuziehen. Proband KB1F01 spricht in Zeile 44 davon, dass er den Satz von Heine heranziehen möchte, obwohl dieser

---

[32] Dies hat der Interviewer dem Probanden aber auch möglicherweise durch Suggestion „in den Mund gelegt".

nur „so ähnlich" ist. Dieses Beispiel zeigt, dass auch formale Heurismen falsche Satzvermutungen stützen können.

Formale und anschauliche Einstiegshilfen sind aber beide wichtig. Je größer das Repertoire an explorativen Möglichkeiten ist, desto wahrscheinlicher kommt es zu einer erfolgreichen Auseinandersetzung mit einer Aufgabe. Aus didaktischer Sicht ist es wünschenswerter, wenn es zu falschen Vermutungen kommt, als wenn die Aufgabenbearbeitung zu früh ohne irgendwelche (Teil-)Ergebnisse abbricht. Wichtig ist lediglich, dass ungünstige Ansätze durch geeignete Kontrollmechanismen wieder verworfen werden. Um das Repertoire an Explorationsmöglichkeiten möglichst groß zu halten, sollten auch anschauliche Ansätze darin enthalten sein.

4.3.6.3 Anschauung als Kontrollinstanz

Anschauung in ihrer Kontrollfunktion ist äußerst gewinnbringend. So konnte in den Interviews beobachtet werden, wie Fehler durch diese entdeckt und auch korrigiert wurden. Gerade wenn es um Fehler beim Erinnern von Definitionen geht, ist der Vergleich der formal aufgeschriebenen Definition mit dem anschaulichen Vorstellungsbild eine schnelle Kontrollmethode, die auch Hinweise zur Korrektur liefern kann. Betrachtet man hingegen nur die formal aufgeschriebene Definition, so lässt sich mit Mitteln der Logik eine falsche Erinnerungsleistung nur schwer feststellen. Man müsste überprüfen, ob die Definition in das bekannte Theoriegebäude passt, indem man versucht, Sätze zu beweisen, in denen die Definition eine Rolle spielt, was in der Regel deutlich länger und wieder fehleranfällig wäre.

Proband KB1F03 scheint über keine Möglichkeit zu verfügen, eine Definition, bei der er bezüglich der Reihenfolge der Quantoren Unsicherheit verspürt, zu korrigieren. In Zeile 18 fragt der Interviewer, ob es dem Probanden möglich ist, herauszufinden, wie genau die Reihenfolge aufgeschrieben werden muss. Darauf antwortet Proband 3 in Zeile 21 „Ich würde es auswendig lernen". Eine anschauliche Kontrollmöglichkeit hätte ihm sicherlich weitergeholfen.

Nicht nur beim Erinnern an Definitionen, sondern auch um logische Schritte in einen Beweis zu überprüfen, kann die Anschauung eine gute Hilfe sein. So können Zwischenergebnisse in einem Darstellungswechsel visuell auf ihre Möglichkeit hin untersucht werden. Solche anschaulichen Handlungen ließen sich allerdings in den Interviews nicht finden. Es gibt aber Episoden, in denen formal auf ein falsches Ergebnis hingearbeitet wird, ohne dass Kontrollmechanismen einen Zweifel an dem Vorgehen aufkommen lassen.

Proband EB1F06 versucht in den Zeilen 148–152, die Behauptung *gleichmäßig stetige Funktionen sind Lipschitz-stetig* zu beweisen. Dabei geht er formal vor, indem er bei einer bereits hergeleiteten Beziehung zwischen Delta, Epsilon und der Lipschitz-Konstanten ansetzt und durch kalkülhaftes Umformen eine Wahl der

Konstanten „k" herleitet. Proband 6 hält diesen Beweis für gültig, denn auf die Frage des Interviewers in Zeile 153, ob es noch Zweifel gäbe, antwortet der Proband, das dem nicht so sei. Hätte er die Symbole, mit denen er hantiert, inhaltlich gedeutet, so wäre dem Probanden vielleicht klar geworden, welche der Variablen fixiert sind und welche variabel bleiben müssen. Dann wäre vermutlich aufgefallen, dass die Wahl der fixierten Lipschitz-Konstante nicht von einem variablen Epsilon abhängen darf. So eine semantische Elaboration kann, muss aber nicht anschaulich (zum Beispiel mithilfe der Rechteckstreifen-Vorstellung) erfolgen.

Hier soll die These vertreten werden, dass anschauliche Kontrollmöglichkeiten (neben anderen) die Qualität der Aufgabenbearbeitung nur verbessern können.

4.3.6.4 Anschauung zur Kommunikation

Im zweiten Kapitel dieser Arbeit wurde bereits darauf hingewiesen, dass anschauliche Kommunikationsformen in informellen Situationen bei Experten eine gängige Praxis sind und nicht mit den wissenschaftlichen Standards des Faches im Konflikt stehen. Bei den in den Interviews beobachteten Fällen anschaulicher Kommunikation ist davon auszugehen, dass die Probandinnen und Probanden in einer rein schriftlichen Kommunikationsform wie einer Abschlussklausur, solche anschaulichen Mittel der Kommunikation nicht eingesetzt hätten.

Dennoch gibt es auch Fälle, bei denen der Gebrauch der anschaulichen Kommunikationsform nicht optimal abgelaufen ist. Denn wie in Abschnitt 2.2.4 herausgearbeitet wurde, kommt es bei der informellen Verständigung auf das richtige Zusammenspiel von Metaphern, Skizzen, Gesten und auch formalen Elementen an. Bei Proband KE2F11 scheint dieses Verhältnis aus Anschauung und Formalismus in Zeile 84 nicht geeignet gewählt worden zu sein. Der Proband möchte ein Beispiel angeben und fertigt dazu nur eine Zeichnung des Funktionsgraphen an. Er behauptet, die gezeichnete Funktion sei beschränkt, stetig und sogar gleichmäßig stetig (siehe Abb. 4.21).

Betrachtet man nur die Zeichnung könnte man diese als zugehörig zur Funktion $f : \mathbb{R} \to \mathbb{R}$ mit $f(x) = \begin{cases} -1 & x < 0 \\ 0 & x = 0 \\ 1 & x > 0 \end{cases}$ interpretieren. Dabei stellt sich aber die Frage, ob der Proband wirklich die Stetigkeit dieser Funktion falsch einschätzt. Immerhin ist ihm die Durchzeichnen-Vorstellung (siehe Zeile 6) bekannt. Auch spricht der Proband davon, dass diese Funktion „einen Sprung" macht und geht auf das Verhalten direkt in Null nicht ein, was eher für eine Unterscheidung von zwei Fällen spricht.

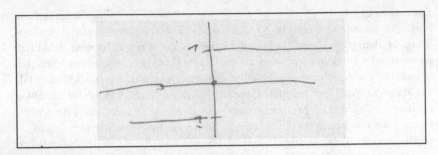

Abbildung 4.21 Proband 11 zeichnet einen Funktionsgraphen, aus dem nicht ersichtlich wird, ob die Funktion an der Stelle Null definiert ist

Daher kommt die Frage auf, ob der Proband nicht auch die Funktion g : $\mathbb{R}\backslash\{0\} \to \mathbb{R}$ mit $f(x) = \begin{cases} -1 & x < 0 \\ 1 & x > 0 \end{cases}$ gemeint haben könnte, da diese Funktion auf ihrem Definitionsbereich stetig ist. In Zeile 86 scheint der Proband aber die Einschätzung der Stetigkeit zurückzunehmen. Alles in allem bleibt die Auseinandersetzung mit diesem Beispiel diffus. Dies könnte dadurch verbessert werden, dass (z. B. durch die Angabe einer Funktionsvorschrift) klarer kommuniziert wird, welche Funktion genau betrachtet wird. Möglicherweise ist dem Probanden aber selbst nicht klar, welches Beispiel er gerade heranziehen möchte.

Abschließend kann gesagt werden, dass anschauliche kommunikative Elemente in den Interviews da als förderlich zu bewerten sind, wo sie angemessen gewählt wurden und keine relevanten Aspekte unklar bleiben. Dies ist bis auf wenige Ausnahmen der Fall.

4.3.6.5 Durch Anschauung aufgestellte heuristische Regel
Zu heuristischen Regeln kann dasselbe wie zu den Explorationen gesagt werden. Wichtig ist, dass bei den Studierenden ein Bewusstsein dafür besteht, dass es sich tatsächlich nur um eine Heuristik handelt und die gewonnen Vermutungen auch wieder fallen gelassen werden können. Das Besondere bei den heuristischen Regeln besteht darin, dass diese über die einzelne Aufgabe hinweg Anwendung finden können und deutlich zielgerichteter sind als eine erste Exploration. Sowohl offene als auch strukturiertere Heurismen sollten in großer Anzahl (anschaulich und formal) zur Verfügung stehen.

In den Interviews lassen sich heuristische Regeln finden, die verbessert werden können, um höhere „Trefferquoten" zu erfüllen. Proband KB1F03 in Zeile 47 macht von einer Regel Gebrauch, die als *eine Funktion, die an unterschiedlichen*

Stellen unterschiedliche Steigung hat, ist selten gleichmäßig stetig beschrieben werden könnte. Nimmt man dies wörtlich, so sind nur sehr wenige Funktionen wie abschnittsweise konstante oder lineare Funktionen gleichmäßig stetig und so ist es nicht verwunderlich, dass Proband 3 mithilfe dieser Heuristik zu einer falschen Einschätzung kommt, indem der Sinusfunktion die gleichmäßige Stetigkeit abgesprochen wird.

Deutlich besser wäre eine Regel, die beliebig steil werdende Funktionen als Verdachtsfälle klassifiziert. Auch dann gibt es Ausnahmen wie die Wurzelfunktion, aber es zeigt sich, dass andere Probandinnen und Probanden mit dieser Begründung viele passende (Gegen-)Beispiele finden konnten, so dass diese Heuristik vermutlich seltener zu Fehleinschätzungen führt. Als fachlich falsch kann aber keine heuristische Regel bezeichnet werden, da diese nur zu vorläufigen Annahmen führt.

4.3.6.6 Finden eines Gegenbeispiels durch Anschauung

Um die Chance zu erhöhen, ein geeignetes Gegenbeispiel für eine Behauptung zu finden, muss der Fundus an bekannten Beispielen groß genug sein und es müssen geeignete Heurismen zur Verfügung stehen, dass von allen möglichen Beispielen möglichst schnell ein geeignetes gefunden wird. Die Anschauung kann eine solche Heuristik bieten. Gerade bei der dritten Aufgabe des Interviewleitfadens scheint die anschauliche Interpretation der Lipschitz-Stetigkeit als Beschränkung der Sekantensteigung die Suche nach einem Gegenbeispiel deutlich zu verbessern.

Doch können anschauliche Betrachtungsweisen auch zu vermeintlichen Gegenbeispielen führen, die nicht geeignet sind, um die Behauptung zu widerlegen. So geht Proband KB1F03 in Zeile 77 durch Betrachtung einzelner Sekanten davon aus, dass eine Funktion wie die Heaviside-Funktion Lipschitz-stetig ist. Durch eine geeignetere anschauliche Betrachtung, bei der ein Annäherungsprozess an die kritische Sprungstelle vorgestellt worden wäre, hätte diese Fehleinschätzung verhindert werden können. Kritisch zu sehen ist hier aber vor allem, dass das durch Anschauung gefundene Beispiel nicht durch formale Überlegungen überprüft wurde. Spätestens dann hätte die falsche Einschätzung auffallen können.

Die empirische Verteilung der Untertypen zeigt, dass das Bedürfnis nach einer formalen Absicherung der behaupteten Beispieleigenschaften nicht immer gegeben ist. Damit liegt hier das erste Mal ein Hinweis für einen problematischen Umgang mit Strenge in Bezug auf Anschauung zugrunde. Trotzdem muss auch gesagt werden, dass vorzeitige Abbrüche der Aufgabenbearbeitung durch die Interviewsituation das Bild negativ verzerrt haben könnten, und es ließen sich auch Beispiele beobachten, bei denen sich ein formaler Nachweis angeschlossen hat.

Neben anschaulichen sind auch andere Heurismen zur Suche nach Gegenbeispielen denkbar. Stehen aber keine geeigneten Strategien zur Verfügung, kann der Suchprozess lange unerfolgreich bleiben. Eine Möglichkeit einer formalen Heuristik kann in dem Ziehen von abduktiven Schlüssen[33] bestehen, so wie es bei Proband EE3L09 in den Zeilen 51–59 beobachtet werden kann. Der Proband beginnt bei der Eigenschaft, der der Behauptung widerspricht, und versucht daraus weitere Eigenschaften der gesuchten Funktion zu folgern. Dabei macht er aber lediglich hinreichende und keine notwendigen Folgerungen, wobei nicht klar ist, ob der Proband sich dessen auch bewusst ist. Solche abduktiven Schlüsse können für die Suche eines Gegenbeispiels aber ausreichend sein, da nicht alle, sondern nur ein Gegenbeispiel gefunden werden muss. Dennoch bricht Proband 9 den Ansatz mit den folgenden Worten ab: „Irgendwie weiß ich da jetzt nicht so viel mit anzufangen".

Später wechselt der Proband auf eine anschauliche Heuristik und findet ein geeignetes Beispiel. In einer anderen Situation hätte aber auch eine formale Heuristik geeigneter sein können. Auch hier gilt: Je mehr Heurismen zur Verfügung stehen, desto besser sind die Chancen, irgendwann eine zielführende anzuwenden.

4.3.6.7 Falsche Annahme wegen Übersehen eines relevanten Falles

Da falsche Annahmen zu falschen Satzvermutungen führen und damit den Bearbeitungsprozess längere Zeit in die falsche Richtung führen können, müssen die in den Interviews beobachteten Fälle zunächst als hinderlich für die Beweisführung eingestuft werden. Es ist aber möglich, dass die Probandinnen und Probanden nur in der Situation des Interviews den relevanten Fall übersehen, sich in einer anderen Situation aber sehr wohl ein Beispiel vorstellen können, das der falschen Annahme widerspricht. Außerdem zeigen die beiden Probanden ein deutliches Formalisierungsbedürfnis. Proband EB3L05 sagt in Zeile 61 sogar ausdrücklich, dass er genau die falsche Annahme als Teil der gesamten Aufgabenbearbeitung beweisen möchte, ihm nur nicht einfällt, wie er es beweisen soll. Daher führen die falschen Annahmen hier nicht zu falschen Beweisprodukten.

Würde aus Vorsicht vor möglichen Fehlern durch Übersehen eines Falles auf Heurismen verzichtet werden, bei denen Vermutungen aus der Anschauung abgeleitet und mit diesen als Annahmen weitergearbeitet werden, würden zwar viele

---

[33] Abduktive Schlüsse sind in gewisser Weise umgekehrte Deduktionen. Ist eine Schlussregel „wenn A eine wahre Aussage ist, ist auch B eine wahre Aussage" gegeben, so besteht ein abduktiver Schluss darin, aus der Wahrheit von B auf die Wahrheit von A zuschließen. Solche Schlüsse sind nicht sicher, können aber einen heuristischen Wert haben (vgl. Reid & Knipping, 2010, S. 99–110).

nicht zielführende Wege gar nicht erst betreten werden. Es könnte aber auch in vielen Fällen zu einer Ideenlosigkeit kommen, sodass manche Sätze und Beweise überhaupt nicht gefunden werden können. Daher umfasst dieser Idealtypus sowohl förderliche als auch hinderliche Aspekte. Die Schwierigkeiten des anschaulichen Zugangs bestehen in ihrer Singularität und lassen sich teilweise abschwächen, wie in der Bewertung der nächsten beiden Idealtypen dargestellt wird.

4.3.6.8 Auslotung des Geltungsbereichs durch anschauliche Betrachtung einer Serie von Beispielen

Alle Bemühungen, die die Singularität der Anschauung abmildern, verbessern die Qualität der Vermutungen und sind daher für die Beweisführung förderlich. Wird nicht nur versucht, eine Behauptung an mehreren anstatt an einem einzigen Beispiel, zu testen, sondern die Eigenschaften der Beispiele werden auch noch zielgerichtet variiert, kann die Behauptung bereits als sehr sicher gelten (natürlich ohne Garantie) und es wird ein Gefühl für den Geltungsbereich entwickelt, das sich auch für weitergehende Behauptungen als Quelle vielversprechender Vermutungen erweisen kann.

Zwar muss die Überprüfung einer Behauptung durch mehrere Beispiele nicht auf anschaulichem Wege erfolgen. Doch gerade, wenn mehrere Beispiele betrachtet werden, kann eine formale Überprüfung sehr zeitaufwendig sein. Auch ist durch die Anschauung möglich, die Variation der Beispiele zielgerichtet vorzunehmen. Dies kann bei Proband KB1F01 in Zeile 70b beobachtet werden, da dieser durch die Serie an betrachteten Beispielen gezielt nach Grenzfällen des Geltungsbereiches zu suchen scheint.

4.3.6.9 Anschauliche Untersuchung des schlimmsten Falls

Ähnlich wie die Betrachtung mehrerer Beispiele kann auch durch das gezielte Suchen nach dem schlimmsten Fall die Singularität der Anschauung ein Stück weit umgangen werden, sodass diese Heuristik ebenfalls einer einfachen Beispielbetrachtung überlegen sein kann. Auch dieses Vorgehen lässt sich anschaulich und formal beschreiten. Neben der Überprüfung, ob ein Beispiel die Behauptung stützt oder nicht, kann auch die Suche nach dem schlimmsten Fall durch anschauliche Mittel bewerkstelligt werden. Im letzteren Fall zeigt sich die Schwäche der Heuristik darin, dass nicht garantiert werden kann, ob wirklich der schlimmste Fall untersucht worden ist.

So glaubt Proband KB1F07 in Zeile 25-27a mit der Wurzelfunktion, den „maximale[n]" Fall gefunden zu haben. Auch wenn die Wurzelfunktion nicht beschränkt ist, hat er Recht, dass bei beschränkten Funktionen, die Steigung wie bei der Wurzelfunktion gegen unendlich streben kann. Jedoch ist die Wurzelfunktion in einem gewissen Sinne nicht der schlimmste Fall, denn bei dieser wird die Steigung zwar beliebig groß, die Funktion hat aber an diesem kritischen Punkt einen festen Wert, während sich die Funktion $f(x) = \sin\left(\frac{1}{x}\right)$ an der Stelle Null nicht stetig fortsetzen lässt. Die Wurzelfunktion kann im Hinblick auf die gleichmäßige Stetigkeit nicht die schlimmste Funktion sein, da es Funktionen unter denselben Voraussetzungen gibt, die nicht gleichmäßig stetig sind.

Trotzdem ist die Betrachtung eines schlimmsten Falls aus den oben genannten Gründen förderlich. Auch beim beschriebenen Fall von Proband 7 liegt zwar eine falsche Satzvermutung vor, der Proband versucht diese aber im Anschluss zu beweisen, sodass der anschaulichen Betrachtung keine Beweisfunktion zugesprochen wird.

4.3.6.10 Anschaulicher Beweis als Heuristik

Da zum Idealtypus *anschaulicher Beweis als Heuristik* per Definition nur anschauliche Beweise in einer heuristischen Anwendung gehören, sind alle zugehörigen Einzelfälle als förderlich zu bewerten. Besonders hervorzuheben ist der bereits beschriebene Prototyp bei Proband EB1F04 in den Zeilen 100 und 112–114, wo ein zentraler Beweisschritt durch anschauliche Überlegungen gefunden wird und am Ende ein vollständiger formaler Beweis zu Papier gebracht wurde, der so im Rahmen einer Klausurkorrektur oder Ähnlichem vermutlich als korrekt gewertet würde.

Nicht für alle Probandinnen und Probanden und bei allen Beweisaufgaben besteht aber der beste Weg darin, mit einer anschaulichen Argumentation zu starten. Unter Umständen kann in manchen Situationen ein formaler Ansatz direkter und schneller zum Ziel führen. So wurde der formale Beweis für die Behauptung, dass aus Lipschitz-Stetigkeit die gleichmäßige Stetigkeit folgt, zwar von Proband 4 mit einer anschaulichen Heuristik gefunden. Mehrere Probandinnen und Probanden konnte aber auch direkt einen formalen Beweis entwickeln. Zum Beispiel beginnt Proband EB1F06 in Zeile 124 damit, die Definition der Lipschitz-Stetigkeit in die übliche Gestalt umzuformen und identifiziert die einzelnen Teile der Definition mit Teilen aus der Definition der gleichmäßigen Stetigkeit (siehe Abb. 4.22).

Proband 6 scheint nicht direkt eine Beweisidee zu haben, sondern sucht ebenfalls zunächst mit heuristischen Mitteln nach einem geeigneten Ansatz. Das Vergleichen von Definitionsteilen auf der symbolischen Ebene kann aber als formale Heuristik eingestuft werden.

Aufgrund der Ähnlichkeit zwischen den verschiedenen Definitionsteilen entwickelt der Proband die Beziehung $\varepsilon < k\delta$ und erkennt, dass damit ein geeigneter Ansatz vorliegt, denn er sagt in Zeile 140: „Wir können dann eigentlich eine

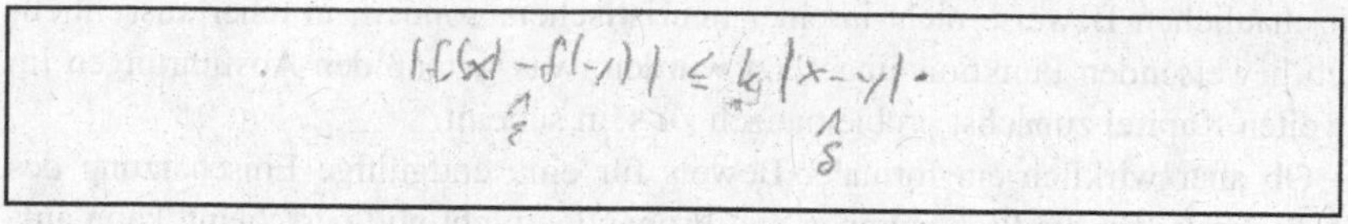

$$|f(x)-f(y)| \leq k|x-y| \cdot$$

Abbildung 4.22 Proband 6 identifiziert einzelne Teile der Definition der Lipschitz-Stetigkeit mit Teilen der Definition der gleichmäßigen Stetigkeit

geschickte Definition für Delta finden, die nur von Epsilon und k abhängt und dann folgt die gleichmäßige Stetigkeit." Dazu formt er die gefundene Ungleichung nach Delta um und fügt eine Zwei hinzu, sodass er zur Wahl $\delta = \frac{2\varepsilon}{k}$ kommt. Mit der Zwei wollte der Proband vermutlich strikte Ungleichungen garantieren. Dass die Zwei aber im Zähler statt im Nenner steht, könnte ein Flüchtigkeitsfehler sein. Ein abschließendes Einsetzen zur Kontrolle findet nicht mehr statt, wodurch dieser Fehler hätte aufgedeckt werden können. Proband 6 scheint aber keinen Zweifel an seinem Beweis zu haben.

Andere Probanden wie Proband EE1F08 können auch ohne vorgelagerte Heuristik sofort einen formalen Beweis aufschreiben (siehe Zeile 51). In diesem Fall liegt auch ein besseres Endprodukt vor, da die Wahl von Delta richtig getroffen wurde und eine abschließende Abschätzung, die die Wahl bestätigt, vorliegt. Möglicherweise hat sich dieser Proband aber mit der Definition oder sogar diesem Satz bereits vor dem Interview auseinandergesetzt, wie er in Zeile 57 andeutet.

Abschließend kann gesagt werden, dass durch anschauliches Argumentieren formale Beweise und Beweisschritte gefunden werden können, was einen heuristischen Vorteil bedeutet. Es sollten dabei aber keine anderen Heurismen, die nicht anschaulich sind, vernachlässigt werden.

4.3.6.11 Anschaulicher Beweis ohne erkennbares Formalisierungsbedürfnis

Während in dem zuletzt diskutierten Idealtypus ausschließlich förderliche Anwendungen anschaulicher Beweise vorliegen, folgen nun zwei Idealtypen, die auch in den Bereich der anschaulichen Beweise fallen, aber auf dem ersten Blick weniger günstig zu bewerten sind. Im Idealtypus *anschaulicher Beweis ohne erkennbares Formalisierungsbedürfnis*, liegt der Grund dafür auf der Hand. Dadurch dass keine Formalisierung stattgefunden hat und die Probandinnen und Probanden eine solche auch nicht anzustreben versuchen, kann daraus geschlossen werden, dass die anschaulichen Beweise nicht in einer heuristischen, sondern in einer ausschließlich beweisenden Funktion eingesetzt wurden, was gemäß den Ausführungen im zweiten Kapitel zunächst problematisch zu sein scheint.

Ob aber wirklich ein formaler Beweis für eine endgültige Einschätzung des Sachverhalts für die Probandinnen und Probanden nicht nötig erscheint, kann aufgrund der Interviewsituation, in der auch ein gewisser Zeitdruck vorliegt, nicht abschließend geklärt werden. Außerdem kann das Bedürfnis nach Formalisierung auch von dem individuellen Empfinden abhängen, welche Tatsachen als trivial hingenommen werden können. Inwiefern die Studierenden mit ihrer Einschätzung im Rahmen der Lehrveranstaltung auf Konsens stoßen, ist eine andere Frage, die hier nicht weiterverfolgt werden kann.

Ob ein fehlender formaler Beweis kritisch zu sehen ist, hängt auch davon ob, ob die Vermutung, die nicht formal bewiesen wurde, überhaupt im Fokus der Aufmerksamkeit liegt. Möglicherweise handelt es sich nur um eine Vermutung, die für einen heuristischen Zwischenschritt relevant ist. Dann ist ein fehlender formaler Beweis unter Umständen nicht problematisch, solange der Sachverhalt, der eigentlich von Interesse ist formal geklärt wird.

Beispielsweise kann darüber nachgedacht werden, ob aus Lipschitz-Stetigkeit die gleichmäßige Stetigkeit folgt. Um Argumente für oder gegen die Gültigkeit dieser Vermutung zu finden, kann zunächst die Frage gestellt werden, ob die gewöhnliche Stetigkeit eine notwendige Bedingung für die Lipschitz-Stetigkeit darstellt. Dies ist möglicherweise einfacher zu beantworten und stellt sich heraus, dass dem nicht so ist, kann die ursprüngliche Vermutung direkt als falsch eingestuft werden und nach einfachen Gegenbeispielen gesucht werden. Handelt es sich aber aufgrund eines anschaulichen Beweises bei der gewöhnlichen Stetigkeit um eine notwendige Bedingung für die Lipschitz-Stetigkeit, so wird die Wahrheit der ursprünglichen Vermutung als wahrscheinlicher als zuvor eingestuft und es kann nach einem Beweis gesucht werden. Wird dieser gefunden, so braucht auch der anschauliche Beweis zum Zusammenhang der Lipschitz-Stetigkeit und der gewöhnlichen Stetigkeit nicht mehr formalisiert werden, da er zum einen nicht im direkten (durch die Aufgabe induzierten) Interesse liegt und zum anderen aus dem bewiesenen Satz als Korollar abfällt.

Proband KB1F07 nähert sich in Zeile 52a auf diesem Wege der dritten Aufgabe des Interviewleitfadens. Erst glaubt er, dass es unstetige Funktionen geben kann, die aber Lipschitz-stetig sind. Mithilfe einer Zeichnung argumentiert er dann aber, dass durch geschickte Wahl von zwei Punkten, „die Steigung irgendwie unendlich" wäre. Da er später die Implikation aus *Lipschitz-Stetigkeit folgt gleichmäßige Stetigkeit* mit einem formalen und gültigen Beweis abhandelt, besteht wie oben beschrieben kein Grund, die anschauliche Argumentation zum Zusammenhang der Lipschitz-Stetigkeit und der gewöhnlichen Stetigkeit zu formalisieren.

Insgesamt stellen sich die meisten Fälle zum Idealtypus *anschaulicher Beweis ohne erkennbares Formalisierungsbedürfnis* als weniger problematisch oder sogar als gar nicht problematisch heraus, was die anfänglichen kritischen Worte deutlich relativiert. Zumindest in der hier vorliegenden Stichprobe sind kritisch zu sehende anschauliche Beweise die absolute Ausnahme, da dies nur einmal bei Proband KB1F02 in Zeile 64 beobachtet werden konnte.

4.3.6.12 Anschaulich generierte ungünstige Beweisidee

Auch beim letzten Idealtypus scheint der Titel bereits auf einen ungünstigen Gebrauch der Anschauung hinzuweisen. Doch sind Beweisideen zunächst nur Ideen und wenn sie später als ungünstig erkannt werden, wurde durch diese der Beweisfindungsprozess lediglich verlängert. In diesem Sinne sind die Beweisideen nur heuristische Zwischenprodukte und ob sich durch den Gebrauch der Anschauung mehr oder weniger oft eine ungünstige Beweisidee ergibt als bei formalen Heurismen, lässt sich kaum klären.

Fest steht, dass auch Probandinnen und Probanden, die formal gearbeitet haben, zu ungünstigen Beweisvermutungen kamen. Proband EE3L09 entwickelt in Zeile 137 für die Vermutung, dass aus gleichmäßiger Stetigkeit die Lipschitz-Stetigkeit folgt, durch formales Umformen der Definition die Beweisidee, dass $k = \frac{\varepsilon}{\delta}$ gewählt werden muss. Möglicherweise ist es gerade das Ausblenden der semantischen Ebene im formalen Kalkül, was dazu führt, dass übersehen wird, welche Variablen abhängig (und damit nicht beliebig variabel) und welche unabhängig sind. Hier könnte die Beweisidee durch die Anschauung in einem nächsten Schritt schnell verworfen werden. Wie schon einige Male zuvor gesagt, wird hier die Auffassung vertreten, dass eine Mischung aus formalen und anschaulichen Methoden besonders viel Potenzial für das Finden von Beweisen bietet.

Bei den ungünstigen Beweisideen, die durch Anschauung gefunden wurden, stellt sich die Frage, ob es wirklich der anschauliche Zugang an sich ist, der dazu geführt hat oder ob die anschaulichen Vorstellungen der Studierenden noch nicht weit genug entwickelt worden sind. Wenn Proband KB1F01 in Zeile 44 mithilfe der Rechteckstreifen-Vorstellung argumentiert, dass eine beschränkte Funktion gleichmäßig stetig ist, da ein Kasten „zwischen dem höchsten und niedrigsten" Funktionswert gefunden werden kann, so scheint sein Vorstellungsmodell noch sehr statisch zu sein. In einer dynamischen Vorstellung, bei der man sich Rechtecke mit immer kleiner werdender Höhe vorstellt, würde schnell erkannt werden, dass es nicht ausreicht, nur einen Kasten zu finden. Man könnte spekulieren, dass ein statisches Vorstellungsbild zur Rechteckstreifen-Vorstellung deshalb vorliegt, da Proband 1 der Kontrollgruppe zugeordnet ist und daher zur gleichmäßigen Stetigkeit keine interaktive dynamische Visualisierung, sondern möglicherweise nur statische Tafelzeichnungen gesehen hat. Dagegen spricht aber, dass ihm zur gewöhnlichen Stetigkeit eine interaktive dynamische Visualisierung zugänglich war. Egal ob mit interaktiven dynamischen oder mit statischen Visualisierungen, es lohnt sich, anschauliche Ideen in der Lehre nicht nur anzudeuten, sondern diese auch weiterzuentwickeln.

Wie bereits zuvor gilt auch für das Generieren von Beweisideen, dass es besser ist, wenn viele (darunter auch ungünstige) Ideen produziert werden, als wenn ein Bearbeitungsprozess zu früh abbricht. Wichtig ist auch hier, dass Kontrollmechanismen zur Verfügung stehen, mit denen die falschen Ideen als solche identifiziert werden. Beim Versuch, eine ungünstige Beweisidee umzusetzen, können weitere Erkenntnisse gewonnen werden, die dann möglicherweise zu einer geeigneten Beweisidee führen oder es wird die falsche Satzvermutung korrigiert und nun nach Gegenbeispielen gesucht. Erst wenn ungünstige Beweisideen zu falschen Beweisen führen, deren Ungültigkeit nicht erkannt wird, liegt wirklich ein schädlicher Gebrauch der Anschauung vor. Es kommt also auf eine kritische Haltung bei anschaulichen Herangehensweisen an.

4.4   Zwischenfazit

Nachdem die Ergebnisse der Auswertung in aller Ausführlichkeit dargestellt wurden, wird nun ein Zwischenfazit für den empirischen Teil gezogen. Dabei werden die wesentlichen Punkte der Ergebnisse zusammengefasst, methodologische Einschränkungen beschrieben und Möglichkeiten für weiterführende Forschungen aufgezeigt. Implikationen für die Lehre sollen an dieser Stelle noch nicht genannt werden, da diese erst vor dem Hintergrund der gesamten Arbeit entwickelt werden sollen.

4.4.1   Verdichtung der Ergebnisse

4.4.1.1 Erste Forschungsfrage

In Bezug auf die Frage, welche anschaulichen Elemente sich in Beweisprozessen von Studierenden, die einen Zugang zu interaktiven dynamischen Visualisierungen hatten, identifizieren lassen, kann gesagt werden, dass bei den Probandinnen und Probanden der Stichprobe des Standortes Bonn Anschauung nicht nur oft, sondern auch sehr vielseitig eingesetzt wurde. Ein reichhaltiger Vorrat an anschaulichen

Vorstellungen zu den Begriffen der gewöhnlichen und gleichmäßigen Stetigkeit machen dies möglich. Am Standort Essen wurden deutlich weniger anschauliche Elemente beobachtet.

Bei allen Studierenden wurde Anschauung vor allem für heuristische Zwecke eingesetzt. So haben alle Probandinnen und Probanden bei mindestens einer der Aufgaben zunächst eine anschauliche Exploration der gegebenen Situation durchgeführt, um einen Zugang zur Aufgabe zu erhalten. Doch auch Gegenbeispiele konnten durch anschauliche Betrachtungen gefunden werden und durch Untersuchung einer Serie von Beispielen oder von einem Extrembeispiel konnten Vermutungen aufgestellt werden, die dem Allgemeinheitscharakter der Mathematik ein Stück weit Rechnung tragen. Es gibt auch einige explizite Hinweise auf einen Gebrauch der Anschauung als Kontrollinstanz.

Die anschauliche Untersuchung von Beispielen hat auch zu ungünstigen Annahmen geführt. Dies lässt sich teilweise dadurch erklären, dass die Probandinnen und Probandin in der Interviewsituation einen bestimmten Fall im Geiste übersehen haben. Manche Probandinnen und Probanden haben auch über die spezielle Situation hinausgehende allgemeine heuristische Regeln aufgestellt, die sie anwenden, um schnell Vermutungen zu erzeugen.

In den Interviews lassen sich verschiedene anschauliche Beweise oder durch die Anschauung generierte Beweisideen identifizieren. Manchmal wurden die anschaulichen Beweise in einer heuristischen Weise eingesetzt. Dies war der Fall, wenn der Beweis im Anschluss formalisiert oder zumindest der Wunsch nach einer Formalisierung geäußert wurde. Hin und wieder führten anschauliche Überlegungen auch zu ungünstigen Beweisideen.

Womöglich aufgrund der vorliegenden Methodologie wurden vor allem heuristische und beweisende Gebrauchsarten der Anschauung in den Interviews rekonstruiert. Es gab aber auch einige Stellen, an denen eine kommunikative Anwendung der Anschauung hervortrat.

4.4.1.2 Zweite Forschungsfrage

Um das Potential der Anschauung für die Hochschullehre ausloten zu können, wurden die vorkommenden anschaulichen Elemente anschließend aus einer normativen Perspektive heraus bewertet. Dabei wurde vor allem die Frage der Strenge in den Blick genommen. Es wurde aber auch versucht, die Qualität verschiedener heuristischer Ansätze zu vergleichen, wobei jede Heuristik, die in nur einer Situation erfolgreich angewendet werden konnte, bereits ihre Daseinsberechtigung hat.

Der Großteil der identifizierten anschaulichen Elemente konfligiert aufgrund des heuristischen und damit vorläufigen Charakters nicht mit den wissenschaftlichen Standards des Faches. Exemplarische Vergleiche zwischen anschaulichen und formalen Ansätzen zeigen, dass sowohl anschauliche als auch formale Heurismen Fehler produzieren können, aber in manchen Fällen auch äußerst effizient eingesetzt werden konnten.

Wenn es um anschauliche Heurismen geht, so kommt es auch auf die Qualität der anschaulichen Vorstellungen an. In einigen Fällen konnte beobachtet werden, wie falsche Annahmen durch nicht adäquat ausgebildete Vorstellungsmodelle erzeugt wurden. In solchen Fällen ist also nicht der Einsatz von Anschauung als solcher zu kritisieren, sondern dass der Gebrauch der Anschauung noch nicht genügend entwickelt war. Auf der anderen Seite ließen sich bereits sehr ausgearbeitete anschauliche Ansätze beobachten. So zeugen die anschauliche Betrachtung einer Serie von Beispielen, die zielgerichtet modifiziert werden, und die Betrachtung von Extrembeispielen davon, dass bereits versucht wird, die Unzulänglichkeiten der Anschauung auszugleichen. Ein Problem der Anschauung besteht nämlich in ihrer Singularität, die dem Allgemeinheitscharakter der Mathematik gegenübersteht.

Doch es ließen sich auch einige anschauliche Handlungen identifizieren, die als erkenntnisbegründend und damit als nicht streng klassifiziert werden können. So wurden anschauliche Beweise als endgültige Argumentationen stehengelassen und die Eigenschaften anschaulich gefundener Gegenbeispiele nicht mehr formal überprüft. Auf einem zweiten Blick erweisen sich einige dieser gefundenen Fälle als weniger kritisch, als es zunächst den Anschein hatte, da die Formalisierungen teilweise als trivial gewertet werden können. Auch stellt sich die Frage, ob die Vorläufigkeit der Ergebnisse von der Versuchsperson nur nicht deutlich genug zum Ausdruck gebracht wurde und im Falle der anschaulichen Beweise gab es auch mehrfach den Fall, dass die zu beweisende Vermutung aufgrund ihrer Stellung zur eigentlichen Aufgabe gar nicht streng bewiesen werden muss.

Auch wenn aufgrund des Erhebungsdesigns keine quantitativen Aussagen möglich sind, scheint sich zumindest für die hier vorliegende Stichprobe insgesamt ein positives Bild zu ergeben. Anschauung wird in der Mehrheit der Fälle heuristisch und in einigen Episoden auch äußert kritisch und ausgeklügelt eingesetzt.

4.4.1.3 Weiterführende Hypothesen

Neben der Beantwortung der beiden Forschungsfragen konnten durch eine Untersuchung, wie sich die identifizierten Fälle auf verschieden gebildete Gruppen verteilen, weiterführende Hypothesen aufgestellt werden. Es handelt sich aber nur um Vermutungen, da die vorliegende Methodologie eine Quantifizierung nur mit

Einschränkungen zulässt. Dennoch ergibt sich ein recht deutliches Bild. Ob Probandinnen oder Probanden eine interaktive dynamische Visualisierung zum Begriff der gleichmäßigen Stetigkeit gesehen haben oder nicht, scheint keinen großen Einfluss darauf zu haben, welchen Stellenwert Anschauung in ihren Beweisprozessen zu diesem Thema einnimmt. Stattdessen lässt der Vergleich der beiden Standorte Bonn und Essen vermuten, dass es darauf ankommt, wie verbindlich anschauliche Elemente in der gesamten Lehrveranstaltung eingebunden werden.

Diese Vermutung ist insofern plausibel, als dass es in der Studieneingangsphase um eine Enkulturation in eine (neue) mathematische Praxis geht. Die Verbindlichkeit von Lernmaterialien zeigt dann auch den normativ gesetzten Stellenwert anschaulicher Zugänge an. Werden anschauliche Lerneinheiten in freiwillige Zusatzangebote ausgelagert, so scheint die Anschauung für das mathematische Arbeiten an der Hochschule keine große Relevanz zu haben. Studierende könnten Anschauung für eine bloße Motivationshilfe halten und verkennen deren heuristischen Wert.

4.4.2 Einschränkungen

Die oben beschriebenen Erkenntnisse müssen vor dem Hintergrund verschiedener Einschränkungen gesehen werden. In den beiden Abschnitten 4.2 und 4.3 wurde immer dann, wenn ein methodischer Schritt beschrieben wurde, bei dem gewisse Unsicherheiten zu befürchten sind, dies direkt angemerkt. Im Folgenden sollen daher nur die relevantesten Einschränkungen der Studie zusammengefasst werden.

Zunächst muss beachtet werden, dass die Erhebung und Auswertung gemäß dem qualitativen Forschungsparadigma vorgenommen worden sind. So lässt sich kein numerischer Wert für die Irrtumswahrscheinlichkeit oder Ähnliches angeben. Methodologisch sind vor allem zwei Schwächen der Auswertung zu nennen.

Zum einen handelt es sich bei der rekrutierten Stichprobe um keine repräsentative Auswahl von Studierenden der Analysis. Dies liegt einmal an der Stichprobengröße, bei der nicht davon ausgegangen werden kann, dass durch eine zufällige Stichprobenziehung die Auswahl hinreichend heterogen ist. Da aber auch keine wirklich zufällige Stichprobenziehung stattgefunden hat und die Vermutung im Raum steht, dass tendenziell motiviertere und leistungsstärkere Studierende in der Auswahl vorzufinden sind, lassen sich keine sicheren Aussagen über die Gesamtheit der Studierenden der Analysis I treffen. Vermutlich lässt sich bei Studierenden mit einem anderen Leistungs- und Motivationsniveau ein anderer quantitativer und qualitativer Umgang mit Anschauung feststellen.

Zum anderen wurden für die Auswertung hoch interpretative Methoden eingesetzt. Zwar liegt der Vorteil in der Offenheit solcher Methoden, die dem bisher wenig erforschten Untersuchungsgegenstand gerecht werden können, doch mangelt es bei interpretativen Ansätzen an Objektivität und somit auch an Reliabilität. Denn wenn verschiedene Forscher zu unterschiedlichen Interpretationen kommen, kann auch nicht die Rede davon sein, dass die subjektiv getroffenen Entscheidungen eines einzelnen Forschers den Untersuchungsgegenstand genau beschreiben.

Verschiedene Aspekte der Interviews erschweren eindeutige Interpretationen. Dabei sind vor allem die unklaren Fälle zu nennen, bei denen der Gebrauch der Anschauung nur implizit stattfand oder bei denen die Wortwahl der Probandinnen und Probanden nicht deutlich genug erkennen lässt, ob anschauliche Denkhandlungen oder nur verselbstständigte Sprechweisen vorliegen. Problematisch ist aber auch, dass durch die Führung des Interviewers in den Erhebungen immer wieder vorzeitige Aufgabenabbrüche stattgefunden haben, sodass am Ende des Interviews nicht immer klar ist, welche Positionen der Versuchspersonen endgültig sind. Nicht zuletzt kann nicht ausgeschlossen werden, dass einige der Aussagen und Handlungen der Probandinnen und Probanden durch Suggestionen des Interviewers hervorgerufen wurden. Dadurch, dass nach der Erhebung die Forschungsfragen angepasst wurden, hat sich dieser nicht ideal in Bezug auf das endgültige Forschungsinteresse verhalten.

Weiter ist davon auszugehen, dass die entwickelte Typologie nicht vollständig ist. Abgesehen von der bereits angesprochenen Problematik, dass die Stichprobe verzerrt sein könnte, sind die Fragen und Aufgaben des Interviewleitfadens so gestaltet, dass gewisse Funktionen der Anschauung (wie die der Heuristik oder die in Beweisen) besser beobachtet werden konnten als andere. Um beispielsweise zu untersuchen, ob Anschauung in der ontologischen Position der Studierenden eine Rolle spielt, hätten gezielte Fragen dazu gestellt werden müssen. Dass Aussagen diesbezüglich bei der Bearbeitung einer Beweisaufgabe nebenbei fallen, ist nicht zu erwarten.

Eine weitere Einschränkung betrifft die fehlende Vergleichsmöglichkeit, denn die endgültige Forschungsfrage ist so gewählt worden, dass kein Vergleich zwischen Studierenden mit und ohne Zugang zu interaktiven dynamischen Visualisierungen angedacht ist. Dennoch könnten die hier formulierten Ergebnisse so verstanden werden, dass nur wegen des anschaulichen Lernangebots die berichteten anschaulichen Handlungen beobachtet werden konnten. Die vorliegende Erhebung erlaubt es aber nicht, solche Aussagen zu treffen. Es ist gut möglich, dass auch Studierende, die eine besonders formal gehaltene Vorlesung besucht haben, anschauliche Heurismen einsetzen, da sie solche Methoden aus der Schulzeit übernommen haben. Durch weitere Studien kann auf diesen Aspekt weiter eingegangen werden. Auf diese und andere Möglichkeiten der Anschlussforschung wird weiter unten eingegangen.

Die zweite Forschungsfrage des empirischen Teils ist eine normative. Das heißt, dass die Antwort nur vor dem Hintergrund persönlicher Meinungen des Autors dieser Arbeit gegeben werden konnte. Dabei wurde aber an die in Abschnitt 2.3 geführte Diskussion angeschlossen, so dass die Einschätzungen auch auf philosophischen, historischen und wissenschaftstheoretischen Grundlagen beruhen. Dennoch lässt sich die Subjektivität nicht völlig ausklammern. Insbesondere in der Diskussion um Strenge in der Mathematik scheint kein Konsens zu bestehen und auch bei der Frage, ab wann ein Beweis als trivial gelten kann und daher nicht formal ausgeführt werden muss, kann keine allgemeingültigen Grenze angegeben werden.

Obwohl das hier beschriebene Forschungsvorhaben mit qualitativen Forschungsmethoden durchgeführt wurde, wurde auch eine quantitative Betrachtung zur weiterführenden Hypothesenbildung durchgeführt. Dabei wird durch die tabellarische Präsentation der Daten ein klareres Bild suggeriert, als mit den vorliegenden Mitteln rekonstruiert werden kann. Neben den oben bereits beschriebenen Interpretationsschwierigkeiten, die das Bild verzerren, ist besonders das Weglassen unklarer Fälle und die Vermeidung von doppelter Einzelfallzuordnung zum Idealtypus problematisch. Es handelt sich also lediglich um eine Hypothesenbildung.

4.4.3 Anschlussforschung

Mit der hier vorliegenden Studie wurde ein erster Schritt zur Auslotung des Potenzials von Anschauung für die Hochschullehre und zur Klärung, welchen Beitrag interaktive dynamische Visualisierungen dabei leisten können, gemacht. Da es noch viele offene Fragen gibt, eröffnen sich verschiedene Ansatzpunkte für weitergehende Forschung.

Im Sinne einer Methodentriangulation (Gläser-Zikuda, 2011, S. 117) ist es wünschenswert, das hier eröffnete Forschungsfeld auch mit quantitativen Methoden zu beforschen. Doch bevor dies geschieht, kann auch die Durchführung weiterer qualitativer Studien lohnend sein. So kann versucht werden, die Ergebnisse mit einem verbesserten qualitativen Versuchsdesign zu replizieren, um dabei gegebenenfalls die Vermutungen zu spezifizieren oder im Hinblick auf die Reliabilität zu verbessern. Zum einen ist es bei einer Wiederholung der Studie möglich, das Versuchsdesign direkt auf die hier erst im Nachhinein abgeänderten Forschungsfragen zuzuschneiden. So kann auch das Interviewverhalten der Fragestellung angepasst werden und durch das nun deutlich bessere Vorverständnis ist es dem Interviewer möglich, gezielt auf die Probandinnen und Probanden zu reagieren.

Zum anderen können durch andere Schwerpunktsetzung in der Gestaltung des Interviewleitfadens (bzw. den darin enthaltenen Aufgaben) auch andere mögliche Funktionen der Anschauung stärker in den Blick genommen werden. Geht es um Aspekte wie Ontologie oder Sinnstiftung, sind vermutlich direkte Nachfragen der bessere Weg als die Beobachtung bei einer Aufgabenbearbeitung. So kann die Liste an beobachteten anschaulichen Elementen vervollständigt werden.

Neben dem Versuch, die Ergebnisse dieser Studie zu replizieren bzw. zu verbessern, können auch Varianten im Forschungsdesign den Geltungsbereich der Forschungsergebnisse erweitern. Im Erhebungsdesign steht der Begriff der gleichmäßigen Stetigkeit exemplarisch für andere Inhaltsbereiche der Analysis. Doch bleibt offen, ob sich wirklich bei anderen Begriffen derselbe Umgang mit Anschauung beobachten lässt. Daher sollte in weiteren Erhebungen auch Aufgaben zu Themen wie Folgenkonvergenz, Differentiation, Integration usw. gestellt werden, um zu untersuchen, ob es dort zu anderen Beobachtungen kommt.

Darüber hinaus können auch andere Perspektiven wie die ursprüngliche Forschungsfrage in den Blick genommen werden, indem ein besser kontrolliertes Versuchsdesign vorliegt. Möglicherweise bietet sich ein reines Laborexperiment mit einem Begriff, der außerhalb des regulären Curriculums liegt, eher an, da hier Störvariablen besser kontrolliert werden können. Bei genügend großer Probandenzahl wäre dann auch ein quantitatives Forschungsdesign denkbar. So könnte eine bessere Einschätzung gegeben werden, ob das Lernen mit interaktiven dynamischen Visualisierungen positiv oder negativ zu bewerten ist.

Genauso können aber auch Studien durchgeführt werden, die noch stärker im Feld angesiedelt sind. So ist es interessant herauszufinden, wie Studierende beim alltäglichen eigenverantwortlichen Lernen mit interaktiven dynamischen Visualisierungen umgehen. Nehmen diese die Reflexionsanregungen und Arbeitsaufträge ernst oder richtet sich ihre Aufmerksamkeit ganz auf die interaktiven Elemente, sodass es möglicherweise trotz der intendierten Wirkung der Anleitung zu einem „blinden Aktivismus" (Weigand & Weth, 2002, S. 105) kommt?

Weitere Bereiche, die in den Blick genommen werden können, sind eine direkte Erhebung zu den beliefs über den Gebrauch von Anschauung und eine Übertragung auf eine ganz andere Disziplin. Im ersten Forschungsschwerpunkt könnte danach gefragt werden, welche Anwendungsweisen der Anschauung nach eigener Einschätzung angemessen sind und was Studierende glauben, was ihre Dozentinnen und Dozenten von ihnen erwarten. Im zweiten Forschungsschwerpunkt könnte die Diskussion um Anschauung in der Hochschullehre beispielsweise auf die Lineare Algebra übertragen werden. Möglicherweise ist Anschauung hier weniger problematisch zu sehen, da keine Paradoxien durch unendliche Prozesse zu befürchten sind. Andererseits gibt es in der Linearen Algebra viele Fragestellungen, die sich auf abstrakte Strukturen oder mechanische Rechnungen beziehen, bei denen eine Veranschaulichung möglicherweise weniger heuristischen Wert hat.

Zusammenfassung und Diskussion 5

Das letzte Kapitel dieser Arbeit ist in zwei Teile gegliedert. Als erstes wird eine Zusammenfassung der gewonnenen Erkenntnisse gegeben, wobei aus Gründen der Redundanz und Prägnanz der Schwerpunkt auf den Ergebnissen liegt. Das methodische Vorgehen wird jeweils nur kurz in Erinnerung gerufen. Dann folgt eine abschließende Diskussion aller Ergebnisse.

5.1 Zusammenfassung

Die Zusammenfassung erfolgt entlang der drei Hauptkapitel dieser Arbeit.

5.1.1 Zur Rolle der Anschauung für die mathematische Hochschullehre

Um zunächst eine Arbeitsdefinition für Anschauung zu gewinnen, die für die Hochschullehre gewinnbringend ist, wurde der Begriff aus verschiedenen Perspektiven theoretisch beleuchtet. Ausgehend von etymologischen und philosophischen Annäherungen wurde als Nächstes Anschauung als didaktisches Prinzip historisch aufgearbeitet. Nachdem verschiedene Schwierigkeiten bei der Begriffsbestimmung benannt worden waren, wurde das Begriffsfeld geordnet, indem begriffsnahe Definitionen herangezogen wurden. Auch wurden mathematikdidaktische und eine wissenschaftstheoretische Arbeit, bei denen der Begriff der

Anschauung eine Rolle spielt, herangezogen, um das zugrundeliegende Verständnis von Anschauung zu rekonstruieren. Es blieben zwar einige Fragen offen, doch konnte eine Arbeitsdefinition der Anschauung gegeben werden.

> **Definition:** Der Begriff „Anschauung" bezeichnet ein kognitives Werkzeug, welches sich auf ikonische Zeichenprozesse oder visuelle Metaphern stützt. Auf dem Kontinuum zwischen formalen und präformalen Denk- und Schreibweisen, ordnet sich die Anschauung tendenziell den letzteren zu.

Bei der Entwicklung dieser Definition mussten auch einige pragmatische Entscheidungen getroffen werden. Wichtig ist vor allem, dass die Anschauung mit dieser Definition eine visuelle Komponente trägt, damit der Begriff so von dem der Intuition abgegrenzt werden kann. Doch reicht eine Klassifikation der Anschauung als visuelle Repräsentationsform nicht aus, da auch das Betrachten oder Aufschreiben von symbolischen Formeln so darunterfallen würde. Symbolische Darstellungsweisen, die nur durch Konventionen verstanden werden können, sollen ausgeklammert werden. Stattdessen werden ikonische und metaphorische Aspekte herangezogen, da diese aus sich heraus verstanden werden können. Der semiotische Charakter erlaubt es außerdem, dass durch anschauliche Betrachtungen auch allgemeingültige Überlegungen angestellt werden können und es wird davon ausgegangen, dass Anschauung nicht isoliert vom Formalismus verstanden werden kann.

Nachdem der Begriff der Anschauung nun über eine Definition besser gefasst werden konnte, wurden verschiedene Funktionen, die die Anschauung in der Ausübung von Mathematik übernehmen kann, entwickelt. Teilweise konnte auf in der Literatur bereits getroffene Unterscheidungen zurückgegriffen werden. Diese waren aber wissenschaftstheoretisch fundiert und konnten durch weitere didaktische und psychologische Aspekte ergänzt werden. Neben theoretischen Arbeiten wurden auch ausgearbeitete Beispiele, die die Möglichkeiten und Anwendungen der Anschauung aufzeigen, herangezogen. So konnten insgesamt sechs Funktionen der Anschauung unterschieden werden, welche in dem folgenden bereits gezeigten Schaubild zusammengefasst dargestellt werden (siehe Abb. 5.1).

Die einzelnen nicht ganz trennscharfen Funktionen werden nun in Form einer Auflistung kurz beschrieben.

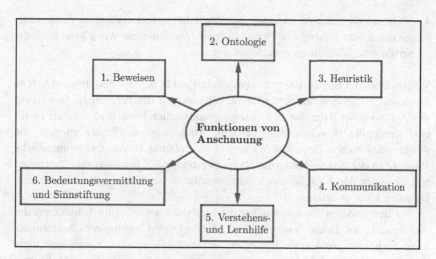

Abbildung 5.1 Funktionen von Anschauung

- Mithilfe der Anschauung können Beweise geführt werden, die in bestimmten sozialen Rahmungen als gültig angesehen werden können. Traditionell werden solche Beweise an der Hochschule eher abgelehnt.
- Auch ist es möglich, die Herkunft der Axiome über die Anschauung zu klären, wenn eine platonische Auffassung von Mathematik vorliegt und der Formalismus als eine ausschließliche Methode für das Beweisen angesehen wird.
- Da durch Darstellungswechsel nicht naheliegende Handlungen zu naheliegenden Handlungen werden können, bietet die Anschauung einen heuristischen Wert. Unter anderem ist es so möglich, durch anschauliche Betrachtungen Beweisideen für einen formalen Beweis zu finden.
- In informellen Kommunikationssituationen beschränken sich Mathematikerinnen und Mathematiker nicht auf formale Schreibweisen, sondern machen unter anderem auch von anschaulichen Mitteln Gebrauch, um Ideen zu vermitteln und den sehr hohen Abstraktionsgrad der Materie zu bewältigen.
- Anschauung kann auch in einer didaktischen und unterstützenden Weise eingesetzt werden. So ist es beispielsweise möglich, dass anschauliche Vorstellungen das Gedächtnis unterstützen und es können auch Beweise durch eine anschauliche Interpretation besser verstanden werden.

- Nicht zuletzt bietet Anschauung die Möglichkeit, bedeutungslose Zeichenketten durch eine semantische Ebene zu ergänzen. Auf diese Weise kann auch die persönliche Sinnstiftung unterstützt werden.

Während bei der Beschreibung der einzelnen Funktionen der Anschauung bereits normative Positionen rezipiert wurden, schloss sich die persönliche Bewertung des Autors dieser Arbeit an. Als einzige grundsätzlich kritisch zu sehende Funktion wurde die Beweisfunktion genannt. Auch wenn es Tendenzen gibt, die Anschauung auch in Beweisen (wieder) zu akzeptieren, stellen gerade unendliche Prozesse in der Analysis aufgrund ihres oft paradoxen Charakters eine besondere Schwierigkeit dar. So sollten sich zumindest in dieser Disziplin Beweise an dem formalen Ideal orientieren.

Bei den anderen Funktionen kommt es darauf an, wie die Umsetzung der Anschauung im Detail aussieht. Ein zu sorgloser Umgang mit Anschauung kann auch hier problematisch werden, da auch die anderen Funktionen nicht ganz von der Beweisfunktion zu trennen sind. Daher wurde für eine kritisch Auseinandersetzung mit der Anschauung plädiert.

5.1.2 Gestaltung interaktiver dynamischer Visualisierungen

Die Integration von Anschauung in die Hochschullehre kann durch Lernumgebungen, deren Hauptelement eine interaktive dynamische Visualisierung ist, erfolgen. Damit dieses Lernangebot aber zu der Bewertung der Funktionen der Anschauung passt, müssen diese Lernumgebungen geeignet gestaltet werden. Daher wurden Gestaltungsprinzipien entwickelt, mit denen das Entwickeln von Lernumgebungen erleichtert werden kann.

Neben praktischer Alltagserfahrung wurden auch verschiedene Forschungsergebnisse herangezogen. Als erstes wurden dazu einige Grundlagen der Instruktionspsychologie dargestellt. Aus der bereits etablierten *Cognitive Load Theory* lassen sich bereits allgemeine Gestaltungsprinzipien ableiten. Ein weiterer relevanter grundlegender Begriff ist der der Interaktivität, da dieser zwar eine Flexibilität beim Lernen ermöglicht, aber auch zu kognitiver Belastung führen kann.

Nach diesen allgemeinen Befunden wurden auch psychologische Studien zur Visualisierungsthematik beschrieben. In einer dieser Studien wurden die beiden Instruktionsformen der statischen und dynamischen Visualisierungen unter Berücksichtigung verschiedener Moderatoren verglichen. Bei einer anderen Studie wurde die Gestaltung von dynamischen Visualisierungen variiert und die Auswirkungen gemessen. Hier konnten bereits erste Gestaltungsempfehlungen speziell für Visualisierungen abgeleitet werden, wobei sich diese auf den messbaren Lernerfolg konzentrieren.

Auch mathematikdidaktische Theorie wurde herangezogen. Nachdem die Konzeption der interaktiven dynamischen Visualisierungen in den schulischen Diskurs begrifflich eingeordnet wurde, wurden die Besonderheiten und Unterschiede zwischen statischen und dynamischen Repräsentationsformen aus mathematikdidaktischer Sicht zusammengetragen. Anschließend wurde auf besondere Risiken beim Lernen mit anschaulichem digitalem Lernmaterial hingewiesen und einzelne Gestaltungsempfehlungen aus didaktischen Arbeiten zusammengetragen.

Mithilfe der dargestellten Theorie wurden 12 Gestaltungsempfehlungen für Lernumgebungen mit interaktiven dynamischen Repräsentationen entwickelt.

i)   Visualisierungen richtig anleiten
ii)   Arbeitsprozess entschleunigen
iii) So viel wie nötig, so wenig wie möglich
iv)   Grenzen der Anschauung aufzeigen
v)   Balance aus Werkzeug-, Anschauungs- und Fachsprache finden
vi)   Richtiges Maß an Interaktivität finden
vii) Formale und anschauliche Aspekte vernetzen
viii) Alles auf einen Blick präsentieren
ix)   Differenzierungen einbauen
x)   Richtiges Maß an Offenheit finden
xi)   Vernetzungen mit anderen Sätzen und Definitionen anregen
xii) Nur geeignete Begriffe visualisieren

Diese Gestaltungsempfehlungen wurden nicht nur näher erläutert, sondern auch an einer Beispiellernumgebung zum Mittelwertsatz der Differentialrechnung mit Leben gefüllt.

5.1.3 Anschauliche Elemente in Beweisprozessen von Studierenden

Im Rahmen des gesamten Dissertationsvorhaben wurde auch eine empirische Studie durchgeführt. Hier sollte die Frage geklärt werden, welche anschaulichen Elemente in Beweisprozessen von Studierenden vorkommen, die mit interaktiven dynamischen Visualisierungen gelernt haben. Nachdem diese rein deskriptive

Forschungsfrage beantwortet war, schloss sich eine normative Bewertung der beobachteten anschaulichen Elemente an.

Dazu wurde eine Forschung mit qualitativem Design durchgeführt, bei der insgesamt elf Studierende der Analysis 1 an den Standorten Bonn und Essen rekrutiert wurden. Alle Studierende hatten einen Zugang zu interaktiven dynamischen Visualisierungen, einige auch zu einer Lernumgebung zum Begriff der gleichmäßigen Stetigkeit. Im Rahmen von aufgabenbasierten Leitfadeninterviews wurden die Probandinnen und Probanden beim Bearbeiten verschiedener Beweisaufgaben zum Thema der gleichmäßigen Stetigkeit beobachtet. Ausgewertet wurden die transkribierten Interviews mithilfe einer angepassten Idealtypenbildung.

Nach einem mehrschritten Analyseverfahren konnten am Ende 12 Idealtypen gebildet werden, von denen einige in weitere Untertypen aufgeteilt werden konnten. In der folgenden Auflistung sind nur die Obertypen mit jeweils einer kurzen Erläuterung dargestellt.

- **Vorstellungen**: Zum Begriff der Stetigkeit oder dem der gleichmäßigen Stetigkeit wurde eine anschauliche Vorstellung genannt. Manchmal wurde diese auch kritisch reflektiert.

- **Anschauung zur ersten Exploration**: Zu Beginn einer Aufgabenbearbeitung wurde die in der Aufgabenstellung gegebene Situation anschaulich in Form einer noch nicht zielgerichteten Heuristik exploriert, um einen Zugang zur Aufgabe zu erhalten.

- **Anschauung als Kontrollinstanz**: Durch Vergleichen mit einem mentalen Vorstellungsmodell konnten Fehler in formalen Arbeitsschritten offenbart und korrigiert werden. Dies ließ sich in der Stichprobe nur beim falschen Erinnern von Definitionen beobachten.

- **Anschauung zur Kommunikation**: Im Verständigungsprozess mit dem Interviewer wurde gezielt eine anschauliche Kommunikationsform gewählt, da diese für den vorliegenden Zweck Vorteile bot.

- **Durch Anschauung aufgestellte heuristische Regel**: Es wurde eine allgemeine Regel genannt, mit der auch über die aktuelle Aufgabenbearbeitung hinaus, durch anschauliche Eigenschaften eines Beispiels schnell Vermutungen über dieses Beispiel aufgestellt werden können.

- **Finden eines Gegenbeispiels durch Anschauung**: Durch anschauliche Betrachtungen wurde aus allen möglichen Beispielen ein zur Widerlegung der Vermutung geeignetes Beispiel gefunden. In einigen Fällen wurden die Eigenschaften solcher Gegenbeispiele anschließend formal bewiesen.

- **Falsche Annahme wegen Übersehen eines relevanten Falles**: Wenn versucht wurde, sich alle möglichen Beispiele mit gewissen Voraussetzungen vorzustellen, kam es auch vor, dass dabei ein relevanter Fall übersehen und daher eine falsche Vermutung aufgestellt wurde.

- **Auslotung des Geltungsbereichs durch anschauliche Betrachtung einer Serie von Beispielen**: Um die Singularität der Anschauung ein Stück weit abzuschwächen, wurde statt eines einzelnen Beispiels eine ganze Serie von Beispielen betrachtet. Dabei wurden die Beispiele gezielt variiert, um ein Gefühl für die Grenzen des Geltungsbereiches zu entwickeln.

- **Anschauliche Untersuchung des schlimmsten Falls**: Um die Gültigkeit einer Vermutung heuristisch zu überprüfen, wurde versucht, solche Beispiele zu finden, die besonders „schlimm" sind. Das heißt, es handelte sich um Beispiele, die aus gewissen Gründen prädestiniert dafür sind, Gegenbeispiele zu sein. Wenn sich selbst solche Beispiele als Bestätigung der Vermutung herausstellen, spricht dies für die Gültigkeit der Vermutung.

- **Anschaulicher Beweis als Heuristik**: Durch das Führen eines anschaulichen Beweises wurden zum einen Satzvermutungen aufgestellt. Zum anderen wurden auch einzelne Schritte des anschaulichen Beweises formalisiert, sodass durch eine anschauliche Argumentation ein formaler Beweis gefunden werden konnte.

- **Anschaulicher Beweis ohne erkennbares Formalisierungsbedürfnis**: In einigen Fällen wurden anschauliche Beweise nicht in einer heuristischen Weise wie oben eingesetzt, sondern als endgültige Argumentation stehen gelassen.

- **Anschauliche generierte ungünstige Beweisidee**: Durch anschauliche Betrachtungen wurden auch ungeeignete Beweisideen entwickelt. Meistens waren die Satzvermutungen bereits falsch, sodass es gar nicht möglich war, geeignete Beweisideen zu erzeugen.

Zu jedem dieser Idealtypen wurde ein realer Fall aus den Transkripten als Prototyp ausgewählt und beschrieben.

Bevor die Bewertung der einzelnen gebildeten Idealtypen erfolgte, wurde zur Bildung weiterer Hypothesen auch die empirische Verteilung der zu den Idealtypen zugehörigen Einzelfälle auf die Probandinnen und Probanden der Stichprobe betrachtet. Ein bemerkenswertes Resultat dabei war, dass bei den Probandinnen und Probanden des Standortes Bonn deutlich mehr anschauliche Elemente identifiziert werden konnten als bei denen aus Essen. Daher lässt sich die Hypothese aufstellen, dass die höhere Verbindlichkeit der Visualisierungen in der Bonner Lehre zu dieser Beobachtung geführt hat.

Die letzte Forschungsfrage betraf die Bewertung der zuvor identifizierten Idealtypen. Da die meisten gebildeten Idealtypen heuristischer Art sind, können auch ungünstige Annahmen und Ideen wegen ihrer Vorläufigkeit nicht als hinderlich gewertet werden. Es wird insgesamt die Position vertreten, dass ungünstige Annahmen besser zu werten sind als eine Ideenlosigkeit, da auch falsche Vermutungen wieder zu geeigneten Ideen führen können. Kritisch zu sehen sind vor allem anschauliche Beweise, bei denen kein Formalisierungsbedürfnis erkennbar war, und anschaulich gefundene Gegenbeispiele, bei denen keine formale Absicherung der Eigenschaften der Beispiele stattgefunden hat, da hier Anschauung in einer beweisenden Funktion angewendet wurde. Im zweiten Kapitel wurde herausgearbeitet, dass diese Funktion der Anschauung zumindest in der Analysis problematisch ist. Jedoch waren solche Fälle selten und es gab auch Situationen, bei denen anschauliche Beweise aufgrund der Stellung der zu beweisenden Vermutung kein Problem darstellten. Insgesamt ergab sich daher ein positives Bild, was den Gebrauch der Anschauung bei den Probandinnen und Probanden dieser speziellen Stichprobe betrifft.

In einem Zwischenfazit wurden die Ergebnisse der empirischen Studie noch einmal zusammengefasst und verschiedene methodologische Einschränkungen diskutiert. Die relevantesten Einschränkungen betreffen die mutmaßlich nach oben verzerrte Stichprobe und den hohen Grad an Subjektivität durch das stark interpretative Vorgehen. Außerdem suggeriert die Betrachtung der Verteilung der Einzelfälle, dass die Ergebnisse genau quantifizierbar wären. Da unklare Fälle ausgelassen und Doppelcodierungen vermieden worden sind, unterliegt die Anzahl vorgekommener Fälle aber einer Verzerrung, sodass es sich bei den dort abgeleiteten Erkenntnissen wirklich nur um Hypothesen handelt, denen es weiter nachzugehen gilt.

5.2   Diskussion

Der Diskussionsteil beginnt mit einer abschließenden Bewertung der zuvor zusammengefassten Ergebnisse. Dabei wird versucht, einen Bogen über die gesamte Arbeit zu spannen, sodass auch die theoretischen und konstruktiven Ergebnisse vor dem Hintergrund der empirischen Erkenntnisse eingeordnet werden können. So soll auch dem übergeordneten Erkenntnisinteresse, bei dem es zu klären gilt, welchen Platz Anschauung in der Hochschullehre haben sollte, Rechnung getragen werden. Nachdem dies geschehen ist, werden sich aus dieser Arbeit ergebende Implikationen für Forschung und Lehre diskutiert.

5.2.1 Abschließende Bewertung

Die im zweiten Kapitel erarbeitete Arbeitsdefinition der Anschauung hat sich für die Zwecke dieser Arbeit als brauchbar erwiesen. Sicherlich bietet sie auch für weitere Forschungsarbeiten eine geeignete Grundlage. Dennoch könnte eine Ausschärfung oder andere Akzentuierung für gewisse Zwecke dienlicher sein. Für den gemeinsamen Diskurs um Anschauung in der Hochschullehre sollte aber ein geteiltes Verständnis der Anschauung vorliegen.

Mithilfe der entwickelten Funktionen der Anschauung war es möglich, eine differenzierte Bewertung der Rolle von Anschauung für die Hochschullehre vorzunehmen. Darüber hinaus zeigen die einzelnen Funktionen auch die vielseitigen Anwendungsmöglichkeiten der Anschauung auf. Die theoretisch entwickelten Funktionen lassen sich teilweise im empirischen Material wiederfinden. Neben anschaulichen Beweisen und anschaulicher Heuristik konnte auch der Gebrauch der Anschauung für kommunikative Zwecke und als Verstehens- und Lernhilfe (Gedächtnisstütze) beobachtet werden. Damit bleiben die Funktionen der Anschauung nicht rein hypothetisch, sondern gewinnen an praktischer Relevanz. Es ist denkbar, dass durch andere Erhebungsdesigns auch weitere Funktionen empirisch nachgewiesen werden können.

Im dritten Kapitel wurden Gestaltungsprinzipien für die Konzipierung interaktiver dynamischer Visualisierungen entwickelt. Auch dies geschah vor dem Hintergrund theoretischer Überlegungen. Vor allem die Vorarbeit des zweiten Kapitels hat neben psychologischen, medien- und mathematikdidaktischen Überlegungen die Grundlage für die Erarbeitung der Prinzipien gebildet. Von einer empirischen Qualitätsprüfung der Prinzipien kann aber nicht die Rede sein, da die anschaulichen Handlungen, die in den Interviews beobachtet werden konnten, sich nicht eindeutig auf das Lernen mit den Visualisierungen zurückführen lassen. Dennoch lässt der überwiegend kritische und heuristische Gebrauch der Anschauung bei den Probandinnen und Probanden darauf schließen, dass die Arbeit mit den Visualisierungen nicht im Widerspruch zu den wissenschaftlichen Standards des Faches stehen. Es lässt sich daher eine vorsichtige positive Tendenz für das Lernformat der interaktiven dynamischen Visualisierungen festhalten. Man sollte diesem Ansatz eine Chance geben, ihn weiter beforschen und in der Praxis erproben.

Für die Anschauung insgesamt (also unabhängig davon, ob sie durch Visualisierungen oder anders in der Lehre umgesetzt wird) können die empirischen Ergebnisse ein Plädoyer für deren Berücksichtigung in der hochschulischen Lehre sein, solange die Thematisierung der Anschauung die verschiedenen Funktionen

dieser im Blick hat und entsprechende kritische Reflexionen angestoßen werden. Für die spezielle Umsetzung durch interaktive dynamische Visualisierungen
spricht aber, dass diese die Vorteile des digitalen Lernens bieten. So können
diese motivierender sein als andere Lehrformate und über das Internet ununterbro-
chen zur Verfügung gestellt werden. Außerdem lassen sich Lernumgebungen mit
interaktiven dynamischen Visualisierungen als zusätzliches Lernangebot imple-
mentieren, ohne die traditionelle Lehre zu stark umstrukturieren zu müssen.
Dabei sollte aber darauf geachtet werden, dass dieses Lernangebot dann nicht
zu unverbindlich in die Lehre eingebunden ist.

5.2.2 Implikationen

Die im Rahmen dieser Arbeit gewonnen Erkenntnisse können überwiegend der
Grundlagenforschung zugeordnet werden. Daher ergeben sich nicht nur Impli-
kationen für die konkrete Lehrpraxis an Hochschulen, sondern auch für die
Forschung selbst.

Die Beschäftigung mit mathematikdidaktischen Abhandlungen, die den Begriff
der Anschauung voraussetzen, aber nicht definieren, hat gezeigt, wie schwierig
eine Interpretation solcher Arbeiten ist. Daher wird hier dafür plädiert, dass in
Forschungsarbeiten und anderen didaktischen Abhandlungen über die Anschauung das zugrundeliegende Verständnis dieses Begriffes mitgeteilt wird. Die in
dieser Arbeit entwickelte Arbeitsdefinition kann eine Möglichkeit hierfür bieten.
Eine Weiterentwicklung dieser ist ebenso möglich.

Sowohl die Strukturierung des Gesamtphänomens Anschauung in die theoretisch entwickelten Funktionen als auch die empirisch festgestellten Idealtypen
anschaulicher Elemente in Beweisprozessen können für das Design weiterer Studien genutzt werden. Durch das nun verbesserte Vorverständnis ist es möglich,
einzelne Facetten genauer in den Blick zu nehmen und auch quantitative Studien
durchzuführen. Auf verschiedene Ansätze für weiterführende Forschung wurde
bereits in Abschnitt 4.4.3 eingegangen.

Auch wenn zur Rolle der Anschauung noch weitere theoretische Abhandlungen und empirische Studien wünschenswert sind, lassen sich auch bereits erste
Implikationen für die Hochschullehre ableiten. Insgesamt kann die vorsichtige
Tendenz formuliert werden, dass eine intensivere Einbindung von Anschauung in
die Analysis-Vorlesung bei richtiger Reflexion mehr Vorteile als Nachteile bietet. Neben den theoretischen Überlegungen des zweiten Kapitels konnte auch
empirisch festgestellt werden, dass vor allem ein heuristischer Mehrwert zu erwarten ist. Zwar ist nach dem Gefühl des Autors dieser Arbeit bereits jetzt schon

eine Toleranz gegenüber Anschauung bei Lehrenden der Analysis zu erkennen, doch verbleibt die Zielsetzung beim Gebrauch der Anschauung meist auf einer motivationalen Ebene.

Eine These, die hier vertreten werden soll, ist, dass neben der Außensicht auf Mathematik auch der *context of discovery* in der Lehre explizit vermittelt werden sollte. Studierende sollen also nicht nur lernen, wie fertige Beweisprodukte auszusehen haben, sondern wie man Ideen generiert und Vermutungen aufstellt. Dazu gehört es dann auch, dass anschauliche Mittel beispielsweise für heuristische und kommunikative Zwecke thematisiert werden sollten. Möglicherweise bieten Tutorinnen und Tutoren geeignete Modelle, indem sie heuristische Ansätze thematisieren und Reflexionen anregen. Ohne gezielte Schulungen kann man aber nicht davon ausgehen, dass dies immer der Fall ist. Außerdem haben die empirischen Ergebnisse nahegelegt, dass Anschauung als *verbindliches* Element in die Lehre eingebunden werden sollte. Dies kann zum Beispiel dadurch geschehen, dass auf den wöchentlichen Übungsaufgaben auch eine Aufgabe zu einer interaktiven dynamischen Visualisierung gestellt wird, wie es in Bonn teilweise der Fall war.

Es ist auch denkbar, dass in den Übungsgruppen beispielhaft anschauliche Betrachtungen vorgeführt, über deren Grenzen reflektiert und Fragen der Strenge diskutiert werden. Hierbei können die theoretisch entwickelten Funktionen der Anschauung und die empirisch gebildeten Idealtypen eine Struktur vorgeben, mit der solche Lehrkonzepte gestaltet werden können.

Die Ergebnisse dieser Arbeit dürfen aber auch nicht zu einer Überbetonung der Anschauung führen. Wie schon in der Arbeitsdefinition der Anschauung deutlich wird, sollten anschauliche und formale Arbeitsweisen Hand in Hand gehen und auch formale Heurismen sind wichtig und dürfen nicht vernachlässigt werden. Geht man davon aus, dass es verschiedene Lerntypen gibt, so könnten auch einige Studierende auf formalem Wege viel erfolgreicher Ideen generieren als anschaulich. Anschauliche Betrachtungsweisen sollten daher niemanden aufgezwungen werden, aber alle Studierenden sollten sie zumindest kennenlernen. Zum einen wird hier die These vertreten, dass Problemlöseprozesse tendenziell erfolgreicher ablaufen je mehr Heurismen zur Verfügung stehen. Zum anderen müssen auch formal agierende Studierende anschauliche Zugänge verstehen, wenn sie die Ideen anderer Mathematiker nachvollziehen wollen.

Nicht zuletzt stellt sich in Bezug auf den Übergang von der Schule zur Hochschule auch die Frage, ob nicht auch die Schule die anschauliche Seite überbetont. Zwar scheinen in Bezug auf einen erweiterten allgemeinbildenden Bildungsauftrag anschauliche Beweise angemessen zu sein. Doch besteht die Aufgabe des Gymnasiums auch in dem Herstellen der (allgemeinen) Studierfähigkeit und

daher sollte dort Wissenschaftspropädeutik betrieben werden.[1] Außerdem sei hier
dahingestellt, ob nicht auch das Umgehen mit formalen Strukturen einen allgemeinbildenden Zweck erfüllen kann. Immerhin ist das Erkennen mathematischer
Objekte und Sachverhalte als „deduktiv geordnete Welt eigener Art" eine der
Winterschen Grunderfahrungen, die in die nordrhein-westfälischen Kernlehrpläne
aufgenommen wurde (Ministerium für Schule und Weiterbildung des Landes
Nordrhein-Westfalen, 2014, S. 11–12).

---

[1] Im nordrhein-westfälischen Kernlehrplan wird für den Leistungskurs eine Vorbereitung
auf das Mathematikstudium im Speziellen vorgeschrieben. Wenigstens hier sollten also auch
formale Methoden vorbereitet werden (Ministerium für Schule und Weiterbildung des Landes
Nordrhein-Westfalen, 2014, S. 13).

Literaturverzeichnis

Ableitinger, C. & Herrmann, A. (2014). Das Projekt „Mathematik besser verstehen“. Ein Begleitprogramm zu den Vorlesungen Analysis und Lineare Algebra im Studienfach Mathematik LA für GyGeBK. In I. Bausch, R. Biehler, R. Bruder, P. R. Fischer, R. Hochmuth, W. Koepf et al. (Hrsg.), *Mathematische Vor- und Brückenkurse. Konzepte, Probleme und Perspektiven* (S. 327–342). Wiesbaden: Springer Fachmedien.

Ableitinger, C. (2012). Typische Teilprozesse beim Lösen hochschulmathematischer Aufgaben. Kategorienbildung und Ankerbeispiele. *Journal für Mathematik-Didaktik, 33*(1), 87–111.

Ableitinger, C., Kramer, J. & Prediger, S. (Hrsg.). (2013). *Zur doppelten Diskontinuität in der Gymnasiallehrerbildung. Ansätze zu Verknüpfungen der fachinhaltlichen Ausbildung mit schulischen Vorerfahrungen und Erfordernissen.* Wiesbaden: Springer Spektrum.

Aigner, M. & Ziegler, G. M. (2018). *Proofs from THE BOOK* (6th ed. 2018). Berlin: Springer.

Ainsworth, S. (1999). The functions of multiple representations. *Computers & Education, 33*, 131–152.

Allmendinger, H. (2014). *Felix Kleins Elementarmathematik vom höheren Standpunkte aus. Eine Analyse aus historischer und mathematikdidaktischer Sicht.* Dissertation. Siegen.

Anderson, J. R. & Funke, J. (2007). *Kognitive Psychologie* (6. Aufl.). Berlin [u. a.]: Spektrum, Akad. Verl.

Arcavi, A. (2003). The Role of Visual Representations in the Learning of Mathematics. *Educational Studies in Mathematics, 52*(3), 215–241.

Arend, S. (2017). *Verständnisorientierter Umgang von Mathematikstudierenden mit der ε-δ-Definition von Stetigkeit* (Schriften zur Hochschuldidaktik Mathematik). Münster: WTM – Verl. für Wiss. Texte und Medien.

Arzt, K., Grammes, E., Schmid, A., Stark, J. & Taetz, G. (Hrsg.). (1994). *Lambacher Schweizer. Analysis Leistungskurs.* Stuttgart [u. a.]: Klett.

Balacheff, N. (2010). Bridging Knowing and Proving in Mathematics: A Didactical Perspective. In G. Hanna, H. N. Jahnke & H. Pulte (Hrsg.), *Explanation and Proof in Mathematics. Philosophical and Educational Perspectives* (S. 115–135). Boston, MA: Springer Science+Business Media LLC.

© Der/die Herausgeber bzw. der/die Autor(en), exklusiv lizenziert durch Springer Fachmedien Wiesbaden GmbH, ein Teil von Springer Nature 2021
W. Wilzek, *Zum Potenzial von Anschauung in der mathematischen Hochschullehre*, Essener Beiträge zur Mathematikdidaktik,
https://doi.org/10.1007/978-3-658-35361-2

Bandura, A. (1976). Die Analyse von Modellierungsprozessen. In A. Bandura (Hrsg.), *Lernen am Modell. Ansätze zu einer sozial-kognitiven Lerntheorie* (1. Aufl., S. 9–67). Stuttgart: Klett.

Bärenfänger, O. (2002). Merkmals- und Prototypensemantik: Eine Einführung. *Linguistik online, 12*(3), 4–17. Zugriff am 27.10.2020. Verfügbar unter https://doi.org/10.13092/lo. 12.890.

Barzel, B. & Weigand, H.-G. (2008). Medien vernetzen. *mathematik lehren, 146,* 4–10.

Bay, W. A., Thiede Benjamin & Wirtz, M. A. (2016). Die Theorie der kognitiven Belastung (Cognitive Load Theory). In P. Gretsch & L. Holzäpfel (Hrsg.), *Lernen mit Visualisierungen. Erkenntnisse aus der Forschung und deren Implikationen für die Fachdidaktik.* Münster, New York: Waxmann.

Bétrancourt, M. (2005). The Animation and Interactivity Principles in Multimedia Learning. In R. Mayer (Hrsg.), *The Cambridge Handbook of Multimedia Learning* (S. 287–296). Cambridge: Cambridge University Press.

Beutelspacher, A., Danckwerts, R., Nickel, G., Spies, S. & Wickel, G. (2011). *Mathematik Neu Denken. Impulse für die Gymnasiallehrerbildung an Universitäten.* Wiesbaden: Vieweg+Teubner Verlag / Springer Fachmedien.

Bibliographisches Institut GmbH (o.J.): *„anschauen" auf Duden online.* Berlin. Online verfügbar unter https://www.duden.de/node/14766/revision/14793, zuletzt geprüft am 06.12.2019.

Bibliographisches Institut GmbH (o.J.): *„Anschauung" auf Duden online.* Berlin. Online verfügbar unter https://www.duden.de/node/6898/revision/6925, zuletzt geprüft am 06.12.2019.

Bibliographisches Institut GmbH (o.J.): *„ansehen" auf Duden online.* Berlin. Online verfügbar unter https://www.duden.de/node/130174/revision/130210, zuletzt geprüft am 06.12.2019.

Biehler, R. (1985). Die Renaissance graphischer Methoden in der angewandten Statistik. In H. Kautschitsch & W. Metzler (Hrsg.), *Anschauung und mathematische Modelle. 4. Workshop zur „Visualisierung in der Mathematik"* (S. 10–58). Wien: Hölder-Pichler-Tempsky.

Bikner-Ahsbahs, A. (2003). Empirisch begründete Idealtypenbildung. Ein methodisches Prinzip zur Theoriekonstruktion in der interpretativen mathematikdidaktischen Forschung. *ZDM, 35*(5), 208–223.

Blömeke, S. (2016). Der Übergang von der Schule in die Hochschule. Empirische Erkenntnisse zu mathematikbezogenen Studiengängen. In A. Hoppenbrock, R. Biehler, R. Hochmuth & H.-G. Rück (Hrsg.), *Lehren und Lernen von Mathematik in der Studieneingangsphase. Herausforderungen und Lösungsansätze* (S. 3–14). Wiesbaden: Springer Spektrum.

Blum, W. & Kirsch, A. (1991). Preformal Proving: Examples and Reflections. *Educational Studies in Mathematics, 22*(2), 183–203.

Blum, W. (2000). Perspektiven für den Mathematikunterricht. *Der Mathematikunterricht, 46*(4/5), 5–17.

Boeckmann, K. (1982). Warum soll man im Unterricht visualisieren? Theoretische Grundlagen der didaktischen Visualisierung. In H. Kautschitsch & W. Metzler (Hrsg.), *Visualisierung in der Mathematik. 1. Workshop in Klagenfurt vom 29. Juni bis 3. Juli 1981* (S. 11–33). Wien: Hölder-Pichler-Tempsky; Teubner.

Boeckmann, K. (1984). Funktionen des Films bei der Veranschaulichung von (insbesondere abstrakten) Lehrinhalten. In H. Kautschitsch & W. Metzler (Hrsg.), *Anschauung als Anregung zum mathematischen Tun. 3. Workshop zur „Visualisierung in der Mathematik" in Klagenfurt vom 11. bis 16. Juli 1983* (S. 12–32). Wien: Hölder-Pichler-Tempsky.

Boero, P. (1999). Argumentation and mathematical proof: A complex, productive, unavoidable relationship in mathematics and mathematics education. *International Newsletter on the Teaching and Learning of Mathematical Proof*, 7–8.

Branford, B. (1913). *Betrachtungen über mathematische Erziehung. Vom Kindergarten bis zur Universität.* Deutsch von R. Schimmack und H. Weinreich. Leipzig-Berlin: B.G. Teubner.

Bruder, R., Hefendehl-Hebeker, L., Schmidt-Thieme, B. & Weigand, H.-G. (2015). *Handbuch der Mathematikdidaktik.* Berlin, Heidelberg: Springer Spektrum.

Bruner, J. S. & Harttung, A. (1974). *Entwurf einer Unterrichtstheorie.* Berlin: Berlin-Verl.

Brunner, M. (2009). Lernen von Mathematik als Erwerb von Erfahrungen mit Zeichen und Diagrammen. *Journal für Mathematik-Didaktik, 30*(3/4), 206–231.

Brunner, M. (2013). Didaktikrelevante Aspekte im Umfeld der Konzepte token und type. *Journal für Mathematik-Didaktik, 34*(1), 35–72.

Buchholtz, N. & Behrens, D. (2014). „Anschaulichkeit" aus Sicht von Lehramtsstudierenden. Ein didaktisches Prinzip für lehramtsspezifische Lehrveranstaltungen in der Studieneingangsphase. *mathematica didactica, 37*(2), 137–162. Zugriff am 27.10.2020. Verfügbar unter http://www.mathematica-didactica.com/altejahrgaenge/md_2014/md_2014_B uchholtz_Behrens_Anschaulichkeit.pdf.

Büchter, A. & Henn, H.-W. (2010). *Elementare Analysis. Von der Anschauung zur Theorie.* Heidelberg: Spektrum Akademischer Verlag.

Büchter, A., Hußmann, S., Leuders, T. & Prediger, S. (2005). Den Zufall im Griff? Stochastische Vorstellungen fördern. *Praxis der Mathematik, 47*(4), 1–7.

Bussmann, H. (1992). *Mathematiklernen als symbolische Konstruktion. Zur Natur, Entfaltung und Darstellung des mathematischen Denkens.* Frankfurt am Main [u. a.]: Lang.

Clements, M. (K.) A. (2014). Fifty Years of Thinking About Visualization and Visualizing in Mathematics Education: A Historical Overview. In M. N. Fried & T. Dreyfus (Hrsg.), *Mathematics & mathematics education. Searching for common ground* (S. 177–192). Dordrecht [u. a.]: Springer.

Cohen, J. (1988). *Statistical Power Analysis for the Behavioral Sciences* (2. Auflage). Hillsdale, N.J.: Erlbaum.

Danckwerts, R. & Vogel, D. (2003). Anmerkungen zum Instrument der dynamischen Visualisierung. In L. Hefendehl-Hebeker (Hrsg.), *Mathematikdidaktik zwischen Fachorientierung und Empirie. Festschrift für Norbert Knoche* (S. 35–41). Hildesheim: Franzbecker.

Davis, P. J. & Hersh, R. (1985). *Erfahrung Mathematik.* Basel [u. a.]: Birkhäuser.

Davis, P. J. (1993). Visual theorems. *Educational Studies in Mathematics, 24*(4), 333–344.

Deiser, O. (2010). *Grundbegriffe der wissenschaftlichen Mathematik. Sprache, Zahlen und erste Erkundungen.* Berlin, Heidelberg: Springer-Verlag.

Diekmann, A. (2016). *Empirische Sozialforschung. Grundlagen, Methoden, Anwendungen* (10. Auflage). Reinbek bei Hamburg: Rowohlt Taschenbuch Verlag.

Dieudonné, J. (1971). *Grundzüge der modernen Analysis.* Braunschweig: Friedr. Vieweg + Sohn.

Dörfler, W. (1984). Qualität mathematischer Begriffe und Visualisierung. In H. Kautschitsch
& W. Metzler (Hrsg.), *Anschauung als Anregung zum mathematischen Tun. 3. Workshop
zur „Visualisierung in der Mathematik" in Klagenfurt vom 11. bis 16. Juli 1983* (S. 44–64).
Wien: Hölder-Pichler-Tempsky.

Dörfler, W. (1991). Meaning: Image Schemata and Protocols. In F. Furinghetti (Hrsg.), *Proceedings of the Fifteenth Annual Meeting of the International Group for the Psychology
of Mathematics Education. Assisi, Italy, 29 June 29–4 July, 1991* (S. 17–32).

Dörfler, W. (2006). Diagramme und Mathematikunterricht. *Journal für Mathematik-Didaktik,
27*(3/4), 200–219.

Dörfler, W. (2013). Bedeutung und das Operieren mit Zeichen. In M. Meyer, E. Müller-
Hill, I. Witzke & H. Struve (Hrsg.), *Wissenschaftlichkeit und Theorieentwicklung in der
Mathematikdidaktik. Festschrift anlässlich des sechzigsten Geburtstages von Horst Struve*
(S. 165–182). Hildesheim: Franzbecker.

Dreyfus, T. (1994). Imagery and Reasoning in Mathematics and Mathematics Education. In D.
F. Robitaille (Hrsg.), *Selected lectures from the 7th International Congress on Mathema-
tical Education. Québec, 17–23 August 1992* (S. 107–122). Sainte-Foy: Presses de l'Univ.
Laval.

Duval, R. (2006). A Cognitive Analysis of Problems of Comprehension in a Learning of
Mathematics. *Educational Studies in Mathematics, 61*(1–2), 103–131.

Dvir, A. & Tabach, M. (2017). Learning extrema problems using a non-differential approach
in a digital dynamic environment: the case of high-track yet low-achievers. *ZDM, 49*(5),
785–798.

Eisenberg, T. (1994). On understanding the reluctance to visualize. *ZDM, 26*(4), 109–113.

Euklid & Lorenz, J. F. (1781). *Euklids Elemente. funfzehn Bücher*. Halle: Verlag der
Buchhandlung des Waysenhauses.

Fend, H. (2008). *Neue Theorie der Schule. Einführung in das Verstehen von Bildungssystemen*
(2. Auflage). Wiesbaden: VS Verlag für Sozialwissenschaften / GWV Fachverlage GmbH
Wiesbaden.

Fischbein, E. (1982). Intuition and Proof. *For the Learning of Mathematics, 3*(2), 9–24.

Fischer, G. (2014). *Lineare Algebra. Eine Einführung für Studienanfänger* (18. Auflage).
Wiesbaden: Springer Fachmedien.

Forster, O. (2016). *Analysis 1. Differential- und Integralrechnung einer Veränderlichen* (12.
Auflage). Wiesbaden: Springer Spektrum.

Forster, O. (2017). *Analysis 2. Differentialrechnung im , gewöhnliche Differentialgleichungen*
(11. Auflage).

Freudigam, H., Greulich, D., Jürgensen-Engl, T., Riemer, W. & Spielmans, H. (2011). *Lambacher Schweizer. Mathematik Qualifikationsphase Leistungskurs/Grundkurs*. Stuttgart
[u. a.]: Klett.

Freudigam, H., Reinelt, G., Schwehr, S., Stark, J. & Zinser, M. (2002). *Lambacher Schweizer.
Analysis Leistungskurs*. Stuttgart [u. a.]: Klett.

Fuchs, M. (2010). Schule, Subjektentwicklung und Kultur. In T. Braun, M. Fuchs & V. Kelb
(Hrsg.), *Auf dem Weg zur Kulturschule. Bausteine zu Theorie und Praxis der Kulturellen
Schulentwicklung* (S. 11–86). München: Kopaed.

Galda, K. (1981). An Informal History of Formal Proofs: From Vigor to Rigor? *The Two-Year
College Mathematics Journal, 12*(2), 126–140.

Gerhardt, U. (1995). Typenbildung. In U. Flick, E. v. Kardorff, H. Keupp, L. v. Rosenstiel & S. Wolff (Hrsg.), *Handbuch Qualitative Sozialforschung. Grundlagen, Konzepte, Methoden und Anwendungen* (2. Auflage, S. 435–439). Weinheim: Beltz.

Gessmann, M. (Hrsg.). (2009). *Philosophisches Wörterbuch* (23. Auflage). Begründet von Heinrich Schmidt. Stuttgart: Alfred Kröner Verlag.

Giaquinto, M. (2007). *Visual thinking in mathematics. An epistemological study.* Oxford: Oxford Univ. Press.

Giardino, V. (2010). Intuition and Visualization in Mathematical Problem Solving. *Topoi, 29(1),* 29–39.

Gläser-Zikuda, M. (2011). Qualitative Auswertungsverfahren. In H. Reinders, H. Ditton, C. Gräsel & B. Gniewosz (Hrsg.), *Empirische Bildungsforschung. Strukturen und Methoden* (S. 109–119). Wiesbaden: VS Verlag für Sozialwissenschaften.

Gniewosz, B. (2011). Experiment. In H. Reinders, H. Ditton, C. Gräsel & B. Gniewosz (Hrsg.), *Empirische Bildungsforschung. Strukturen und Methoden* (S. 77–84). Wiesbaden: VS Verlag für Sozialwissenschaften.

Greefrath, G., Oldenburg, R., Siller, H.-S., Ulm, V. & Weigand, H.-G. (2016). *Didaktik der Analysis. Aspekte und Grundvorstellungen zentraler Begriffe.* Heidelberg: Springer.

Greiffenhagen, C. & Sharrock, W. (2011). Does mathematics look certain in the front but fallible in the back? *Social Studies of Science, 41(6),* 839–866.

Gretsch, P. & Weth, C. (2016). Visual Literacy. In P. Gretsch & L. Holzäpfel (Hrsg.), *Lernen mit Visualisierungen. Erkenntnisse aus der Forschung und deren Implikationen für die Fachdidaktik* (S. 237–251). Münster, New York: Waxmann.

Gretsch, P. (2016). Visualisierungen in der Sprachdidaktik. In P. Gretsch & L. Holzäpfel (Hrsg.), *Lernen mit Visualisierungen. Erkenntnisse aus der Forschung und deren Implikationen für die Fachdidaktik* (S. 21–62). Münster, New York: Waxmann.

Grieser, D. (2015). *Analysis I. Eine Einführung in die Mathematik des Kontinuums.* Wiesbaden: Springer Spektrum.

Grimm, J. & Grimm, W. (2011). *„anschauen" im Deutschen Wörterbuch von Jacob Grimm und Wilhelm Grimm,* Kompetenzzentrum für elektronische Erschließungs- und Publikationsverfahren in den Geisteswissenschaften der Universität Trier. Zugriff am 27.10.2020. Verfügbar unter http://www.woerterbuchnetz.de/DWB?lemma=anschauen.

Gueudet, G. (2008). Investigating the secondary–tertiary transition. *Educational Studies in Mathematics, 67(3),* 237–254.

Hairer, E. & Wanner, G. (2011). *Analysis in historischer Entwicklung.* Berlin, Heidelberg: Springer-Verlag.

Hanisch, G. (1985). Gefahren der Visualisierung. In H. Kautschitsch & W. Metzler (Hrsg.), *Anschauung und mathematische Modelle. 4. Workshop zur „Visualisierung in der Mathematik"* (S. 99–109). Wien: Hölder-Pichler-Tempsky.

Hanna, G. & Sidoli, N. (2007). Visualisation and proof: a brief survey of philosophical perspectives. *ZDM, 39(1),* 73–78.

Hanna, G. (1990). Some Pedagogical Aspects of Proof. *Interchange, 21(1),* 6–13.

Hasemann, K., Hefendehl-Hebeker, L. & Weigand, H.-G. (Hrsg.). (2006). *Journal für Mathematikdidaktik. Semiotik in der Mathematikdidaktik – Lernen anhand von Zeichen und Repräsentationen.* Jahrgang 27, Heft 3/4. Stuttgart [u. a.]: B.G. Teubner.

Heintz, B. (2000). *Die Innenwelt der Mathematik. Zur Kultur und Praxis einer beweisenden Disziplin.* Wien [u. a.]: Springer.

Heinzmann, G. (2013). Mathematische Erkenntnisprozesse: Die Rolle der Intuition. Überlegungen zum pragmatisch-dialogischen Ansatz im Rechtfertigungskontext der Mathematik. In M. Rathgeb, M. Helmerich, R. Krömer, K. Lengnink & G. Nickel (Hrsg.), *Mathematik im Prozess. Philosophische, Historische und Didaktische Perspektiven* (S. 3–13). Wiesbaden: Springer Fachmedien.

Hilbert, D. & Volkert, K. T. (2015). *Grundlagen der Geometrie (Festschrift 1899)*. Berlin: Springer Spektrum.

Hildebrandt, S. (2006). *Analysis 1* (2. Auflage). Berlin, Heidelberg: Springer-Verlag.

Hoffkamp, A. (2011). *Entwicklung qualitativ-inhaltlicher Vorstellungen zu Konzepten der Analysis durch den Einsatz interaktiver Visualisierungen. Gestaltungsprinzipien und empirische Ergebnisse*. Dissertation. Berlin.

Höffler, T. N. (2007). *Lernen mit dynamischen Visualisierungen. Metaanalyse und experimentelle Untersuchungen zu einem naturwissenschaftlichen Lerninhalt.* Dissertation. Universität Duisburg-Essen.

Hoffmann, D. W. (2018). *Grenzen der Mathematik. Eine Reise durch die Kerngebiete der mathematischen Logik* (3. Auflage). Berlin, Heidelberg: Springer Spektrum.

Hoffmann, M. H. G. (2005). *Erkenntnisentwicklung. Ein semiotisch-pragmatischer Ansatz.* Frankfurt am Main: Klostermann.

Hoffmann, M. H. G. (Hrsg.). (2003). *Mathematik verstehen. Semiotische Perspektiven.* Hildesheim: Franzbecker.

Holzäpfel, L., Eichler, A. & Thiede Benjamin (2016). Visualisierungen in der mathematischen Bildung. In P. Gretsch & L. Holzäpfel (Hrsg.), *Lernen mit Visualisierungen. Erkenntnisse aus der Forschung und deren Implikationen für die Fachdidaktik* (S. 83–110). Münster, New York: Waxmann.

Houzel, C. (2002). Bourbaki und danach. *Mathematische Semesterberichte, 49*(1), 1–10.

Jahnke, H. N. (1978). *Zum Verhältnis von Wissensentwicklung und Begründung in der Mathematik. Beweisen als didaktisches Problem.* Dissertation. Institut für Didaktik der Mathematik der Universität Bielefeld.

Jahnke, H. N. (1984). Anschauung und Begründung in der Schulmathematik. In *Beiträge zum Mathematikunterricht* (S. 32–41). Bad Salzdetfurth: Franzbecker.

Jahnke, H. N. (1989). Abstrakte Anschauung, Geschichte und didaktische Bedeutung. In H. Kautschitsch (Hrsg.), *Anschauliches Beweisen* (S. 33–53). Wien: Hölder-Pichler-Tempsky.

Janssen, P. (1971). Kategoriale Anschauung. In J. Ritter (Hrsg.), *Historisches Wörterbuch der Philosophie* (Band 1: A-C, völlig neubearbeitete Ausgabe, S. 351). Darmstadt: Wissenschaftliche Buchgesellschaft.

Janssen, P. (2008). *Edmund Husserl. Werk und Wirkung.* Freiburg, München: Alber.

Jesch, T. & Staiger, M. (2016). Bilder und Visualisierungen in der Lese- und Literaturdidaktik. In P. Gretsch & L. Holzäpfel (Hrsg.), *Lernen mit Visualisierungen. Erkenntnisse aus der Forschung und deren Implikationen für die Fachdidaktik* (S. 63–82). Münster, New York: Waxmann.

Kadunz, G. (2000). Visualisierung, Bild und Metapher. Die vermittelnde Tätigkeit der Visualisierung beim Lernen von Mathematik. *Journal für Mathematik-Didaktik, 21*(3/4), 280–302.

Kadunz, G. (2003). *Visualisierung. Die Verwendung von Bildern beim Lernen von Mathematik.* München [u. a.]: Profil.

Kaenders, R. (2014). Funktionen kann man nicht sehen. In R. Kaenders & R. Schmidt (Hrsg.), *Mit GeoGebra mehr Mathematik verstehen. Beispiele für die Förderung eines tieferen Mathematikverständnisses aus dem GeoGebra Institut Köln/Bonn* (2. Auflage, 169–188). Wiesbaden: Springer Spektrum.

Kahle, R. (2007). Die Gödelschen Unvollständigkeitssätze. *Mathematische Semesterberichte, 54*(1), 1–12.

Kambartel, F. (1995). Anschauung. In J. Mittelstraß (Hrsg.), *Enzyklopädie Philosophie und Wissenschaftstheorie* (Band 1: A-G, Korr. Nachdr, S. 120–121). Stuttgart: Metzler.

Kant, I. (1974). *Kritik der reinen Vernunft* (21. Auflage). Frankfurt am Main: Suhrkamp.

Kaulbach, F. (1971). Anschauung. In J. Ritter (Hrsg.), *Historisches Wörterbuch der Philosophie* (Band 1: A-C, völlig neubearbeitete Ausgabe, S. 340–347). Darmstadt: Wissenschaftliche Buchgesellschaft.

Kautschitsch, H. (1984). Die Bedeutung des bewegten Bildes für den Mathematikunterricht. In H. Kautschitsch & W. Metzler (Hrsg.), *Anschauung als Anregung zum mathematischen Tun. 3. Workshop zur „Visualisierung in der Mathematik" in Klagenfurt vom 11. bis 16. Juli 1983* (S. 134–157). Wien: Hölder-Pichler-Tempsky.

Kautschitsch, H. (1985). Der Videofilm. geeignetes Mittel zur Visualisierung und Entwicklung mathematischer Begriffe und Modelle. In H. Kautschitsch & W. Metzler (Hrsg.), *Anschauung und mathematische Modelle. 4. Workshop zur „Visualisierung in der Mathematik"* (S. 59–98). Wien: Hölder-Pichler-Tempsky.

Kautschitsch, H. (Hrsg.). (1989). *Anschauliches Beweisen.* Wien: Hölder-Pichler-Tempsky.

Kempen, L. (2019). *Begründen und Beweisen im Übergang von der Schule zur Hochschule. Theoretische Begründung, Weiterentwicklung und Evaluation einer universitären Erstsemesterveranstaltung unter der Perspektive der doppelten Diskontinuität.* Wiesbaden: Springer Spektrum.

Kiesow, C. (2016). *Die Mathematik als Denkwerk. Eine Studie zur kommunikativen und visuellen Performanz mathematischen Wissens.* Wiesbaden: Springer VS.

Kirsch, A. (1994). Zur Jensenschen Ungleichung. Ein „erklärender" statt nur „beweisender" Beweis. In H. Kautschitsch & W. Metzler (Hrsg.), *Anschauliche und experimentelle Mathematik II. 11. und 12. Workshop zur „Visualisierung in der Mathematik" in Klagenfurt im Juli 1991 und 1992* (S. 199–205). Wien: Hölder-Pichler-Tempsky.

Klein, F. (1883). Ueber den allgemeinen Functionsbegriff und dessen Darstellung durch eine willkürliche Curve. *Mathematische Annalen, 22*(2), 249–259.

Klein, F. (1894). *Lectures on Mathematics.* New York: Macmillan and Company.

Klein, F. (1898). *Über Aufgabe und Methode des mathematischen Unterrichts an den Universitäten.* Sonderabdruck aus dem Jahresbericht der Deutschen Mathematiker-Vereinigung, Bd. VI, 1 (1897), S.73–88. Zugriff am 19.12.2019. Verfügbar unter http://resolver.sub. uni-goettingen.de/purl?PPN516920219.

Klein, F. (1968). *Elementarmathematik vom höheren Standpunkt* (3./4. Auflage, 3 Bände). Berlin: Springer.

Kleining, G. (1995). Das qualitative Experiment. In U. Flick, E. v. Kardorff, H. Keupp, L. v. Rosenstiel & S. Wolff (Hrsg.), *Handbuch Qualitative Sozialforschung. Grundlagen, Konzepte, Methoden und Anwendungen* (2. Auflage, S. 263–266). Weinheim: Beltz.

Knipping, C. (2003). *Beweisprozesse in der Unterrichtspraxis. Vergleichende Analysen von Mathematikunterricht in Deutschland und Frankreich.* Hildesheim [u. a.]: Franzbecker.

Kobusch, T. (1976). Intuition. In J. Ritter & K. Gründer (Hrsg.), *Historisches Wörterbuch der Philosophie. I-K* (Band 4: I-K, S. 524–540). Darmstadt: Wissenschaftliche Buchgesellschaft.

Königsberger, K. (2004). *Analysis 1* (6. Auflage). Berlin [u. a.]: Springer.

Krauthausen, G. (2002). *Lernen – Lehren – Lehren lernen. [zur mathematik-didaktischen Lehrerbildung am Beispiel der Primarstufe]*. Leipzig: Klett-Grundschulverl.

Lakatos, I. (1979). *Beweise und Widerlegungen. Die Logik mathematischer Entdeckungen*. Braunschweig: Vieweg.

Lakoff, G. & Núñez, R. E. (1997). The Metaphorical Structure of Mathematics: Sketching Out Cognitive Foundations for a Mind-Based Mathematics. In L. D. English (Hrsg.), *Mathematical Reasoning. Analogies, Metaphors, and Images* (S. 21–89). Mahwah, NJ [u. a.]: Erlbaum.

Lakoff, G. & Núñez, R. E. (2000). *Where mathematics comes from. How the embodied mind brings mathematics into being*. New York, NY: Basic Books.

Lamnek, S. & Krell, C. (2016). *Qualitative Sozialforschung* (6. Auflage). Weinheim: Beltz.

Leuders, T. & Prediger, S. (2012). „Differenziert Differenzieren". Mit Heterogenität in verschiedenen Phasen des Mathematikunterrichts umgehen. In R. Lazarides & A. Ittel (Hrsg.), *Differenzierung im mathematisch-naturwissenschaftlichen Unterricht. Implikationen für Theorie und Praxis* (S. 35–65). Bad Heilbrunn: Verlag Julius Klinkhardt.

Leuders, T. (2001). *Qualität im Mathematikunterricht in der Sekundarstufe I und II*. Berlin: Cornelsen-Scriptor.

Liebendörfer, M. (2018). *Motivationsentwicklung im Mathematikstudium*. Wiesbaden: Springer Spektrum.

Longo, G. & Viarouge, A. (2010). Mathematical Intuition and the Cognitive Roots of Mathematical Concepts. *Topoi, 29*(1), 15–27.

Lorenz, J. H. (1998). *Anschauung und Veranschaulichungsmittel im Mathematikunterricht. [mentales visuelles Operieren und Rechenleistung]* (2. Auflage.). Göttingen: Hogrefe.

Malle, G. (1984). Problemlösen und Visualisieren in der Mathematik. In H. Kautschitsch & W. Metzler (Hrsg.), *Anschauung als Anregung zum mathematischen Tun. 3. Workshop zur „Visualisierung in der Mathematik" in Klagenfurt vom 11. bis 16. Juli 1983* (S. 65–121). Wien: Hölder-Pichler-Tempsky.

Matroids Matheplanet. (2020). *Folgencharakterisierung der gleichmäßigen Stetigkeit*. Zugriff am 16.06.2020. Verfügbar unter https://matheplanet.com/default3.html?call=viewtopic.php?topic=24656&ref=https%3A%2F%2Fwww.google.com%2F.

Mayer, R. & Sims, V. (1994). For Whom Is a Picture Worth a Thousand Words? Extensions of a Dual-Coding Theory of Multimedia Learning. *Journal of Educational Psychology, 86*(3), 389–401.

Mayring, P. (2016). *Einführung in die qualitative Sozialforschung. Eine Anleitung zu qualitativem Denken* (6. Auflage). Weinheim: Beltz.

Memmert, W. (1969). Anschaulichkeit in der Mathematik. *Bildung und Erziehung, 22*, 187–198.

Menze, C. (1972). Grundzüge der Bildungsphilosophie Wilhelm von Humboldts. In H. Steffen (Hrsg.), *Bildung und Gesellschaft. Zum Bildungsbegriff von Humboldt bis zur Gegenwart* (S. 5–27). Göttingen: Vandenhoeck & Ruprecht.

Merkle, S. E. (1983). *Die historische Dimension des Prinzips der Anschauung. Historische Fundierung und Klärung terminologischer Tendenzen des didaktischen Prinzips der Anschauung von Aristoteles bis Pestalozzi.* Frankfurt a.M.: Lang.

Metzger, C. & Schulmeister, R. (2004). Interaktivität im virtuellem Lernen am Beispiel von Lernprogrammen zur Deutschen Gebärdensprache. In H. O. Mayer & D. Treichel (Hrsg.), *Handlungsorientiertes Lernen und eLearning* (S. 265–297). Berlin, Boston: de Gruyter.

Michael, B. (1983). *Darbieten und Veranschaulichen. Möglichkeiten und Grenzen von Darbietung und Anschauung im Unterricht.* Bad Heilbrunn/Obb.: Klinkhardt.

Ministerium für Schule und Weiterbildung des Landes Nordrhein-Westfalen. (2014). *Kernlehrplan für die Sekundarstufe II Gymnasium/Gesamtschule in Nordrhein-Westfalen. Mathematik.* Heftnummer 4720. Zugriff am 25.09.2020. Verfügbar unter https://www.schulentwicklung.nrw.de/lehrplaene/lehrplan/47/KLP_GOSt_Mathematik.pdf.

Nardi, E. (2014). Reflections on Visualization in Mathematics and in Mathematics Education. In M. N. Fried & T. Dreyfus (Hrsg.), *Mathematics & mathematics education. Searching for common ground* (S. 193–220). Dordrecht [u. a.]: Springer.

Nelsen, R. B. (2016). *Beweise ohne Worte. Deutschsprachige Ausgabe herausgegeben von Nicola Oswald.* Berlin, Heidelberg: Springer.

Oehrtman, M. (2009). Collapsing Dimensions, Physical Limitation, and Other Student Metaphors for Limit Concepts. *Journal for Research in Mathematics Education, 40*(4), 396–426.

Ostsieker, L. (2020). *Lernumgebungen für Studierende zur Nacherfindung des Konvergenzbegriffs. Gestaltung und empirische Untersuchung.* Wiesbaden: Springer Spektrum.

Otte, M. (1994). Intuition and Logic in Mathematics. In D. F. Robitaille (Hrsg.), *Selected lectures from the 7th International Congress on Mathematical Education. Québec, 17–23 August 1992* (S. 271–284). Sainte-Foy: Presses de l'Univ. Laval.

Paivio, A. (1986). *Mental representations. A dual coding approach.* New York: Oxford Univ. Pr. [u. a.].

Pallack, A. (2015). Digitale Medien nutzen. *mathematik lehren*, (189), 2–9.

Papula, L. (2009). *Mathematische Formelsammlung. Für Ingenieure und Naturwissenschaftler* (10. Auflage). Wiesbaden: Vieweg+Teubner.

Phillips, L. M., Norris, S. P. & Macnab, J. S. (2010). *Visualization in Mathematics, Reading and Science Education.* Dordrecht: Springer Science+Business Media B.V.

Pinkernell, G. & Vogel, M. (2017). „Das sieht aber anders aus" – zu Wahrnehmungsfallen beim Unterricht mit computergestützten Funktionsdarstellungen. *Der Mathematikunterricht, 63*(6), 38–46.

Pinkernell, G. (2015). Reasoning with dynamically linked multiple representations of functions. In K. Krainer & N.'a. Vondrová (Hrsg.), *Proceedings of the Ninth Congress of the European Society for Research in Mathematics Education* (S. 2531–2537).

Pinto, M. & Tall, D. (2002). Building Formal Mathematics on Visual Imagery: A Case Study and a Theory. *For the Learning of Mathematics, 22*(1), 2–10.

Poincaré, H. (Dörflinger, G., Hrsg.). (2012). *Anschauung und Logik in der Mathematik. Mit Anmerkungen von Heinrich Weber,* Universitätsbibliothek Heidelberg. Verfügbar unter http://www.ub.uni-heidelberg.de/archiv/1335.

Presmeg, N. C. (1986). Visualisation and Mathematical Giftedness. *Educational Studies in Mathematics, 17*(3), 297–311.

Presmeg, N. C. (1997a). Generalization Using Imagery in Mathematics. In L. D. English (Hrsg.), *Mathematical Reasoning. Analogies, Metaphors, and Images* (S. 299–312). Mahwah, NJ [u. a.]: Erlbaum.

Presmeg, N. C. (1997b). Reasoning with Metaphors and Metonymies in Mathematics Learning. In L. D. English (Hrsg.), *Mathematical Reasoning. Analogies, Metaphors, and Images* (S. 267–279). Mahwah, NJ [u. a.]: Erlbaum.

Presmeg, N. C. (2006). Research on Visualization in Learning and Teaching Mathematics. Emergence from Psychology. In A. Gutierrez (Hrsg.), *Handbook of research on the psychology of mathematics education. Past, Present and Future; PME 1976–2006* (S. 205–235). Rotterdam [u. a.]: Sense Publ.

Profke, L. (1994). VERANSCHAULICHEN ... nicht nur Visualisieren. In H. Kautschitsch & W. Metzler (Hrsg.), *Anschauliche und experimentelle Mathematik II. 11. und 12. Workshop zur „Visualisierung in der Mathematik" in Klagenfurt im Juli 1991 und 1992* (S. 13–30). Wien: Hölder-Pichler-Tempsky.

Rach, S. (2014). *Charakteristika von Lehr-Lern-Prozessen im Mathematikstudium. Bedingungsfaktoren für den Studienerfolg im ersten Semester*. Münster [u. a.]: Waxmann.

Radford, L. (1997). On Psychology, Historical Epistemology, and the Teaching of Mathematics. Towards a Socio-Cultural History of Mathematics. *For the Learning of Mathematics, 17*(1).

Raman, M., Sandefur, J., Birky, G., Campbell, C. & Somer, K. (2009). „Is that a Proof?". Using Video to Teach and Learn How to Prove at the University Level. In F.-L. Lin, F. J. Hsieh, G. Hanna & M. de Villiers (Hrsg.), *Proceedings of ICMI Study 19 on Proof and Proving in Mathematics Education. Volume 2* (S. 154–159).

Reid, D. A. & Knipping, C. (2010). *Proof in Mathematics Education. Research, Learning and Teaching*. Rotterdam [u. a.]: Sense Publishers.

Reinders, H. & Ditton, H. (2011). Überblick Forschungsmethoden. In H. Reinders, H. Ditton, C. Gräsel & B. Gniewosz (Hrsg.), *Empirische Bildungsforschung. Strukturen und Methoden* (S. 45–51). Wiesbaden: VS Verlag für Sozialwissenschaften.

Reinders, H. (2011). Interview. In H. Reinders, H. Ditton, C. Gräsel & B. Gniewosz (Hrsg.), *Empirische Bildungsforschung. Strukturen und Methoden* (S. 85–97). Wiesbaden: VS Verlag für Sozialwissenschaften.

Reiss, K. & Hammer, C. (2013). *Grundlagen der Mathematikdidaktik. Eine Einführung für den Unterricht in der Sekundarstufe*. Basel: Birkhäuser.

Rey, G. D. (2011). *Gestaltungsempfehlungen für multimediale Lernumgebungen. Zur Gestaltung dynamischer, interaktiver Visualisierungen*. Saarbrücken: VDM Verl. Dr. Müller.

Rieß, M. (2018). *Zum Einfluss Digitaler Werkzeuge Auf Die Konstruktion Mathematischen Wissens*. Wiesbaden: Springer Spektrum.

Roquette, P. (1998). *Zum Fermat-Problem. Vortrag im Mathematischen Institut der Universität Heidelberg am Tag der offenen Tür*. Zugriff am 11.05.2020. Verfügbar unter https://www.mathi.uni-heidelberg.de/~roquette/fermat.pdf.

Rosch, E. (1983). Prototype, Classification and logical Classification: The Two Systems. In E. K. Scholnick (Hrsg.), *New trends in conceptual representation. Challenges to Piaget's theory?* (S. 73–87). Hillsdale, N.J.: Erlbaum.

Roth, J., Bauer, T., Koch, H. & Prediger, S. (2015). *Übergänge konstruktiv gestalten. Ansätze für eine zielgruppenspezifische Hochschuldidaktik Mathematik*. Wiesbaden: Springer Fachmedien.

Rott, B. (2013). *Mathematisches Problemlösen. Ergebnisse einer empirischen Studie.* Münster: WTM Verl. für Wiss. Texte und Medien.

Salomon, G. (1979). *Interaction of media, cognition, and learning. An exploration of how symbolic forms cultivate mental skills and affect knowledge acquisition.* San Francisco: Jossey-Bass Publ.

Salomon, G. (1984). Television Is "Easy" and Print Is "Tough": The Differential Investment of Mental Effort in Learning as a Function of Perceptions and Attributions. *Journal of Educational Psychology, 76*(4), 647–658.

Sandefur, J., Mason, J., Stylianides, G. J. & Watson, A. (2013). Generating and using examples in the proving process. *Educational Studies in Mathematics, 83*(3), 232–340.

Sandmann, A. (2014). Lautes Denken – die Analyse von Denk-, Lern- und Problem-löseprozessen. In D. Krüger, I. Parchmann & H. Schecker (Hrsg.), *Methoden in der naturwissenschaftsdidaktischen Forschung* (S. 179–188). Berlin [u. a.]: Springer Spektrum.

Schacht, F. (2015). Funktionen untersuchen mit Kopf, CAS & Hand. *mathematik lehren,* (189), 25–29.

Schäfer, I. (2011). Vorstellung von Mathematiklehramtsstudieren [sic!] zur Stetigkeit. In R. Haug & L. Holzäpfel (Hrsg.), *Beiträge zum Mathematikunterricht 2011. Vorträge auf der 45. Tagung für Didaktik der Mathematik* (S. 723–726). Dortmund: WTM Verl. für Wiss. Texte u. Medien.

Schilly, U. B. & Szczyrba, B. (2019). Bildungsziele und Kompetenzbegriffe in der Studien-gangentwicklung. *die hochschullehre, 5.*

Schmitz, A. (2017). *Beliefs von Lehrerinnen und Lehrern der Sekundarstufen zum Visualisie-ren im Mathematikunterricht.* Wiesbaden: Springer Fachmedien.

Schulze, K. (1886). *Herbarts ABC der Anschauung.* Bonn: Universitäts-Buchdruckerei von Carl Georgi.

Sekretariat der Ständigen Konferenz der Kultusminister der Länder in der Bundesrepublik Deutschland. (2013). *Empfehlung der Kultusministerkonferenz zur kulturellen Kinder-und Jugendbildung. Beschluss der Kultusministerkonferenz vom 01.02.2007 i. d. F. vom 10.10.2013.* Zugriff am 19.05.2020. Verfügbar unter https://www.kmk.org/fileadmin/Dat eien/pdf/Themen/Kultur/2007_02_01-Empfehlung-Kulturelle_Bildung.pdf.

Selden, J. & Selden, A. (2009). Teaching Proving by Coordinating Aspects of Proof with Students' Abilities. In D. A. Stylianou, M. L. Blanton & E. J. Knuth (Hrsg.), *Teaching and learning proof across the grades. A K-16 perspective* (S. 339–354). New York [u. a.]: Routledge [u. a.].

Sfard, A. (1994). Reification as the Birth of Metaphor. *For the Learning of Mathematics, 14*(1), 44–55.

Skemp, R. R. (1986). *The psychology of learning mathematics* (2. Auflage). Harmondsworth [u. a.]: Penguin Books.

Spallek, K. (1991). Schein von Anschaulichkeit und Klarheit in der (Schul-)Mathematik. *Journal für Mathematik-Didaktik, 12*(4), 291–321.

Steinmetz, R. (2000). *Multimedia-Technologie: Grundlagen, Komponenten und Systeme* (3. Auflage). Berlin [u. a.]: Springer.

Stekeler-Weithofer, P. (2008). *Formen der Anschauung. Eine Philosophie der Mathematik.* Berlin [u. a.]: de Gruyter.

Strzebkowski, R. & Kleeberg, N. (2002). Interaktivität und Präsentation als Komponenten multimedialer Lernanwendungen. In L. J. Issing & P. Klimsa (Hrsg.), *Information und Lernen mit Multimedia und Internet. Lehrbuch für Studium und Praxis* (3. Auflage, S. 229–245). Weinheim: Beltz PVU.

Stylianou, D. A. (2002). On the interaction of visualization and analysis: the negotiation of a visual representation in expert problem solving. *Journal of Mathematical Behavior, 21*(3), 303–317.

Sweller, J. (2005). Implications of Cognitive Load Theory for Multimedia Learning. In R. Mayer (Hrsg.), *The Cambridge Handbook of Multimedia Learning* (S. 19–30). Cambridge: Cambridge University Press.

Szilasi, W. (1959). *Einführung in die Phänemonologie Edmund Husserls.* Tübingen: Max Niemeyer Verlag.

Tall, D. & Bakar, M. (1992). Students' mental prototypes for functions and graphs. *International Journal of Mathematical Education in Science and Technology, 23*(1), 39–50.

Tall, D. & Pinto, M. M. F. (1999). Student constructions of formal theory. giving and extracting meaning. In O. Zaslavsky (Hrsg.), *Proceedings of the 23rd PME International Conference* (Bd. 3, S. 281–288). Technion.

Tall, D. (1991a). Intuition and rigour: the role of visualization in the calculus. In W. Zimmermann (Hrsg.), *Visualization in teaching and learning mathematics* (MAA Notes, No. 19, S. 105–119). Washington: Mathematical Association of America.

Tall, D. (1991b). Recent developments in the use of the computer to visualize and symbolize calculus concepts. In L. C. Leinbach (Hrsg.), *The laboratory approach to teaching calculus* (MAA Notes, No. 20, S. 15–25). Washington: Mathematical Association of America.

Tall, D. (1992). The Transition to Advanced Mathematical Thinking: Functions, Limits, Infinity and Proof. In D. A. Grouws (Ed.), *Handbook of research on mathematics teaching and learning. A project of the National Council of Teachers of Mathematics* (S. 495–511). New York: Macmillan.

Tall, D. (1995). Visual Organizers for Formal Mathematics. In R. Sutherland & J. Mason (Hrsg.), *Exploiting Mental Imagery with Computers in Mathematics Education* (S. 52–70). Berlin: Springer.

Tewes, U. & Wildgrube, K. (Hrsg.). (1999). *Psychologie-Lexikon* (2. Auflage). München, Wien: Oldenbourg Wissenschaftsverlag.

Thompson, P. W. (1996). Imagery and the Development of Mathematical Reasoning. In L. P. Steffe, P. Nesher, P. Cobb, G. A. Goldin & B. Greer (Hrsg.), *Theories of mathematical learning* (S. 267–283). Mahwah, NJ : Erlbaum.

Thurston, W. P. (1994). On Proof and Progress in Mathematics. *Bulletin of the American Mathematical Society, 30*(2), 161–177.

Villiers, M. de. (1990). The Role and Function of Proof in Mathematics. *Pythagoras, 24,* 17–24.

Volkert, K. T. (1986). *Die Krise der Anschauung. Eine Studie zu formalen und heuristischen Verfahren in der Mathematik seit 1850.* Göttingen: Vandenhoeck und Ruprecht.

Volkert, K. T. (1989). Die Bedeutung der Anschauung für die Mathematik. Historisch und systematisch betrachtet. In H. Kautschitsch (Hrsg.), *Anschauliches Beweisen* (S. 9–31). Wien: Hölder-Pichler-Tempsky.

Vollrath, H.-J. (1984). *Methodik des Begriffslehrens im Mathematikunterricht.* Stuttgart: Klett.

Walcher, K. P. (1975). *Eine psychologische Untersuchung der Begriffe Anschauung, Anschaulichkeit und Veranschaulichung.* Meisenheim am Glan: Hain.

Waxman, H. C., Connell, M. L. & Gray, J. (2002). *A Quantitative Synthesis of Recent Research on the Effects of Teaching and Learning with Technology on Student Outcomes.* North Central Regional Educational Laboratory.

Weber, M. (1922). *Gesammelte Aufsätze zur Wissenschaftslehre.* Tübingen: J.C.B. Mohr.

Weigand, H.-G. & Weth, T. (2002). *Computer im Mathematikunterricht. Neue Wege zu alten Zielen.* Heidelberg [u. a.]: Spektrum, Akad. Verl.

Weigand, H.-G. (2013). Die Entwicklung des Grenzwertbegriffs. Ein Beispiel für die Wechselbeziehung von Intuition und Strenge. In M. Meyer, E. Müller-Hill, I. Witzke & H. Struve (Hrsg.), *Wissenschaftlichkeit und Theorieentwicklung in der Mathematikdidaktik. Festschrift anlässlich des sechzigsten Geburtstages von Horst Struve* (S. 145–162). Hildesheim: Franzbecker.

Wheatley, G. H. (1997). Reasoning With Images in Mathematical Activity. In L. D. English (Hrsg.), *Mathematical Reasoning. Analogies, Metaphors, and Images* (S. 281–297). Mahwah, NJ [u. a.]: Erlbaum.

Wiater, W. (2018). *Unterrichtsprinzipien* (7. Auflage). Augsburg: Auer.

Wille, F. (1982). Die mathematische Anschauung: ihre Ziele, Möglichkeiten und Techniken. In H. Kautschitsch & W. Metzler (Hrsg.), *Visualisierung in der Mathematik. 1. Workshop in Klagenfurt vom 29. Juni bis 3. Juli 1981* (S. 35–78). Wien: Hölder-Pichler-Tempsky; Teubner.

Wilzek, W. (2019). Interaktive dynamische Visualisierungen als Unterstützungsangebot im fachmathematischen Studium. Chancen und Gefahren der Anschauung. In M. Klinger, A. Schüler-Meyer & L. Wessel (Hrsg.), *Hanse-Kolloquium zur Hochschuldidaktik der Mathematik 2018. Beiträge zum gleichnamigen Symposium am 9. & 10. November 2018 an der Universität Duisburg-Essen* (S. 187–195). Münster: WTM – Verl. für Wiss. Texte und Medien.

Winter, H. (1988). Intuition und Deduktion. Zur Heuristik des Mittelwertsatzes der Differentialrechnung. *ZDM, 20*(5), 229–235.

Winter, H. (1997). Mathematik als Schule der Anschauung oder: Allgemeinbildung im Mathematikunterricht des Gymnasiums. In R. Biehler & H. N. Jahnke (Hrsg.), *Mathematische Allgemeinbildung in der Kontroverse. Materialien eines Symposiums am 24. Juni 1996 im ZiF der Universität Bielefeld.* Occasional Paper 163 (S. 27–68).

Winter, H. (1999). Gestalt und Zahl. zur Anschauung im Mathematikunterricht, dargestellt am Beispiel der Pythagoreischen Zahlentripel. In C. Selter & E. C. Wittmann (Hrsg.), *Mathematikdidaktik als design science. Festschrift für Erich Christian Wittmann* (S. 254–269). Leipzig [u. a.]: Klett-Grundschulverl.

Wittmann, E. C. & Müller, G. (1988). Wann ist ein Beweis ein Beweis? In P. Bender (Hrsg.), *Mathematikdidaktik: Theorie und Praxis. Festschrift für Heinrich Winter* (S. 237–257). Berlin: Cornelsen.

Wulff, H. J. (1993). *Bilder und imaginative Akte. Ein Beitrag zur Theorie ikonischer Zeichen.* Eine erste Fassung dieses Artikels erschien in: Zeitschrift für Ästhetik und Allgemeine Kunstwissenschaft 38,2, 1993, S. 185–205. Zugriff am 21.08.2019. Verfügbar unter http://www.derwulff.de/2-46.

Yerushalmy, M. (2005). Functions of Interactive Visual Representations in Interactive Mathe-
   matical Textbooks. *International Journal of Computers for Mathematical Learning, 10*(3),
   217–249.
Zazkis, R., Dubinsky, E. & Dautermann, J. (1996). Coordinating Visual and Analytic Stra-
   tegies: a Study of Students' Understanding of the Group D_4. *Journal for Research in
   Mathematics Education, 27*(4), 435–457.
Zorich, V. A. (2006). *Analysis. 1.* Berlin [u. a.]: Springer.
Zumbach, J. (2010). *Lernen mit neuen Medien. Instruktionspsychologische Grundlagen.*
   Stuttgart: Kohlhammer.

Printed in the United States
by Baker & Taylor Publisher Services